"十四五"职业教育国家规划教材

数控加工工艺项目化教程

第四版

主　编　马金平　冯　利
参　编　姬　旭　赵寿宽　王　丽

大连理工大学出版社

图书在版编目(CIP)数据

数控加工工艺项目化教程 / 马金平，冯利主编. --
4版. -- 大连：大连理工大学出版社，2021.11(2024.12重印)
ISBN 978-7-5685-3312-6

Ⅰ. ①数… Ⅱ. ①马… ②冯… Ⅲ. ①数控机床－加工工艺－高等职业教育－教材 Ⅳ. ①TG659

中国版本图书馆CIP数据核字(2021)第220662号

大连理工大学出版社出版

地址：大连市软件园路80号　邮政编码：116023
营销中心：0411-84707410　84708842　邮购及零售：0411-84706041
E-mail:dutp@dutp.cn　URL:https://www.dutp.cn
大连永盛印业有限公司印刷　　大连理工大学出版社发行

幅面尺寸：185mm×260mm　印张：17.75　字数：432千字
2012年10月第1版　　　　　　　　　　2021年11月第4版
2024年12月第6次印刷

责任编辑：陈星源　　　　　　　　　　责任校对：吴媛媛
　　　　　　　　　封面设计：张　莹

ISBN 978-7-5685-3312-6　　　　　　　　　　定　价：52.80元

本书如有印装质量问题，请与我社营销中心联系更换。

前 言

《数控加工工艺项目化教程》(第四版)是"十四五"职业教育国家规划教材、"十二五"职业教育国家规划教材。

根据教育部相关高等职业教育文件精神,高等职业教育课程内容要体现职业特色,需要按照工作的相关性来组织课程教学内容,完成从知识体系向行动体系的转换,建立以服务为宗旨、以就业为导向、工学结合、"教、学、做"为一体的课程组织模式。

本教材针对高职数控技术、机械制造及自动化、机电一体化技术等专业的人才培养要求,以培养学生职业技术能力为核心,突出培养学生的岗位技术能力和职业素质,采用企业典型零件数控加工工艺设计实例作为编写素材,参考数控加工工艺管理标准,反映岗位工作过程和职业标准,具有鲜明的高职教育特色。

本次修订进一步完善了立体化教学资源,并结合党的二十大精神增加了拓展资料,引导广大师生践行社会主义核心价值观,引导广大青年学子厚植家国情怀,肩负时代重任,弘扬工匠精神,为我国制造业的发展多做贡献。

本教材在编写过程中力求突出以下特色:

1. 根据企业的工作岗位和工作任务,开发设计以工作过程为导向、具有"工学结合"特色的课程内容,实现实践与理论知识的整合,将工作环境与学习环境有机地融合在一起。

2. 所选的学习任务基本上源于企业真实典型任务,具有很强的参考性和可操作性,有利于培养学生的职业能力。

3. 以培养数控加工工艺设计能力为主线,将枯燥抽象的工艺理论知识有机地融合到每个任务中,提高了学生的学习兴趣,降低了学习难度。

4. 按照学生的认知及职业成长规律合理编排教学内容。每个任务中都包括"学习目标""任务描述""相关知识""任务实施""知识拓展""知识点及技能测评"等部分,任务难度由简单到复杂,由单一到综合,使理论与实际相结合,具有很强的范例性、可迁移性和可操作性。

本教材共分为五个项目十三个任务。项目一为轴类零件的数控加工工艺设计,包括阶梯轴、曲面轴和简单偏心轴的数控加工工艺设计;项目二为盘套类零件的数控加工工艺设计,包括法兰盘、连接套和内、外锥配合件的数控加工工艺设计;项目三为板类零件的数控加工工艺设计,包括模板和孔板的数控加工工艺设计;项目四为箱体类零件的数控加工工艺设计,包括壳体和变速箱的数控加工工艺设计;项目五为复杂零件的数控加工工艺设计,包括支承套、齿轮轴和支架的数控加工工艺设计。

本教材由南京铁道职业技术学院马金平、三江学院冯利任主编,南京魔变信息科技有限公司姬旭、正德职业技术学院赵寿宽和王丽任参编。马金平和姬旭编写项目三、项目四的任务一;马金平和赵寿宽编写项目二;冯利编写绪论、项目一、项目四的任务二;马金平和王丽编写项目五。全书由马金平负责统稿和定稿。

为了方便教师教学和学生自学,本教材配有动画、移动在线自测、电子课件和电子教案等,动画、移动在线自测可扫描书中的二维码进行体验,其他资源请登录职教数字化服务平台下载。

在编写本教材的过程中,我们参考、引用和改编了国内外出版物中的相关资料和网络资源,请相关著作权人看到本教材后与出版社联系,出版社将按照相关法律的规定支付报酬。另外,我们得到了南京晨光集团有限责任公司有关技术人员的大力支持与帮助,在此表示感谢!

由于作者水平有限,书中仍可能存在不妥或错误之处,敬请读者批评指正,并将意见和建议反馈给我们,以便修订时改进。

编 者

所有意见和建议请发往:dutpgz@163.com
欢迎访问职教数字化服务平台:https://www.dutp.cn/sve/
联系电话:0411-84707424 84708979

目 录

绪　论 ··· 1

项目一　轴类零件的数控加工工艺设计 ·· 6
　　任务一　阶梯轴的数控加工工艺设计 ··· 6
　　任务二　曲面轴的数控加工工艺设计 ··· 39
　　任务三　简单偏心轴的数控加工工艺设计 ·· 57

项目二　盘套类零件的数控加工工艺设计 ·· 70
　　任务一　法兰盘的数控加工工艺设计 ··· 70
　　任务二　连接套的数控加工工艺设计 ··· 85
　　任务三　内、外锥配合件的数控加工工艺设计 ··· 103

项目三　板类零件的数控加工工艺设计 ·· 112
　　任务一　模板的数控加工工艺设计 ·· 112
　　任务二　孔板的数控加工工艺设计 ·· 148

项目四　箱体类零件的数控加工工艺设计 ·· 173
　　任务一　壳体的数控加工工艺设计 ·· 173
　　任务二　变速箱的数控加工工艺设计 ·· 190

项目五　复杂零件的数控加工工艺设计 ·· 209
　　任务一　支承套的数控加工工艺设计 ·· 209
　　任务二　齿轮轴的数控加工工艺设计 ·· 231
　　任务三　支架的数控加工工艺设计 ·· 248

参考文献 ··· 263
附　录 ··· 264

动画展示

自车内圆弧软爪	圆弧曲面的车削加工	实心长轴的定位与装夹
偏心回转体的装夹	盘类零件的装夹	套类零件的定位与装夹
数控铣削加工的装夹方案	细长轴的车削工艺	异形类零件的装夹

各项目任务总表

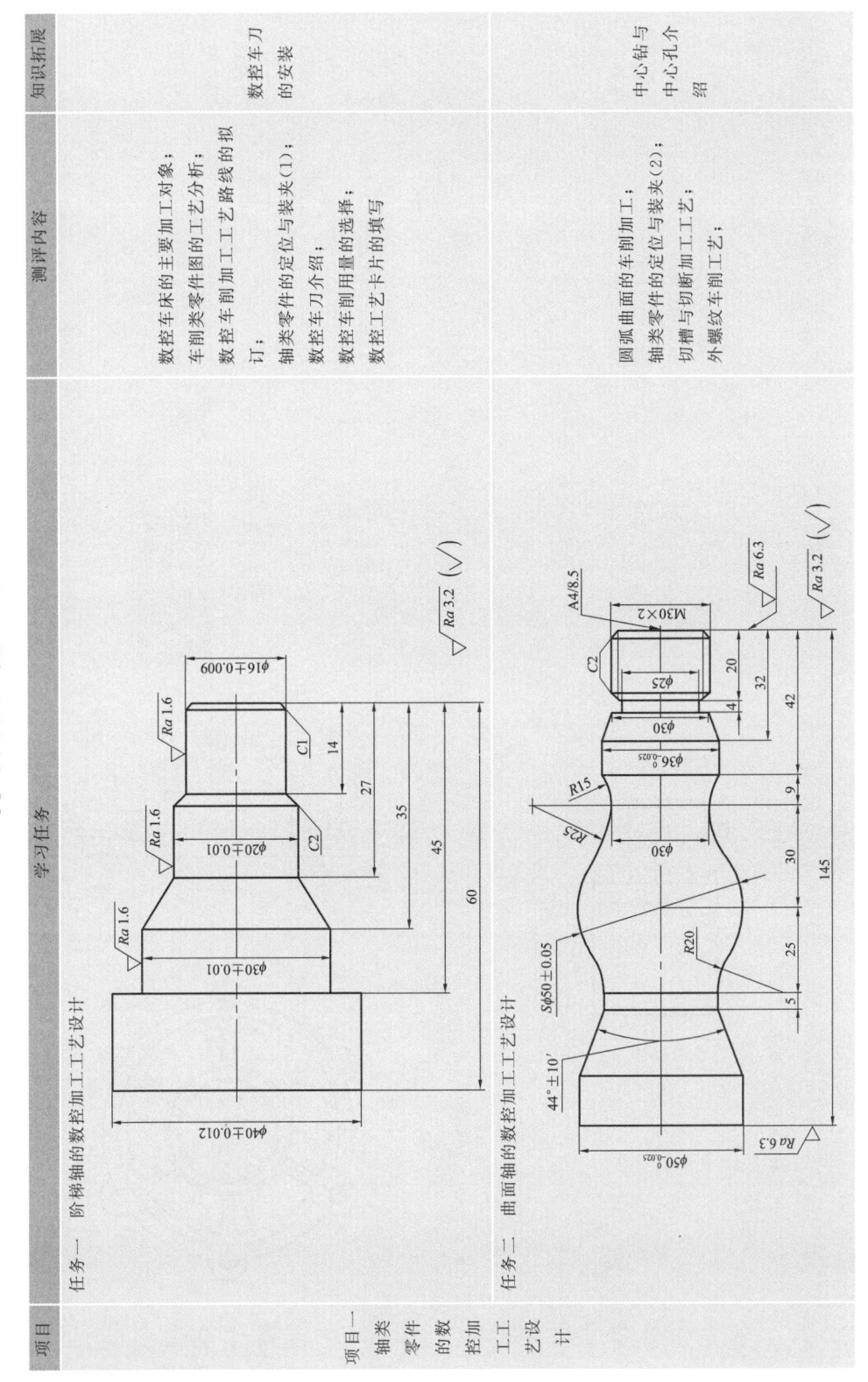

项目	学习任务	测评内容	知识拓展
项目一 轴类零件的数控加工工艺设计	任务一 阶梯轴的数控加工工艺设计	数控车床的主要加工对象；车削类零件图的工艺分析；数控车削加工工艺路线的拟订；轴类零件的定位与装夹（1）；数控车刀介绍；数控车削用量的选择；数控工艺卡片的填写	数控车刀的安装
	任务二 曲面轴的数控加工工艺设计	圆弧曲面的车削加工；轴类零件的定位与装夹（2）；切槽与切断加工工艺；外螺纹车削工艺；	中心钻与中心孔介绍

续表

模块	项目	学习任务	测评内容	知识拓展
模块一 轴类零件的数控加工工艺设计	项目一	任务三 简单偏心轴的数控加工工艺设计	偏心回转体的工艺特点； 偏心回转体的装夹； 偏心距的测量方法； 获得加工精度的方法	误差复映规律
模块一 盘套类零件的数控加工工艺设计	项目二	任务一 法兰盘的数控加工工艺设计	盘类零件概述； 盘类零件的装夹； 内回转表面的车削加工； 影响机械加工精度的因素	提高加工精度的工艺途径

续表

模块	项目	学习任务	测评内容	知识拓展
模块二 盘套类零件的数控加工工艺设计	项目二 套类零件的数控加工工艺设计	任务二 连接套的数控加工工艺设计

技术要求
1. 锐角倒钝 C1；
2. 未注尺寸公差按 IT12 级加工；
3. 材料为 45 钢。

$\sqrt{Ra\,3.2}$ ($\checkmark$) | 套类零件概述；
套类零件的定位与装夹；
加工套类零件的常用夹具；
内槽加工；
内螺纹加工；
加工余量及工序尺寸的确定 | 保证套类零件加工精度的方法 |

续表

模块	学习任务	测评内容	知识拓展
项目二 盘套类零件的数控加工工艺设计	任务三 内、外锥配合件的数控加工工艺设计	配合件的概念；配合件的加工方法；加工配合件的注意事项	难加工材料的切削加工

技术要求

1. 未注尺寸公差直接按 GB/T 1804-f 加工，长度按 GB/T 1804-m 加工；
2. 1∶5±5′ 锥面要求接触面积大于 65%；
3. 去除毛刺。

续表

模块	学习任务	测评内容	知识拓展
项目三 板类零件的数控加工工艺设计	任务一 模板的数控加工工艺设计	数控铣床概述； 铣削类零件图的工艺分析； 数控铣削加工工艺路线的拟订； 数控铣削加工的定位基准与装夹方案； 数控铣刀； 铣削用量的选择	数控铣削刀具参数的选择

续表

模块	学习任务	测评内容	知识拓展
模块三 板类零件的数控加工工艺设计	任务二 孔板的数控加工工艺设计	孔加工的结构工艺性； 孔加工工艺路线的拟订； 孔加工刀具及其选择； 孔加工切削用量的选择	钻头的选择及钻削常见问题与对策

续表

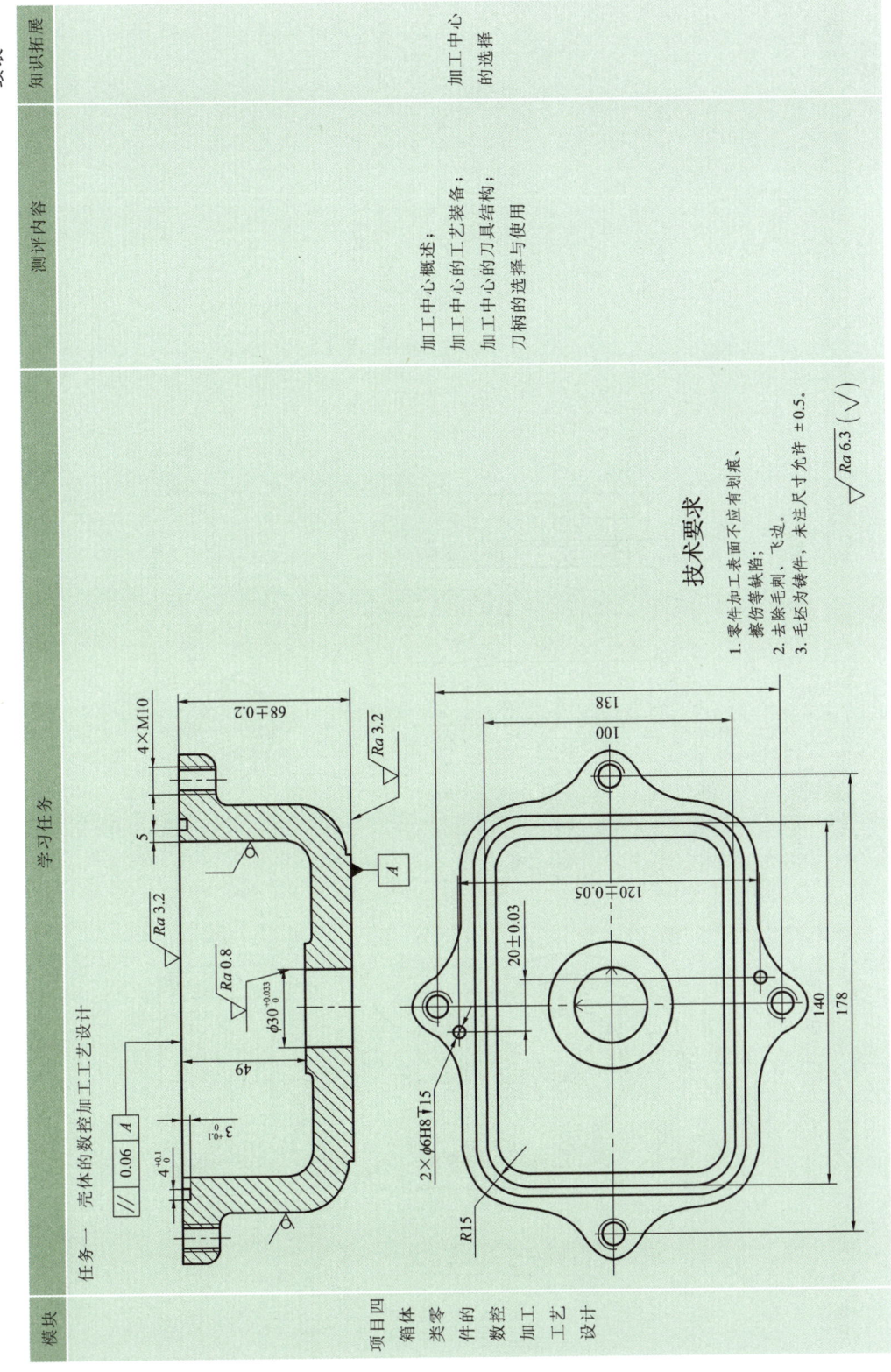

模块	学习任务	测评内容	知识拓展
项目四 箱体类零件的数控加工工艺设计	任务一 壳体的数控加工工艺设计	加工中心概述； 加工中心的工艺装备； 加工中心的刀具结构； 刀柄的选择与使用	加工中心的选择

技术要求
1. 零件加工表面不应有划痕、擦伤等缺陷；
2. 去除毛刺、飞边；
3. 毛坯为铸件，未注尺寸允许 ±0.5。

$\sqrt{Ra 6.3}$ ($\sqrt{}$)

续表

模块	学习任务	测评内容	知识拓展
项目四 箱体类零件的数控加工工艺设计	任务二 变速箱的数控铣加工工艺设计	卧式加工中心的工艺特点； 卧式加工中心刀具长度的确定； 箱体类零件概述； 箱体类零件加工工艺路线的拟订	定位误差（1）

技术要求
1. 铸件泵消除内应力；
2. 未注圆角半径为R6-R10；
3. 未注倒角为C2；
4. 非加工大表面泵涂红漆。

续表

模块	学习任务	测评内容	知识拓展
项目五 复杂零件的数控加工工艺设计	任务一 支撑套的数控加工工艺设计　技术要求：未注倒角C2。	组合夹具概述；工件在夹具中的定位；工件在夹具中的夹紧	定位误差(2)

続表

模块	学习任务	测评内容	知识拓展
项目五 复杂零件的数控加工工艺设计	任务二 齿轮轴的数控加工工艺设计

模数	3	精度等级	8-8-7	GB/T 10095.1—2008	第Ⅱ公差组	F_{pb}	±0.020
齿数	20	第Ⅰ公差组	F_p	0.063	第Ⅲ公差组	F_α	0.014
压力角	20°					F_β	0.016

技术要求
1. 调质处理190~230HB;
2. 圆角半径为2 mm;
3. 未注倒角C2;
4. 未注偏差尺寸处IT12级;
5. 两轴端中心孔为B3.15/10。

 | 较重要轴加工时其他工序的安排;
齿轮概述;
直齿圆柱齿轮的加工工艺;
细长轴的车削工艺 | 数控复合加工 |

续表

模块	学习任务	测评内容	知识拓展
项目五 复杂零件的数控加工工艺设计	任务三 支架的数控加工工艺设计	异形类零件的加工工艺特点； 异形类零件的装夹； 基本夹紧机构； 影响表面质量的因素及改善措施	高速铣削加工

技术要求
1. 未注铸造圆角 R1~R4；
2. 铸件须消除内应力；
3. 铸件不允许有裂纹、砂眼等影响机械性能的铸造缺陷。

绪 论

数控加工工艺是一门以数控机床加工过程中的工艺问题为研究对象的加工技术。它以机械制造中的工艺理论为基础，结合数控机床的特点，综合多方面的知识来解决数控加工中的工艺问题。

数控机床的加工工艺与普通机床的加工工艺有许多相同之处，但在数控机床上加工零件比在普通机床上加工零件的工艺规程要复杂得多。在数控加工前，要将机床的运动过程、零件的工艺过程、刀具的形状、切削用量和走刀路线等都编入程序，这就要求程序设计人员具有多方面的知识基础。一名合格的程序员首先应是一名合格的工艺人员，否则就无法做到全面地考虑零件加工的全过程，以及正确、合理地编写零件的加工程序。

1 数控加工过程

数控加工就是根据零件图及工艺技术要求等原始条件，编写零件加工程序，输入数控机床的数控系统，以控制数控机床中刀具相对于工件的运动轨迹，从而完成零件的加工。数控加工过程如图 0-1 所示。

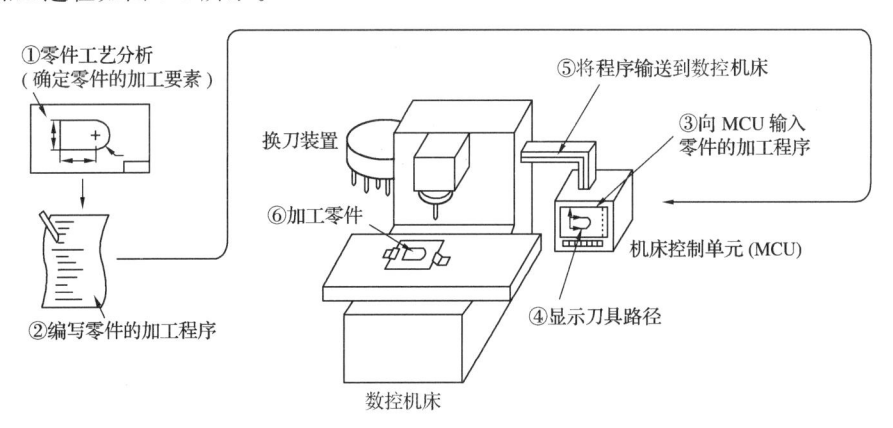

图 0-1 数控加工过程

由图 0-1 可以看出，数控加工的主要过程如下：

(1) 阅读零件图，充分了解零件图的技术要求（如尺寸精度、几何公差、表面粗糙度、工件的材料以及数量），明确加工内容。

(2)进行工艺分析,包括零件结构的工艺性分析、材料和设计精度的合理性分析、大致工艺步骤等。

(3)根据工艺分析确定加工方案、工艺参数和位移数据等。

(4)用规定的程序代码和格式编写零件加工程序;或用CAD/CAM软件进行自动编程,生成CNC程序文件。

(5)输入程序,进行试运行与刀具路径模拟等。调整好机床,加工出符合零件图要求的零件。

2 数控加工工艺系统

由图0-1可以看出,数控加工过程是在一个由数控机床、夹具、刀具和工件构成的数控加工工艺系统中完成的,数控加工程序可控制刀具相对于工件的运动轨迹。因此,由数控机床、夹具、刀具和工件等组成的统一体称为数控加工工艺系统。如图0-2所示为数控加工工艺系统的构成及其相互关系。

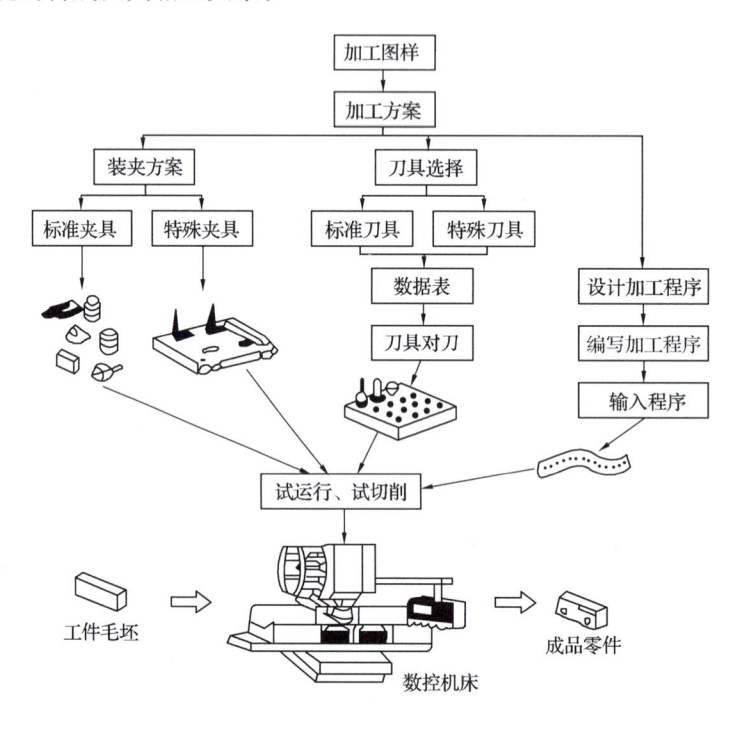

图0-2 数控加工工艺系统的构成及其相互关系

数控加工工艺系统性能的好坏直接影响零件的加工精度和表面质量。

(1)数控机床

数控机床是零件加工的工作机,是实现数控加工的主体。采用了数控技术或装备了数控系统的机床称为数控机床,它是一种技术密集度和自动化程度都比较高的机电一体化加工装备。

(2)夹具

夹具用来固定工件并使之保持正确的位置,是实现数控加工的纽带。在机械制造中,用以装夹工件和引导刀具的装置统称为夹具。在机械制造过程中,夹具的使用十分广泛,从毛坯制造到产品装配以及检测的各个生产环节,都有许多不同种类的夹具。

(3)刀具

刀具是实现数控加工的桥梁,刀具的运动与数控机床的主轴运动合成完成零件的加工。刀具的合理选择对零件的加工精度、加工效率具有非常关键的作用。

(4)工件

工件是数控加工的对象。常见工件可分为轴类零件、盘套类零件、板类零件、箱体类零件和异形类零件。一般情况下,轴类零件和盘套类零件在数控车床上加工,板类零件在数控铣床上加工,而箱体类零件和异形类零件在加工中心上加工。

3 数控加工工艺的特点

数控加工与普通加工相比具有加工自动化程度高、加工精度高、加工质量稳定、生产率高、生产周期短、设备使用费用高等特点。因此,数控机床加工工艺与普通机床加工工艺相比,具有如下特点:

(1)数控加工工艺内容要求十分具体、详细

数控加工时,所有工艺问题(如加工部位、加工顺序、刀具配置顺序、刀具轨迹、切削参数)都必须事先设计和安排好,并编入加工程序中。因此,数控加工工艺不仅包括详细的切削加工步骤和所用工装夹具的装夹方案,还包括刀具的型号、规格、切削用量、工序图和其他特殊要求等,尤其在自动编程中更需要确定详细的加工工艺参数。

(2)数控加工工艺要求更严密、精确

数控加工过程中可能遇到的所有问题必须事先精心考虑到,否则将导致严重的后果。例如攻螺纹时,数控机床不知道孔中是否已挤满铁屑,是否需要退刀清理一下铁屑再继续加工。又如普通机床加工时,可以进行多次试切来满足零件的精度要求;而在数控加工过程中要严格按照规定尺寸进给,要求准确无误。

(3)要进行零件图形的数学处理和编程尺寸设定值的计算

编程尺寸并不是零件图上设计尺寸的简单再现。在对零件图进行数学处理和计算时,编程尺寸设定值要根据零件尺寸公差要求和零件的几何关系重新调整计算。

(4)要考虑进给速度对零件形状精度的影响

制定数控加工工艺时,选择切削用量要考虑进给速度对加工零件形状精度的影响。在数控加工过程中,刀具的移动轨迹是由插补运算完成的。根据插补原理分析,在数控系统已定的条件下,进给速度越快,插补精度越低,工件的轮廓形状精度越低。尤其在高精度加工时,这种影响非常明显。

(5)要重视刀具选择的重要性

复杂型面的加工编程通常采用自动编程方式,这时必须先选定刀具再生成刀具中心运动轨迹。因此对于不具有刀具补偿功能的数控机床来说,若刀具选择不当,所编程序只能重新编写。

(6)数控加工的工序相对集中

数控机床,特别是功能复合化的数控机床,一般都带有自动换刀装置,在加工过程中

能够自动换刀,一次装夹即可完成多道工序或全部工序的加工。因此数控加工工艺的明显特点是工序相对集中,表现为工序数目少、工序内容多、工序内容复杂。

④ 数控加工工艺的主要内容及任务

对于加工一个零件来说,并非其全部加工内容都适合在数控机床上完成,而往往只是其中的一部分工艺内容适于数控机床加工,工艺流程如图 0-3 所示,数控机床加工只是工艺流程中的一部分。这就需要对零件图进行仔细的工艺分析,选择那些最适合、最需要进行数控加工的内容和工序。在选择数控加工内容时,应结合本企业设备的实际情况,立足于解决难题、攻克关键问题和提高生产率,充分发挥数控加工的优势。

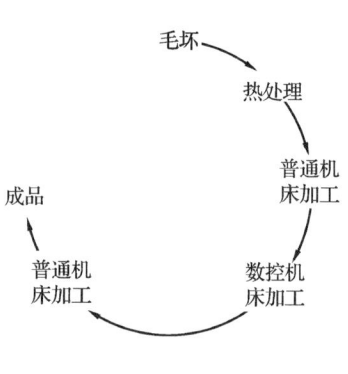

图 0-3 工艺流程

(1)适于数控加工的内容

①普通机床无法加工的内容应作为优先选择内容。

②普通机床难以加工、质量也难以保证的内容应作为重点选择内容。

③普通机床加工效率低、工人手工操作劳动强度大的内容,可在数控机床尚存在富裕加工能力时选择。

(2)不适于数控加工的内容

①占机调整时间长的内容,例如以毛坯的粗基准定位加工第一个精基准,需用专用工装协调的内容。

②加工部位分散的内容,需要多次安装、设置原点。这时,采用数控加工很麻烦,效果不明显,可安排普通机床加工。

③按某些特定的制造依据(如样板等)加工的型面轮廓。主要原因是获取数据困难,易与检验依据发生矛盾,增加了程序编写的难度。

总之,要尽量做到合理,达到多、快、好、省的目的,防止把数控机床降格为普通机床使用。

(3)数控加工工艺的任务

①分析零件的图样,明确加工内容及技术要求。

②确定零件的加工方案,制定数控加工工艺路线,例如选择数控加工设备、划分工序、安排加工顺序、处理与非数控加工工序的衔接等。

③设计加工工序,选取零件的定位基准,确定装夹方案,划分工步,选择刀具和切削用量等。

④对零件图进行数学处理并确定编程尺寸设定值,编写、校验、修改加工程序。

⑤首件试加工与现场工艺问题处理。

⑥数控加工工艺技术文件的定型与归档。

5 本课程的学习方法

本课程是一门职业技术课,其特点是涉及面广,实践性强。在学习方法上应当注意以下几点:

(1)本课程与公差配合与技术测量、机械制造基础、数控机床等机械类专业课关系密切,应在巩固复习好这些课程的基础上,学懂本课程的基本理论和基本知识。

(2)学习本课程必须注意同生产实际相结合,通过生产实践理解和应用本课程的知识,提高工艺分析和工艺设计的能力。

(3)对同一个零件,可能会有几种不同的加工方案,必须针对具体问题进行具体分析。在不同的现场条件下,灵活运用有关知识,优先选择最佳方案。

Z 知识点及技能测评

一、填空题

1. 数控加工工艺是一门以_____为研究对象的加工技术。

2. 数控工艺系统是指由_____、_____、_____和_____组成的统一体。

3. 在数控加工前,要将机床的_____、零件的_____、刀具的_____、切削过程中的_____和_____等都编入程序。

4. _____是零件加工的工作机;是实现数控加工的主体;_____是数控加工的对象;_____用来固定工件并使之保持正确的位置;_____的运动与数控机床的主轴运动合成完成零件的加工。

5. 工件是数控加工的对象。常见工件的分类为_____、_____、_____、_____和_____零件。

二、判断题

1. 数控加工工艺是在研究数控设备上零件加工时的工艺问题,与普通机械制造中的工艺理论没有关系。( )

2. 数控机床的加工工艺与通用机床的加工工艺有许多相同之处,但在数控机床上加工零件比通用机床加工零件的工艺规程要复杂得多。( )

3. 数控编程员不需要懂数控工艺,只要会编程指令,就能编制出正确、合理的零件加工程序。( )

4. 数控加工工艺系统性能的好坏直接影响零件的加工精度和表面质量。( )

5. 为提高效率,应该将零件需要加工部位全部内容都放在数控设备上完成。( )

三、简答题

1. 数控加工工艺与普通加工工艺的区别在哪里,其特点是什么?

2. 数控加工工艺的主要任务有哪些?

项目一
轴类零件的数控加工工艺

任务一 阶梯轴的数控加工工艺设计

学习目标

【知识目标】

1. 了解数控车床的主要加工对象。
2. 熟悉机夹式可转位车刀的选择步骤。
3. 掌握零件图的工艺分析方法。
4. 掌握数控车削工艺设计的步骤和方法。

【技能目标】

1. 能够对简单阶梯轴零件进行工艺分析。
2. 能够选择简单轴类零件的数控车削刀具和夹具。
3. 能够选择车削加工的切削用量。
4. 能够填写数控加工工艺卡。

RENWU MIAOSHU 任务描述

阶梯轴如图 1-1 所示,零件材料为 45 钢,毛坯尺寸为 $\phi 45 \text{ mm} \times 90 \text{ mm}$,单件生产。设计该零件的数控加工工艺。

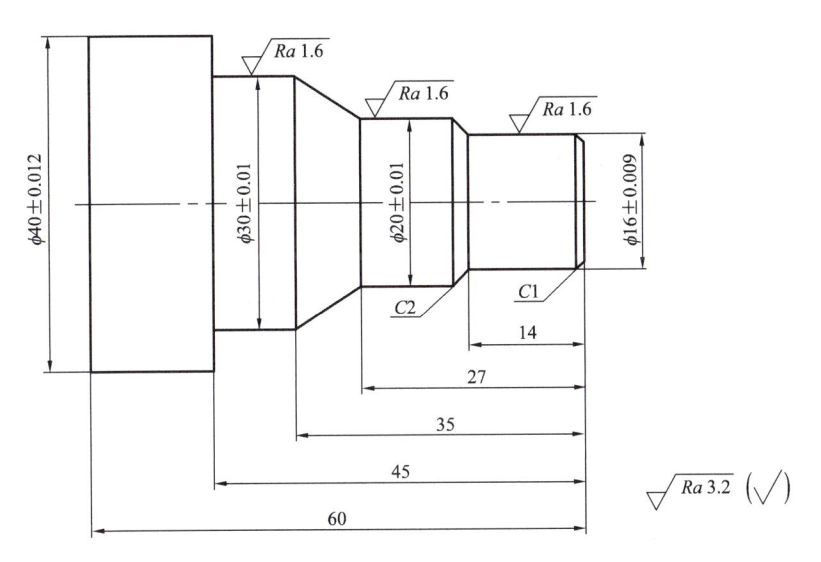

图 1-1 阶梯轴

相关知识 XIANGGUAN ZHISHI

本任务涉及轴类零件的数控加工工艺的相关知识为：数控车床的主要加工对象、车削类零件图的工艺分析、数控车削加工工艺路线的拟订、短轴零件的定位与装夹、数控车刀介绍、数控车削用量的选择、数控工艺卡片的填写。

1 数控车床的主要加工对象

数控车削是数控加工中用得最多的加工方法之一，主要用于加工轴类、盘套类等回转体零件。数控车床是指装备了数控系统的车床，数控车床加工零件时，一般将编好的数控加工程序输入数控系统中，由数控系统通过伺服系统控制刀具相对于工件的运动轨迹，加工出符合要求的各种形状的回转体零件。由于数控加工可以大大地提高生产率，且能够改善操作人员的工作环境，所以现已成为机械加工的主要设备。常见的数控车削加工零件如图 1-2 所示。

图 1-2 常见的数控车削加工零件

数控车床具有加工精度高,能够进行直线和圆弧插补,并能在加工过程中自动变速等特点,因此其工艺范围较普通车床大很多。与普通车床相比,数控车床特别适于车削具有以下要求和特点的回转体零件:

(1)精度要求高的回转体零件

零件的精度要求主要指尺寸、形状、位置和表面粗糙度等精度要求。例如,尺寸精度高达 0.001 mm 或更小的零件,圆柱度、素线直线度、圆度和倾斜度均要求高的回转体零件,表面粗糙度要求高的回转体零件。

数控车床的刚性好,制造和对刀精度高,能方便、精确地进行人工补偿甚至自动补偿,因此它能加工尺寸精度要求高的零件。车削零件位置精度的高低取决于机床的制造精度和零件的装夹次数,装夹次数越少,位置精度越高。因此在数控车床上加工时,应尽可能一次装夹工件完成多道工序的加工,以提高工件的位置精度。

在材质、精车留量和刀具已定的情况下,表面粗糙度取决于进给量和切削速度,在加工变直径轴段时,如果转速一定,切削速度随直径的变化而变化,则加工出来的零件表面粗糙度不一致。数控车床具有恒线速度切削功能,可选最佳线速度来切削锥面、球面和端面等,使切削后的表面粗糙度既小又一致。数控车床超精加工的轮廓精度可达 0.1 μm,表面粗糙度为 Ra 0.02 μm。如图 1-3 所示的高精度机床主轴和如图 1-4 所示的高速电动机主轴都是对精度要求较高的零件。

图 1-3　高精度机床主轴 　　　　图 1-4　高速电动机主轴

(2)表面形状复杂的回转体零件

因数控装置都具有直线和圆弧插补功能,部分车床数控装置具有某些非圆曲线插补功能,故能够车削由任意直线及平面曲线轮廓组成的形状复杂的回转体零件和难以控制尺寸的零件。如图 1-5 所示为车削轴承内圈滚道示例,如图 1-6 所示为车削成形内腔零件示例。

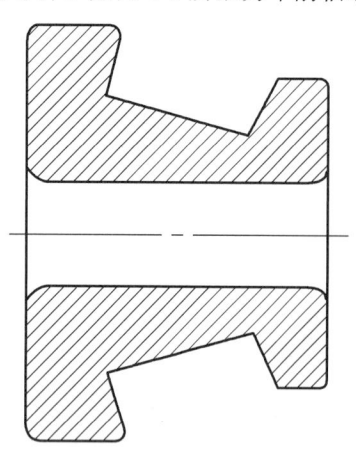

图 1-5　车削轴承内圈滚道示例 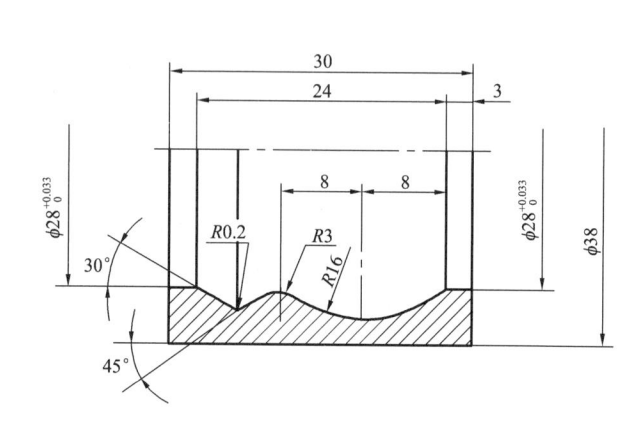　　　　图 1-6　车削成形内腔零件示例

(3)带特殊螺纹的回转体零件

传统车床所能切削的螺纹相当有限,它只能车削等导程的直螺纹、锥面公制和英制螺纹,而且一台车床只限定加工若干种导程。数控车床不但能车削任何导程的直、锥和端面螺纹,而且能车削增导程、减导程螺纹,以及要求等导程、变导程之间平滑过渡的螺纹和变径螺纹。数控车床可以配备精密螺纹切削功能,加上机夹式硬质合金螺纹车刀合理的切削用量,加工出来的螺纹精度较高,表面粗糙度小,效率高。可以说,包括丝杠在内的螺纹零件很适合在数控车床上加工。如图1-7所示零件为非标准丝杠。

图1-7 非标准丝杠

(4)淬硬回转体零件

在大型模具加工中,有不少尺寸大而形状复杂的零件。这些零件经热处理后,变形量较大,磨削加工有困难,因此可以用陶瓷刀片在数控车床上对淬硬后的零件进行车削加工,以车代磨,提高加工效率。

另外,对于带有键槽或径向孔或端面有分布的孔系以及有曲面轮廓的盘套类或轴类零件,如带法兰的轴套、带有键槽或方头的轴类零件等,宜选用车削加工中心加工。端面有分布的孔系以及有曲面轮廓的盘套类零件也可选择立式加工中心加工,有径向孔的盘套类或轴类零件通常也采用卧式加工中心加工。这类零件如果采用普通车床加工,则工序分散,效率低。采用加工中心加工,由于有自动换刀系统,使得一次装夹即可完成普通车床的多个工序的加工,减少了装夹次数,体现了工序集中的原则,保证了加工质量的稳定性,提高了生产率,降低了生产成本。

2 车削类零件图的工艺分析

(1)零件图的技术要求

分析零件图的技术要求时,主要考虑如下方面:

①分析各加工表面的尺寸精度要求 通过尺寸精度分析,判断能否利用车削加工工艺,并确定控制尺寸精度的工艺方法。在该项分析过程中,还可以同时进行一些尺寸的换算,例如增量尺寸、绝对尺寸及尺寸链计算等。在利用数控车床车削零件时,常常将零件要求的尺寸取最大和最小极限尺寸的平均值作为编程的尺寸依据。

②分析各加工表面的形状和位置精度要求 零件图上给定的几何公差是保证零件精度的重要依据。加工时,要按照零件图要求确定零件的定位基准和测量基准,还可以根据数控车床的特殊需要进行一些技术性处理,例如零件图上有较高位置精度要求的表面,应尽可能在一次装夹下完成,以便有效地控制零件的形状和位置精度。

③分析各加工表面粗糙度要求及表面质量方面的其他要求 表面粗糙度是保证零件表面微观精度的重要要求,也是合理选择数控车床、刀具及确定切削用量的依据。对于表面粗糙度要求较高的表面,应采用恒线速度切削。

④零件材料与热处理要求 分析所提供的毛坯材质本身的机械性能,判断其加工的难易程度,有利于选择刀具、数控车床型号以及确定合理的切削用量。

通过对加工零件的各项精度和技术要求的分析,根据现有设备初步考虑在哪一种数控机床上加工较为经济合理。

(2)选择并确定数控车削的加工内容

①通用车床无法加工的内容应作为首先选择内容　例如,由轮廓曲线构成的回转表面;具有微小尺寸要求的结构表面;同一表面采用多种设计要求,相互间尺寸相差很小的结构;表面间有严格几何约束关系(如相切、相交)要求的表面。

②通用车床难以加工、质量难以保证的内容应作为重点选择内容　例如:表面间有严格位置精度要求、但在通用车床上无法一次装夹加工的表面;表面粗糙度要求很高的锥面、曲面、端面等。对于这类表面只能采用恒线速度切削才能达到要求,通用车床不具备恒线速度切削功能,而数控车床大多具有此功能。

③通用车床加工效率低、工人手工操作劳动强度大的加工内容　可在数控车床尚存在富余能力的基础上进行选择。

一般来说,上述加工内容采用数控车削加工后,在产品质量、生产率与综合经济效益等方面都会得到明显提高。

相比之下,下列加工内容则不宜采用数控车床加工:

①需要通过较长时间占机调整的加工内容　例如,加工偏心回转体零件时,四爪卡盘需要长时间在数控车床上调整,降低了经济效率。

②不能在一次装夹中加工完成的其他零星部位　此部位采用数控车削加工很麻烦,效果不明显,可安排普通机床加工。

此外在选择和决定加工内容时,还要考虑生产批量、现场生产条件、生产周期等情况,灵活处理。

(3)分析构成零件轮廓的几何条件

数控车削加工程序是以准确的坐标点来编制的,在分析零件图时应注意以下几点:

①零件图中是否漏掉某尺寸,使其几何条件不充分,影响零件轮廓的构成。

②零件图中给定的几何条件是否不合理,造成数学处理困难或出现矛盾,影响编程。

③零件图中各几何要素间的相互关系(如相切、相交、垂直和平行等)应明确,例如圆弧与直线、圆弧与圆弧到底是相切还是相交,有些明明画的是相切,但根据零件图给出的尺寸计算相切条件不充分或条件多余,而变为相交或相离状态,使编程无法进行。

④零件图中的尺寸标注应适应数控车削加工的特点。对数控加工而言,倾向于采用坐标标注法,即以同一基准引注尺寸或直接给出坐标尺寸。这种标注法既便于编程也便于尺寸之间的相互协调,给保证设计、定位、检测基准与编程原点设置的一致性方面带来很大方便。零件设计人员往往在尺寸标注中较多地考虑装配等使用特性要求,而采取局部分散的标注方法,这样会给工序安排和数控加工带来诸多不便。事实上由于数控加工的尺寸精度及重复定位精度都很高,不会因产生较大的积累误差而破坏使用特性,因此可将局部的尺寸分散标注法改为集中引注或坐标标注法,但要保证基准的统一。零件的坐标标注法示例如图1-8所示。

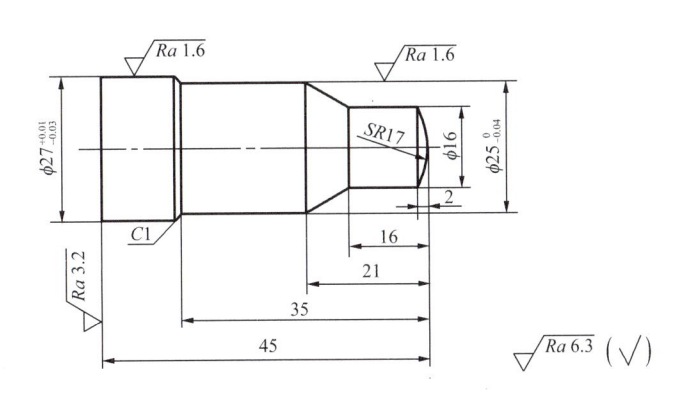

图 1-8　零件的坐标标注法示例

（4）数控车削加工时零件的结构工艺性

零件的结构工艺性是指所设计的零件在满足使用要求的前提下制造的可行性和经济性。良好的零件结构工艺性便于零件加工，可节省工时和材料。而较差的零件结构工艺性会使零件加工困难，浪费工时和材料，有时甚至无法加工。在不损害零件使用特性的许可范围内，应更多地满足数控加工工艺的各种要求，尽可能采用适于数控加工的结构，发挥数控加工的优越性。

如图 1-9 所示为零件结构工艺性示例，图 1-9（a）所示零件结构需用三把不同宽度的切槽刀切槽，如无特殊需要，此结构显然不合理。若改成图 1-9（b）所示零件结构，只需要一把切槽刀即可切出三个槽。这样既减少了刀具数量，少占了刀架、刀位，又缩短了换刀时间。

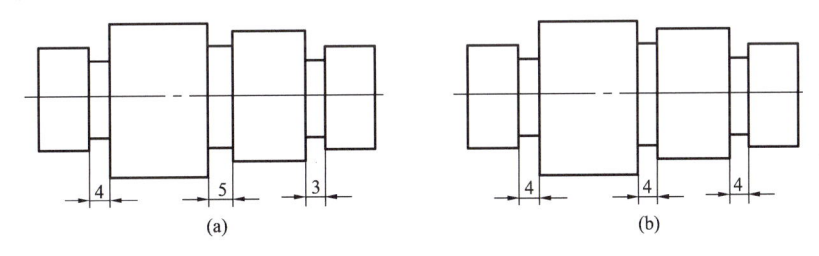

图 1-9　零件结构工艺性示例

3 数控车削加工工艺路线的拟订

数控车削加工工艺路线的主要内容是：回转轴表面加工方法的选择、加工阶段的划分、工序的划分、加工顺序的安排、加工进给路线的确定等。由于生产批量的差异，同一零件的数控车削加工工艺方案也可能有所不同。拟订数控车削加工工艺时，应根据具体生产批量、现场生产条件、生产周期等情况，拟订经济、合理的方案。

（1）回转轴表面加工方法的选择

回转轴的外圆及端面的加工方法主要是车削和磨削。零件表面粗糙度要求较高时，可增加超精加工（也称为光整加工）。一般根据零件的加工精度、表面粗糙度、材料、结构形状、尺寸及生产类型确定零件表面的数控车削加工方法及加工方案。一般回转轴表面的加工方案见表 1-1。

表 1-1　　一般回转轴表面的加工方案

序号	加工方法	经济精度等级	表面粗糙度 $Ra/\mu m$	适用范围
1	粗车	IT11 以下	12.5～50	适用于除淬火钢以外的各种金属材料
2	粗车→半精车	IT8～IT10	3.2～6.3	
3	粗车→半精车→精车	IT7～IT8	0.8～1.6	
4	粗车→半精车→精车→滚压(或抛光)	IT6～IT7	0.08～0.2	
5	粗车→半精车→磨削	IT6～IT7	0.4～0.8	主要用于淬火钢,也可用于未淬火钢,不宜加工有色金属
6	粗车→半精车→粗磨→精磨	IT5～IT7	0.1～0.4	
7	粗车→半精车→粗磨→精磨→超精加工	IT5	0.012～0.1	
8	粗车→半精车→精车→细车	IT5～IT6	0.025～0.4	主要用于加工有色金属
9	粗车→半精车→粗磨→精磨→超精磨	IT5 以上	0.025～0.2	主要用于加工高精度的钢件
10	粗车→半精车→粗磨→精磨→研磨	IT5 以上	0.05～0.1	

(2)加工阶段的划分

当数控车削零件的加工精度要求较高时,一道工序难以满足加工要求,需用几道工序逐步达到其所要求的加工精度。为保证加工质量和合理地使用设备、人力,车削零件的加工过程通常按工序性质分为粗加工、半精加工、精加工、超精加工四个阶段。

①粗加工阶段　主要任务是切除各加工表面的大部分余量,并加工出精基准,目的是提高生产率。

②半精加工阶段　主要任务是减小粗加工留下的误差,使主要加工表面达到一定的精度,并留有一定的精加工余量,为主要表面的精加工(精车或磨削)做好准备。

③精加工阶段　主要任务是保证各主要表面达到零件图规定的尺寸精度和表面粗糙度要求,主要目的是保证加工质量。

④超精加工阶段　对那些加工精度要求很高的零件(IT6 级以上,表面粗糙度为 $Ra\ 0.2\ \mu m$ 以下),在加工工艺过程的最后阶段安排细车、精车、超精磨、抛光或其他特种加工方法加工,以达到零件最终的精度要求,一般不用来提高位置精度。

划分加工阶段的目的如下:

①保证加工质量,使粗加工产生的误差和变形通过半精加工和精加工予以纠正,并逐步提高零件的加工精度和表面质量。

②合理使用设备,避免精加工设备用于粗加工,充分发挥机床的性能,延长使用寿命。

③便于安排热处理工序,使冷、热加工工序配合得更好,热处理变形可以通过精加工予以消除。

④有利于及早发现毛坯的缺陷。粗加工时发现毛坯缺陷,及时予以报废,以免继续加工造成资源的浪费。

加工阶段的划分不是绝对的,必须根据零件的加工精度要求和零件的刚性来决定。一般来说,零件精度要求越高,刚性越差,划分阶段应越细;当零件的生产批量小、精度要求不太高、零件刚性较好时,也可以不分或少分加工阶段。

以上加工阶段的划分同样适于数控铣削加工工艺。

(3)工序的划分

①工序划分的原则　工序划分的原则分为工序集中原则和工序分散原则两种。

- 工序集中原则　是指每道工序应包括尽可能多的加工内容,从而使加工内容集中在少数的几道工序中。其优点是:有利于采用高效的专用设备和数控机床,提高生产率;减少工序数目,缩短工艺路线,简化生产计划和生产组织工作;减少机床数量、操作工人数量和占地面积;减少工件装夹次数,不仅保证了各加工表面间的相互位置精度,而且缩短了夹具数量和装夹工件的辅助时间。其缺点是:专用设备和工艺装备投资大,调整维修比较麻烦,生产准备周期较长,不利于转产。

- 工序分散原则　是指每道工序的加工内容很少,将加工内容分散在较多的工序内进行。其优点是:加工设备和工艺装备结构简单,调整和维修方便,操作简单,容易转产;有利于选择合理的切削用量,缩短机动时间。其缺点是:工艺路线较长,所需工人数量多,占地面积大。

工序划分合理与否将直接影响数控机床优势的发挥和零件的加工质量,在数控车床上加工的零件,应优先按工序集中原则划分工序,在一次装夹下尽可能完成大部分甚至全部表面的加工。在工序集中原则下,加工路线的长短也关系到零件的加工精度和生产率。缩短加工路线,缩短机床停机时间和辅助时间,提高生产率,对于批量生产尤为重要。对于需要多台不同的数控机床、多道工序才能完成加工的零件,工序划分自然以机床为单位进行。

以上原则同样适用于数控铣削加工工艺。

②工序划分的方法

- 安装次数分序法　是指每安装一次就当作一个工序,这种工序划分方法适于加工内容不多的零件。将位置精度要求较高的表面安排在一次安装下完成,以免多次安装产生安装误差而影响位置精度。以图 1-10 所示的圆锥滚子轴承内圈加工为例,第一道工序采用图 1-10(a)所示的以大端面和大外径定位装夹方案,滚道与内孔的车削以及除大外径、大端面和相邻两个倒角外的所有表面均在这次装夹内完成;第二道工序采用图 1-10(b)所示的以已加工过的内孔和小端面定位装夹方案,车削大外圆、大端面及倒角。

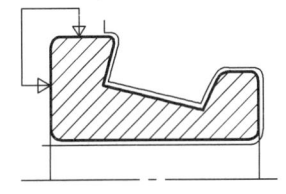

(a) 以大端面和大外径定位装夹方案　　(b) 以已加工过的内孔和小端面定位装夹方案

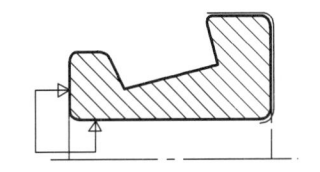

图 1-10　圆锥滚子轴承内圈精车两道工序加工方案

- 连续加工的完整程序分序法　是指以一个独立、完整的数控程序连续加工的内容作为一道工序的方法。例如,有些零件虽能在一次装夹中加工出很多待加工表面,但程序太长会受到某些限制,例如控制系统内存容量的限制、一个工作班内不能加工结束一道工序的限制等。程序太长还会增大出错率,查错与检索困难时可采用该方法划分工序。

- 刀具分序法　有些零件结构较复杂、加工内容较多,既有回转表面也有非回转表面;既有外圆、平面,也有内腔、曲面。对于加工内容较多的零件,按零件结构特点将加工内容组合分成若干部分,每一部分用一把典型刀具加工,这时可以将组合在一起的加工内容作为一道工序。这样可以减少换刀次数,缩短空行程时间。

- 粗、精加工分序法　是指以粗加工中完成的那一部分工艺过程为一道工序,以精加工中完成的那一部分工艺过程为另一道工序。对于容易发生加工变形的零件,粗加工后通常需要进行矫形,这时可以将粗加工和精加工作为两道或更多的工序,采用不同的刀具或不同的数控车床加工,以合理利用数控车床。对于毛坯余量较大和加工精度要求较高的零件,应将粗加工和精加工分开,划分成两道或更多的工序。将粗加工安排在精度较低、功率较大的数控车床上,将精加工安排在精度较高的数控车床上。这种工序划分方法适用于零件加工后易变形或精度要求较高的零件。

以如图 1-11 所示的手柄零件为例,说明工序的划分。该手柄零件加工所用坯料为 φ32 mm 棒料,成批生产,加工时用一台数控车床。试进行工序划分并确定装夹方案。

图 1-11　手柄零件

第一道工序如图 1-12(a)所示,夹棒料外圆柱面,将工件粗车后切断,工序内容是:车出 φ12 mm 和 φ20 mm 两圆柱面及圆锥面(粗车 R42 mm 圆弧的部分余量),换切断刀按总长要求(留下加工余量)切断。

第二道工序如图 1-12(b)所示,用 φ12 mm 外圆和 φ20 mm 端面装夹,工序内容是:先车削包络 SR7 mm 球面的 30°圆锥面,然后对全部圆弧表面半精车(留少量的精车余量),最后换精车刀将全部圆弧表面一刀精车成形。

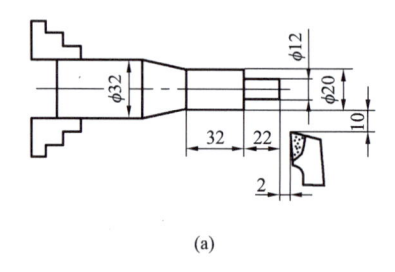

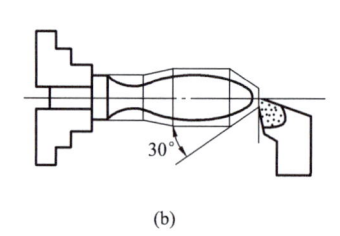

图 1-12　手柄加工及工序划分

综上所述,在数控加工划分工序时,一定要根据零件的结构工艺性、零件的批量、机床的功能、零件数控加工内容的多少、程序的大小、装夹次数及本单位生产组织状况灵活运用。要根据零件实际情况确定采用哪一种原则,但一定要力求合理。

以上工序划分方法同样适用于数控铣削加工工艺。

(4)加工顺序的安排

在数控加工过程中,加工对象复杂多样。有的加工对象既有面又有孔,那么先加工孔还是先加工面？如果需要加工的面有多个，那么哪个面先加工哪个面后加工？这便是加工顺序将要解决的问题。加工顺序安排得是否合理将影响零件的加工质量和效率，因此，在对具体零件制订数控加工顺序时，应该进行具体分析和区别对待，灵活处理，才能达到质量优、效率高和成本低的目的。

①切削加工工序安排的原则

- 基面先行　精基准的表面要首先加工出来，所以第一道工序一般是进行定位面的粗加工和半精加工，然后再以精基准面定位加工其他表面。例如，轴类零件顶尖孔的加工。

- 先粗后精　各表面均应按照粗加工→半精加工→精加工→超精加工的顺序依次进行，以便逐步提高加工精度、降低表面粗糙度。

- 先主后次　先加工主要表面（如定位基准、装配面、工作面），后加工次要表面（如自由表面、键槽、螺孔）。次要表面常穿插进行加工，一般安排在主要表面达到一定精度之后、最终精加工之前。

- 先面后孔　这是因为先加工好平面后，就能以平面定位加工孔，定位稳定、可靠，保证平面和孔的位置精度。此外，在加工后的平面上加工孔，既方便又容易，还能提高孔的加工精度，钻孔时孔的轴线不易偏斜。

- 先内后外、内外交叉　对于既有内表面（内型腔）又有外表面的回转体零件，安排加工顺序时，先粗加工内表面，然后粗加工外表面；之后进行内表面的精加工，以内表面定位精加工外表面。这是因为控制内表面的精度较困难，刀具刚性较差，加工中清除切屑较困难，并且以内孔定位（心轴）不易变形。

②数控加工工序安排的原则　切削加工工序安排的原则同样适用于数控加工工序安排的原则，同时还需考虑以下原则：

- 先近后远　按加工部位相对于对刀点（起刀点）的距离远近而言，在一般情况下，离对刀点近的部位先加工，离对刀点远的部位后加工，以缩短刀具移动距离及空行程时间。对车削加工而言，先近后远还可以保持工件的刚性，有利于切削加工。

例如，对于如图 1-13 所示的零件，如果按 $\phi 38 \rightarrow \phi 36 \rightarrow \phi 34$ 的次序安排车削，不仅会延长刀具返回对刀点的空行程时间，而且一开始就削弱了工件的刚性，还可能使台阶的外直角处产生毛刺（飞边）。对这类直径相差不大的台阶轴，当第一刀的背吃刀量（图中最大背吃刀量可为 3 mm 左右）未超限时，宜按 $\phi 34 \rightarrow \phi 36 \rightarrow \phi 38$ 的次序先近后远地安排车削。

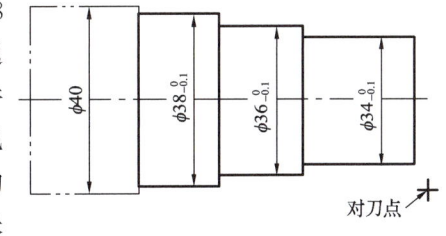

图 1-13　先近后远原则示例

- 保证工件加工刚度　在一道工序中进行的多工步加工，应先安排对工件刚性破坏较小的工步，后安排对工件刚性破坏较大的工步，以保证工件加工时的刚度要求。即一般先加工离装夹部位较远的、在后续工步中不受力或受力小的部位，后加工刚性差且在后续工步中易受力的部位。

- **用同一把刀尽量将加工内容连续加工完成** 此原则是指用同一把刀尽量把能加工的内容连续加工出来,以减少换刀次数,缩短刀具移动距离,特别是精加工同一表面时一定要连续切削。

以上切削加工顺序原则同样适用于其他数控加工工艺。

(5)加工进给路线的确定

加工进给路线是指数控机床加工过程中刀具相对于工件的运动轨迹和方向,也称为走刀路线。它泛指刀具从对刀点(或机床参考点)开始运动,直至返回该点并结束加工程序所经过的路径,包括切削加工的路径及刀具切入、切出等非切削空行程。它不但包括了工步的内容,也反映了工步的顺序。

①最短空行程路线 在保证加工质量的前提下,使加工程序具有最短的进给路线,不仅可以缩短整个加工过程的执行时间,还能减少机床进给机构滑动部件的磨损。

- **合理设置起刀点** 图1-14(a)考虑到加工过程中换刀方便,将起刀点与对刀点重合于点 A,设置在离坯件较远处。该方法为以矩形循环方式进行粗车的一般情况示例,其加工进给路线安排如下:

第一刀为 $A \to B \to C \to D \to A$。

第二刀为 $A \to E \to F \to G \to A$。

第三刀为 $A \to H \to I \to J \to A$。

图1-14(b)将循环加工的起刀点与对刀点分离,并将对刀点设置在点 B 位置,仍按相同的切削量进行三刀粗车,其加工进给路线安排如下:

起刀点与对刀点分离的空行程为 $A \to B$。

第一刀为 $B \to C \to D \to E \to B$。

第二刀为 $B \to F \to G \to H \to B$。

第三刀为 $B \to I \to J \to K \to B$。

显然,图1-14(b)所示的加工进给路线最短。

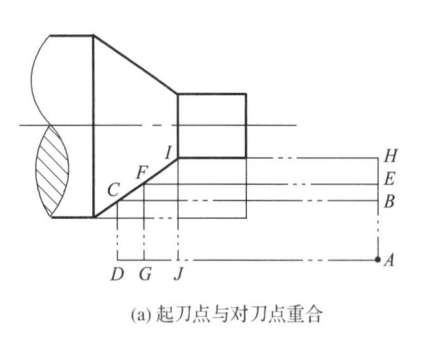

(a)起刀点与对刀点重合

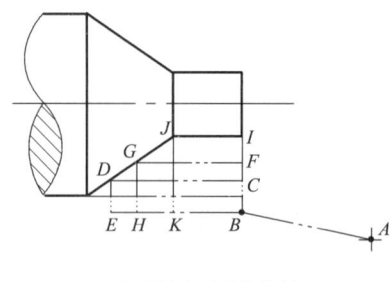

(b)起刀点与对刀点分离

图1-14 合理设置起刀点

- **合理设置换刀点** 为了换刀的方便和安全,将换刀点设在离工件较远的位置[图1-14(a)中的点 A]。一般假设一个程序中有一个换刀点,那么当换第二把刀后,进行精车时的空行程路线必然较长;如果将第二把刀的换刀点设置在图1-14(b)中的点 B 位置(因工件已去掉一定的余量),则可缩短空行程,需注意换刀过程中一定不能发生干涉。

● 合理安排"回零"路线　返回对刀点时,在不发生加工干涉的前提下,尽量采用 X、Z 坐标轴双向同时"回零",以缩短"回零"路线。

②最短的切削进给路线　最短的切削进给路线可有效地提高生产率,降低刀具损耗。在安排粗加工或半精加工的切削进给路线时,应同时兼顾到被加工零件的刚性及加工的工艺性要求,不要顾此失彼。

图 1-15 所示为常用的粗车循环加工进给路线示例,图中粗实线部分表示粗车的示例零件。图 1-15(a)所示为利用封闭式复合循环功能控制车刀沿着工件轮廓进行循环进给的路线;图 1-15(b)所示为利用程序循环功能进行的三角形循环进给路线;图1-15(c)所示为利用矩形循环功能进行的矩形循环进给路线。

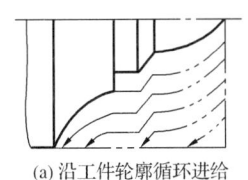

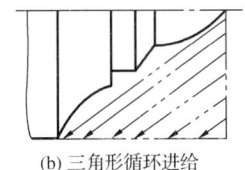

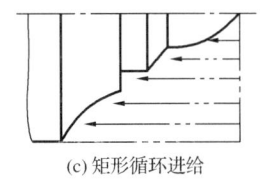

(a) 沿工件轮廓循环进给　　(b) 三角形循环进给　　(c) 矩形循环进给

图 1-15　常用的粗车循环加工进给路线示例

对以上三种进给路线进行分析和判断后可知,矩形循环进给路线的进给长度总和最短。因此在同等条件下,其切削所需时间(不含空行程)最短,刀具的损耗最少,可作为常用粗加工切削进给路线。但其也有缺点,粗加工后的精车余量不够均匀,一般需安排半精加工。

③精加工进给路线

● 完工轮廓的连续切削进给路线　在安排一刀或多刀进行的精加工进给路线时,其零件的完工轮廓应由最后一刀连续加工而成,并且加工刀具的进、退刀位置要考虑妥当,尽量不要在连续的轮廓中安排切入、切出、换刀或停顿,以免因切削力突然变化而造成工件弹性变形,致使光滑连续的轮廓上产生表面划伤、形状突变或滞留刀痕等缺陷。

● 换刀加工时的进给路线　主要根据工步顺序要求决定各刀加工的先后顺序及各刀进给路线的衔接。

● 切入、切出及接刀点位置的选择　应选在有空刀槽或表面间有拐点、转角的位置,而曲线要求相切或光滑连续的部位不能作为切入、切出及接刀点的位置。

● 各部位精度要求不一致的精加工进给路线　各部位精度相差不大时,应以最严的精度为准,连续走刀加工所有部位;若各部位精度相差很大,则精度接近的表面安排在同一把刀的走刀路线内加工,并先加工精度较低的部位,最后再单独安排精度较高部位的进给路线。

总之,进给路线的设计要特别考虑以下内容:粗加工时,寻求最短进给路线(包括空行程路线和切削路线),以缩短行走时间以提高加工效率;精加工时,力保工件轮廓表面进行加工后的精度和粗糙度要求,选择工件在加工时变形较小的进给路线;对于横截面面积较小的细长零件或薄壁零件,应采用分几次走刀加工直到最后尺寸或对称去余量法安排进给路线。

4 轴类零件的定位与装夹(1)

使工件在机床上或夹具中占有正确位置的过程,称为定位。在工件的加工工艺过程中,合理地选择定位基准对保证工件的尺寸精度和相互位置精度非常重要,定位基准的选择是一个很重要的工艺问题。定位基准根据粗、精加工时采用的基准分为粗基准和精基准。粗基准是指以毛坯表面为定位基准;精基准是指以零件已加工表面为定位基准。

选择定位基准时要从保证工件加工精度要求出发,因此定位基准的选择次序是先选精基准,再选粗基准。

(1)定位基准的选择

①精基准的选择原则

- 基准重合原则　为避免基准不重合而产生的误差,方便编程,应选用工序基准(设计基准)作为定位基准,并使工序基准、定位基准、编程原点三者统一。加工轴类零件时,采用两中心孔定位加工各外圆表面,则符合基准重合原则。

- 基准统一原则　尽量选择多个加工表面可共享的定位基准作为精基准,以保证各加工表面的相互位置精度,减小误差,简化夹具的设计,降低制造工作量和成本,缩短生产准备周期。例如,箱体类零件采用的"一面两销"定位就符合基准统一原则。

- 自为基准原则　某些要求加工余量较小且均匀的精加工工序选择加工表面本身作为定位基准,应符合自为基准原则。例如,浮动镗刀镗孔、珩磨孔、无心磨床磨外圆等均是自为基准的实例。

- 互为基准原则　当对工件上两个相互位置精度要求很高的表面进行加工时,需要用两个表面互相作为基准,反复进行加工,以保证位置精度的要求。例如,车床主轴的前锥孔与主轴支承轴颈间有严格的同轴度要求,加工时就以主轴支承轴颈外圆为定位基准加工主轴的前锥孔,再以主轴的前锥孔为定位基准加工主轴支承轴颈外圆,如此反复多次,最终达到加工要求。

- 便于装夹原则　所选用的定位基准应能保证定位准确、可靠,定位、夹紧机构简单,敞开性好,操作方便,能加工尽可能多的内容。

- 便于对刀原则　批量加工时,在工件坐标系已确定的情况下,采用不同的定位基准为对刀基准建立工件坐标系,会使对刀的方便性不同,有时甚至无法对刀,这时就要分析此种定位基准是否能满足对刀操作的要求,否则已定的工件坐标系须重新设定。

轴类零件多以轴两端的中心孔为精基准。因为轴的设计基准是轴线,这样既符合基准重合原则,又符合基准统一原则,还能在一次装夹中最大限度地完成多个外圆及端面的加工,易于保证各轴颈间的同轴度及端面的垂直度。当不能用轴(如带内孔的轴)两端的中心孔作为精基准时,可采用外圆表面或外圆表面和一端孔口作为精基准。

②粗基准的选择原则

- 重要表面原则　为保证工件上重要表面的加工余量小而均匀,应选择重要表面为粗基准。

- **相互位置要求原则** 当工件的加工表面与某不加工表面之间有相互位置精度要求时，应选择不加工表面作为粗基准，以达到壁厚均匀、外形对称等要求。当有多个不加工表面时，应选择与加工表面位置精度要求较高的表面作为粗基准。
- **加工余量合理分配原则** 当工件的某重要表面要求加工余量均匀时，应选择该表面作为粗基准。
- **不重复使用原则** 粗基准在同一尺寸方向上应只使用一次。
- **便于装夹原则** 粗基准应选用面积较大，平整光洁，无浇口、冒口、飞边的表面，这样，工件的定位才稳定可靠。

轴类零件的粗加工可选外圆表面作为定位粗基准，以此定位加工两端面和中心孔，为后续工序准备精基准。

粗、精基准的各条选择原则是从不同方面提出的，在实际生产中，无论精基准还是粗基准的选择，很难做到完全符合上述原则，在具体使用时常常会互相矛盾，这就需要根据具体的加工对象和加工条件进行辩证分析，分清主次，灵活运用这些原则，保证其主要的技术要求。

(2) 短轴的定位与装夹

工件从定位到夹紧的整个过程称为工件的装夹。轴类零件的径向设计基准在中心轴线，因此，在数控车床上进行工件的装夹时，必须使工件表面的回转中心轴线（工件坐标系 Z 坐标轴）与数控车床的主轴中心线重合，这符合径向设计基准与定位基准重合的原则。对于长径比小于 4 的短轴类及盘套类零件而言，一般采用如图 1-16 所示自定心三爪卡盘装夹零件。对于较大外径的零件，则采用如图 1-17 所示反爪夹持大棒料。

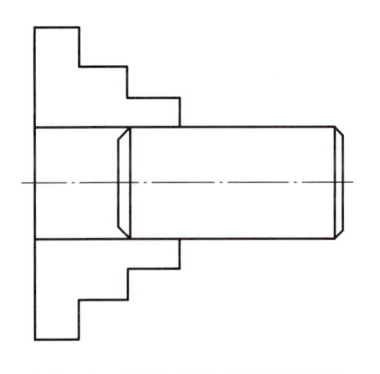

图 1-16 自定心三爪卡盘装夹零件　　图 1-17 反爪夹持大棒料

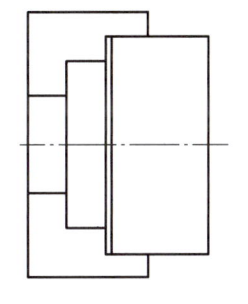

① 数控车床常用夹具

- **三爪卡盘** 三爪卡盘通常包括手动三爪卡盘与液压三爪卡盘，分别如图 1-18 和图 1-19 所示。其中，手动三爪卡盘能自动定心，夹持范围大，一般无须找正，且装夹速度较快，但夹紧力较小，卡盘磨损后会降低定心精度。液压三爪卡盘装夹迅速、方便，能提高生产率和减轻劳动强度，但夹持范围小（只能夹持直径变动约为 5 mm 的工件），对于尺寸变化大的工件需重新调整卡爪位置。数控车床广泛采用液压三爪卡盘。

图 1-18　手动三爪卡盘　　　　　　　　图 1-19　液压三爪卡盘

● 卡爪　卡爪有硬爪和软爪、正爪和反爪之分。硬爪经过淬火热处理，卡爪硬度一般为 45～50HRC；软爪未经过淬火热处理或只经过调质处理，卡爪硬度一般为 28～30HRC；正爪用于夹持工件外圆；反爪就是将卡爪掉转 180°安装，用来胀紧工件内孔。

软爪是在使用前为了配合被加工工件而特别制造的，例如加工成圆弧面、圆锥面或螺纹等形式，可获得理想的夹持精度。液压三爪卡盘自定心精度虽比普通三爪自定心卡盘好一些，但仍不适于对零件同轴度要求较高的二次装夹加工，也不适于批量生产零件时按上一道工序的已加工面装夹加工几何精度（如同轴度）要求高的零件。因此单件生产时，可用找正法装夹加工，批量生产时常采用软爪。数控车床自车加工软爪时需要注意以下几个方面：

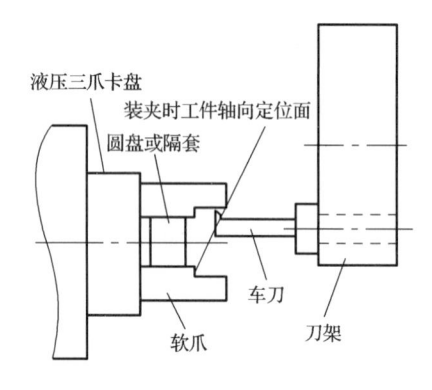

图 1-20　数控车床自车加工内圆弧软爪示例　　　　自车内圆弧软爪

首先，软爪要在与使用时相同的夹紧状态下进行车削，以免在加工过程中松动或由于卡爪反向间隙而引起定心误差，车削软爪内定心表面时，要在靠近卡盘处夹适当的圆盘料，以消除卡盘端面螺纹的间隙。如图 1-20 所示为数控车床自车加工内圆弧软爪示例。

其次，当被加工工件以外圆定位时，软爪夹持直径应比工件外圆直径略小，如图 1-21(a) 所示；其目的是增加软爪与工件的接触面积。当软爪内径大于工件外径时，会使软爪与工件形成三点接触，如图 1-21(b) 所示；此种情况下夹紧不牢固，且极易在工件表面留下压痕，应尽量避免。当软爪内径过小时，如图 1-21(c) 所示，会使软爪与工件形成六点接触；这样不仅会在工件表面留下压痕，而且软爪接触面也会变形，在实际使用中应尽量避免。

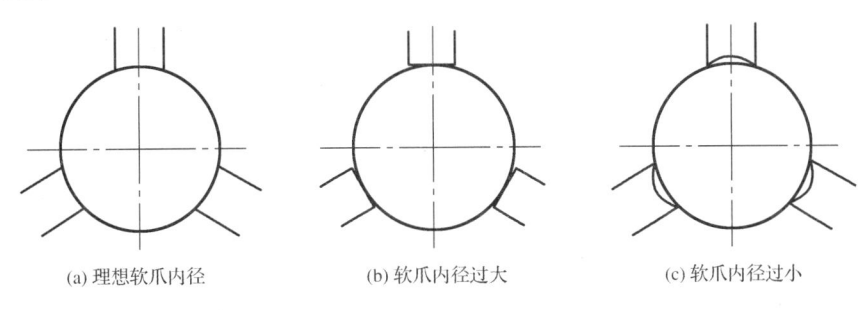

(a) 理想软爪内径　　　　(b) 软爪内径过大　　　　(c) 软爪内径过小

图 1-21　软爪夹持外圆

②数控车削夹持长度　数控车削夹持长度及夹紧余量参考值见表 1-2。夹紧余量是指数控车刀车削至靠近三爪端面处与卡爪外端面的距离。

表 1-2　　　　　　　　　数控车削夹持长度及夹紧余量参考值

使用设备	夹持长度/mm	夹紧余量/mm	应用范围
数控车床	5～10	7	用于加工直径较大、实心、易切断的零件
	15		用于加工套、垫片等零件,一次车削好,不调头
	20	7	用于加工有色薄壁管、套管零件
	25		用于加工各种螺纹、滚花及用样板刀车削圆球等

③使用三爪自定心卡盘的注意事项　三爪自定心卡盘的三个卡爪是同步运动的,能自动定心,一般无须找正,但装夹时一般需要有轴向支承面,否则所需的夹紧力可能过大而夹伤工件。用三爪自定心卡盘装夹工件进行粗车或精车时,若工件直径小于或等于 30 mm,则其悬伸长度应不大于工件直径的 3 倍;若工件直径大于 30 mm,则其悬伸长度应不大于工件直径的 5 倍。

用三爪自定心卡盘装夹精加工过的工件表面时,被夹住的工件表面应包一层铜皮,以免夹伤工件表面。

三爪自定心卡盘可装成正爪或反爪两种形式。当车削较大的空心零件的外圆时,可使三个卡爪做离心运动,用反爪把工件内孔撑住进行车削。

5 数控车刀介绍

(1) 数控车刀的种类

数控车刀是金属切削加工中应用最广的一种刀具。车刀的种类很多,按用途可分为外圆车刀、端面车刀、切断车刀、螺纹车刀、内孔车刀、仿形车刀和切槽车刀等,如图 1-22 所示。按结构可分为整体式车刀、焊接式车刀、机夹式车刀、可转位车刀和成形车刀等,如图 1-23 所示。

(2) 对数控车刀的基本要求

数控车床主要用于回转体零件的车、镗、钻、铰、攻螺纹等加工,一般能自动完成内外圆柱面、圆锥面、球面、端面等工序的切削加工。数控车床能兼做粗车和精车。

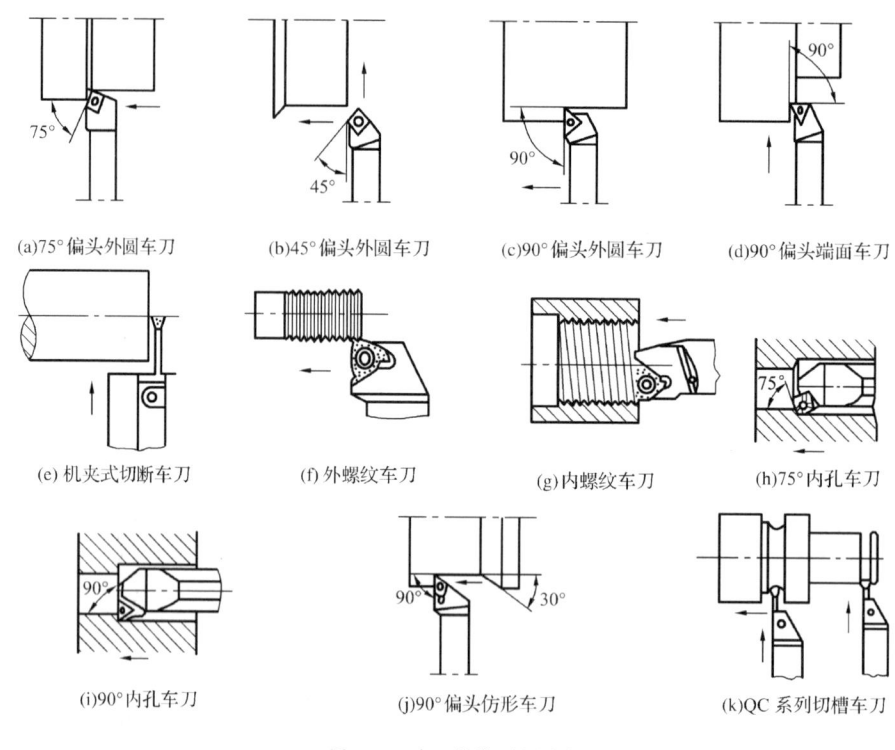

(a) 75°偏头外圆车刀　　(b) 45°偏头外圆车刀　　(c) 90°偏头外圆车刀　　(d) 90°偏头端面车刀

(e) 机夹式切断车刀　　(f) 外螺纹车刀　　(g) 内螺纹车刀　　(h) 75°内孔车刀

(i) 90°内孔车刀　　(j) 90°偏头仿形车刀　　(k) QC系列切槽车刀

图 1-22　车刀的类型和用途

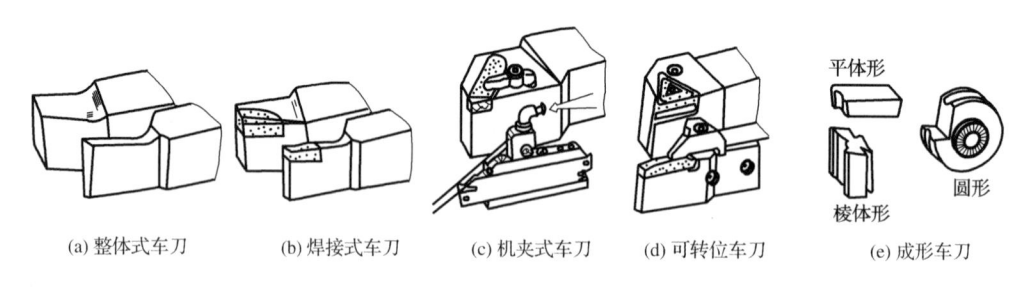

(a) 整体式车刀　　(b) 焊接式车刀　　(c) 机夹式车刀　　(d) 可转位车刀　　(e) 成形车刀

图 1-23　车刀的类型和结构

① 粗车时为了提高效率,需要吃大刀、快走刀,要求粗车刀具强度高、耐用度好。

② 精车时为了保证精加工质量,要求精车刀具精度高。

③ 为缩短换刀时间和方便对刀,应尽可能多地采用机夹式车刀。

④ 刀片应能可靠地断屑或卷屑,例如,使用三维断屑槽的刀片,以利于切屑的排除。

⑤ 寿命长,切削性能稳定、可靠,或刀片耐用度的一致性好,以便于使用刀具寿命管理功能。(3) 机夹式可转位车刀及刀片

为缩短换刀时间和方便换刀,便于实现机械加工的标准化,数控车削加工时尽量采用机夹式可转位车刀。

① 机夹式可转位车刀的种类　按其用途可分为外圆车刀、仿形车刀、端面车刀、内孔车刀、切断车刀、螺纹车刀和切槽车刀等。具体类型、常用主偏角和适用机床见表 1-3。

表 1-3　　可转位车刀的类型、常用主偏角和适用机床

类　型	常用主偏角	适用机床
外圆车刀	45°、50°、60°、75°、90°	普通车床和数控车床
仿形车刀	93°、107.5°	仿形车床和数控车床
端面车刀	45°、75°、90°	普通车床和数控车床
内孔车刀	45°、60°、75°、90°、91°、93°、95°、107.5°	普通车床和数控车床
切断车刀	无	普通车床和数控车床
螺纹车刀	无	普通车床和数控车床
切槽车刀	无	普通车床和数控车床

常见的机夹式可转位车刀如图 1-24 所示。

(a) 外圆车刀、端面车刀　　(b) 外圆车刀　　(c) 内孔车刀

(d) 螺纹车刀　　(e) 刀断车刀、切槽车刀

图 1-24　常见的机夹式可转位车刀

②机夹式可转位车刀刀片的选择　其选择依据是被加工零件的材料、表面粗糙度、加工余量等。

● 刀片材料的选择　车刀刀片材料主要包括高速钢、硬质合金、涂层硬质合金、陶瓷、立方氮化硼(CBN)、聚晶金刚石(PCD),应用最多的是硬质合金刀片和涂层硬质合金刀片。刀片材料的选择主要依据被加工工件的材料、被加工表面的精度要求、表面质量、切削载荷的大小以及加工中有无冲击和振动等情况。

● 刀片尺寸的选择　刀片尺寸的大小(刀片切削刃的长度 l)取决于必要的有效切削刃长度 L。有效切削刃长度 L 与背吃刀量 a_p 均和车刀的主偏角 κ_r 有关,如图 1-25 所示。使用时可查阅相关手册或刀具公司的刀具样本选取。

● 刀片形状的选择　机夹式可转位车刀刀片的形状按国家标准 GB/T 2076—2021 大致可分为带圆孔、带沉孔、无孔三大类。刀片的形状有三角形、正方形、五边形、六边形、菱形及圆形等 17 种,具体依据相应的刀夹系统而定。

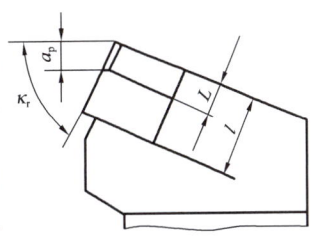

图 1-25　L、a_p 与 κ_r 的关系

常见的机夹式可转位车刀刀片形状如图 1-26 所示。

正三角形(T 形、F 形)刀片多用于主偏角为 60°或 90°的外圆车刀、端面车刀和内孔车

刀。但此类刀片的刀尖角小、强度差、耐用度低,只适用于较小的切削用量。

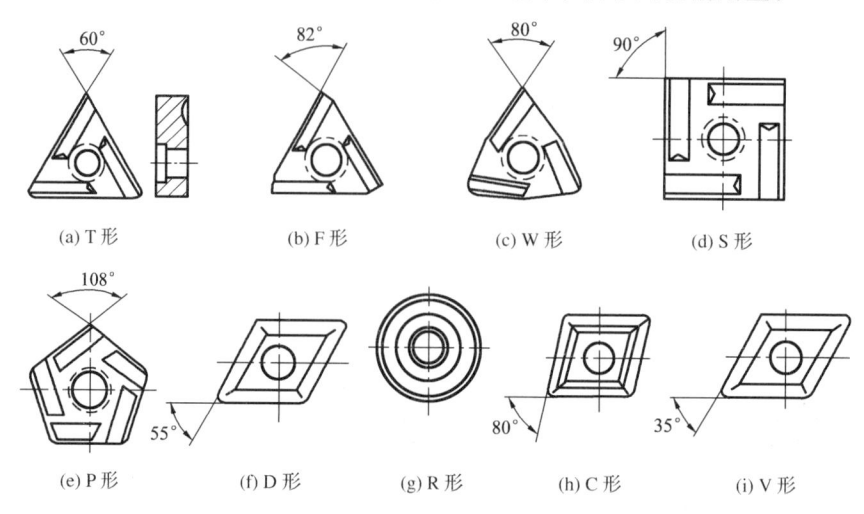

(a) T形　　(b) F形　　(c) W形　　(d) S形

(e) P形　　(f) D形　　(g) R形　　(h) C形　　(i) V形

图 1-26　常见的机夹式可转位车刀刀片形状

凸三边形(等边不等角六边形)(W形)刀片的刀尖角为80°,刀尖强度、寿命比T形刀片好。此类刀片应用较广,除工艺系统较差者外均宜采用。

正方形(S形)刀片的刀尖角为90°,其强度和散热性能均比T形刀片好。此类刀片主要用于主偏角为45°、60°、75°等的外圆车刀、端面车刀和内孔车刀,通用性较好。

正五边形(P形)刀片的刀尖角为108°,其强度、耐用度高,散热面积大。但切削时径向力大,只宜在加工系统刚性较好的情况下使用。

菱形(V形、C形、D形)刀片和圆形(R形)刀片主要用于成形表面和圆弧表面的加工。

边数多的刀片,刀尖角大、耐冲击,可利用的切削刃多,刀具寿命长,但其切削刃短,工艺适应性差。另外,刀尖角大的刀片在车削时背向力大,容易引起振动。

③刀杆的选择

● 左、右手刀杆的选择　弯头或直头刀杆按车削方向可分为右手刀R(右手)、左手刀L(左手)和左右刀N(左右手)。右手刀R车削时,自右至左车削工件回转表面。左手刀L车削时,自左至右车削工件回转表面。左右刀N车削时,既可自左至右车削工件回转表面,也可自右至左车削工件回转表面,如图1-27所示。车削加工时要注意区分左、右手刀的方向,选择左、右手刀杆时要考虑机床刀架是前置式还是后置式,前刀面是向上还是向下,主轴的旋转方向以及需要的进给方向等。

● 刀杆头部形式的选择　刀杆头部形式按主偏角和直头、弯头可分为15～18种,各种形式规定了相应的代码,国家标准和刀具样本中都一一列出,可根据实际情况选择。车削直角台阶的工件,可选主偏角大于或等于90°的刀杆。一般粗车可选主偏角为45°～90°的刀杆;精车可选主偏角为45°～75°的刀杆;中间切入、仿形车削则可选主偏角为45°～107.5°的刀杆。工艺系统刚性好时可选主偏角较小的刀杆,工艺系统刚性差时可选主偏角较大的刀杆。如图1-28所示为几种不同主偏角车刀刀杆形式,图中的箭头指向表示车削时车刀的进给方向。车削端面时,可以用偏刀或45°端面车刀。

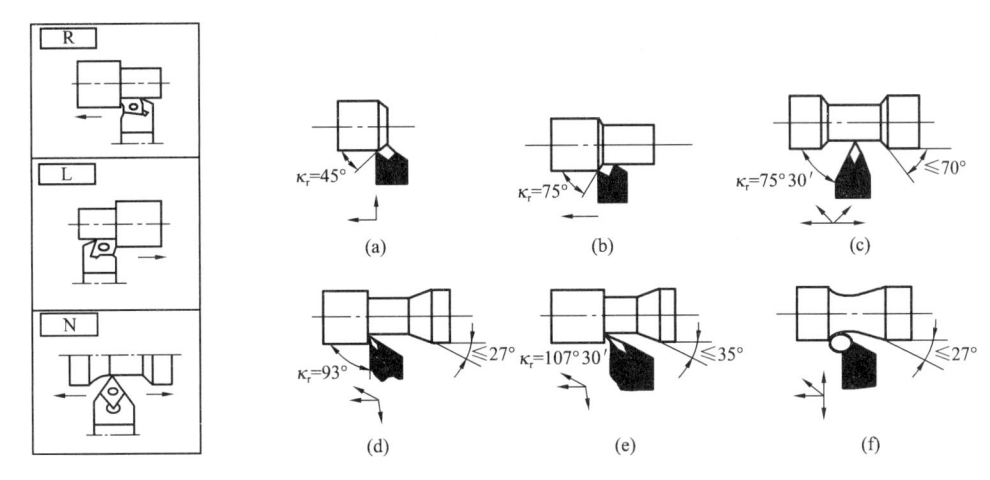

图 1-27　左、右手刀杆　　　　图 1-28　几种不同主偏角车刀刀杆形式

④刀片夹紧方式的选择　机夹式可转位车刀由刀片、定位元件、夹紧元件和刀体组成。常见的机夹式可转位车刀刀片的夹紧方式有杠杆式、楔块式、楔块上压式和螺钉上压式四种夹紧方式。前三种如图1-29所示。

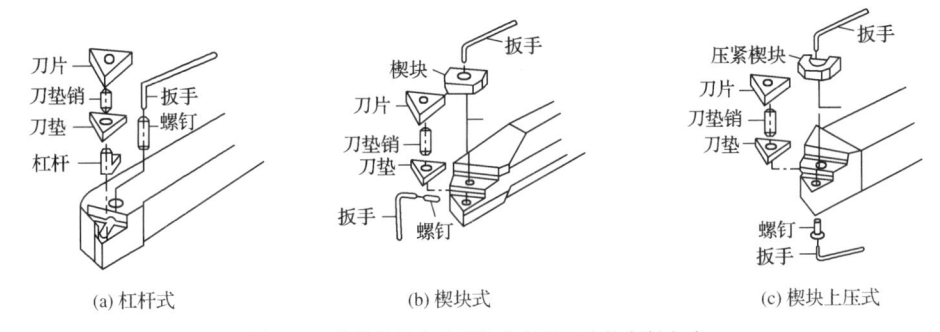

(a) 杠杆式　　　　(b) 楔块式　　　　(c) 楔块上压式

图1-29　常见的机夹式可转位车刀刀片的夹紧方式

6 数控车削用量的选择

切削用量的大小对切削力、切削功率、刀具磨损、加工质量和加工成本等均有显著影响。选择切削用量时,应在保证加工质量和刀具寿命的前提下,充分发挥机床潜力和刀具切削性能,使切削效率最高,加工成本最低。

(1) 切削用量的选择原则

数控车削加工中的切削用量包括背吃刀量 a_p、机床主轴转速 n 或切削速度 v_c（用于恒线速度切削）、进给速度 v_f 或进给量 f。切削用量的选择需要考虑机床、刀具、工件材料和工艺等因素。

①粗车时切削用量的选择原则　粗车的主要特点是加工精度和表面质量要求不高,毛坯余量大而不均匀。因此,粗车时选择切削用量的出发点是充分发挥机床潜力和刀具切削性能,使单件工序时间最短,提高生产率,降低加工成本。

单件工序时间 t_w 主要包括机动时间 t_m 和辅助时间 t_f。车削外圆的机动时间为

$$t_m = \frac{L}{nf} \cdot \frac{Z}{a_p} = \frac{\pi d_w L Z}{1\,000 v_c f a_p} \tag{1-1}$$

式中　d_w——被加工工件直径，mm；

　　　L——切削行程，mm；

　　　Z——工件单边加工余量，mm；

　　　n——机床主轴转速，r/min；

　　　v_c——切削速度，m/min；

　　　f——进给量，mm/r；

　　　a_p——背吃刀量，mm。

由式(1-1)可知，欲使机动时间最短，必须使 v_c、f、a_p 三者之积最大。因为切削速度对刀具寿命影响很大，而背吃刀量对刀具寿命影响最小，所以如果首先将切削速度选得很大，刀具的寿命就会急剧下降，使换刀次数增加，辅助时间延长。若要延长刀具寿命，进给量和背吃刀量就要选得很小，这样就使得机动时间延长；如果选用小的背吃刀量，可能会导致走刀次数增加，降低生产率。

由以上分析可知，粗车时切削用量的选择原则是：首先选择尽可能大的背吃刀量 a_p，其次选择较大的进给量 f，最后确定一个合适的切削速度 v_c。

②精车时切削用量的选择原则　精车时，对加工精度和表面粗糙度的要求较高，但加工余量不大且较均匀，因此选择精车的切削用量时，应着重考虑如何保证加工质量，并在此基础上尽量提高生产率。因此，精车时应选用较小(但不能太小)的背吃刀量 a_p 和进给量 f，并选用性能高的刀具材料和合理的刀具几何参数，以尽可能提高切削速度 v_c。

(2)切削用量的选择方法

①背吃刀量 a_p 的选择　粗车时，在工艺系统刚度和机床功率允许的情况下，尽可能选取较大的背吃刀量，以减少进给次数。一般当毛坯直径余量小于 6 mm 时，根据加工精度考虑是否留出半精车和精车余量，剩下的余量可一次切除。当零件的精度要求较高时，为了保证加工精度和表面粗糙度，一般都留有一定的精加工余量，其大小可小于普通加工的精加工余量。一般半精车余量为 0.5～2 mm，精车余量为 0.1～0.5 mm。

②进给速度 v_f 或进给量 f 的选择　进给速度是指在单位时间内，刀具沿进给方向移动的距离。进给量是指工件每转一转，刀具相对于工件沿进给方向移动的距离，因此进给速度为

$$v_f = n \cdot f \tag{1-2}$$

式中　v_f——进给速度，mm/min；

　　　f——进给量，mm/r；

　　　n——机床主轴转速，r/min。

粗车时加工表面粗糙度要求不高，车削每转的进给量主要受刀杆、刀片、工件和机床进给机构的强度与刚度能承受的切削力所限制，一般取 0.3～0.8 mm/r。半精车与精车的进给量主要受加工表面粗糙度要求的限制，半精车时的进给量常取 0.2～0.5 mm/r，精车时的进给量常取 0.1～0.3 mm/r，切断时的进给量常取 0.05～0.2 mm/r。工件材料较软时，可选用较大的进给量；工件材料较硬时，应选用较小的进给量。

硬质合金车刀粗车外圆、端面的进给量参考数值和按表面粗糙度选择进给量的参考数值分别见表 1-4 和表 1-5，供选用时参考。

表 1-4　　　　　　　硬质合金车刀粗车外圆、端面的进给量参考数值

工件材料	车刀刀杆尺寸/(mm×mm)	工件直径 d_w/mm	背吃刀量 a_p/mm ≤3	>3~5	>5~8	>8~12	>12
			进给量 f/(mm·r^{-1})				
碳素结构钢、合金结构钢及耐热钢	16×25	20	0.3~0.4	—			
		40	0.4~0.5	0.3~0.4			
		60	0.5~0.7	0.4~0.6	0.3~0.5		
		100	0.6~0.9	0.5~0.7	0.5~0.6	0.4~0.5	
		400	0.8~1.2	0.7~1.0	0.6~0.8	0.5~0.6	
	20×30 25×25	20	0.3~0.4	—			
		40	0.4~0.5	0.3~0.4			
		60	0.5~0.7	0.5~0.7	0.4~0.6		
		100	0.8~1.0	0.7~0.9	0.5~0.7	0.4~0.7	
		400	1.2~1.4	1.0~1.2	0.8~1.0	0.6~0.9	0.4~0.6
铸铁铜合金	16×25	40	0.4~0.5	—			
		60	0.5~0.8	0.5~0.8	0.4~0.6		
		100	0.8~1.2	0.7~1.0	0.6~0.8	0.5~0.7	
		400	1.0~1.4	1.0~1.2	0.8~1.0	0.6~0.8	
	20×30 25×25	40	0.4~0.5	—			
		60	0.5~0.9	0.5~0.8	0.4~0.7		
		100	0.9~1.3	0.8~1.2	0.7~1.0	0.5~0.8	
		400	1.2~1.8	1.2~1.6	1.0~1.3	0.9~1.1	0.7~0.9

注：① 加工断续表面及有冲击的工件时，表内进给量应乘以系数 $k=0.75$~0.85。
② 在无外皮加工时，表内进给量应乘以系数 $k=1.1$。
③ 加工耐热钢及其合金时，进给量不大于 1 mm/r。
④ 加工淬硬钢时，进给量应减小。当钢的硬度为 44~56HRC 时，表内进给量应乘以系数 $k=0.8$；当钢的硬度为 57~62HRC 时，表内进给量应乘以系数 $k=0.5$。

表 1-5　　　　　　　按表面粗糙度选择进给量的参考数值

工件材料	表面粗糙度 Ra/μm	切削速度 v_c/(m·min^{-1})	刀尖圆弧半径 $r_ε$/mm 0.5	1.0	2.0
			进给量 f/(mm·r^{-1})		
铸铁、青铜、铝合金	>5~10	100~200	0.25~0.40	0.40~0.50	0.50~0.60
	>2.5~5		0.15~0.25	0.25~0.40	0.40~0.60
	>1.25~2.5		0.10~0.15	0.15~0.20	0.20~0.35
碳素钢及合金钢	>5~10	<50	0.30~0.50	0.45~0.60	0.55~0.70
		>50	0.40~0.55	0.55~0.65	0.65~0.70
	>2.5~5	<50	0.18~0.25	0.25~0.30	0.30~0.40
		>50	0.25~0.30	0.30~0.35	0.30~0.50
	>1.25~2.5	<50	0.10~0.15	0.11~0.15	0.15~0.22
		50~100	0.11~0.16	0.16~0.25	0.25~0.35
		>100	0.16~0.20	0.20~0.25	0.25~0.35

③主轴转速 n 的选择　车削时,主轴转速应根据零件上被加工部位的直径,并按零件和刀具的材料及加工性质等条件所允许的切削速度 v_c 来确定。切削速度除了计算和查表选取外,还可以根据实践经验确定。切削速度确定之后,即可计算主轴转速,即

$$n=\frac{1\,000v_c}{\pi d} \tag{1-3}$$

式中　　n——主轴转速,r/min;

　　　　v_c——切削速度,m/min;

　　　　d——切削刃选定点处所对应的工件或刀具的回转直径,mm。

硬质合金外圆车刀切削速度的参考数值见表 1-6,供选用时参考。

表 1-6　　　　　　　硬质合金外圆车刀切削速度的参考数值

工件材料	热处理状态	$a_p=0.3\sim2$ mm $f=0.08\sim0.3$ mm/r	$a_p=2\sim6$ mm $f=0.3\sim0.6$ mm/r	$a_p=6\sim10$ mm $f=0.6\sim1$ mm/r
		$v_c/(\text{m}\cdot\text{min}^{-1})$		
低碳钢	热轧	140～180	100～120	70～90
中碳钢	热轧	130～160	90～110	60～80
	调质	100～130	70～90	50～70
合金结构钢	热轧	100～130	70～90	50～70
	调质	80～110	50～70	40～60
工具钢	退火	90～120	60～80	50～70
灰铸铁	<190HBS	90～120	60～80	50～70
	190～225HBS	80～110	50～70	40～60
高锰钢		10～20		
铜及铜合金		200～250	120～180	90～120
铝及铝合金		300～600	200～400	150～200
铸铝合金		100～180	80～150	60～100

注:切削钢及灰铸铁时,刀具耐用度约为 60 min。

国产硬质合金刀具及钻孔数控车切削用量参考数值见表 1-7。

表 1-7　　　　　国产硬质合金刀具及钻孔数控车切削用量参考数值

工件材料	加工方式	背吃刀量 a_p/mm	切削速度 $v_c/(\text{m}\cdot\text{min}^{-1})$	进给量 $f/(\text{mm}\cdot\text{r}^{-1})$	刀具材料
碳素钢 ($\sigma_b\geqslant600$ MPa)	粗加工	5～7	60～80	0.2～0.4	YT 类
	粗加工	2～3	80～120	0.2～0.4	
	精加工	0.2～0.3	120～150	0.1～0.2	
	车螺纹		70～100	导程	
	钻中心孔		500～800 r·min^{-1}		W18Cr4V
	钻孔		10～30	0.1～0.2	
	切断(宽度<5 mm)		70～110	0.1～0.2	YT 类

续表

工件材料	加工方式	背吃刀量 a_p/mm	切削速度 v_c/(m·min^{-1})	进给量 f/(mm·r^{-1})	刀具材料
合金钢 (σ_b=1 470 MPa)	粗加工	2~3	50~80	0.2~0.4	YT类
	精加工	0.1~0.15	60~100	0.1~0.2	
	切断(宽度<5 mm)		40~70	0.1~0.2	
铸铁 (硬度<200HBS)	粗加工	2~3	50~70	0.2~0.4	YG类
	精加工	0.1~0.15	70~100	0.1~0.2	
	切断(宽度<5 mm)		50~70	0.1~0.2	
铝	粗加工	2~3	180~250	0.2~0.4	YG类
	精加工	0.2~0.3	200~280	0.1~0.2	
	切断(宽度<5 mm)		150~220	0.1~0.2	
黄铜	粗加工	2~4	150~220	0.2~0.4	YG类
	精加工	0.1~0.15	180~250	0.1~0.2	
	切断(宽度<5 mm)		150~220	0.1~0.2	

7 数控工艺卡片的填写

数控加工工艺文件既是数控加工的依据,也是操作者遵守、执行的作业指导书。数控加工工艺文件是对数控加工的具体说明,目的是让操作者更明确加工程序的内容、装夹方式、加工顺序、走刀路线、切削用量和各个加工部位所选用的刀具等作业指导规程。数控加工工艺文件主要包括数控加工工序卡和数控加工刀具卡,更详细的还有数控加工走刀路线图等,有些数控加工工序卡还要求画出工序简图。

目前,数控加工工序卡、数控加工刀具卡及数控加工走刀路线图还没有统一的标准格式,都是由各个单位结合具体情况自行确定的。

(1)数控加工工序卡

数控加工工序卡与普通加工工序卡有许多相似之处,所不同的是:若要求画出工序简图,则工序简图中应注明编程原点与对刀点,进行简要的编程说明(如所用加工机床型号、程序编号)并选择切削用量。具体的数控加工工序卡见表1-8。

表1-8　　　　　　　　×××数控加工工序卡

单位名称	×××	产品名称或代号	零件名称	零件图号
		×××	×××	×××
工序号	程序编号	夹具名称	加工设备	车间
×××	×××	×××	×××	×××
工序简图				
工步号	工步内容	刀具号	刀具规格	主轴转速	进给速度	背吃刀量	备注
编制	×××	审核	×××	批准	×××	年 月 日	共 页　第 页

(2)数控加工刀具卡

数控加工刀具卡反映了刀具号、刀具型号、规格、名称、刀具的数量和刀长、刀具的加工表面等。有些更详细的数控加工刀具卡还要求反映刀具结构、尾柄规格、组合件名称代号、刀片型号和材料等。数控加工刀具卡是组装和调整刀具的依据,其一般形式见表 1-9。

表 1-9　　　　　　　　　×××数控加工刀具卡

产品名称或代号	×××	零件名称	×××	零件图号	×××		
序号	刀具号	刀　具			加工表面	备注	
^	^	型号、规格、名称	数量	刀长/mm	^	^	
编制	×××	审核	×××	批准	×××	年　月　日	共　页　第　页

(3)数控加工走刀路线图

数控加工走刀路线图为操作者提供了程序中的刀具运动路线(如从哪里下刀、在哪里抬刀、哪里是斜下刀等)。为简化走刀路线图,一般可采用统一约定的符号来表示。不同的机床可以采用不同的图例与格式。常见的数控加工走刀路线图见表 1-10。

表 1-10　　　　　　　　　×××数控加工走刀路线图

零件图号	×××	工序号	×××	工步号	×××	程序号	×××
机床型号	×××	程序段号	×××	加工内容		共　页	第　页

符号	⊙	⊗	⊕	→	→	↓	---	⌐⌐	⌒
含义	抬刀	下刀	编程原点	起刀点	走刀方向	走刀线相交	爬斜坡	铰孔	行切

任务实施

1　零件图的工艺分析

(1)尺寸精度分析

根据标准公差数值表可知,圆柱面直径 $\phi16\pm0.009$ mm、$\phi20\pm0.01$ mm、$\phi30\pm0.01$ mm 的尺寸精度达 IT7 级,精度要求高。

(2)几何精度分析

图 1-1 所示阶梯轴零件无几何公差要求。

(3)结构分析

本任务为典型回转体零件的数控加工工艺设计,要求零件图尺寸标注完整、正确,加工部位明确、清楚,材料为 45 钢,加工工艺性好。由零件图可知,该零件的加工部位为四段外圆柱面、一个圆锥面及两处倒角。由于尺寸精度较高,所以整个零件适于在数控车床上加工。

2 机床的选择

本任务为单件生产,毛坯尺寸为 $\phi 45 \text{ mm} \times 90 \text{ mm}$。零件的表面粗糙度要求较高($Ra$ 1.6 μm),尺寸精度也较高,因此选用尺寸规格不大的型号为 CJK6132 的经济型数控车床。

3 加工工艺路线的设计

(1)加工方案的确定

根据外回转表面的加工方法、加工精度及表面加工质量要求,根据表 1-1 选择粗车→半精车→精车的加工方法,考虑到零件的毛坯余量少,半精车可以省略,仍可满足零件图的技术要求。

(2)加工工序的划分

本任务的加工内容简单,各段轴径及轴长适中,且所需加工的零件从右至左的四段圆柱面的直径递增,一次装夹即可完成全部加工内容,只有一道加工工序。

(3)加工顺序的安排

本任务中零件的表面粗糙度为 Ra 1.6 μm,加工顺序应先粗后精,粗车后单边留 0.25 mm 的精车余量;按从近到远(从右到左)的原则进行,即先从右到左进行粗车(单边留 0.25 mm 的精车余量),然后从右到左进行精车。

(4)工艺路线的拟订

根据上述加工顺序安排,本任务中所加工的零件的加工工艺路线为:先粗、精车右端面,再从右到左粗、精车 $\phi 16 \pm 0.009$ mm,倒角 C2,$\phi 20 \pm 0.01$ mm,锥面,$\phi 30 \pm 0.01$ mm,$\phi 40 \pm 0.012$ mm 所有加工表面并达到零件图要求(利用粗、精车循环指令);切断;调头平端面,保证总长达零件图要求。其中,加工进给路线如下:粗加工路线为阶梯切削路线,精加工路线为从右到左的零件轮廓路线。

4 装夹方案及夹具选择

本任务是加工典型的回转体零件,装夹方案选用普通三爪卡盘夹紧外径,需要注意夹持长度及夹持力度。

5 刀具的选择

本任务中只有端面和外径需要加工。根据各类车刀的加工对象和特点,加工端面和外径选用右偏外圆车刀,如图 1-30 所示;为了切断零件,选择了切断车刀,如图 1-31 所示。

图 1-30　右偏外圆车刀(右手刀)　　　　图 1-31　切断车刀

6 切削用量的选择

数控车削的切削用量包括背吃刀量 a_p、进给量 f 或进给速度 v_f、主轴转速 n 等。

(1) 背吃刀量 a_p

本任务中所加工零件的外径、端面的加工余量不大,分为粗加工和精加工两次完成。外圆粗加工时,在工艺系统刚度和机床功率允许的情况下,尽可能选取较大的背吃刀量 a_p,以减少进给次数。单边留 0.25 mm 的精加工余量,其余的材料由粗加工一次完成。

(2) 进给量 f

根据表 1-4 和表 1-5,所加工零件粗车外径、端面的进给量 $f=0.25$ mm;精车端面的进给量 $f=0.15$ mm。

(3) 主轴转速 n

主轴转速 n 应根据零件上被加工部位(除螺纹外)的直径,并按零件和刀具的材料及加工性质等条件所允许的切削速度 v_c,由式(1-3)来确定。根据表 1-6 硬质合金外圆车刀切削速度的参考数值,粗车外径、端面的切削速度 v_c 取 90 m/min,则主轴转速 n 约为 710 r/min;精车外径、端面的切削速度 v_c 取 100 m/min,则主轴转速 n 约为 800 r/min。

7 数控加工工序卡和刀具卡的填写

(1) 阶梯轴数控加工工序卡

阶梯轴数控加工工序卡见表 1-11。

表 1-11　　　　　　　　　　阶梯轴数控加工工序卡

单位名称	×××		产品名称或代号	零件名称	零件图号
			×××	阶梯轴	×××
工序号	程序编号		夹具名称	加工设备	车间
×××	×××		三爪卡盘	CJK6132	数控中心
工步号	工步内容	刀具号	刀具规格/mm	主轴转速/($r \cdot min^{-1}$)	进给量/($mm \cdot r^{-1}$)	背吃刀量/mm	备注
---	---	---	---	---	---	---	---
1	粗、精车一侧端面	T01	25×25	710/800	0.3/0.15	—	
2	粗、精车 $\phi16 \pm 0.009$ mm、倒角 C2、$\phi20 \pm 0.01$ mm、锥面、$\phi30 \pm 0.01$ mm、$\phi40 \pm 0.012$ mm 达到零件图要求	T01	25×25	710/800	0.25/0.15	—	三爪卡盘
3	切断	T02	25×25	300	0.1		三爪卡盘
4	调头夹紧 $\phi40$ mm 外圆,平端面,保证端面粗糙度及总长达到零件图要求	T01	25×25	800	0.15	—	三爪卡盘
编制	×××	审核	×××	批准	×××	年　月　日	共　页　第　页

（2）阶梯轴数控加工刀具卡

阶梯轴数控加工刀具卡见表 1-12。

表 1-12　　　　　　　　　　　　阶梯轴数控加工刀具卡

产品名称或代号		×××	零件名称		阶梯轴	零件图号	×××
序号	刀具号	刀具			加工表面		备注
		规格名称	数量	刀长/mm			
1	T01	机夹式硬质合金端面车刀	1	实测	两端面；外径、锥度、倒角		YT类刀片；刀尖半径为 0.4 mm
2	T02	切断刀	1	实测	切断		
编制	×××	审核	×××	批准	×××	年　月　日　共　页	第　页

知识拓展

数控车刀的安装

数控车刀是通过刀架固定后进行切削的。普通数控车床的刀架一般是四工位刀架，如图 1-32 所示。数控车削中心一般是多工位回转刀架，如图 1-33 所示。

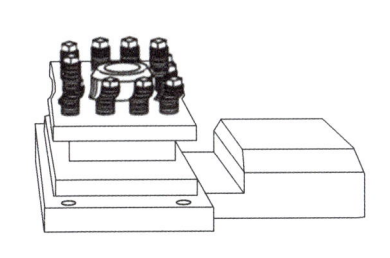

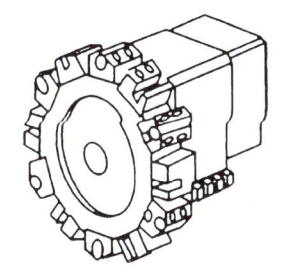

图 1-32　四工位刀架　　　　图 1-33　多工位回转刀架

四工位刀架上一般采用螺钉紧固方式固定条形刀杆，属于径向装刀，主要车削外圆。多工位回转刀架上既可以径向装刀，也可以轴向装刀，外圆刀通常采用槽形刀架螺钉紧固方式在径向固定，内孔刀通常用套筒螺钉紧固方式在轴向固定。刀具以刀杆尾部和一个侧面定位。当采用标准尺寸刀具时，只要定位准确，锁紧可靠，就能确定刀尖在刀盘上的相对位置。

1　刀片的安装

（1）更换刀片时应清理刀片、刀垫和刀杆各接触面，使接触面无铁屑和杂物，表面若有凸起点，则应修平。已用过的刃口应转向切屑流向的定位面。

（2）刀片转位时应稳固靠向定位面，夹紧时用力适当，不宜过大。偏心式结构的刀片在夹紧时需要用手按住刀片，使刀片贴紧底面。

（3）夹紧的刀片、刀垫和刀杆三者的接触面应贴合无缝，注意刀尖部位紧贴良好，不得有漏光现象，刀垫更不得有松动现象。

2 刀杆的安装

(1)安装刀杆时,其底面应清洁、无黏着物。使用垫片调整刀尖高度时,垫片应平直,数量最多不要超过三块,且必须擦拭干净。

(2)在满足加工要求的前提下,刀杆伸出长度应尽可能短,一般普通刀杆的伸出长度是刀杆厚度的1～1.5倍,最长不能超过3倍。刀杆伸出过长会使其刚性变差,切削时产生振动,影响工件的表面粗糙度。

(3)车刀的刀尖应与工件轴线等高,否则会因基面与切削平面的位置发生变化而使前、后角的大小发生改变。若刀尖高于工件轴线,将导致前角增大、后角减小;若刀尖低于工件轴线,将导致前角减小、后角增大。刀具安装高度对刀具工作角度的影响如图1-34所示。车削端面时,刀尖高于或低于工件中心,车削后工件端面中心处留有凸头,当车削到中心处时易使刀尖崩碎。

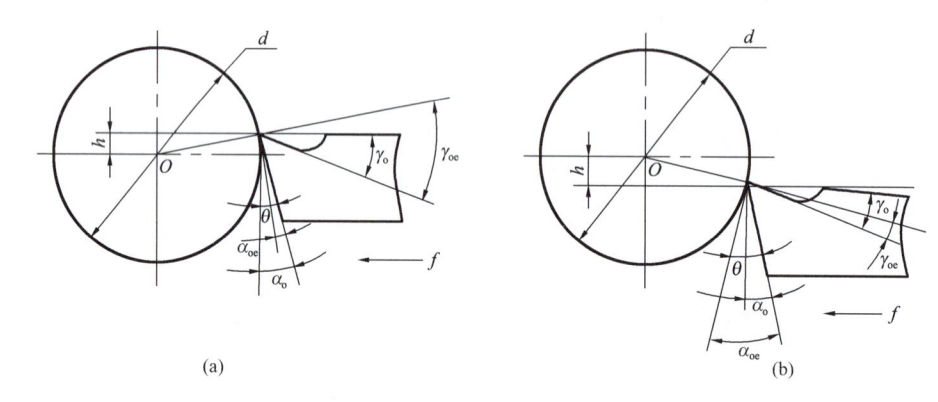

图 1-34 刀具安装高度对刀具工作角度的影响

(4)刀杆中心线应与进给方向垂直,否则会使主偏角和副偏角的角度发生变化,如图1-35所示。在车削螺纹时,主偏角与副偏角的变化会导致牙型半角误差。

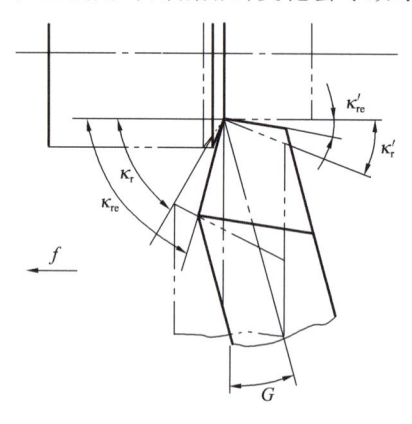

图 1-35 刀杆中心线与工件中心线对工作角度的影响

知识点及技能测评

一、填空题

1. 数控车削是数控加工中用得最多的加工方法之一，主要用于加工_____、_____等回转体零件。

2. 数控车床具有_____切削功能，就可选用最佳线速度来切削锥面、球面和端面等，使切削后的表面粗糙度值既小又一致。

3. 在数控车床上加工时，应尽可能一次装夹工件完成多道工序的加工，以提高工件的_____精度。

4. 分析零件技术要求时，主要考虑加工面的_____、_____、和_____、表面质量以及热处理等要求。

5. 对数控加工而言，倾向于采用_____标注法，即以同一基准引注尺寸或直接给出坐标尺寸。

6. 零件的结构工艺性是指所设计的零件在满足使用要求的前提下制造的_____和_____。

7. 零件的加工过程通常按工序性质不同，可分为_____、_____、_____、_____四个阶段。

8. 针对IT6级以上，表面粗糙度为 $Ra0.2$ 以下要求零件，在加工工艺过程的最后阶段需安排_____或其他特种加工方法，以达到零件最终的尺寸精度。

9. 工序划分的原则有_____原则和_____原则。

10. 为减小换刀时间和方便换刀，便于实现机械加工的标准化，数控车削加工时尽量采用_____车刀。

11. 车刀刀片材料主要有_____、_____、_____、_____，应用最多的是硬质合金和涂层硬质合金。

12. 粗车时切削用量的选择原则是：首先选择尽可能大的_____，其次是选择较大的_____，最后确定一个合适的_____。

二、选择题

1. 为方便编程，数控加工的工件尺寸应尽量采用（   ）。
   A. 局部分散标注   B. 以同一基准标注
   C. 对称标注   D. 任意标注

2. 编排数控加工工序时，采用一次装夹工位上多工序集中加工原则的主要目的是（   ）。
   A. 减少换刀时间   B. 减少空运行时间
   C. 减小重复定位误差   D. 简化加工程序

3. 加工顺序安排通常应按照的原则是( )。
   A. 基准先行					B. 先粗后精
   C. 先面后孔、先主后次			D. A、B、C 三项
4. 在数控机床上,下列划分工序的方法中错误的是( )。
   A. 按所用刀具划分工序			B. 以加工部位划分工序
   C. 按粗、精加工划分工序			D. 按不同的加工时间划分工序
5. 下列确定加工路线的原则中正确的说法是( )。
   A. 加工路线最短
   B. 使数值计算简单
   C. 加工路线应保证被加工零件的精度及表面粗糙度
   D. A、B、C 同时兼顾
6. 定位基准有粗基准和精基准两种,选择定位基准应力求基准重合原则,即( )统一。
   A. 设计基准、粗基准和精基准		B. 设计基准、粗基准和工艺基准
   C. 设计基准、定位基准和编程原点	D. 设计基准、精基准和编程原点
7. 选作粗基准的表面应是( )。
   A. 尽量不平整				B. 有浇口
   C. 有冒口或尺边				D. 尽量平整、无浇口、无冒口及飞边
8. 切削用量中对切削温度影响最大的是( )。
   A. 切削深度				B. 进给量
   C. 切削速度				D. A、B、C 一样大
9. 精加工时应首先考虑( )。
   A. 零件的加工精度和表面质量		B. 刀具的耐用度
   C. 生产效率				D. 机床的功率
10. 在粗加工和半精加工时一般要留加工余量,如果加工尺寸 200 mm,加工精度 IT7,下列半精加工余量中( )相对更为合理。
    A. 10 mm		B. 0.5 mm		C. 0.01 mm		D. 0.005 mm
11. 精加工的进给量,主要受加工表面粗糙度要求的限制,精车时常取( )。
    A. 0.1~0.3 mm/r				B. 0.2~0.5 mm/r
    C. 0.5~1 mm				D. 1~2 mm
12. 已知毛坯外径 ϕ140 mm,粗车成 ϕ110 mm,主轴转速 500 r/min,切削速度为( )m/min(π 取 3.14)。
    A. 206.2		B. 206 200		C. 219 800		D. 219.8
13. 可转位刀片型号中刀刃形状代号为 S,表示该刀片( )。
    A. 切削刃锋利				B. 刀刃修钝,强度较好
    C. 负倒棱刀刃,抗冲击			D. 该刀片材料强度低,抗冲击能力差

14. 刀杆伸出长度在满足加工要求下尽可能(　　)，否则导致刀杆刚性变差，切削时产生振动，影响工件的表面粗糙度。
A. 长　　　　　B. 短　　　　　C. 无所谓　　　　　D. 增大

15. 当车削外圆时，刀尖若高于工件中心，其工作前角会(　　)。
A. 不变　　　　B. 减小　　　　C. 增大　　　　　D. 增大或减小

三、判断题

1. 数控车床适宜加工轮廓形状特别复杂或难于控制尺寸的回转体零件、箱体类零件、精度要求高的回转体类零件、特殊的螺旋类零件等。(　　)

2. 所有零件的加工都必须分为粗加工、半精加工、精加工和光整加工四个阶段。(　　)

3. 只要是在数控机床上加工的零件，都按工序集中原则划分工序。(　　)

4. 加工阶段的划分不是绝对的，必须根据零件的加工精度要求和零件的刚性来决定。(　　)

5. 同一工件，无论用数控机床加工还是用普通机床加工，其工序都一样。(　　)

6. 缩短切削进给路线，可有效地提高生产效率，降低刀具的损耗，因此，无论是粗加工还是精加工，我们都应尽可能地缩短进给路线。(　　)

7. 在数控车床上加工的零件，一般按工序集中原则划分工序，在一次安装下尽可能完成大部分甚至全部表面的加工。(　　)

8. 为了提高车削工件的表面粗糙度，可将车削速度尽量提高。(　　)

9. 车刀刀杆中心线应与进给方向垂直，否则对主偏角、副偏角影响较大，特别是在车削螺纹时，会使牙形半角产生误差。(　　)

10. 切削速度增大时，切削温度升高，刀具耐用度大。(　　)

四、分析题

1. 分析如图1-36所示两图中哪个结构合理？请说出原因。

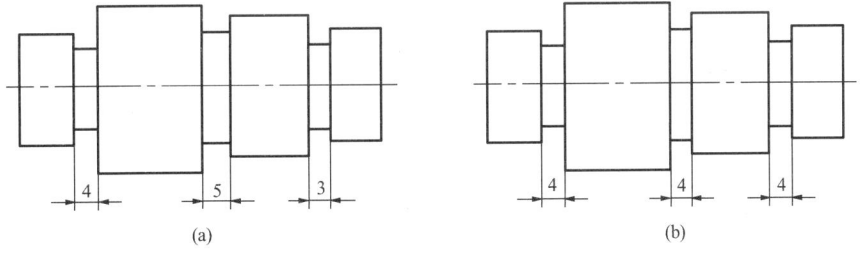

图1-36　零件图1

2. 分析如图1-37所示两图中哪个走刀路线合理？请说出原因。

五、简答题

1. 编制工艺规程时，为什么要划分加工阶段？
2. 什么是工序集中原则？有何优点？
3. 三爪自定心卡盘装夹时注意事项有哪些？

(a)

(b)

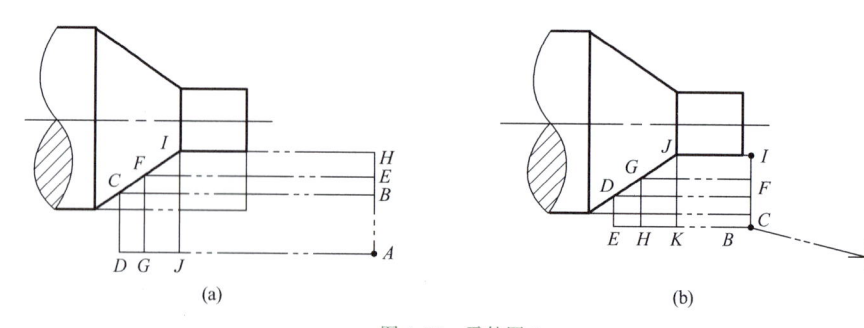

图 1-37 零件图 2

六、设计如图 1-38 所示零件的加工工艺卡片。

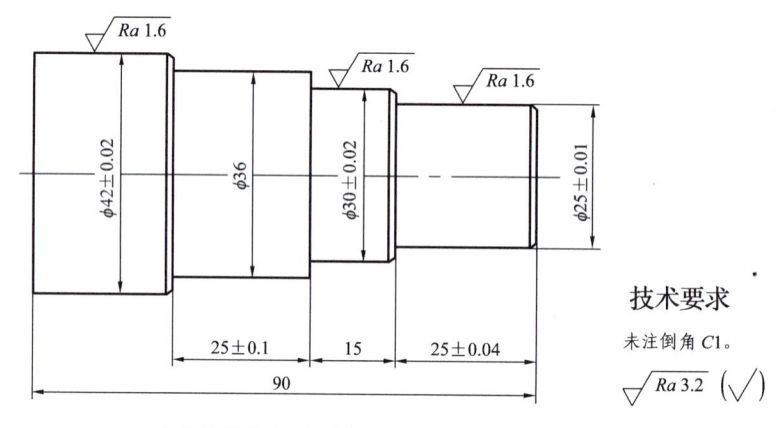

假设该零件毛坯尺寸为 φ45 mm×92 mm，单件生产

(a)

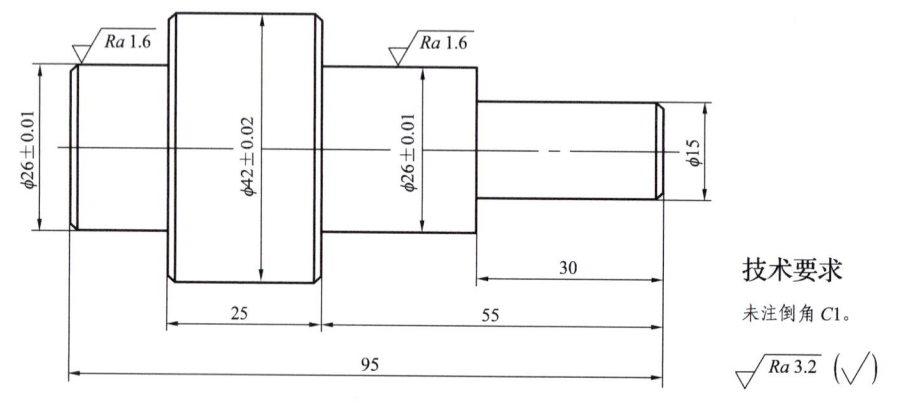

技术要求

未注倒角 C1。

假设该零件毛坯尺寸为 φ45 mm×97 mm，单件生产

(b)

技术要求

未注倒角 C1。

图 1-38 零件图 3

任务二 曲面轴的数控加工工艺设计

学习目标

【知识目标】

1. 掌握曲面轴的数学处理方法和编程尺寸设定值的确定。
2. 熟悉较长轴件的装夹方法。
3. 了解切槽刀及切槽加工工艺。
4. 了解螺纹刀并掌握螺纹车削加工工艺。

【技能目标】

1. 能够对曲线轮廓进行处理并会获取零件各基点值。
2. 能够正确选定车削加工螺纹时的切削用量。
3. 能够进行较复杂的曲面轴的数控加工工艺设计。

任务描述

曲面轴如图 1-39 所示,零件材料为 45 钢,毛坯尺寸为 $\phi55\ \text{mm} \times 172\ \text{mm}$,单件生产。设计该零件的数控加工工艺。

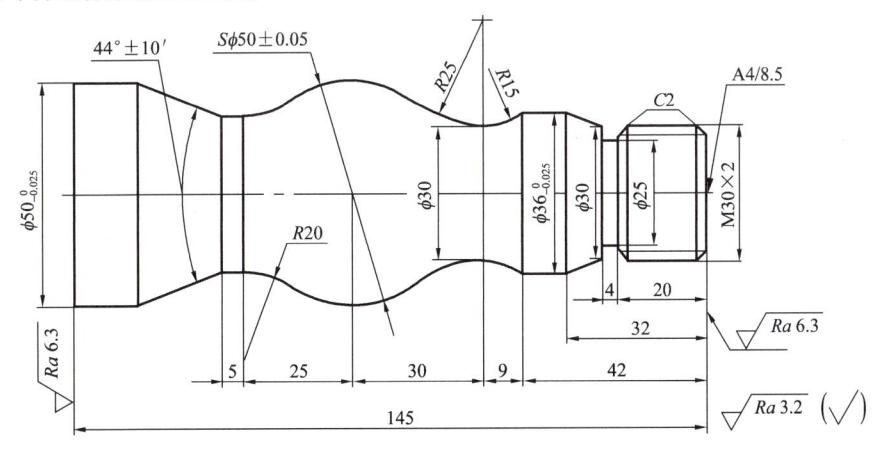

图 1-39 曲面轴

相关知识

本任务涉及曲面轴数控加工工艺的相关知识包括:圆弧曲面的车削加工、较长轴件的定位与装夹、切槽与切断加工工艺、外螺纹车削工艺。

1 圆弧曲面的车削加工

(1) 圆弧曲面的切削路线

① 凹圆弧的切削路线　车削圆弧时,切除余量往往较大,如图 1-40 所示为大余量毛坯阶梯进给切削路线。在相同背吃刀量的条件下,按图 1-40(a)所示方式加工所留的余量过多,是错误的阶梯进给切削路线;按图 1-40(b)中 1~5 的顺序切削时,每次切削所留余量相等,是正确的阶梯进给切削路线。

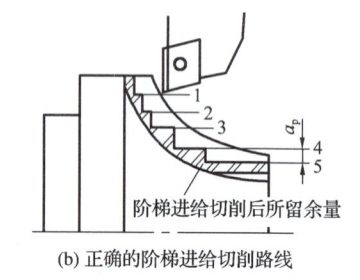

图 1-40　大余量毛坯阶梯进给切削路线

利用数控车床加工的特点,还可以放弃常用的阶梯车削法,改用轴向和径向联动双向进刀,顺工件轮廓进给的路线,如图 1-41 所示。

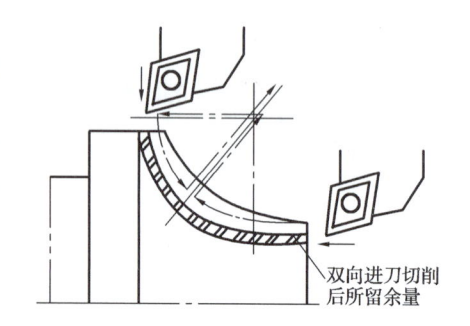

② 凸圆弧的切削路线　在数控车削中还有一种特殊情况值得注意,一般情况下,Z 方向的进给运动都是沿着 −Z 方向进给的,但这种加工进给路线安排有时并不合理,甚至可能车坏工件。

如图 1-42 所示零件的加工,当用尖形车刀加工零件的大圆弧内表面时,有两种不同的加工进给路线,其结果极不相同。

图 1-41　顺工件轮廓双向联动进给切削路线

图 1-42(a)所示的第一种加工进给路线(沿 −Z 方向进给),因切削时尖形车刀的主偏角为 100°~105°,这时切削力在 X 方向的分力 F_p(吃刀抗力)将沿着如图 1-43 所示的 +X 方向。当刀尖运动到圆弧的换象限处,即由 −Z、−X 方向向 −Z、+X 方向变换时,吃刀抗力 F_p 与滚珠丝杠传动横向拖板的传动力方向相同。若机床 X 坐标轴进给传动系统传动链有传动间隙,就可能使刀尖嵌入零件表面(产生嵌刀现象),其嵌入量在理论上等于其传动链的传动间隙量 e(图 1-43)。即使该传动间隙很小,刀尖在 X 方向换向时,横向拖板进给过程中的位移量变化也很小,加上处于动摩擦与静摩擦之间呈过渡状态的拖板惯性的影响,仍会导致横向拖板产生严重的爬行现象,从而大大降低零件的加工表面质量。

图 1-42(b)所示的第二种加工进给路线,当刀尖运动到圆弧的换象限处,即由 +Z、

$-X$ 方向向 $+Z$、$+X$ 方向变换时,吃刀抗力 F_p 与滚珠丝杠传动横向拖板的传动力方向相反(图 1-44),不会受 X 轴进给传动系统传动链间隙的影响而产生嵌刀现象,因此是较合理的。

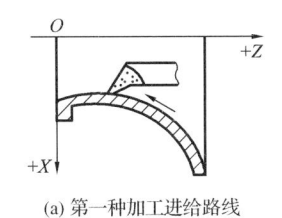

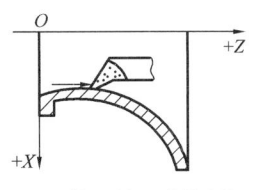

(a) 第一种加工进给路线　　(b) 第二种加工进给路线

图 1-42　两种不同的加工进给路线

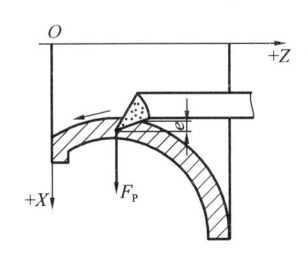

图 1-43　嵌刀现象 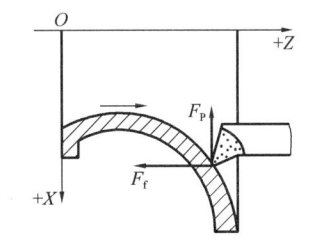　　　　图 1-44　合理的加工进给方案

(2)零件图的数学处理及编程尺寸设定值的确定

分析数控加工工艺不可避免地要进行数学分析和计算。数控编程工艺员在拿到零件图后,必须要对它作数学处理,以确定编程尺寸设定值。

①编程原点的选择　编程原点将影响编程尺寸设定值。一般编程原点的选择原则为:

● 将编程原点选在设计基准上并以设计基准为定位基准,这样可避免基准不重合而产生的误差及不必要的尺寸换算。对于轴类零件,编程原点应选在右端面的回转中心上。

● 容易找正对刀,对刀误差小。对于轴类零件,右端面为编程原点,可通过试切直接确定编程原点在 Z 方向的位置,不用测量,找正对刀比较容易,对刀误差小。

● 编程方便。

● 在毛坯上的位置能够容易、准确地确定,并且各面的加工余量均匀。

● 对称零件的编程原点应选在对称中心,一方面可以保证加工余量均匀,另一方面可以采用镜像编程,零件的轮廓精度高。

具体应用哪条原则,要视具体情况,在保证质量的前提下,按操作方便和效率高低来选择。

②编程尺寸设定值的确定　编程尺寸设定值理论上应为该尺寸误差分散中心,但由于事先无法知道分散中心的确切位置,所以可先由平均尺寸代替,最后根据试加工结果进行修正,以消除常值系统性误差的影响。

确定编程尺寸设定值的步骤如下:

● 精度高的尺寸的处理　将公称尺寸换算成平均尺寸。

● 几何关系的处理　保持原重要的几何关系,如角度、相切等不变。

● 精度低的尺寸的调整　通过修改一般尺寸保持零件原有几何关系,使之协调。

● 节点坐标尺寸的计算　按调整后的尺寸计算有关未知节点的坐标尺寸。
● 编程尺寸的修正　按调整后的尺寸编程并加工一组工件,测量关键尺寸的实际误差分散中心并求出常值系统性误差,再按此误差对程序尺寸进行调整并修改程序。
③应用示例　确定如图 1-45 所示曲面轴的数控车削编程尺寸。

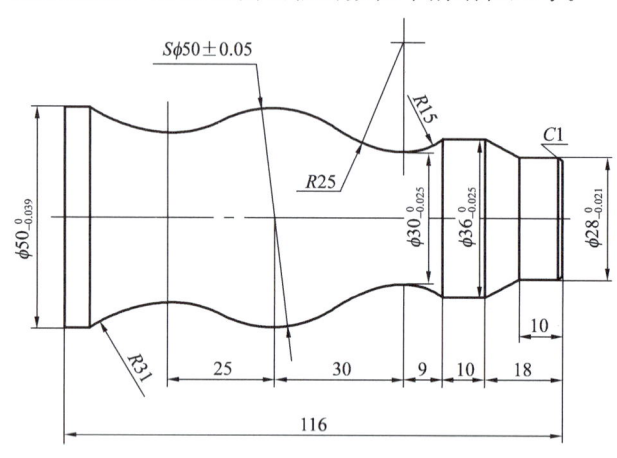

图 1-45　曲面轴示例

图 1-45 所示零件中的 $\phi28_{-0.021}^{0}$ mm、$\phi36_{-0.025}^{0}$ mm、$\phi30_{-0.025}^{0}$ mm、$\phi50_{-0.039}^{0}$ mm 四个直径公称尺寸都为最大尺寸,若按此公称尺寸编程,考虑到车削外圆时刀具的磨损及让刀变形,实际加工尺寸肯定偏大,难以满足加工精度要求,因此必须按平均尺寸确定编程尺寸。但某些尺寸(如 $\phi30_{-0.025}^{0}$)在修改后,若其他尺寸保持不变,则 $R15$ mm、$R25$ mm 与 $S\phi50\pm0.05$ mm 圆弧相切的几何关系就不能保持,因此必须按前述步骤对有关尺寸进行修正,以确定编程尺寸。

● 将精度高的公称尺寸换算成平均尺寸　将 $\phi28_{-0.021}^{0}$ mm 改为 $\phi27.9895\pm0.0105$ mm,$\phi36_{-0.025}^{0}$ mm 改为 $\phi35.9875\pm0.01255$ mm,$\phi30_{-0.025}^{0}$ mm 改为 $\phi29.9875\pm0.0125$ mm,$\phi50_{-0.039}^{0}$ mm 改为 $\phi49.9805\pm0.0195$。

● 保持原有关圆弧间相切的几何关系,修改其他精度低的尺寸使之协调　换算成平均尺寸后,$\phi30_{-0.025}^{0}$ mm 尺寸将影响 $R15$ mm、$R25$ mm 与 $S\phi50\pm0.05$ mm 圆弧相切的几何关系,为此将其他精度低的尺寸进行修改,保证相邻轮廓的正常相切。调整后的有关编程尺寸如图 1-46 所示。

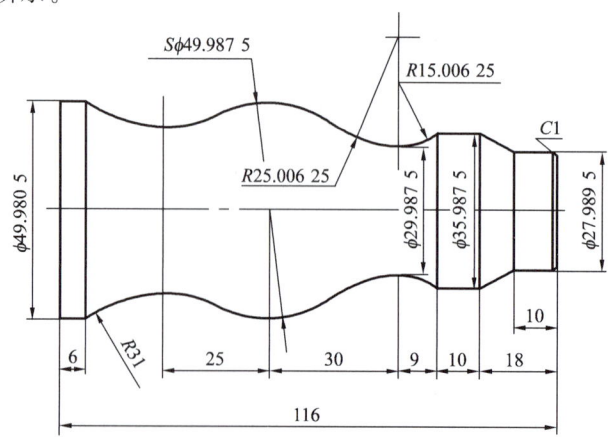

图 1-46　调整后的编程尺寸

● **按调整后的编程尺寸计算其他有关未知节点尺寸** 由上述可以看出,球面圆弧调整后的直径并不是平均尺寸,但在其尺寸公差范围内。在实际编程时输入尺寸的精确位数由机床的精确位数确定。

(3) 外圆弧曲面轴类零件数控车削刀具的选择

车削圆弧表面或凹槽时,要注意车刀副后刀面与工件已车削轮廓表面是否干涉,如图 1-47 所示。

为避免干涉也可采用直头刀杆车削,如图 1-48 所示。

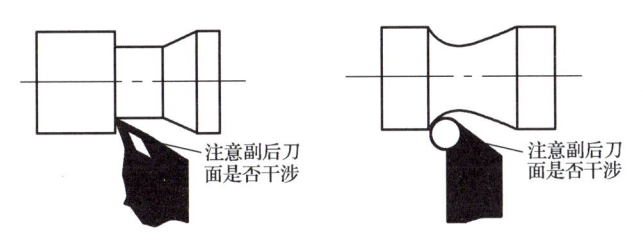

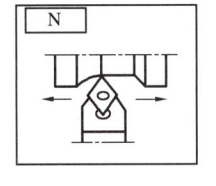

图 1-47　车刀副后刀面与工件已车削轮廓表面

图 1-48　直头刀杆及其车削示例

2 轴类零件的定位与装夹(2)

车削长径比大于 5 的实心较长轴类零件,一般采用一端夹住工件,另一端用后顶尖顶住的一夹一顶装夹方法。为了防止工件由于切削力作用而产生轴向位移,必须在卡盘内装夹一限位支承,也可以利用工件的轴肩进行限位。对于需多次装夹才能加工好的工件,例如长轴、长丝杠等,以及车削后还要铣削或磨削的工件,为了保证每次装夹时的定位精度(同轴度)要求,可采用两顶尖装夹。表 1-13 为实心较长轴外圆加工的装夹方式。

动画

实心长轴的定位与装夹

表 1-13　　　　　　　实心较长轴外圆加工的装夹方式

装夹方式	装夹简图	装夹特点	应用
一夹一顶		一夹一顶,刚性较好,且能较好地保证同轴度要求	适用于长径比为5～15的实心轴类零件
内梅花顶尖		顶紧即可车削,装夹方便、迅速	适用于不留中心孔的轴类零件;需要磨削时,采用无心磨床磨削

续表

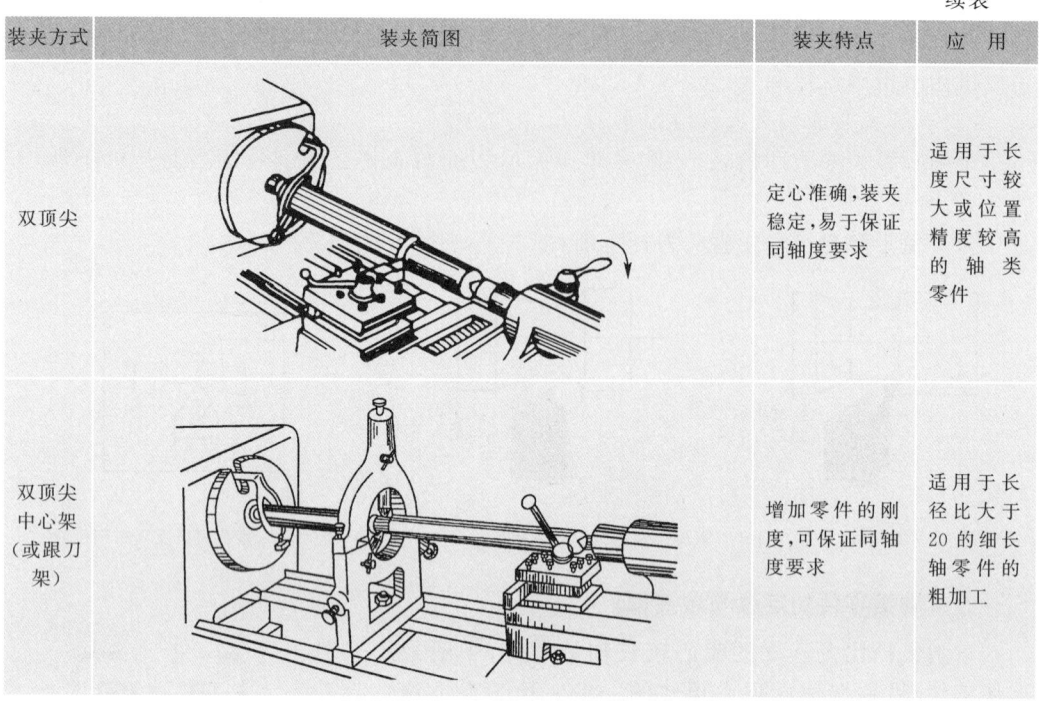

装夹方式	装夹简图	装夹特点	应用
双顶尖		定心准确，装夹稳定，易于保证同轴度要求	适用于长度尺寸较大或位置精度较高的轴类零件
双顶尖中心架（或跟刀架）		增加零件的刚度，可保证同轴度要求	适用于长径比大于20的细长轴零件的粗加工

(1) 常用中心孔定位夹具——顶尖

顶尖分为前顶尖与后顶尖，前顶尖如图1-49所示。

前顶尖有一种是插入主轴锥孔内的，如图1-49(a)所示；另一种是夹在卡盘上的，如图1-49(b)所示。前顶尖与主轴一起旋转，与主轴中心孔不产生摩擦，都是死顶尖。

后顶尖插入尾座套筒。后顶尖有一种是固定的（死顶尖），另一种是回转的（活顶尖）。死顶尖刚性大，定心精度高，但工件中心孔易磨损，如图1-50(a)所示。活顶尖内部装有滚动轴承，适于高速切削时使用，但定心精度不如死顶尖高，如图1-50(b)所示。

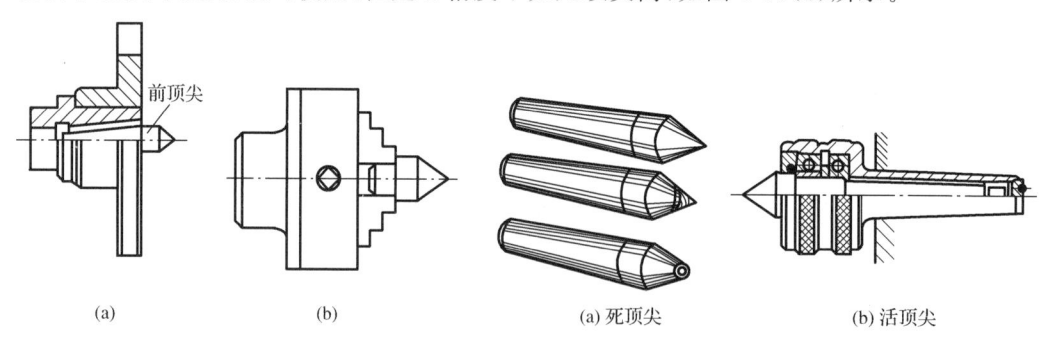

图1-49 前顶尖

图1-50 死顶尖与活顶尖

(2) 用两顶尖装夹工件时的注意事项

① 车床主轴轴线应在前、后顶尖的连线上，否则车出的工件会产生锥度。

② 在不影响车刀切削的前提下，尾座套筒应尽量伸出短些，以增加刚度，减少振动。

③ 中心孔形状应正确，表面粗糙度要小。装入顶尖前，应清除中心孔内的切屑或异物。

④由于中心孔与顶尖间产生滑动摩擦,如果后顶尖用固定顶尖,则应在中心孔内加入润滑脂(黄油),以防止温度过高而"烧坏"顶尖和中心孔。

⑤两顶尖与中心孔的配合必须松紧合适。如果顶太紧,细长轴工件会弯曲变形;如果顶太松,工件回转中心不稳,且车削时易振动,导致加工质量差。

3 切槽与切断加工工艺

(1)回转体零件的切槽与切断加工形式

加工回转体零件内外回转表面或端面时常见的切槽与切断加工如图 1-51 所示。

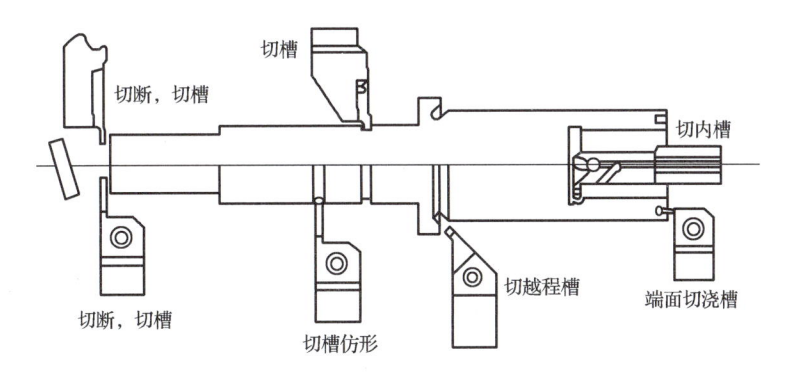

图 1-51 切槽与切断加工示例

(2)切槽刀与切断刀

常见的切槽刀与切断刀、切槽刀片与切断刀片如图 1-52 和图 1-53 所示。

图 1-52 常见的切槽刀与切断刀    图 1-53 常见的切槽刀片与切断刀片

(3)切槽刀及切断刀切削刃宽度的确定

为便于加工,在加工宽度小于 5 mm 的槽时,一般切槽刀的宽度就等于槽宽。

如果用于切断,若切断刀主切削刃太宽,则会造成切削力过大而引起振动,同时也会浪费工件材料;若切断刀主切削刃太窄,则会削弱刀头强度,容易使刀头折断。通常,切断钢件或铸铁材料时,切断刀主切削刃宽度 a 的计算公式为

$$a \approx (0.5 \sim 0.6)\sqrt{D} \tag{1-4}$$

式中 a——切断刀主切削刃宽度,mm;

  D——工件待加工表面直径,mm。

(4)数控车床切槽(切断)时切削用量的选择

由于车槽刀的刀头强度较差,所以在选择切削用量时应适当减小其数值。总体来说,硬质合金车槽刀比高速钢车槽刀选用的切削用量要大,车削钢料时的切削速度比车削铸铁材料时的切削速度要大,而进给量要略小一些。

车槽为横向进给车削,背吃刀量是垂直于已加工表面方向所量得的切削层宽度的数值。因此,车槽时的背吃刀量等于车槽刀主切削刃宽度,一般刀刃宽度为3～5 mm。

车槽时进给量常取 0.05～0.20 mm/r,主轴转速一般为 300～500 r/min。

4 外螺纹车削工艺

(1)螺纹车削加工的方法

车削螺纹是数控车床常见的加工任务。螺纹车削加工是由刀具的直线运动和主轴按预先输入的比例转数同时运动而形成的。车削螺纹使用的刀具是成形刀具,螺距和尺寸精度受机床精度的影响,牙形精度由刀具的几何精度保证。

螺纹刀具是成形刀具,刀刃与工件接触线较长,切削力较大,因此车削螺纹时通常需要多次进刀才能完成。一般情况下,当螺距小于 3 mm 时,可采用径向切入法,又称为直进法,如图 1-54(a)所示。切削力过大会损坏刀具或在切削中引起震颤,在这种情况下为避免切削力过大可采用侧向切入法,又称为斜进法,如图 1-54(b)所示。

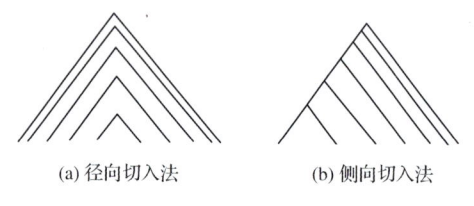

图 1-54 车削螺纹的径向切入法与侧向切入法

径向切入法与侧向切入法在数控车床编程系统中一般有相应的指令,数控系统也可根据螺距的大小自动选择径向切入法或侧向切入法,车削圆柱螺纹时进刀方向应垂直于主轴轴线。

采用径向切入法车削螺纹时,由于两侧切削刃同时参与切削,切削力较大,而且排屑困难,所以在切削时,两侧切削刃容易磨损,因此加工过程中要勤测量与检验。采用径向切入法车削螺距较大的螺纹时,背吃刀量较大,两侧切削刃磨损较快,容易造成螺纹中径产生偏差,但是径向切入法加工的牙形精度较高,一般多用于小螺距螺纹的车削加工。

侧向切入法由于车削时单侧切削刃参与切削,所以参与切削的切削刃容易磨损和损伤,使加工的螺纹面不直,刀尖角发生变化,造成牙形精度较差。但侧向切入法只有单侧切削刃参与切削,刀具切削负载较小,排屑容易,并且背吃刀量为递减式。因此,侧向切入法一般用于大螺距螺纹的车削加工。侧向切入法排屑容易、切削刃加工工况较好,在螺纹精度要求不高的情况下,此加工方法更为适用。

在加工较高精度的螺纹时,可采用两刀加工完成,即先用侧向切入法进行粗车,然后用径向切入法进行精车,采用这种加工方法要注意刀具的起始点要准确,否则加工的螺纹容易乱扣,导致加工零件报废。侧向切入法在车削时的切削力较小,常用于加工不锈钢等难加工材料的螺纹。

车削螺纹时的切削力大，容易引起工件弯曲。因此，对外圆精度要求很高的工件上的螺纹一般是在半精车以后车削的。螺纹车削好后，再精车各段外圆。

(2)车削螺纹时切入、切出路线

在数控车床上车削螺纹时，车刀沿螺纹方向的 Z 方向的进给应与车床主轴的旋转保持严格的速比关系。考虑到车刀从停止状态达到指定的进给速度或从指定的进给速度降至零，数控车床进给伺服系统有一个很短的过渡过程，因此应避免在数控车床进给伺服系统加速或减速的过程中车削。对于沿轴向进给的加工路线长度，除保证加工螺纹的长度外，还应增加刀具的切入距离 δ_1（2~5 mm）和刀具切出距离 δ_2（1~2 mm），如图 1-55 所示。这样在车削螺纹时，能保证在升速后使刀具接触工件，刀具离开工件后再降速。

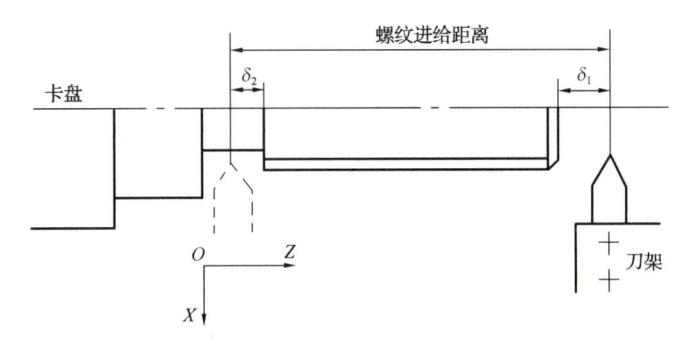

图 1-55　车削螺纹时的切入与切出路线

(3)螺纹车刀及安装

①常见的外螺纹车刀与螺纹车刀刀片　常见的外螺纹车刀与螺纹车刀刀片如图 1-56 和图 1-57 所示。

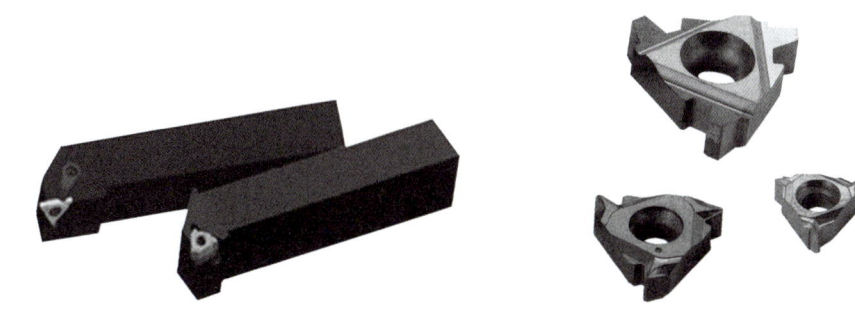

图 1-56　常见的外螺纹车刀　　图 1-57　常见的螺纹车刀刀片

②车削外螺纹时刀具的安装方式　车削外螺纹时刀具的安装方式见表 1-14。

表 1-14　　　　　　　　　　　车削外螺纹时刀具的安装方式

外 螺 纹	
右螺纹	左螺纹
右手刀	左手刀

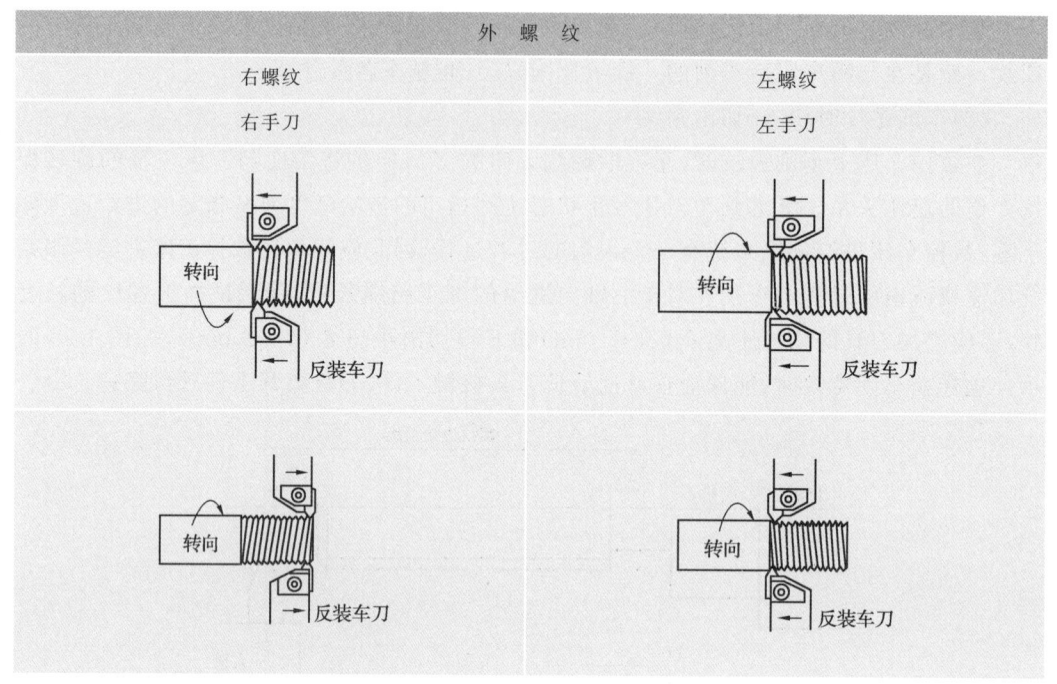

(4) 车削螺纹时切削用量的确定

①背吃刀量的确定　常用公制螺纹切削的进给次数与背吃刀量见表 1-15。

表 1-15　　　　常用公制螺纹切削的进给次数与背吃刀量(双边)　　　　　　mm

螺距		1.0	1.5	2.0	2.5	3.0	3.5	4.0
牙深		0.649	0.974	1.299	1.624	1.949	2.273	2.598
进给次数与背吃刀量	1次	0.7	0.8	0.9	1.0	1.2	1.5	1.5
	2次	0.4	0.6	0.6	0.7	0.7	0.7	0.8
	3次	0.2	0.4	0.6	0.6	0.6	0.6	0.6
	4次		0.16	0.4	0.4	0.4	0.6	0.6
	5次			0.1	0.4	0.4	0.4	0.4
	6次				0.15	0.4	0.4	0.4
	7次					0.2	0.2	0.4
	8次						0.15	0.3
	9次							0.2

英制螺纹切削的进给次数与背吃刀量见表1-16。

表 1-16　　　英制螺纹切削的进给次数与背吃刀量（双边）　　　　　　　　in

牙 数	24	18	16	14	12	10	8
牙 深	0.678	0.904	1.016	1.162	1.355	1.626	2.033
进给次数与背吃刀量 1次	0.8	0.8	0.8	0.8	0.9	1.0	1.2
2次	0.4	0.6	0.6	0.6	0.6	0.7	0.7
3次	0.16	0.3	0.5	0.5	0.6	0.6	0.6
4次		0.11	0.14	0.3	0.4	0.4	0.5
5次				0.13	0.21	0.4	0.5
6次						0.16	0.4
7次							0.17

②进给量的确定　数控车床切削时的进给量往往是指每转进给量，因此车削螺纹的进给量就等于螺纹的导程，车削单头螺纹的进给量即螺纹的螺距。

③主轴转速的确定　大多数普通型数控车床的数控系统推荐车削螺纹时的主轴转速计算公式为

$$n \leqslant \frac{1\,200}{P} - K \tag{1-5}$$

式中　n——主轴转速，r/min；

P——工件螺纹的螺距或导程，mm；

K——保险系数，一般取80。

(5) 车削螺纹时的注意事项

①在保证生产率和正常车削的情况下，宜选择较低的主轴转速。

②当螺纹加工程序段中的切入长度 δ_1 和切出长度 δ_2 比较充裕时，可选择适当高一些的主轴转速。

③当编码器所规定的允许工作转速超过机床所规定主轴的最大转速时，则可选择尽量高一些的主轴转速。

④通常情况下，车削螺纹时主轴转速应按其机床或数控系统说明书中规定的计算公式进行确定。

⑤牙深、螺距较大时，可分数次进给，每次进给的背吃刀量用螺纹深度与精加工背吃刀量之差按递减规律分配。

任务实施

1 零件图的工艺分析

(1) 尺寸精度分析

根据标准公差数值表可知，圆柱面直径 $\phi 36_{-0.025}^{0}$ mm、$\phi 50_{-0.025}^{0}$ mm 的尺寸精度达到

IT7级,球径 Sϕ50±0.05 mm、锥面锥角 44°±10′的精度要求较高。

(2)几何精度分析

如图 1-39 所示曲面轴零件无几何公差要求,但球径 Sϕ50 mm 及曲面圆弧半径 R25 mm、R20 mm 的尺寸还兼有控制该球面形状(线轮廓)误差的作用。

(3)结构分析

本任务为典型回转体零件的数控加工工艺设计。零件图尺寸标注完整、正确,加工部位明确、清楚,材料为 45 钢,加工工艺性好。由零件图可知,该零件的加工部位为圆柱面、圆锥面、C2 倒角以及回转曲面,且尺寸精度较高,因此,整个零件适于在数控车床上加工。

由于该零件的基点位置不易计算,因此可通过零件图的数学处理(处理方法见本任务中的相关知识),再绘制 AutoCAD 图,通过捕捉功能获取各节点数据。另外,在轮廓曲线上有三处为圆弧,其中两处为改变进给方向的轮廓曲线,因此在加工时应进行数控车床进给传动系统反向间隙补偿,以保证轮廓曲线的准确性。

2 机床的选择

本任务零件尺寸规格不大,除尺寸精度要求稍高外,加工表面粗糙度要求不高,故选用尺寸规格不大的型号为 CK6125 的全功能型数控车床(注:带尾架)。

3 加工工艺路线的设计

(1)加工方案的确定

根据加工表面的精度及表面粗糙度要求,选择粗车→精车即可满足零件图的技术要求。

(2)加工顺序的安排

①基准先行 先在普通车床上夹一端,车外圆工艺凸台 ϕ40 mm,注意保证零件总长。如图 1-58 所示进行粗加工。

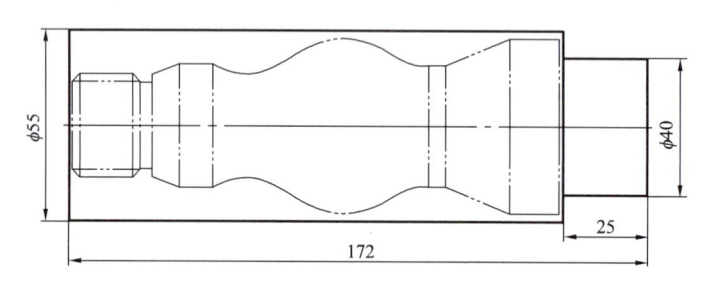

图 1-58 粗加工

②先粗后精 按由近到远(从右到左)的原则进行,即先从右到左进行粗车(单边留 0.25 mm 的精车余量),再从右到左精车零件各部分并达到零件图要求。

粗车进给路线由粗加工指令及所选的数控系统的内部设置决定。

从右到左精车:螺纹右段倒角→螺纹段 ϕ29.8 mm×24 mm 外圆→8 mm 长圆锥→ϕ36 mm 圆柱段→R15 mm、R25 mm、Sϕ50 mm、R20 mm 各圆弧面→5 mm 圆柱→44°±10′圆锥面→ϕ50 mm 圆柱段。

③先主后次 对于螺纹等次要表面(相对于标注尺寸公差的外圆而言),常穿插进行

加工,一般安排在主要表面达到一定精度之后、最终精加工之前。因此,在精加工外圆之前要切削螺纹退刀槽、车削 M30×2 螺纹。

(3)工艺路线的拟订

根据上述加工顺序安排,零件加工工艺路线见表 1-17。

表 1-17　　　　　　　　　　　曲面轴加工工艺路线

毛坯种类	棒料	毛坯牌号	45	毛坯外形尺寸	ϕ55 mm×172 mm	件数	1
工序号	工序名称		工序内容			定位基准	加工设备
10	车		夹 ϕ55 mm 外圆,车外圆工艺凸台 ϕ40 mm×25 mm,注意保证零件总长			外圆	普通车
20	车		夹工艺凸台,平端面,钻中心孔			外圆	数控车
			顶中心孔,粗车轮廓各部位,留精加工余量,单边 0.25 mm				
			切削螺纹退刀槽 ϕ25 mm×4 mm				
			车削螺纹 M30×2				
			精车轮廓各部位达到零件图要求				
30	车		调头,去掉工艺凸台,保证总长及端面质量达到零件图要求			外圆	普通车
30j	检验		合格后入库				

(4)数控车削部分加工进给路线的确定

数控车床具有粗车循环和车削螺纹循环功能,只要正确使用编程指令,机床数控系统就会自行确定其进给路线,因此,该曲面轴零件的粗车循环和车削螺纹循环不需要人为确定其加工进给路线,但精车的加工进给路线需要人为确定。该零件精车的加工进给路线是从右到左沿零件表面轮廓精车进给,如图 1-59 所示。

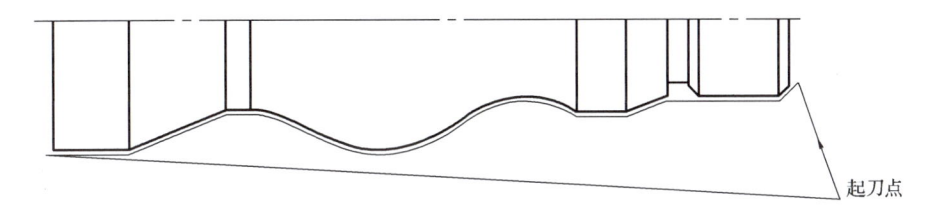

图 1-59　精车轮廓加工进给路线

4 装夹方案及夹具的选择

为便于装夹,本任务零件毛坯的左端可在普通车床上预先车出夹持部分 ϕ40 mm×25 mm。考虑到该零件的长度及螺纹加工时会产生较大的切削力,故采用三爪卡盘定心夹紧左端,活动顶尖作辅助支承并设置在右端,即采用一夹一顶的装夹方案。

5 刀具的选择

本任务中除了外径需要加工外,还有退刀槽、螺纹、定位中心孔需要加工。根据各类型车刀的加工对象和特点,选用了五把刀,如图 1-60 所示。

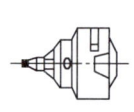

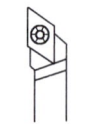

(a) 中心钻　　(b) 外圆右偏粗车刀　　(c) 外圆右偏精车刀　　(d) 切槽刀　　(e) 螺纹刀

图 1-60　本任务所用刀具

6 切削用量的选择

(1) 背吃刀量 a_p

轮廓粗车循环时选 $a_p=2$ mm，精车时选 $a_p=0.25$ mm；螺纹的背吃刀量见表 1-16。

(2) 主轴转速 n

车削直线和圆弧轮廓时，根据表 1-6 选择粗车的切削速度 $v_c=90$ m/min，精车的切削速度 $v_c=120$ m/min，然后利用式(1-3)计算主轴转速 n：粗车时的主轴转速约为 570 r/min、精车时的主轴转速约为 765 r/min。车削螺纹时按式(1-5)计算得到最高主轴转速为 320 r/min，为确保螺纹车刀片耐用度，选取主轴转速为 150 r/min。

为保证各曲面的表面粗糙度一致，车削外圆曲面时选用恒线速度切削。

(3) 进给量 f

根据表 1-4 和表 1-5，再根据加工的实际情况，确定粗车时的进给量 $f=0.3$ mm/r，精车时的进给量 $f=0.15$ mm/r，车削螺纹的进给量等于螺纹导程，即 $f=2$ mm/r。

7 数控加工工序卡和刀具卡的填写

(1) 曲面轴数控加工工序卡

曲面轴数控加工工序卡见表 1-18。

表 1-18　　曲面轴数控加工工序卡

单位名称	×××	产品名称或代号	零件名称	零件图号
		×××	曲面轴	×××
工序号	程序编号	夹具名称	加工设备	车间
20	×××	三爪卡盘+活动顶针	CK6125	数控中心

工步号	工步内容	刀具号	刀具规格/mm	主轴转速/(r·min^{-1})	进给量/(mm·r^{-1})	背吃刀量/mm	备注
1	粗车轮廓各外圆柱面、圆球面及圆锥面，单边留 0.25 mm 的加工余量	T02	25×25	570	0.3	2	
2	切削退刀槽 φ25 mm×4 mm	T04	25×25	300	0.05		
3	粗、精车螺纹	T05	25×25	150	2	查表 1-16	逐刀减少
4	精车轮廓，保证各尺寸的尺寸精度	T03	25×25	765	0.15	0.25	
编制	×××	审核 ×××	批准 ×××	年　月　日	共　页	第　页	

（2）曲面轴数控加工刀具卡

曲面轴数控加工刀具卡见表1-19。

表1-19　　　　　　　　　　曲面轴数控加工刀具卡

产品名称或代号		×××	零件名称		曲面轴	零件图号	×××
序号	刀具号	刀　具			加工表面		备注
		规格名称	数量	刀长/mm			
1	T01	中心钻	1	实测	工艺中心孔		
2	T02	90°外圆粗车刀（硬质合金）	1	实测	车左右端面及粗车轮廓		刀尖角为55°
3	T03	90°外圆精车刀（带涂层）	1	实测	精车轮廓		刀尖角为35°
4	T04	4 mm切槽刀	1	实测	切退刀槽		
5	T05	60°外螺纹车刀（带涂层）	1	实测	车螺纹		
编制	×××	审核	×××	批准	×××	年　月　日　共　页	第　页

ZHISHI TUOZHAN 知识拓展

☞ 中心钻与中心孔介绍

1. 中心钻的形式

中心钻是加工中心孔的刀具，常用的主要有四种形式：A型，不带护锥的中心钻；B型、C型，带120°护锥的中心钻，其中部分C型前端可加工螺纹底孔；R型，弧形中心钻。具体的中心钻如图1-61所示。

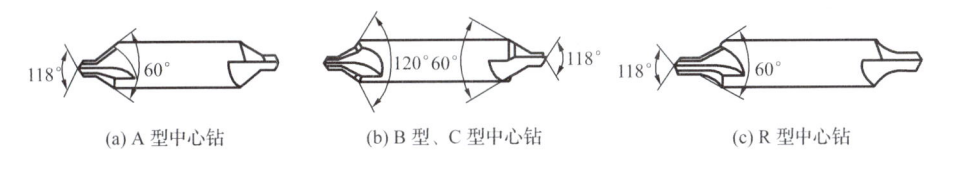

(a) A型中心钻　　(b) B型、C型中心钻　　(c) R型中心钻

图1-61　中心钻

2 中心孔的常见形式与应用范围

对于精度一般的轴类零件，中心孔不需要重复使用时，可选用A型中心孔；对于精度要求高，工序较多需多次使用中心孔的轴类零件，应选用B型中心孔，B型中心孔比A型中心孔多一个120°的保护锥，用于保护60°锥面不致碰伤；对于需要在轴向固定其他零件的工件，可选用带内螺纹的C型中心孔；轴向精确定位时，可选用R型中心孔，即中心孔的60°锥加工成准确的圆弧形，并以该圆弧与顶尖锥面的切线为轴向定位基准。常见的中心孔形式与应用范围见表1-20。

表 1-20　　常见的中心孔形式与应用范围

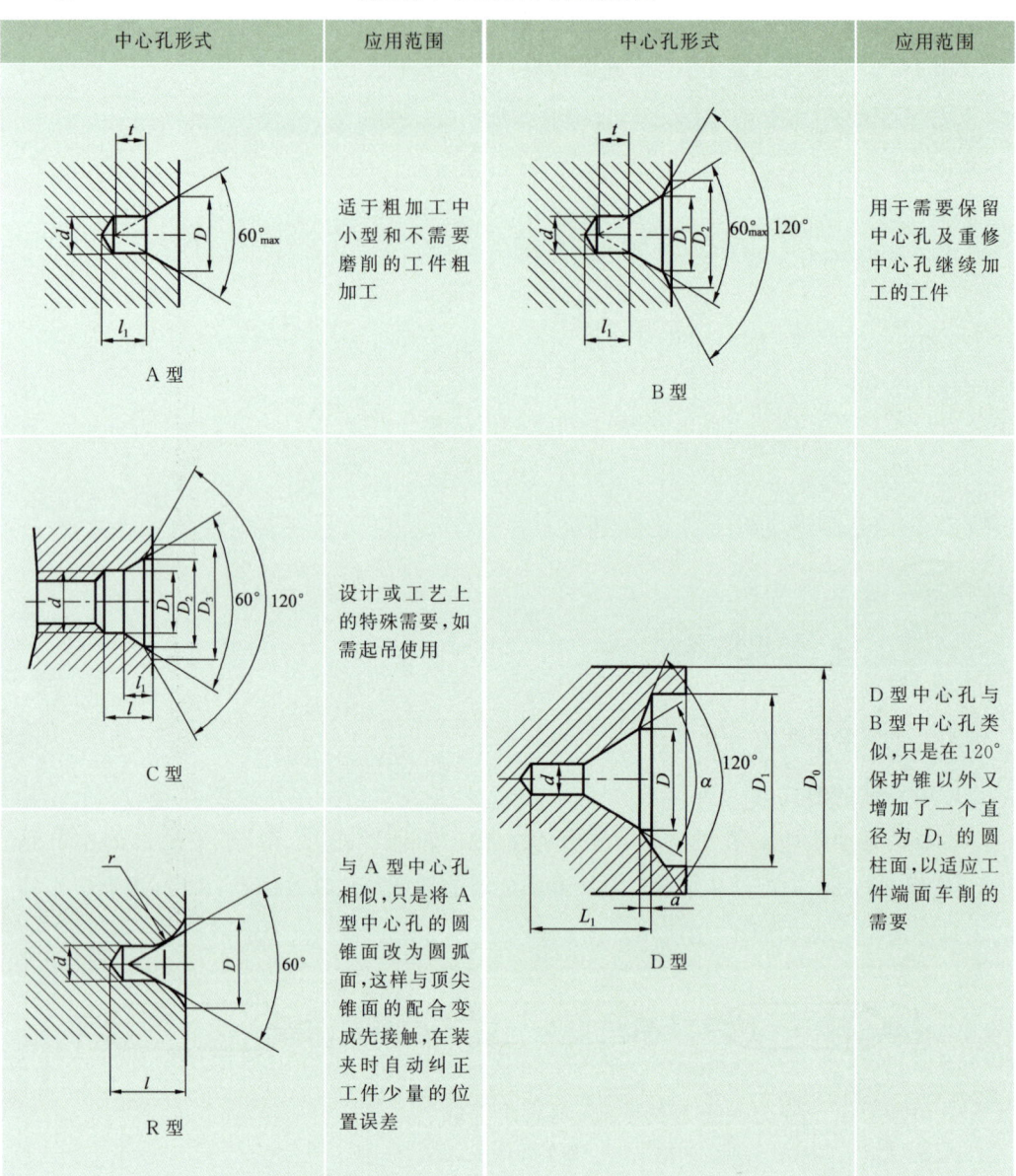

中心孔形式	应用范围	中心孔形式	应用范围
A 型	适于粗加工中小型和不需要磨削的工件粗加工	B 型	用于需要保留中心孔及重修中心孔继续加工的工件
C 型	设计或工艺上的特殊需要，如需起吊使用	D 型	D 型中心孔与 B 型中心孔类似，只是在 120°保护锥以外又增加了一个直径为 D_1 的圆柱面，以适应工件端面车削的需要
R 型	与 A 型中心孔相似，只是将 A 型中心孔的圆锥面改为圆弧面，这样与顶尖锥面的配合变成先接触，在装夹时自动纠正工件少量的位置误差		

知识点及技能测评

一、填空题

1. 车削长径比大于 5 的实心轴类零件，一般采用_____的装夹方法。为防止因切削力而产生轴向位移，必须在卡盘内装夹限位支撑，也可用工件的_____进行限位。

2. 车削圆弧表面或凹槽时，要注意车刀副后刀面与工件已

技能测评 1-2

车削轮廓表面会否_____。

3.对于加工精度要求高且采用极限尺寸标注的零件编程时,往往需要尺寸的数学处理,换算成_____。

4.前顶尖有两种:一种是插入_____内的,一种是夹在_____的,都将与主轴一起旋转,是死顶尖。

5.活顶尖内部装有_____,适合于_____时使用,但定心精度不如死顶尖高。

6.车槽时的背吃刀量_____车槽刀(主切削刃)宽度,一般刀刃宽度为3~5mm,车槽时进给量常取_____mm/r,转速一般为_____r/min。

7.为便于加工,在加工宽度小于_____mm 的槽时,一般切槽刀的宽度就等于槽宽。

8.车削螺纹时通常需要多次进给才能完成,车削_____螺纹时采用径向进给法,车削_____螺纹时采用侧向进给法。

9.车床切削时的进给量往往是指每转进给量,因此车削螺纹的进给量就等于螺纹的_____,单头螺纹是指螺纹的_____。

10.车削螺纹时,在保证生产效率和正常切削的情况下,宜选择较低的_____。

11.对于一般精度要求的轴类零件,中心孔不需要重复使用时,可选用_____。

12.对于精度要求高,工序较多,需多次使用中心孔的轴类零件,应选用_____。

二、选择题

1.允许尺寸变化的两个界限,较大的一个称为( )尺寸。
   A.上偏差　　　　B.最大极限　　　　C.极限偏差　　　　D.最大允许误差

2.当轴尺寸为 $\phi 16_{-0.07}^{0}$ mm 时,编程值应选( )。
   A.$\phi 16$　　　　B.$\phi 15.97$　　　　C.$\phi 15.93$　　　　D.$\phi 16.07$

3.车床上,刀尖圆弧只有在加工( )时才产生加工误差。
   A.端面　　　　B.外圆柱面　　　　C.圆弧　　　　D.内圆孔面

4.切断时,防止产生振动的措施是( )。
   A.增大前角　　　　B.减小前角　　　　C.减小进给量　　　　D.提高切削速度

5.在切断加工时,宜选择( )的进给速度。
   A.较高
   C.数控系统设定的最低
   B.较低
   D.数控系统设定的最高

6.切断刀由于受刀头强度的限制,副后角应取( )。
   A.较大　　　　B.一般　　　　C.较小　　　　D.无所谓

7.车削螺纹时,一般应采用较低的转速,并且每转进给量应该符合螺纹的( )。
   A.螺距　　　　B.导程　　　　C.走刀　　　　D.切削深度

8.轴类零件用双中心孔定位,能消除( )个自由度。
   A.六　　　　B.五　　　　C.四　　　　D.三

9.用三爪卡盘安装工件,当工件被夹住的定位圆柱表面较长时,可限制工件( )个自由度。
   A.三　　　　B.四　　　　C.五　　　　D.六

10. 为了保证数控机床能满足不同的工艺要求,并能够获得最佳切削速度,主传动系统的要求是(　　)。

A. 无级调速　　　　　　　　　　B. 变速范围宽
C. 分段无级变速　　　　　　　　D. 变速范围宽且能无级变速

三、判断题

1. 粗加工凹圆弧曲面时,切除余量往往较大,粗加工路径合理与否需要考虑所留精加工余量均匀,以保证后续精加工时切削力均匀,从而保证零件加工质量。　　(　　)
2. 活顶尖比死顶尖的定心精度高。　　(　　)
3. 采用两顶尖夹持车削工件时,应将其尾座顶尖的压力作适当的调整。　　(　　)
4. 车削螺纹时,一般应采用较低的转速,并且每转进给量应该符合螺纹的螺距。　　(　　)
5. 采用两顶尖装夹工件时,车床主轴轴线应在前后顶尖连线上,否则车出的工件会产生圆度误差。　　(　　)
6. 切槽刀的刀宽是由所切槽宽决定的,槽有多宽就该选多宽的切槽刀。　　(　　)
7. 车削进给速度是刀具在进给方向上相对工件的每分钟位移量。　　(　　)
8. 如果背吃刀量和进给量选得比较大,选择的切削速度要适当地降低些。　　(　　)
9. 车削螺纹时,用恒线速度切削功能加工精度较高。　　(　　)
10. 在数控车床上车削螺纹时,车刀沿螺纹方向的 Z 向进给应与车床主轴的旋转保持严格的速比关系。　　(　　)

四、简答题

1. 圆弧曲面的粗车加工的注意事项有哪些?
2. 车削螺纹时为什么需要切入切出距离?

五、思考题

说明本任务中的 $\phi 40$ mm×25 mm 起什么作用?该任务中的零件毛坯尺寸采用 150 mm 是否合理?为什么?

六、设计如图 1-62 所示零件的加工工艺卡片。

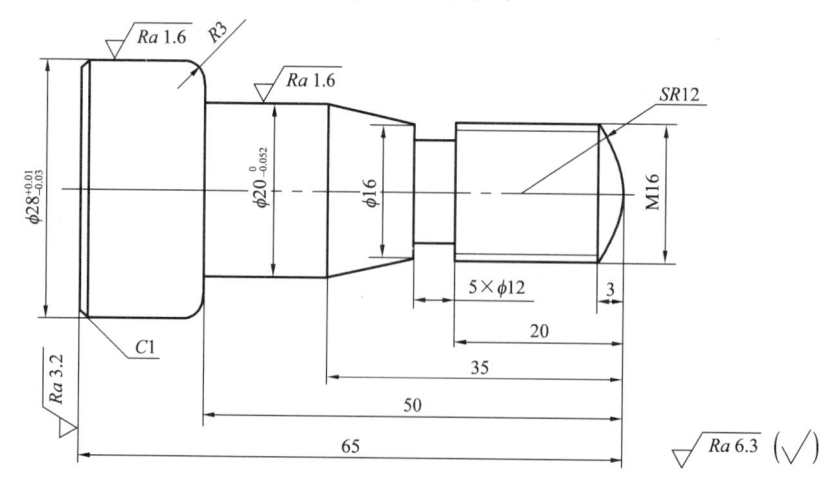

假设该零件毛坯尺寸为 $\phi 30$ mm×95 mm,单件生产

(a)

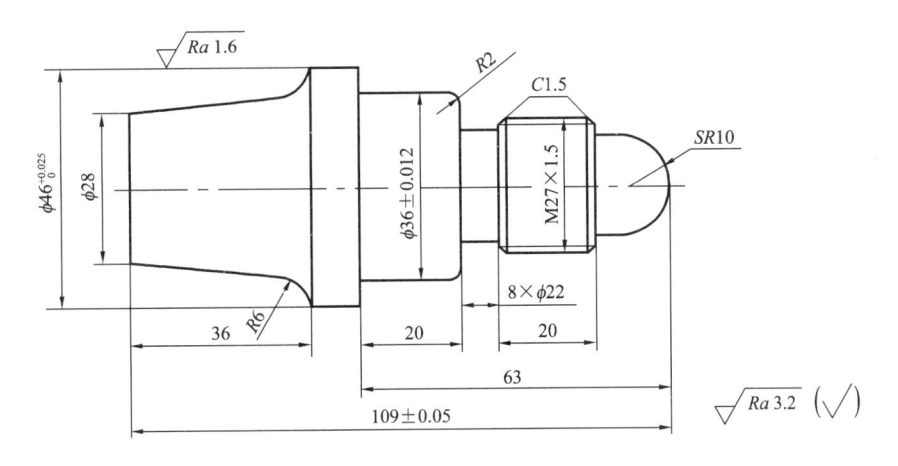

假设该零件毛坯尺寸为 φ48 mm×112 mm,单件生产

(b)

图 1-62 零件图

任务三　简单偏心轴的数控加工工艺设计

学习目标

【知识目标】

1. 了解偏心回转体的工艺特点。
2. 熟悉偏心轴的装夹方法。
3. 了解偏心距的测量方法。
4. 了解获得加工精度的方法。

【技能目标】

1. 能够计算偏心垫块的厚度。
2. 能够正确使用四爪卡盘进行偏心轴装夹。
3. 能够对简单偏心轴进行加工工艺分析。

任务描述

偏心轴零件图如图 1-63 所示,零件材料为 45 钢,毛坯尺寸为 φ45 mm×70 mm,成批生产。设计该零件的数控加工工艺。

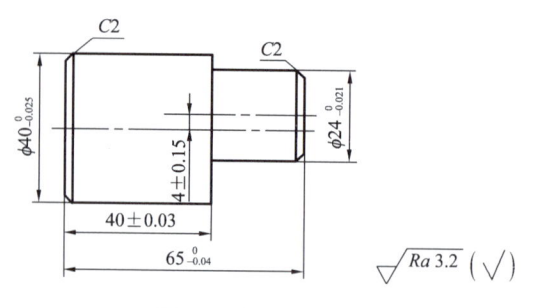

图 1-63 偏心轴零件图

相关知识

本任务涉及偏心轴数控加工工艺的相关知识为:偏心回转体的工艺特点、偏心回转体的装夹、偏心距的测量方法、获得加工精度的方法。

1 偏心回转体的工艺特点

偏心回转体零件是指零件的外圆与外圆,或外圆与内孔的轴线相互平行而不重合,即偏离一定距离的零件。这两条平行轴线之间的距离称为偏心距。外圆与外圆偏心的零件称为偏心轴或偏心盘,如图 1-64 所示。外圆与内孔偏心的零件称为偏心套,如图 1-65 所示。

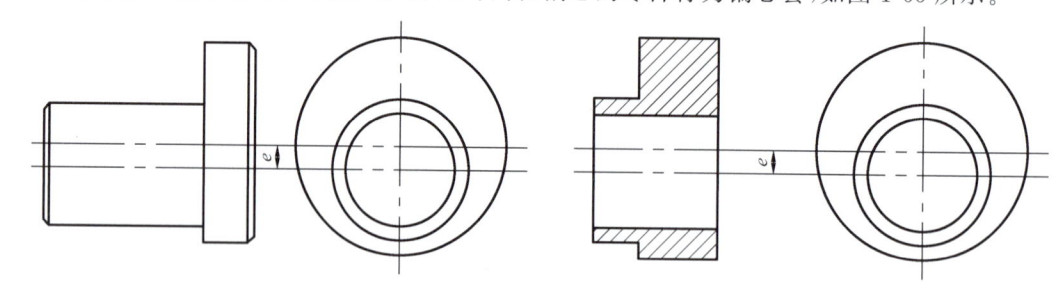

图 1-64 偏心轴　　　　图 1-65 偏心套

偏心轴、偏心套的加工工艺比常规回转体轴类、套类、盘类零件的加工工艺复杂,主要因为难以把握好偏心距,难以达到零件图的技术要求。偏心轴、偏心套一般采用车削加工,它们的加工原理基本相同,主要是在装夹方面采取措施,即把需要加工的偏心部分的轴线找正到与车床主轴轴线相重合。而后续的加工工艺与常规回转体轴类、套类、盘类零件的加工工艺相同。

2 偏心回转体的装夹

加工中小型偏心回转体零件的常用夹具有自定心三爪卡盘、四爪卡盘、两顶尖、角铁、花盘和偏心专用夹具等。

(1)采用自定心三爪卡盘装夹

①加垫片　加工偏心回转体零件的主要问题是使偏心部分的轴线与车床主轴轴线重合。可先把偏心回转体零件中非偏心部分的外

偏心回转体的装夹

圆车削好,再在卡盘任意一个卡爪与偏心回转体零件接触面之间垫上一块预先选好厚度的垫片,使偏心回转体零件轴线相对于车床主轴轴线产生的位移等于偏心距,如图 1-66 所示。

垫片厚度的计算公式为

$$x=1.5e\pm1.5\Delta e \tag{1-6}$$

式中　x——垫片厚度,mm;

　　　e——偏心回转体零件的偏心距,mm;

　　　Δe——试切后,实测的偏心距误差,若实测结果比要求的值大则取负号,若实测结果比要求的值小则取正号。

图 1-66　用垫块装夹偏心回转体零件

采用垫片装夹的注意事项:

应选用硬度较高的材料做垫片,以防止在装夹时发生挤压变形。垫片与卡爪接触的一面应做成与卡爪圆弧相同的圆弧面,否则接触面会产生间隙,造成偏心距误差。

装夹时,偏心回转体零件的轴线不能歪斜,否则会影响加工质量。

对于精度要求较高的偏心回转体零件,必须按上述方法计算垫片厚度,首件试切不考虑 Δe,根据首件试切后实测的偏心距误差,对垫片厚度进行修正,然后方可正式切削。

② 套筒与调节螺钉配合　在批量加工小偏心轴时,为节约辅助时间,提高效率,可以通过调节螺钉实现偏心的距离。套筒与调节螺钉配合如图 1-67 所示,其中,偏心套夹具内孔直径 $D_2=D_1+2e$。

(2) 采用四爪卡盘装夹

四爪卡盘的外形如图 1-68(a)所示,它的四个对称分布的卡爪通过四个螺杆可独立移动,因此又称为四爪单动卡盘,它可以调整工件夹持部位在主轴上的位置。四爪卡盘与三爪卡盘的不同之处是不仅多了一个卡爪,而且每个卡爪都是单动的,这样就可加工偏心回转体零件和其他形状较复杂且难以装夹在通用卡盘上的零件,例如方形、长方形零件等,且夹紧力大。由于四爪卡盘不能自动定心,所以在加工偏心回转体零件时,钳工应先在工件上划线确定孔或轴的偏心位置,再使用划针对偏心的孔或轴的偏心位置进行找正,不断地调整各卡爪,使工件孔或轴的轴线和车床主轴轴线重合。四爪卡盘装夹找正烦琐费时,装夹效率较低,因此常用于单件或小批量生产。图 1-68(b)所示为用四爪卡盘装夹工件后再用百分表找正外圆的示意图。

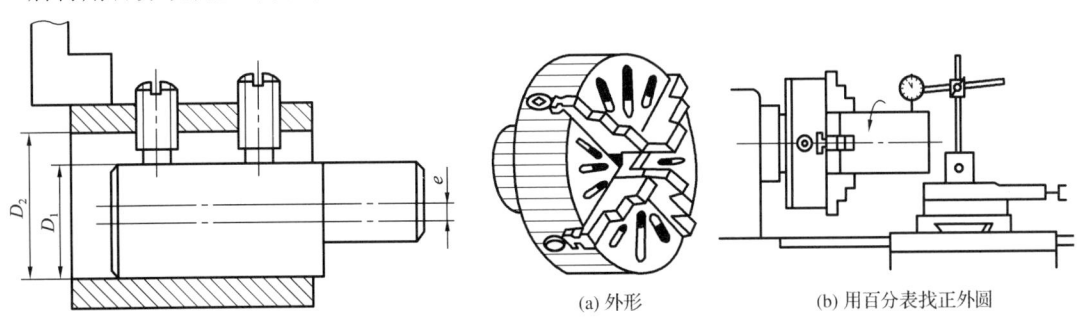

图 1-67　套筒与调节螺钉配合

(a) 外形　　(b) 用百分表找正外圆

图 1-68　四爪卡盘及其装夹找正示例

采用四爪卡盘装夹的步骤如下：

①预调卡盘卡爪，使其中两个卡爪呈对称位置，另两个卡爪处于不对称位置，其偏离车床主轴中心的距离大致等于偏心回转体零件的偏心距（以本任务零件为例），如图1-69所示。

②装夹偏心回转体零件时，用百分表找正，使偏心部分的轴线与车床主轴轴线重合，如图1-70所示。找正 a 点用卡爪调整，找正 b 点用木槌或铜棒轻击。

图1-69 四爪卡盘装夹偏心回转体零件

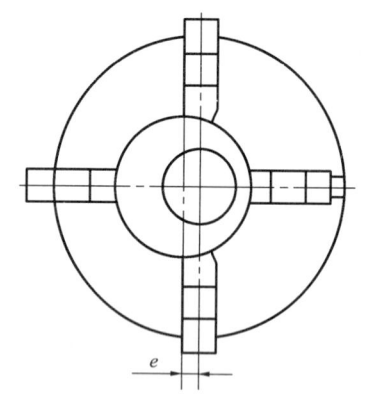

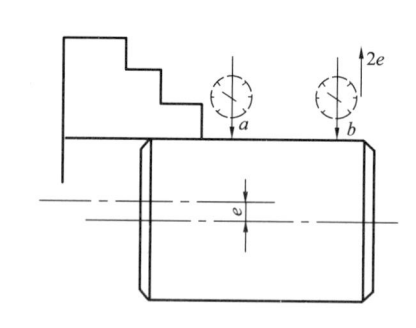

图1-70 找正

③校正偏心距，用百分表表杆触头垂直接触在偏心回转体零件的外圆上，并使百分表压缩量为0.5～1 mm，用手缓慢转动卡盘使偏心回转体零件转一周，百分表指示读数的最大值和最小值的一半即偏心距，如图1-70所示。按此方法校正，使 a、b 两点的偏心距基本一致，并在图样规定的偏心距公差允许范围内。

④将四个卡爪均匀地锁紧一遍，检查确认偏心部分的轴线和侧、顶母线在夹紧时没有位移。检查方法与上一步骤相同。

⑤复查偏心距，当偏心回转体零件只剩0.5 mm左右精车余量时，按图1-71所示方法复查偏心距。将百分表表杆触头垂直接触在偏心回转体零件的外圆上，用手缓慢转动卡盘使偏心回转体零件转一周，检查百分表指示读数的最大值和最小值的一半是否在偏心距公差允许范围内。若偏心距超过公差的允许范围，则略锁紧相应卡爪即可。

（3）采用两顶尖装夹

采用两顶尖定位加工偏心回转体零件，如图1-72所示。

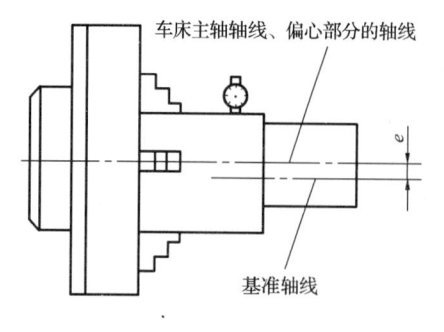

图1-71 用百分表复查偏心距

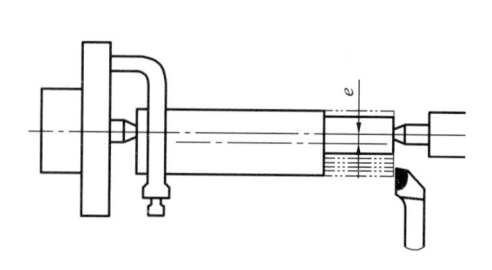

图1-72 复查偏心距

(4) 采用角铁装夹

在车床上加工壳体、支座、杠杆、接头和偏心回转体等零件的回转端面和回转表面时，由于零件形状较复杂，难以装夹在通用卡盘上，因此常采用夹具体呈角铁状的夹具，通常称为角铁。在角铁上装夹和找正工件时，钳工先在工件上划线确定孔或轴的偏心位置，再使用划针对偏心的孔或轴的偏心位置进行找正，不断地调整各部件，使工件孔或轴的轴线和车床主轴轴线重合。采用角铁装夹工件时要注意平衡，应采用平衡装置以减少由离心力产生的振动及主轴轴承的磨损，平衡装置的位置和质量最好可以调节。角铁和在角铁上装夹及找正工件如图 1-73 所示。

(5) 采用花盘装夹

花盘是安装在车床主轴上的一个大圆盘。形状不规则的工件无法使用三爪或四爪卡盘装夹，可采用花盘装夹，花盘也是加工大型盘套类零件的常用夹具。花盘上开有若干个 T 形槽，用于安装定位元件、夹紧元件和分度元件等辅助元件，可加工形状复杂的盘套类零件或偏心类零件的外圆、端面和内孔等。采用花盘装夹工件时要注意平衡，应采用平衡装置以减少由离心力产生的振动及主轴轴承的磨损。一般使用的平衡装置有两种，一种是在较轻的一侧加平衡块（配重块，如图 1-74 中的平衡铁），其位置距离回转中心越远越好；另一种是在较重的一侧加工减重孔，其位置距离回转中心越近越好。平衡块的位置和质量最好可以调节。在花盘上装夹工件及使用的平衡装置如图 1-74 所示。

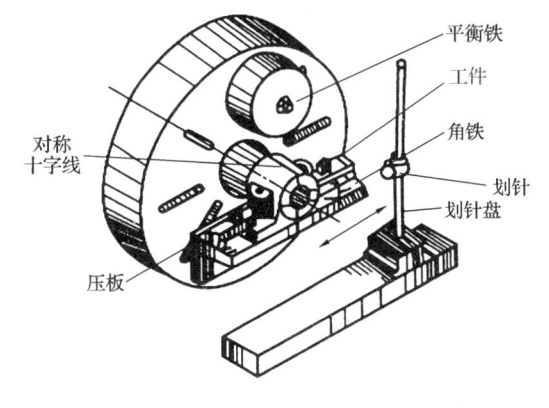

图 1-73　角铁和在角铁上装夹及找正工件 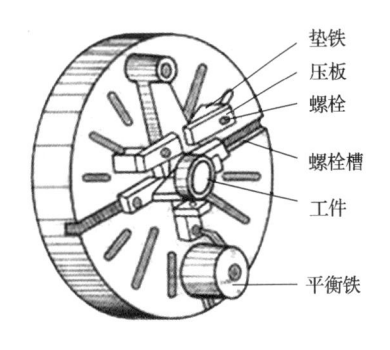　　　图 1-74　在花盘上装夹工件及使用的平衡装置

(6) 采用偏心专用夹具装夹

偏心专用夹具用于偏心距较大的曲轴类零件加工。加工连杆轴颈时，利用已加工过的主轴颈定位，将零件安装到偏心专用夹具中，使连杆轴颈的轴线与车床的主轴轴线重合。连杆轴颈之间的角度位置靠夹具上的分度装置来保证，加工时依次加工同一轴线上的连杆轴颈及曲柄端面。

3 偏心距的测量方法

常用偏心距的测量方法有以下两种：

(1) 在两顶尖间检测偏心距

对于两端有中心孔、偏心距较小、不易在 V 形架上测量的零件，可放在两顶尖间检测偏心距,如图 1-75 所示。检测时,使百分表的测量头接触到偏心部位,用手均匀、缓慢地转动偏心轴,百分表读数的最大值和最小值之差的一半就等于偏心距。

偏心套的偏心距也可以用类似的方法来测量,只需将偏心套套在心轴上,再将心轴用两顶尖定位检测即可。

(2)在 V 形架上检测偏心距

将工件放在 V 形架上,转动偏心工件,百分表读数的最大值与最小值之差的一半就等于偏心距,如图 1-76 所示。

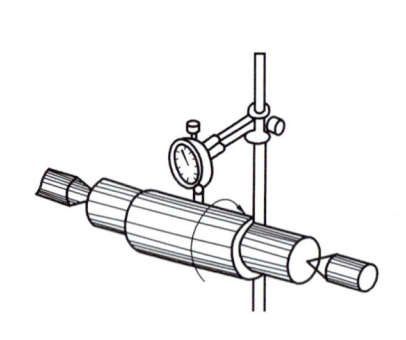

图 1-75 在两顶尖间检测偏心距 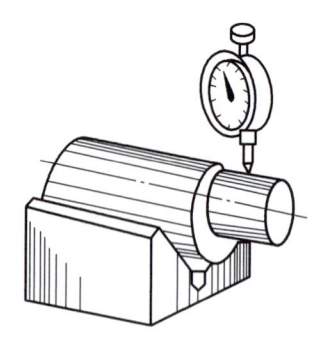　　　图 1-76 在 V 形架上检测偏心距

采用这种方法测量偏心距时,由于受到百分表测量范围的限制,只能测量无中心孔或工件较短、偏心距较小($e<5$ mm)的偏心工件。若工件的偏心距较大($e>5$ mm),则可使用 V 形架、百分表和量块等量具采用间接测量的方法进行检测。

4 获得加工精度的方法

(1)加工精度与经济加工精度

加工精度是指零件加工后的实际尺寸、形状、位置三种几何参数与设计图纸要求的理想几何参数的符合程度。加工精度包括尺寸精度、形状精度、位置精度三个方面内容。

①尺寸精度　零件的实际尺寸与零件的理想尺寸的接近程度,例如直径、长度以及表面间的距离。

②形状精度　零件表面或线的实际形状与理想形状的接近程度,例如直线度、平面度、圆度、圆柱度、线轮廓度和面轮廓度等。

③位置精度　零件表面或线的实际位置与理想位置的接近程度,例如平行度、垂直度、同轴度、对称度、位置度、圆跳动和全跳动等。

经济加工精度是指在正常生产条件下(采用符合质量标准的设备、工艺装备并使用标准技术等级的工人,不延长加工时间)所能保证的公差等级。任何一种加工方法,所能获得的加工精度均有一个相当大的变动范围,但不同的精度要求(误差大小)所耗费的加工时间、加工成本也不尽相同。比较容易得到的、能经济达到的加工精度,就是经济加工精度。

从零件的功能看,只要加工误差在零件图要求的公差范围内,就认为保证了加工精度。

(2)获得尺寸精度的方法

①试切法　为了获得零件图中要求的工件尺寸精度,加工时必须使刀具相对于工件有正确的位置。试切法是指通过"试切→测量→调整→再试切"反复进行的,直至达到要求为止的方法。如图1-77(a)所示,通过反复试切保证尺寸 l。此方法的生产率低,加工精度取决于操作者的技术水平,但有可能获得较高的精度且无须复杂的装置,常用于单件或小批量生产。

②调整法　是指预先按要求调整好刀具与工件的位置,并在加工一批零件的过程中均保持此位置不变,以获得规定的加工尺寸的方法。采用此方法加工时,调整好刀具的位置后,必须保证每一个工件都安装在同一位置上。如图1-77(b)所示,刀具位置靠挡块控制,每一个工件的位置则靠三爪自定心卡盘的反爪台阶确定。如图1-77(c)所示为通过夹具的定位元件和导向元件来控制工件与刀具的位置。调整法的生产率高且精度一致性好,常用于大批量生产。

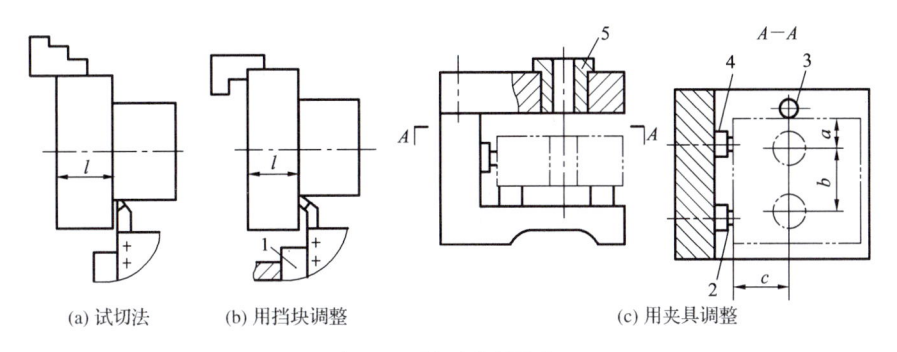

图1-77　试切法与调整法
1—挡块；2、3、4—定位元件；5—导向元件

③定尺寸刀具法　是指直接靠刀具的尺寸来保证工件的加工尺寸的方法。例如在钻孔、铰孔加工过程中,工件的孔径靠钻头、铰刀的直径来保证。定尺寸刀具法的操作方便,加工精度比较稳定。其精度的高低主要取决于刀具本身的尺寸精度、刀具的磨损和安装等,几乎与工人的操作技术水平无关,生产率高,在各种类型的生产中被广泛应用。

④自动控制法　是指将测量装置、进给装置和控制系统组成一个自动加工系统的方法。加工过程中测量装置自动测量工件的加工尺寸,并与要求的尺寸进行比较后发出信号,信号通过转换、放大后控制进给装置对刀具或机床的位置进行相应的调整,直至达到规定的加工尺寸要求。早期的自动控制多采用凸轮控制、机械液压控制等,近年来则广泛采用计算机数字控制,此类自动控制的控制精度更高,使用更方便,适应性更好。

(3)获得形状精度的方法

①轨迹法　是指依靠刀具与工件的相对运动轨迹获得工件形状的方法。图1-78(a)所示为利用工件的旋转和刀具的 X、Y 两个方向的直线运动的合成来车削成形表面,图1-78(b)所示为利用刨刀的纵向直线运动和工件的横向进给运动来车削平面。采用轨迹法加工所获得的形状精度主要取决于刀具中心按轨迹运动的精度。

②成形法　是指利用成形刀具代替普通刀具直接在工件表面上加工出对应的成形表面的方法,例如拉削成形表面、用三角形螺纹车刀车削螺纹等。采用成形法加工可以简化机床结构,提高生产率。

(a) 车削成形表面　　　　(b) 车削平面

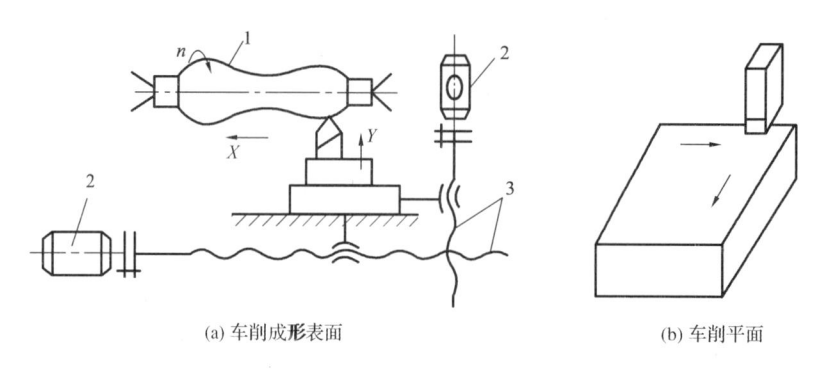

图 1-78　轨迹法获得工件形状
1—工件；2—电动机；3—丝杠

③仿形法　是指刀具按照仿形装置进给对工件进行加工的方法。采用仿形法加工所获得的形状精度取决于仿形装置的精度和其他成形运动的精度。仿形车、仿形铣等均属于仿形法加工。

④展成法　又称为范成法，它是依据零件曲面的成形原理，通过刀具和工件的展成切削运动进行加工的方法。采用展成法所获得的加工表面是刀刃和工件在展成运动过程中所形成的包络面，刀刃必须是加工表面的共轭曲线。采用展成法加工所获得的形状精度取决于刀刃的形状和展成运动的精度。滚齿、插齿等齿轮加工都是采用展成法来获得齿形的。

(4) 获得位置精度的方法

位置精度包括定位精度（如同轴度、对称度）和定向精度（如平行度、垂直度）。定位精度的获得需要确定刀具与工件的相对位置，定向精度的获得则取决于工件与机床运动方向的相对位置是否正确。获得位置精度的具体方法如下：

①找正安装　找正是指利用工具和仪表，并根据工件上的有关基准，找出工件有关几何要素相对于机床的正确位置的过程。利用找正法安装工件称为找正安装，找正安装又可分为划线找正安装和直接找正安装。

②夹具安装　夹具是指用于安装工件和引导刀具的装置。在机床上安装好夹具后，将工件放在夹具中定位，能使工件迅速获得正确位置，并使其固定在夹具和机床上，其定位精度高而稳定。但专用夹具的设计制造周期较长、成本较高，故广泛应用于大批量生产。

任务实施

1 零件图的工艺分析

(1) 尺寸精度分析

根据标准公差数值表可知，圆柱面直径 $\phi 24_{-0.021}^{0}$ mm 与 $\phi 40_{-0.025}^{0}$ mm 的尺寸精度达到 IT7 级，要求较高。

(2) 几何精度分析

如图 1-63 所示偏心轴零件无几何公差要求，但两段轴的轴线间有偏心，偏心距离为 (4 ± 0.15) mm。

(3)结构分析

本任务为两段圆柱组成的简单偏心轴。零件图尺寸标注完整、正确,加工部位清楚、明确,材料为 45 钢,加工工艺性好。考虑到是成批生产,在采用专用夹具的情况下,选用数控车削完成。

2 机床的选择

本任务零件尺寸规格不大,除尺寸精度要求稍高外,加工表面粗糙度要求不高,故选用尺寸规格不大的型号为 CJK6132 的经济型数控车床。

3 加工工艺路线的设计

(1)加工方案的确定

根据外回转表面的加工方法、加工精度及表面加工质量要求,该零件的两段外圆的尺寸精度皆为 IT7 级,选择粗车→半精车→精车即可满足零件图的技术要求。

(2)加工顺序的安排

本任务中两段轴径的轴线不重合,因此不能在一次装夹中完成全部加工内容。从加工刚度和装夹方便的角度出发,先加工 $\phi 40_{-0.025}^{0}$ mm 的圆柱,再加工 $\phi 24_{-0.021}^{0}$ mm 的圆柱。

(3)工艺路线的拟订

根据上述加工顺序安排,零件的加工工艺路线为:夹一端,平端面,倒角 C2,粗、精车外圆直径 $\phi 40_{-0.025}^{0}$ mm,且满足长度要求;调头(装夹具),平端面保证总长,倒角 C2,粗、精车外圆直径 $\phi 24_{-0.021}^{0}$ mm 达到零件图要求。

4 装夹方案及夹具的选择

本任务是加工偏心回转体零件,选用常用的三爪自定心卡盘加工需要增加一个垫块,调整和校准的辅助时间长,考虑到是成批生产,故采用偏心夹具套,如图 1-79 所示。

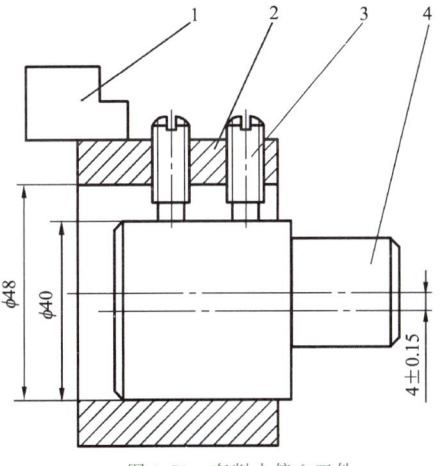

图 1-79 车削小偏心工件
1—三爪自定心卡盘;2—夹具套;3—螺钉;4—工件

5 数控加工工序卡和刀具卡的填写

(1)偏心轴数控加工工序卡

偏心轴数控加工工序卡见表 1-21。

表1-21　　　　　　　　　　　偏心轴数控加工工序卡

单位名称	×××	产品名称或代号	零件名称	零件图号
		×××	偏心轴	×××
工序号	程序编号	夹具名称	加工设备	车间
×××	×××	三爪自定心卡盘＋偏心夹具套	CJK6132	数控中心

步号	工步内容	刀具号	刀具规格/mm	主轴转速/(r·min^{-1})	进给量/(mm·r^{-1})	背吃刀量/mm	备注
1	粗、精车左端面,保证表面粗糙度 Ra 3.2 mm	T01	25×25	650	0.3/0.2		
2	粗、精车倒角C2,$\phi40_{-0.025}^{0}$ mm,保证表面粗糙度 Ra 3.2 μm,车削长度 40.5 mm	T01	25×25	650/720	0.3/0.2		
3	粗、精车右端面,保证总长 $65_{-0.04}^{0}$ mm,表面粗糙度 Ra 3.2 μm	T01	20×20	650	0.3/0.2		调头
4	粗、精车倒角C2,$\phi24_{-0.21}^{0}$ mm,保证（40±0.03）mm 和表面粗糙度 Ra 3.2 μm	T01	20×20	600/870	0.3/0.2		
编制	×××	审核 ×××	批准 ×××	年 月 日	共 页	第 页	

（2）偏心轴数控加工刀具卡

偏心轴数控加工刀具卡见表1-22。

表1-22　　　　　　　　　　　偏心轴数控加工刀具卡

产品名称或代号	×××	零件名称	偏心轴	零件图号	×××
序号	刀具号	刀具规格名称	数量	刀长/mm	加工表面	备注
1	T01	外圆车刀	1	实测	端面、外径、倒角	刀尖半径 0.4 mm
编制 ×××	审核 ×××	批准 ×××	年 月 日	共 页	第 页

知识拓展

误差复映规律

如图1-80所示,在车床上加工具有偏心的毛坯时,当毛坯转一圈后,背吃刀量从图示的最大值 a_{p1} 变为最小值 a_{p2},切削力也由最大值变为最小值,此时工艺系统各部件也相应地产生弹性压移,切削力大时弹性压移大,

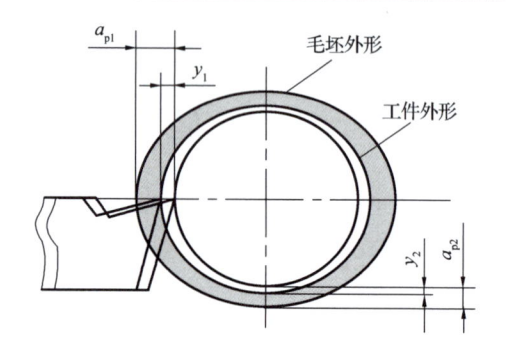

图1-80　误差复映规律

切削力小时弹性压移小,因此偏心的毛坯加工后所得到的零件也是偏心的,即毛坯的误差被复映了下来,只不过加工后误差值减小了,这种现象称为误差复映规律。

由理论分析可知,当毛坯的偏心量一定时,工艺系统刚度越大,加工后的偏心量越小,加工后的工件精度越高。

我们以误差复映系数 ε（加工误差与毛坯误差的比例关系）来表示工件加工后精度的提高程度,即

$$\varepsilon = \frac{\Delta_w}{\Delta_b} = \frac{\lambda}{J_s} \cdot C_{FZ} f^{0.75} \qquad (1-7)$$

式中　ε——误差复映系数；
　　　Δ_w——加工后工件直径上的误差；
　　　Δ_b——毛坯的误差；
　　　λ——主要与刀具几何角度有关的系数，一般取 0.4；
　　　J_s——工艺系统刚度；
　　　C_{FZ}——与工件材料、刀具几何形状等有关的系数；
　　　f——进给量。

显然，工艺系统刚度越大，ε 越小，复映在工件上的误差就越小。

当加工过程分成 n 个工步时，若每个工步的误差复映系数分别为 ε_1、ε_2、…、ε_n，则总的误差复映系数 $\varepsilon_\Sigma = \varepsilon_1 \varepsilon_2 \cdots \varepsilon_n$。因为每个误差复映系数均小于 1，经过几次走刀后，ε_Σ 将是一个很小的数值，加工误差也将降到允许的范围内。

由误差复映规律还可以得出以下结论：

(1) 每一件毛坯的形状误差，无论是圆度、圆柱度、同轴度（偏心、径向跳动等）、直线度误差等都以一定的复映系数复映成工件的加工误差，这是由于切削余量不均匀引起的。

(2) 一般情况下，由于工艺系统刚度比较大，误差复映系数远小于 1，在 2～3 次走刀后，加工误差很快下降。特别是第 2 次、第 3 次走刀时的进给量通常是递减的（半精车、精车），误差复映系数也就递减，则加工误差下降更快。因此在车削时，只有在粗加工时用误差复映规律估算加工误差才有实际意义。但在工艺系统刚度较小的场合（如镗孔时镗杆较细、车削时工件较细长以及磨孔时磨杆较细等），误差复映规律较明显，有时需要从实际反映的误差复映系数着手分析提高加工精度的途径。

(3) 在大批量生产中，均采用定尺寸调整法加工，即刀具调整到一定的切深后，就一件件地连续进行加工。但是，对一批尺寸大小有变化的毛坯来说，每件毛坯的加工余量不一样，并且由于误差复映规律的原因，会造成这批加工工件的"尺寸分散"。为了保证尺寸分散不超出允许的误差范围，就必须查明误差复映的大小，这是在分析和解决加工精度问题时经常遇到的问题。

知识点及技能测评

一、填空题

1. 偏心回转体类零件就是零件的外圆和外圆或外圆与内孔的轴线相互_____，偏离一个距离的零件，这两条平行轴线之间的距离称为_____。
2. 偏心回转体类零件中比较常见的主要是_____和_____。
3. 获得尺寸精度的方法有_____、_____、_____、_____。
4. 获得形状精度的方法有_____、_____、_____、_____。
5. 加工精度是指零件加工后的实际尺寸、形状、位置三种几何参数与设计图纸要求的_____符合程度。

二、选择题

1. 零件的机械加工精度主要包括（　　）。
   A. 机床精度、几何形状精度、相对位置精度　　B. 尺寸精度、几何形状精度、装夹精度

C.尺寸精度、定位精度、相对位置精度　　D.尺寸精度、几何形状精度、相对位置精度
2.毛坯的形状误差对下一工序的影响表现为(　　)复映。
　A.误差　　　　B.公差　　　　　C.形状　　　　　D.形位和状态
3.减小毛坯误差的办法是(　　)。
　A.粗化毛坯并增大毛坯的形状误差　　B.增大毛坯的形状误差
　C.精化毛坯　　　　　　　　　　　　D.增加毛坯的余量
4.在零件毛坯加工余量不匀的情况下进行加工,会引起(　　)大小的变化,因而产生误差。
　A.切削力　　　B.开力　　　　　C.夹紧力　　　　D.重力
5.零件表面形状是由(　　)与工件之间的相对运动而获得的。
　A.滚轴　　　　B.刀具　　　　　C.附轴　　　　　D.夹盘

三、简答题
1.加工中小型偏心回转体类零件的常用夹具有哪些？
2.在自定心三爪卡盘如何装夹小型偏心轴？
3.什么是加工精度，包含哪几方面？什么是经济加工精度？
4.何为误差复映规律？减小误差复映的方法有哪些？

四、设计如图 1-81 所示零件的加工工艺卡片。

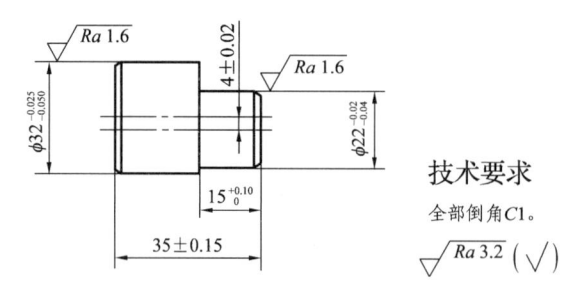

假设该零件毛坯尺寸为 φ35 mm×38 mm,批量生产
（a）

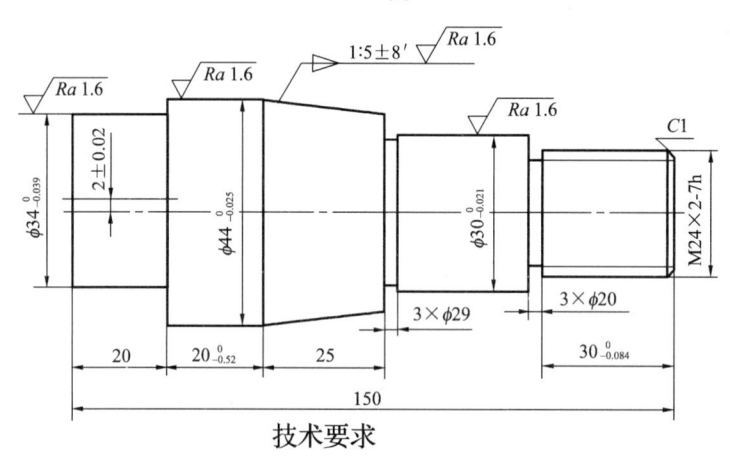

假设该零件毛坯尺寸为 φ46 mm×152 mm,批量生产
（b）

图 1-81　零件图

拓展资料

制造强国战略

制造业是国民经济的主体,是立国之本、兴国之器、强国之基。打造具有国际竞争力的制造业,是我国提升综合国力、保障国家安全、建设世界强国的必由之路。

改革开放以来,我国制造业持续快速发展,建成了门类齐全、独立完整的产业体系,有力推动了工业化和现代化进程。然而,与世界先进水平相比,我国制造业在自主创新能力、资源利用效率、产业结构水平、信息化程度、质量效益等方面有待提升,转型升级和跨越发展的任务紧迫而艰巨。

"深入实施制造强国战略"是由中华人民共和国国民经济和社会发展第十四个五年规划和2035年远景目标纲要衍生出的经济名词。其主要内容是:坚持自主可控、安全高效,推进产业基础高级化、产业链现代化,保持制造业比重基本稳定,增强制造业竞争优势,推动制造业高质量发展。

1. 加强产业基础能力建设

实施产业基础再造工程,加快补齐基础零部件及元器件、基础软件、基础材料、基础工艺和产业技术基础等瓶颈短板。

2. 提升产业链供应链现代化水平

坚持经济性和安全性相结合,补齐短板、锻造长板,分行业做好供应链战略设计和精准施策,形成具有更强创新力、更高附加值、更安全可靠的产业链供应链。推进制造业补链强链,强化资源、技术、装备支撑,加强国际产业安全合作,推动产业链供应链多元化。

3. 推动制造业优化升级

深入实施智能制造和绿色制造工程,发展服务型制造新模式,推动制造业高端化智能化绿色化。

4. 实施制造业降本减负行动

强化要素保障和高效服务,巩固拓展减税降费成果,降低企业生产经营成本,提升制造业竞争力。

项目二
盘套类零件的数控加工工艺

任务一　法兰盘的数控加工工艺设计

学习目标

【知识目标】

1. 了解盘类零件的结构特点。
2. 熟悉盘类零件的装夹方式。
3. 掌握数控车削内回转表面的加工方法。
4. 了解影响机械加工精度的因素。

【技能目标】

1. 能够对盘类零件进行正确的装夹。
2. 能够设计简单盘类零件的数控加工工艺。

任务描述

法兰盘如图 2-1 所示,毛坯材料为铸件 HT200,其中,孔 ϕ60 mm 已铸为 ϕ40 mm,成批生产。设计该零件的数控加工工艺。

图 2-1 法兰盘

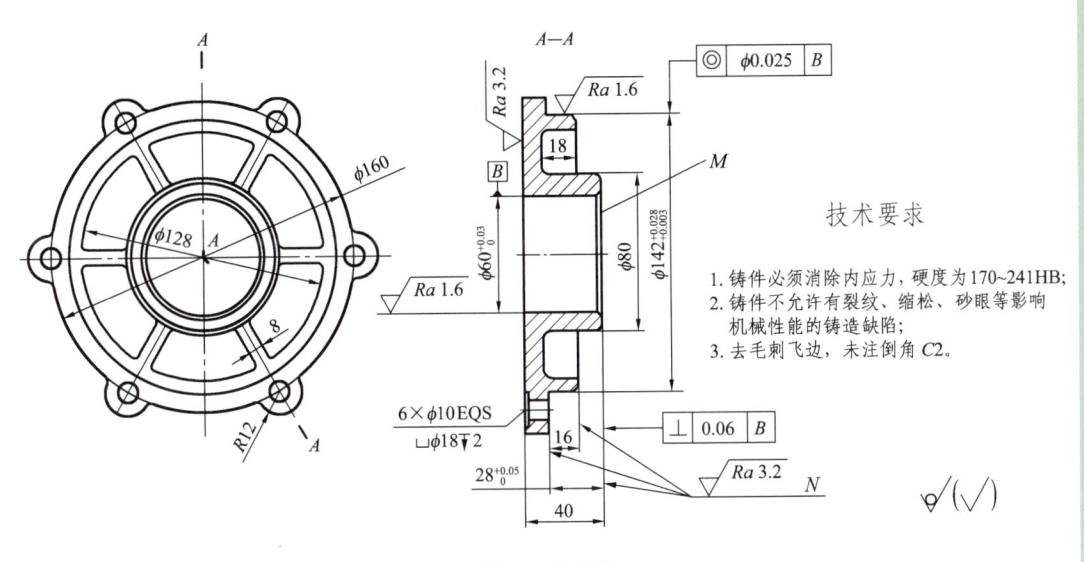

相关知识
XIANGGUAN ZHISHI

本任务涉及盘类零件的数控加工工艺的相关知识为:盘类零件概述、盘类零件的装夹、内回转表面的车削加工、影响机械加工精度的因素。

1 盘类零件概述

(1)功用与结构特点

盘类零件主要起支承、轴向定位、密封和防尘等作用,一般盘类零件有支承盖、端盖、法兰盘等,如图 2-2 所示。

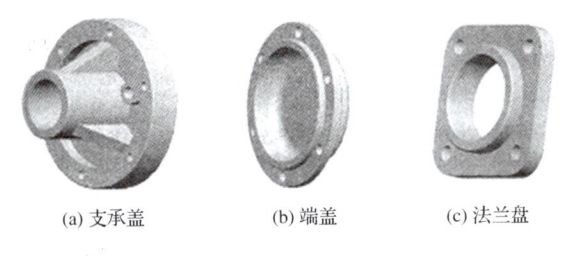

(a) 支承盖　　(b) 端盖　　(c) 法兰盘

图 2-2 盘类零件

盘类零件的基本形状是扁平的盘状,主要由端面、外圆和内孔等组成,它们的主要结构大体上是回转体,通常还带有各种形状的凸缘、均布的圆孔和肋等局部结构。通常外圆安装在箱体孔上,内孔则用于支承轴或轴承。与轴类零件不同的是,盘类零件的轴向尺寸远小于径向尺寸。

(2)材料和毛坯

盘类零件材料一般多为灰铸铁 HT200,毛坯类型为铸件。毛坯的铸造方法有多种,例如砂型铸造、压力铸造、金属型铸造、精密铸造等。其中,砂型铸造是最常用的方法。铸造毛坯需考虑以下因素：

①铸造毛坯的制造方法决定了其制造精度。精度越高，毛坯机械加工的余量越小，加工工作量和材料消耗越少，加工成本越低，但毛坯的制造成本越高。因此，铸造毛坯的制造精度并不是越高越好，而应考虑生产总成本及加工条件。

②铸造毛坯的制造方法是根据零件的生产类型、材料、机械性能、零件结构、生产条件来确定的，不同的生产批量要与不同的毛坯制造方法相适应。

③当生产批量较小时，一般采用木模手工造型的砂型铸造法。因为木模制造的一次性投入费用较低，所以适用于单件和小批量生产。

④当生产批量较大时，一般采用金属模机械造型的砂型铸造法。因为紧砂与起模工序均采用机械化代替手工操作，所以生产率高；但需配备金属模板和相应的造型设备，一次性投入费用较高，因此不适于较小批量的生产。

（3）主要技术要求及加工工艺特点

盘类零件除对尺寸精度、表面粗糙度有要求外，一般对位置精度也有要求，如外圆对内孔的径向圆跳动、端面对内孔的端面圆跳动或垂直度的要求，外圆与内孔间的同轴度要求，两端面之间的平行度要求等。

盘类零件的结构特征决定了该类零件的加工一般采用车削方式进行，分为粗车、半精车和精车。精车时，尽可能把有几何公差要求的外圆、内孔、端面在一次装夹中完成全部加工。若有几何公差要求的外圆、内孔、端面不能在一次装夹中完成全部加工，则通常先把内孔加工出来，然后以内孔定位心轴或弹簧心轴来加工外圆或端面；如果精度要求非常高，可以安排磨床进行磨削加工。

2 盘类零件的装夹

（1）用卡盘一次装夹完成各主要表面的加工

外形为盘状且中间没有通孔的端盖，可以用卡盘一次装夹完成主要表面的加工，再完成对精度要求不高的次要表面的加工。

盘类零件的装夹

（2）以内孔定位心轴装夹

在三爪自定心卡盘上加工法兰盘时，一般先车削好法兰盘的内孔和螺纹，然后将其安装在专用的心轴上，再对凸肩、外圆和端面进行定位装夹，例如轴套、齿轮坯和带轮的加工等。轴承盖的心轴装夹如图 2-3 所示。因为加工内孔较困难，纠正孔心的偏差也困难，而以内孔为定位基准加工外圆时，之前加工内孔产生的同轴度误差容易得到纠正，同时以内孔定位装夹的夹具（心轴）结构简单、易于制造、刚性好，所以这种方法有较广泛的应用。

（3）以内孔和外圆互为基准装夹

盘类零件中，一般内孔与外圆都有较高的尺寸精度、位置精度和表面粗糙度要求，但轴向尺寸远小于径向尺寸，不宜同时加工外圆和内孔，而应以外圆定位加工内孔，再以内孔定位加工外圆及端面，从而保证零件的位置精度要求。因此，加工内孔时只需采用液压三爪卡盘，而以内孔定位时（轴向尺寸短）采用液压三爪卡盘胀紧内孔装夹工件，如图 2-4 所示。

液压三爪卡盘的包容式软爪胀紧工件内孔时，三爪外表面几乎全部胀紧而贴在工件的内孔表面，夹紧的接触面积很大，这样不会引起工件夹紧变形。

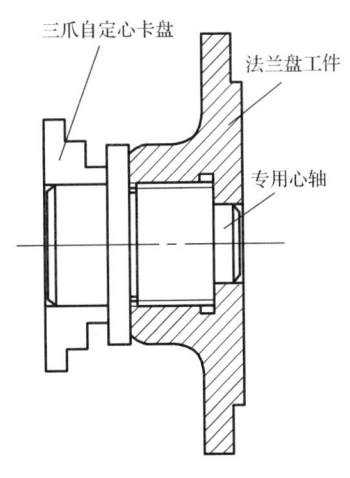

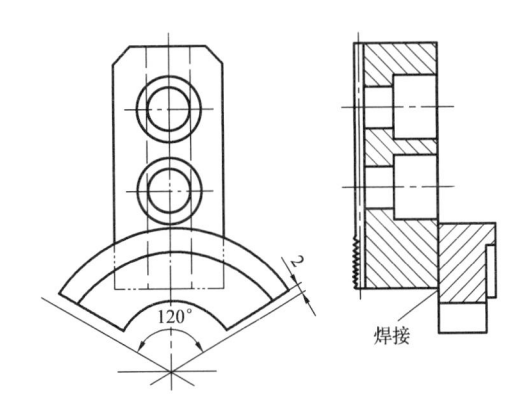

图 2-3　轴承盖的心轴装夹　　　　图 2-4　采用液压三爪卡盘胀紧内孔装夹工件

3 内回转表面的车削加工

数控车床除了可加工回转体外表面外,也可完成内孔的车削加工,如图 2-5 所示。

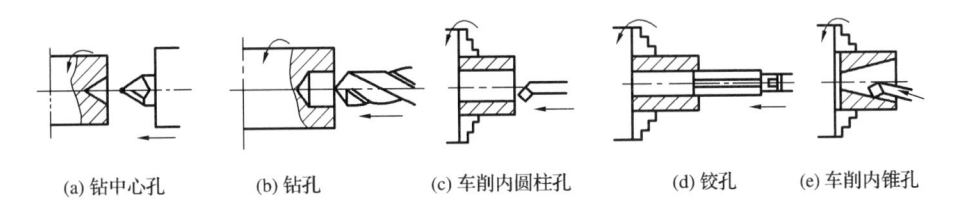

(a) 钻中心孔　　(b) 钻孔　　(c) 车削内圆柱孔　　(d) 铰孔　　(e) 车削内锥孔

图 2-5　车削内孔

(1) 内回转表面的车削方案

轴类零件内回转表面的加工方法主要是车削和磨削,当零件表面粗糙度要求较高时还需要超精加工。一般内回转表面的车削加工方案见表 2-1。

表 2-1　　　　　　　　　一般内回转表面的车削加工方案

序号	加工方案	经济精度等级	表面粗糙度 $Ra/\mu m$	适用范围
1	粗车	IT11 以下	12.5～50	适用于除淬火钢以外的各种金属材料
2	粗车→半精车	IT8～IT10	3.2～6.3	
3	粗车→半精车→精车	IT7～IT8	0.8～1.6	
4	粗车→半精车→磨削	IT6～IT7	0.4～0.8	主要用于淬火钢,也可用于未淬火钢,但不宜加工有色金属材料
5	粗车→半精车→粗磨→精磨	IT5～IT6	0.1～0.4	
6	粗车→半精车→精车→细车	IT6～IT7	0.2～0.63	适用于除淬火钢以外的常用金属材料
7	粗车→半精车→精车→精密车	IT5	0.08～0.2	适用于除淬火钢以外的常用金属材料和一些非金属材料
8	粗车→半精车→粗磨→精磨→研磨	IT5 以上	0.025～0.1	主要用于淬火钢等难车削材料

①对于加工精度为 IT8～IT9 级、表面粗糙度 Ra 1.6～3.2 μm 的零件,除淬火钢以外的常用金属,均可采用普通型数控车床,按粗车→半精车→精车的加工方法进行加工。

②对于加工精度为 IT6～IT7 级、表面粗糙度 Ra 0.4～0.8 μm 的零件,除淬火钢以外的常用金属,均可采用精密型数控车床,按粗车→半精车→精车→细车的加工方法进行加工。

③对于加工精度为 IT5 级、表面粗糙度 Ra<0.4 μm 的零件,除淬火钢以外的常用金属,均可采用高档精密型数控车床,按粗车→半精车→精车→精密车的加工方法进行加工。

④对于淬火钢等难车削材料,淬火前可采用粗车→半精车的方法加工,淬火后安排磨削加工;对于最终工序必须采用数控车削方法加工的难切削材料,可参考有关难加工材料的数控车削方法进行加工。

(2) 内孔车刀介绍

车削内孔时,要根据车削通孔与不通孔的情况选择不同的刀具角度,如图 2-6 所示。

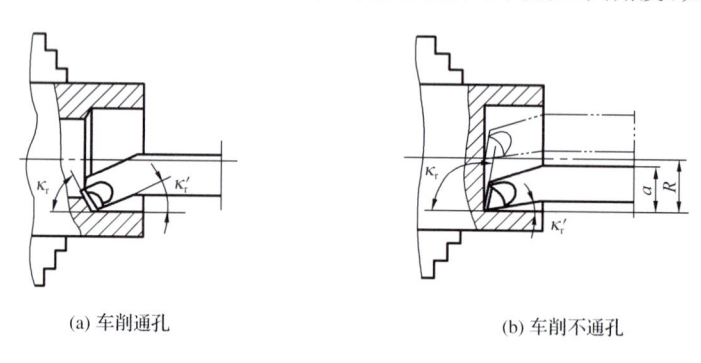

(a) 车削通孔

(b) 车削不通孔

图 2-6 车削通孔与不通孔

①通孔刀具 通孔刀具的刀尖角大,刀片强度高,散热性和耐用度好,切削部分的几何形状基本与外圆车刀相似。其主偏角为 60°～75°,以减少径向切削和振动。

②不通孔刀具 不通孔刀具的刀尖角小,刀片强度低,散热性和耐用度差,主要用于加工封闭孔或台阶孔,切削部分的几何形状基本上与偏刀相似。其主偏角为 90°～95°,以保证内孔端面与孔壁垂直。刀尖在刀柄的最前端,刀尖与刀柄外端的距离应小于内孔半径,否则内孔的底平面就无法车削平整。

另外,车削内锥孔时,应注意尽量使大锥孔口朝外,避免刀杆与已加工表面产生干涉,如图 2-7 所示。

③刀杆形状与装夹 内孔车刀的刀杆形状与外圆车刀的刀杆形状不一样,外圆车刀的刀杆呈棱柱形,而内孔车刀的刀杆呈圆柱形。装夹内孔车刀时,一般必须在刀杆上套一个弹簧夹套,再用刀夹通过弹簧夹套夹住内孔车刀。常见的内孔车刀、刀片与弹簧夹套如图 2-8 所示。

(a) 正确　　(b) 错误

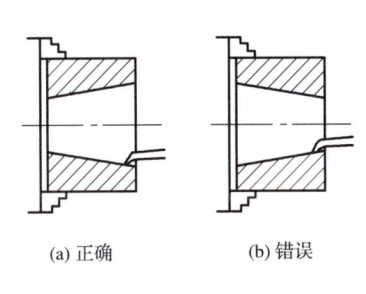

图 2-7　车削内锥孔

图 2-8　常见的内孔车刀、刀片与弹簧夹套

4 影响机械加工精度的因素

工艺系统中的各组成部分,包括机床、刀具、夹具的制造误差、安装误差和使用中的磨损都直接影响工件的加工精度。也就是说,在加工过程中工艺系统会产生各种误差,从而改变刀具和工件在切削运动过程中的相互位置关系并影响零件的加工精度。这些误差与工艺系统本身的结构状态和切削过程有关,主要有以下方面:

(1)工艺系统中的几何误差

①加工原理误差　是指由于采用了近似的加工运动方式或者近似的刀具轮廓而产生的误差。只要加工原理误差在允许范围内,这种加工方式就是可行的。例如,数控机床在做直线运动或圆弧插补时,是利用平行于坐标轴的小线段来逼近理想直线或圆弧的,其中就存在加工原理误差。

采用近似的成形运动或近似形状的刀具虽然会带来加工原理误差,但往往可以简化机床结构或刀具形状,提高生产率。因此,只要这种方法产生的误差不超过允许的误差范围,就往往比准确的加工方法能获得更好的经济效益,在生产中仍然得到广泛的应用。

②机床误差　机床的制造误差范围、安装误差以及使用中的磨损都直接影响工件的加工精度。机床误差主要是指机床的主轴回转误差和导轨导向误差。

● 主轴回转误差　机床主轴是带动工件或刀具回转从而产生主要切削运动的重要零件,其回转精度是机床主要精度指标之一。主轴回转误差主要影响零件加工表面的形状精度、位置精度和表面粗糙度,它包括三种基本形式:径向圆跳动(径向漂移)、轴向窜动(轴向漂移)和角度摆动(角向漂移),如图 2-9 所示。

造成主轴径向圆跳动的主要原因是轴径与轴承孔的圆度不高、轴承滚道的形状误差、轴与孔安装后不同轴以及滚动体误差等。主轴径向圆跳动将造成工件的形状误差。

造成主轴轴向窜动的主要原因是推力轴承端面滚道的跳动、轴承间隙等。以车床为例,主轴轴向窜动将造成车削端面与主轴轴线的垂直度误差,如图 2-10 所示。

造成主轴角度摆动的主要原因是主轴前、后轴颈的不同轴以及前、后轴承与轴承孔的不同轴等,主轴角度摆动不但会造成工件的尺寸误差,还会造成工件的形状误差。

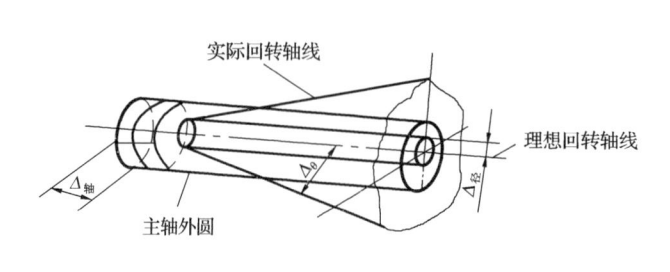

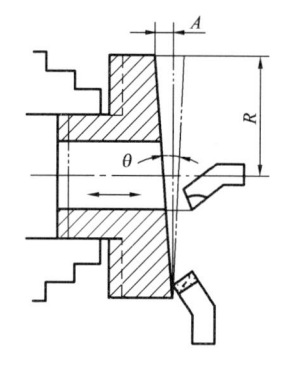

图2-9 主轴回转误差　　　　　　　　图2-10 主轴轴向窜动

- 导轨导向误差　导轨是确定机床主要部件相对位置的基准件,也是运动的基准,它的各项误差直接影响工件的加工精度。以数控车床为例,当床身导轨在水平面内出现弯曲(前凹)时,在工件上会产生腰鼓形误差,如图2-11(a)所示。当床身导轨与主轴轴线在垂直面内不平行时,在工件上会产生鞍形误差,如图2-11(b)所示。当床身导轨与主轴轴线在水平面内不平行时,在工件上会产生锥形误差,如图2-11(c)所示。

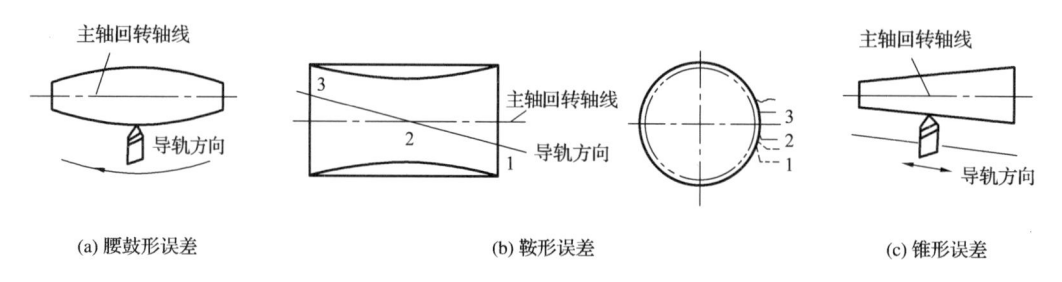

(a)腰鼓形误差　　(b)鞍形误差　　(c)锥形误差

图2-11 导轨导向误差对工件加工精度的影响

可以通过提高导轨的制造、安装和调整精度来减小导轨导向误差对加工精度的影响。

③刀具误差　刀具的制造误差、安装误差以及使用中的磨损都会影响工件的加工精度。刀具在切削过程中,切削刃和刀面与工件、切屑产生强烈摩擦,使刀具磨损。当刀具磨损达到一定程度时,工件的表面粗糙度增大,切屑颜色和形状发生变化,并伴有振动。刀具磨损直接影响切削生产率、加工质量和成本。

④夹具误差　产生夹具误差的主要原因是各夹具元件的制造精度不高、装配精度不高以及夹具在使用过程中工作表面的磨损。夹具误差直接影响工件表面的位置精度及尺寸精度。

为了减小夹具误差所造成的加工误差,夹具误差必须控制在一定范围内,一般取工件公差的1/5~1/3。对于容易磨损的定位元件和导向元件,除应采用耐磨性好的材料制造外,还应采用可拆卸结构,以便磨损到一定程度时能及时更换。

(2)工艺系统受力变形引起的加工误差

工艺系统在加工过程中由于切削力、传动力、惯性力、夹紧力以及重力的作用,会产生相应的变形,从而破坏已调整好的刀具与工件之间的正确位置,使工件产生几何误差和尺寸误差。工艺系统刚度越好,其抵抗变形的能力越大,加工误差越小。工艺系统的刚度取决于机床、刀具、夹具及工件的刚度。

①着力点位置变化引起的加工误差　在切削过程中,工艺系统的刚度随切削力着力点位置的变化而变化,引起系统变形的差异,使工件产生加工误差。

工件在两顶尖间加工时,工件相当于一根自由支承在两个支点上的梁,在径向切削分力的作用下,工件最大挠度发生在工件中间位置,造成整个工作行程中的切削厚度不一样,中间最小、两端最大,最终加工出的工件形状如图 2-12 所示。

工件在卡盘上加工的安装方式相当于悬臂梁,此时最大挠度发生在工件的末端,此处的切削厚度最小,加工后的工件形状如图 2-13 所示。显然,这种安装一般适用于长径比较小的工件。

工件安装在卡盘上并用后顶尖支承的装夹方式是前两种方式的组合,加工后的工件形状如图 2-14 所示。

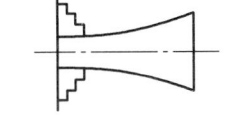

图 2-12　工件在两顶尖间加工　　图 2-13　工件在卡盘上加工　　图 2-14　工件在卡盘和后顶尖间加工

②切削力大小变化引起的加工误差——复映误差　工件的毛坯外形虽然具有粗略的零件形状,但它在尺寸、形状以及表面材料硬度均匀性上都有较大的误差。毛坯的这些误差在加工时使背吃刀量不断发生变化,从而导致切削力的变化,进而引起工艺系统产生相应的变形,使工件在加工后还保留与毛坯表面类似的形状或尺寸误差。当然工件表面残留的误差比毛坯表面误差要小得多,这种现象称为误差复映规律,所引起的加工误差称为复映误差。

减小工艺系统受力变形的措施主要有:提高工件加工时的刚度;提高工件安装时的夹紧刚度;提高机床部件的刚度。

(3)工艺系统热变形产生的误差

在机械加工中,工艺系统在各种热源的作用下产生一定的热变形。工艺系统热源分布的不均匀性及各环节结构、材料的不同,使工艺系统各部分的变形产生差异,从而破坏了刀具与工件的准确位置及运动关系,产生了加工误差,尤其对于精加工,热变形引起的加工误差占总误差的一半以上。因此,在近代精加工中,控制热变形对加工精度的影响已成为重要的任务和研究课题。

在加工过程中,工艺系统的热源主要有内部热源和外部热源两大类。内部热源来自切削过程,主要包括切削热、摩擦热、派生热等。外部热源主要来自外部环境,主要包括环境温度和热辐射。这些热源产生的热造成了工件、刀具和机床的热变形。

减小工艺系统热变形的措施主要有:减少工艺系统的热源及其发热量;加强冷却,提高散热能力;控制温度变化,均衡温度;采用补偿措施;改善机床结构。此外,还应注意合理选材,对于精度要求高的零件尽量选用膨胀系数小的材料。

(4)调整误差

在零件加工的每一道工序中,为了获得被加工表面的形状、尺寸和位置精度,总要对机床、夹具和刀具进行调整。任何调整工作必然会带来一些原始误差,这种原始误差即调整误差。调整误差与调整方法有关。

(5)工件残余应力引起的误差

残余应力是指当外部载荷去掉以后仍存留在工件内部的应力。残余应力是由于金属发生了不均匀的体积变化而产生的。有残余应力的零件处于一种不稳定状态,一旦其内应力的平衡条件被打破,内应力的分布就会发生变化,从而引起新的变形,影响加工精度。

为减小或消除内应力对零件精度的影响,在零件的结构设计中应尽量简化结构,尽可能做到壁厚均匀,以减小铸、锻毛坯在制造中产生的内应力;在毛坯制造后或在粗加工后、精加工前,安排时效处理以消除内应力;切削加工时,将粗、精加工分开进行,在粗加工后留有一定时间,让内应力重新分布,以减少其对精加工的影响。

任务实施

1 零件图的工艺分析

(1)尺寸精度分析

外圆 $\phi 142^{+0.028}_{+0.003}$ mm、内孔 $\phi 60^{+0.03}_{0}$ mm 有较高的尺寸公差要求和表面粗糙度要求,$\phi 80$ mm 外圆端面和 $\phi 160$ mm 外圆端面之间的距离为 $28^{+0.05}_{0}$ mm,尺寸精度要求较高。

(2)几何精度分析

外圆 $\phi 142^{+0.028}_{+0.003}$ mm 与内孔 $\phi 60^{+0.03}_{0}$ mm 的同轴度要求为 $\phi 0.025$ mm,$\phi 80$ mm 外圆端面相对于 $\phi 60^{+0.03}_{0}$ mm 内孔轴线的垂直度要求为 0.06 mm,位置精度要求较高。

(3)结构分析

该法兰盘为典型的盘类零件,主要由端面、外圆及内孔组成,还包括安装所用的圆形凸缘,凸缘上有通孔 $6 \times \phi 10$ mm 和沉孔 $6 \times \phi 18$ mm。零件图尺寸标注完整、正确,加工部位明确、清楚,材料为铸件,切削性能好。除了凸缘上的通孔和沉孔外,其他部位适合数控车削加工。

2 机床的选择

本任务为成批生产,零件尺寸规格不大,但加工精度较高,故选用型号为 CK6140 的数控车床。凸缘上的通孔和沉孔加工选用型号为 X73 的普通铣床。

3 加工工艺路线的设计

(1)加工方案的确定

根据加工表面的加工精度及表面粗糙度要求,各加工表面的加工方案见表 2-2。

表 2-2　　　　　　　　　　　　各加工表面的加工方案

加工方案	经济精度等级	表面粗糙度 $Ra/\mu m$	加工表面
粗车→半精车→精车	IT7	1.6	$\phi 60^{+0.03}_{\ \ 0}$ mm 孔
粗车→半精车→精车	IT6	1.6	$\phi 142^{+0.028}_{+0.003}$ mm 外圆
粗车→半精车→精车	IT9	1.6、3.2	M、N 端面 (两端面距离为 $28^{+0.05}_{\ \ 0}$ mm)
钻孔、锪孔	IT12 以上	12.5	$6\times\phi 10$ mm, $6\times\phi 18$ mm

(2) 加工顺序的安排

该零件适于在数控车床上加工,其加工内容如图 2-15 所示。根据基准统一、先粗后精的加工原则,先粗车 M 端面、$\phi 142$ mm 端面及外圆、N 端面,粗车 $\phi 60$ mm 内孔,再精车 M 端面、$\phi 142^{+0.028}_{+0.003}$ mm 端面及外圆、N 端面,精车 $\phi 60^{+0.03}_{\ \ 0}$ mm 内孔及倒角,达到零件图的技术要求。由于是在一次装夹下完成所有内容,故可以满足零件图中的同轴度和垂直度要求。

(3) 工艺路线的拟订

根据上述加工顺序的安排,本任务的零件加工工艺路线见表 2-3。

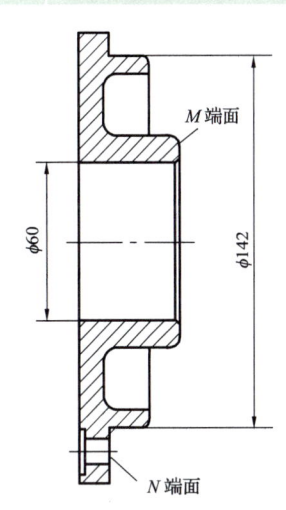

图 2-15　数控车削加工内容

表 2-3　　　　　　　　　　　　法兰盘加工工艺路线

工序号	工序名称	工序内容	加工设备
5j	热	时效处理	
10	钳	划线	手工
20	车	用三爪卡盘装夹(以毛坯面 $\phi 160$ mm 外圆定位),粗、精车 M 端面、N 端面、$\phi 142$ mm 外圆、$\phi 60$ mm 内孔及 $C2$ 倒角达到零件图要求	CK6140 数控车床
		调头装夹(以 $\phi 142$ mm 外圆定位),平端面保证尺寸 40 mm	
30	铣	钻 $6\times\phi 10$ mm 通孔,锪 $6\times\phi 18$ mm 沉孔	X73 普通铣床
40	钳	去毛刺	
40j	终检	检验	

4 装夹方案及夹具的选择

本任务是典型回转盘类零件的数控加工工艺设计,可以直接选用普通三爪卡盘装夹零件,校正后夹紧外圆,如图 2-16 所示。

5 刀具的选择

该零件的数控车削加工内容主要是外圆、端面及内孔。图 2-17 所示为粗、精车外圆车刀,图 2-18 所示为内孔车刀。

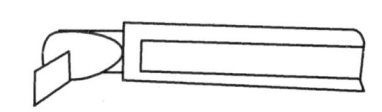

图 2-16　卡盘装夹　　　　图 2-17　粗、精车外圆车刀　　　　图 2-18　内孔车刀

6 数控加工工序卡和刀具卡的填写

(1)法兰盘数控加工工序卡

法兰盘数控加工工序卡见表 2-4。

表 2-4　　　　　　　　　　法兰盘数控加工工序卡

单位名称	×××	产品名称或代号	零件名称	零件图号
		×××	法兰盘	×××
工序号	程序编号	夹具名称	加工设备	车间
20	×××	三爪卡盘	CK6140	数控中心

工步号	工步内容	刀具号	刀具规格/mm	主轴转速/(r·min^{-1})	进给量/(mm·r^{-1})	背吃刀量/mm	备注
1	粗车 M 端面、$\phi142$ mm 端面及外圆、N 端面(含两处 $C2$ 倒角),保证 28 mm 及 16 mm 尺寸,保证 $\phi142^{+0.028}_{+0.003}$ mm 外圆尺寸至 $\phi142.5$ mm	T01	25×25	280	0.3	2	
2	粗、精车内孔 $\phi60^{+0.03}_{0}$ mm 至尺寸要求,孔口倒角 $C2$	T02	$\phi20$	550/600	0.25/0.1	2/0.25	
3	精车 M 端面、$\phi142^{+0.028}_{+0.003}$ mm 端面及外圆、N 端面(含两处 $C2$ 倒角),保证 $28^{+0.05}_{0}$ mm、16 mm、$\phi142^{+0.028}_{+0.003}$ mm 至零件图尺寸要求	T03	25×25	320	0.1	0.25	
编制	×××	审核	×××	批准	×××	年 月 日	共 页 第 页

(2)法兰盘数控加工刀具卡

法兰盘数控加工刀具卡见表 2-5。

表 2-5　　　　　　　　　　　　法兰盘数控加工刀具卡

产品名称或代号		×××	零件名称		法兰盘	零件图号	×××
序号	刀具号	刀　具			加工表面		备注
		规格名称	数量	刀长/mm			
1	T01	粗车外圆车刀	1	实测	粗车两端面及 $\phi142^{+0.028}_{+0.003}$ mm		YG类刀片
2	T02	镗孔刀	1	实测	镗 $\phi60^{+0.03}_{0}$ mm 内孔		YG类刀片
3	T03	精车外圆车刀	1	实测	精车两端面及 $\phi142^{+0.003}_{0}$ mm		YG类刀片
编制	×××	审核	×××	批准	×××	年　月　日　共　页	第　页

知识拓展

提高加工精度的工艺途径

提高加工精度的方法大致可概括为减小误差法、误差补偿法、转移误差法、误差分组法、误差均化法、就地加工法。

1 减小误差法

减小误差法是生产中应用较广泛的一种方法,它是指在查明产生加工误差的主要因素之后,设法减少或消除这些因素的方法。例如,细长轴的车削,现在采用大走刀反向车削法,基本消除了轴向切削力引起的弯曲变形。若辅之以弹簧顶尖,则可进一步消除热变形引起的热伸长的影响。

2 误差补偿法

误差补偿法是指人为地造出一种新的误差,去抵消原来工艺系统中的原始误差。当原始误差是负值时,人为误差就取正值;当原始误差是正值时,人为误差就取负值,并尽量使两者大小相等。或者利用一种原始误差去抵消另一种原始误差,也尽量使两者大小相等,方向相反,从而达到减小加工误差,提高加工精度的目的。

3 转移误差法

转移误差法实质上是指转移工艺系统的几何误差、受力变形和热变形等的方法。转移误差法的实例很多,例如当机床精度达不到零件加工要求时,常常不是一味地提高机床精度,而是从工艺上或夹具上想办法,创造条件,使机床的几何误差转移到不影响加工精度的方面。例如磨削主轴锥孔时要保证其和轴颈的同轴度,并非靠机床主轴的回转精度来保证,而是靠夹具来保证,当机床主轴与工件之间用浮动连接以后,机床主轴的原始误差就被转移了。

④ 误差分组法

在机械加工中,常会由于毛坯或半成品的误差引起定位误差或复映误差,造成本工序的加工误差超差的现象。为解决这个问题,在加工前将这批工件按误差的大小分为 n 组,每组毛坯误差范围就缩小为原来的 $1/n$,然后再按各组工件的加工余量或有关尺寸的变动范围,调整刀具与工件的相对位置或选用合适的定位元件,使各组工件加工后的尺寸分布基本一致,大大地缩小了整批工件的尺寸分散范围。

⑤ 误差均化法

误差均化法是指利用有密切联系的表面之间的互相比较和相互修正或互为基准进行加工,以达到很高的加工精度的方法。例如研磨工艺,研具本身并不要求具有高精度,但它能在和工件做相对运动的过程中对工件进行微量切削,高点逐渐被磨掉(当然,模具也被工件磨去一部分),最终使工件达到很高的精度。这种表面间的摩擦和磨损的过程,就是误差不断减小的过程,即误差均化法。在生产中,许多精密基准件(如平板、直尺、角度规、端齿分度盘)都是利用误差均化法加工出来的。

⑥ 就地加工法

在加工和装配中有些精度问题涉及零件或部件间的相互关系,相当复杂。如果一味地提高零部件本身精度,有时会使加工困难,甚至不可能加工。若采用就地加工法(也称为自身加工修配法),就可以很方便地解决看起来非常困难的精度问题。

知识点及技能测评

一、填空题

1. 与轴类零件不同的是,盘类零件的轴向尺寸_____径向尺寸。
2. 盘盖类零件材料一般多为_____,毛坯类型为_____。
3. 车削内孔时,要根据车削通孔与不通孔的情况选择_____的刀具角度。
4. 车削内锥孔时,注意尽量大锥孔口朝外,避免刀杆与已加工面产生_____。
5. 工艺系统中的几何误差包含_____、_____、_____、_____几个方面。
6. 提高加工精度的方法,大致可概括为以下几种:_____、_____、_____、_____、_____、_____。

二、选择题

1. 确定毛坯种类及制造方法时,应综合考虑各种因素的影响,合理选用时主要应使(   )。

A. 毛坯的形状与尺寸尽可能接近成品的形状与尺寸,因而减少加工工时,减少材料

消耗并节省加工成本

  B. 毛坯制造方便,以节省毛坯成本

  C. 加工后零件的物理机械性能好

  D. 零件的总成本低,且物理机械性能好

 2.(　　)不属于零件毛坯工艺性分析内容。

  A. 精车量和粗车量　　　　　　B. 形状误差

  C. 表面状态和机械性能　　　　D. 材质

 3. 对工件表层有硬皮的铸件粗车时,切削深度的选择应采用(　　)。

  A. 切削深度为 0.5 mm　　　　C. 切削深度为 1 mm

  B. 切削空度超过硬皮或冷硬层　D. 无所谓

 4. 下列加工内容中,应尽可能在一次装夹中完成加工的是(　　)。

  A. 有同轴度要求的内外圆柱面　　B. 几何形状精度要求较高的内外圆柱面

  C. 表面质量要求较高的内外圆柱面　D. 尺寸精度要求较高的内外圆柱面

 5. 下列误差中,(　　)是原理误差。

  A. 工艺系统的制造精度　　　　B. 工艺系统的受力变形

  C. 数控机床的插补误差　　　　D. 传动系统的间隙

 6. 主轴在转动时若有一定的径向圆跳动,则工件加工后会产生(　　)的误差。

  A. 垂直度　　B. 同轴度　　C. 斜度　　D. 粗糙度

 7. 加工时,采用近似的加工运动方式或近似的刀具轮廓而产生的误差称为(　　)。

  A. 加工原理误差　B. 车床几何误差　C. 刀具误差　D. 调整误差

 8. 机床在无切削载荷的情况下,因本身的制造、安装和磨损造成的误差称为机床(　　)。

  A. 介质误差　　B. 动态误差　　C. 调和误差　　D. 静态误差

 9. 工件在加工过程中,因受力变形、受热变形而引起的种种误差,这类原始误差关系称为工艺系统(　　)。

  A. 动态误差　　B. 安装误差　　C. 调和误差　　D. 逻辑误差

 10. 滚珠丝杠副消除轴向间隙的目的主要是提高(　　)。

  A. 生产效率　　B. 窜动频率　　C. 导轨精度　　D. 反向传动精度

 11. 主轴轴向窜动将造成车削端面与轴心线的(　　)误差。

  A. 垂直度　　B. 同轴度　　C. 斜度　　D. 粗糙度

 12. 为了减小夹具误差所造成的加工误差,夹具制造误差必须控制在一定范围内,一般取工件公差的(　　)。

  A. 1/2～1/3　　B. 1/2～1/4　　C. 1/3～1/5　　D. 1/5～1/6

三、分析题

 1. 分析如图 2-19 所示图形是什么原因导致加工后工件端面和轴线不垂直?

2. 分析如图 2-20 所示图形是什么原因导致加工后工件变成鼓形？

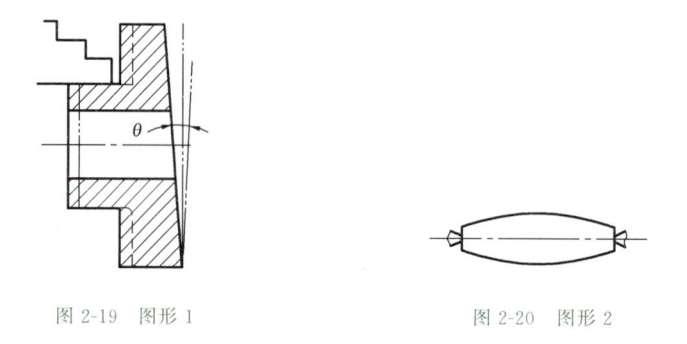

图 2-19　图形 1

图 2-20　图形 2

四、简答题

1. 试说明回转运动误差是如何影响零件的精度？
2. 如何减少夹具误差对加工精度的影响？
3. 减小工艺系统热变形的措施主要有哪些？
4. 如何减小或消除内应力对零件精度的影响？
5. 车床床身导轨的直线度误差及导轨之间的平行度误差，对加工零件的外圆表面和加工螺纹分别产生哪些影响？
6. 车削圆柱形工件时，圆柱形工件的锥度缺陷与机床的哪些因素有关？

五、设计如图 2-21 所示零件的加工工艺卡片。

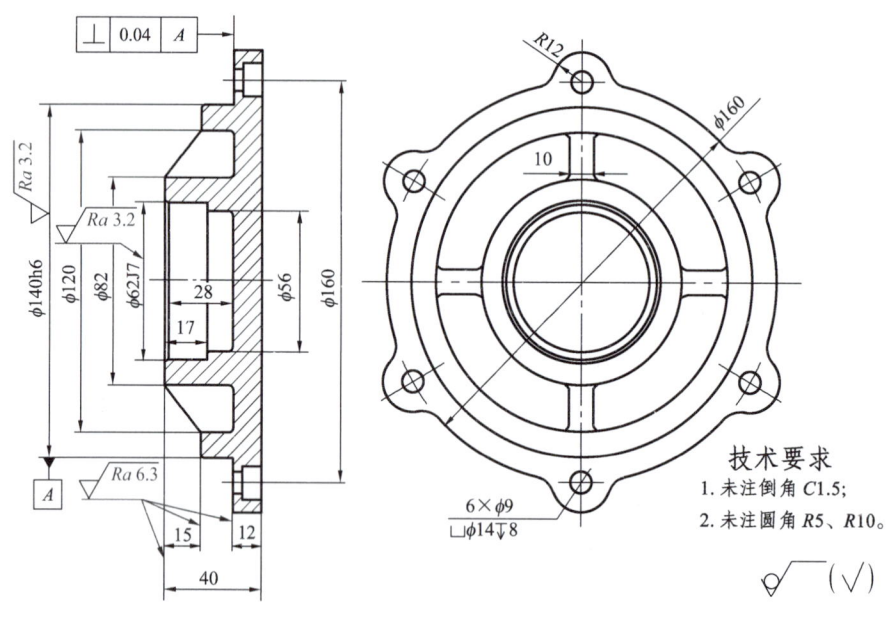

技术要求
1. 未注倒角 C1.5；
2. 未注圆角 R5、R10。

(a)

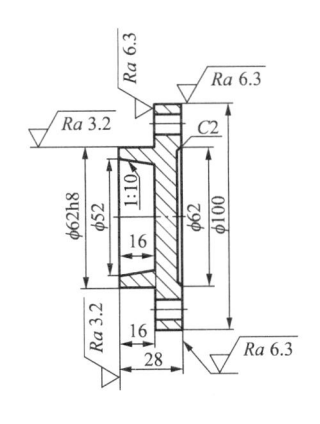

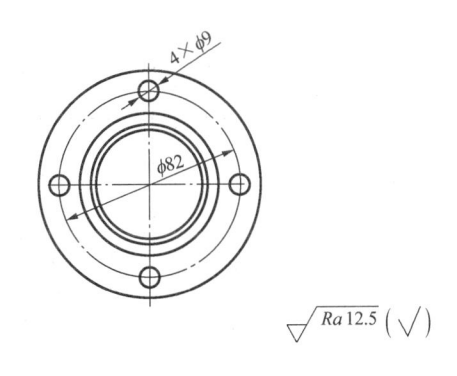

(b)

图 2-21 零件图

任务二 连接套的数控加工工艺设计

学习目标

【知识目标】

1. 了解套类零件的加工工艺特点。
2. 熟悉套类零件的定位与装夹。
3. 了解套类零件的常用夹具。
4. 掌握内槽及内螺纹的加工方法。

【技能目标】

1. 能够进行套类零件的加工工艺分析。
2. 能够对套类零件进行正确的装夹。
3. 能够设计套类零件的数控加工工艺。

RENWU MIAOSHU 任务描述

连接套如图2-22所示,零件材料为45钢,毛坯尺寸为 $\phi75$ mm×85 mm,成批生产。设计该零件的数控加工工艺。

图 2-22 连接套

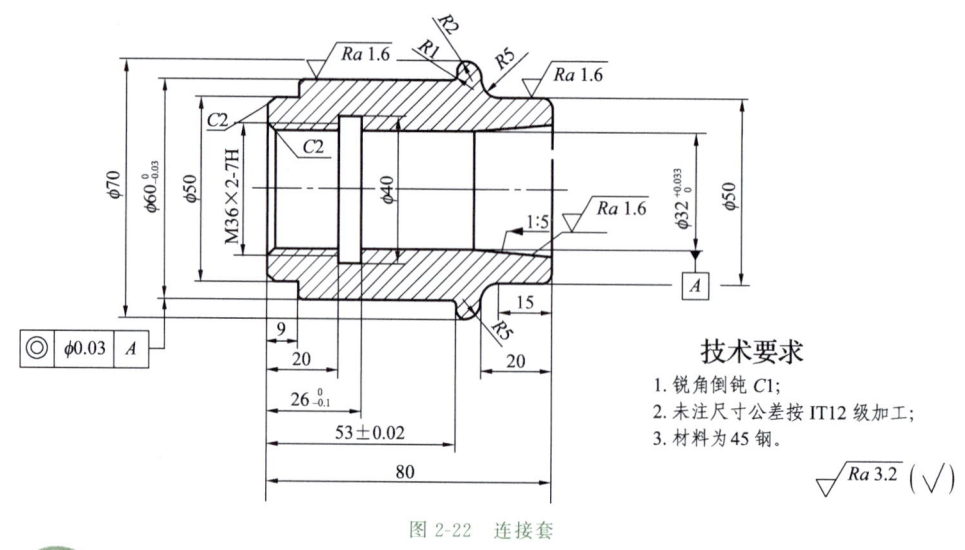

技术要求
1. 锐角倒钝 C1；
2. 未注尺寸公差按 IT12 级加工；
3. 材料为 45 钢。

相关知识

本任务涉及套类零件数控加工工艺的相关知识为：套类零件概述、套类零件的定位与装夹、加工套类零件的常用夹具、内槽加工、内螺纹加工、加工余量及工序尺寸的确定。

1 套类零件概述

（1）套类零件的功用

套类零件是指回转体空心件，其外圆表面多与机架或箱体孔以过盈或过渡方式配合，起支承作用；其内孔常与运动轴、主轴、活塞、滑阀相配合，主要起导向或支承作用，有些套筒的端面或凸缘端面有定位或承受载荷的作用。套类零件是机械加工中常见的一种零件，在各类机器中应用很广。

由于功用不同，套类零件的形状结构和尺寸有很大的差异，一般主要由有较高同轴度要求的外圆和内孔组成。常见的套类零件有用于支承回转轴的轴承圈、轴套；夹具上的钻套和导向套；内燃机上的气缸套；液压系统中的液压缸、电液伺服阀的阀套等。其大致的结构形式如图 2-23 所示。

（2）结构特点

套类零件的结构与尺寸因其用途不同而异，但一般具有以下结构特点：外圆直径 d 一般小于其长度 L，通常 $L/d<5$；内孔与外圆直径之差较小，壁薄易变形；外圆与内孔的回转面的同轴度要求较高；结构比较简单。

（3）材料与毛坯

①套类零件的材料主要取决于零件的工作条件，常用钢、铸铁、青铜或黄铜。

②套类零件的毛坯常与材料、结构和尺寸有关，常用的毛坯有棒料、锻件、铸件。当孔

(a) 滑动轴承　　(b) 钻套　　(c) 轴承衬套

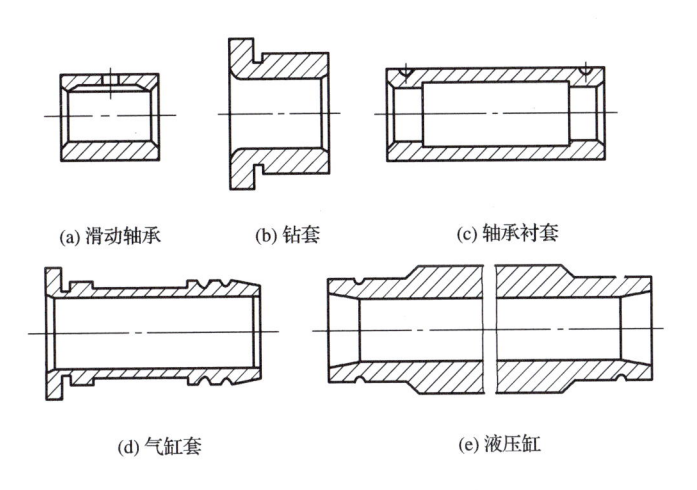

(d) 气缸套　　(e) 液压缸

图 2-23　套类零件的结构形式

径 $D<20$ mm 时,一般用棒料、无缝管;较长、较大的套类零件常用无缝管、带孔的铸件;某些油缸常用 35 钢焊接缸头、耳轴、法兰盘等,无须焊接时用 45 钢。

(4) 主要技术要求

套类零件虽然形状结构不一,但仍有共同特点和技术要求,根据使用情况可对套类零件的外圆与内孔提出如下要求:

① 内孔是起支承或导向作用的最主要的表面,常与运动着的轴、刀具、活塞配合,故精度与表面粗糙度要求均较高。其尺寸精度等级一般为 IT7 级,精度要求较高的为 IT6 级,油缸与活塞有密封件的,可取 IT8 级;形状精度要求在孔径公差之内,精密值可取公差的 1/3~1/2;表面粗糙度为 $Ra\ 0.1\sim1.6\ \mu m$,油缸的表面粗糙度为 $Ra\ 0.2\sim0.4\ \mu m$。

② 外圆起支承作用,常与相关件过渡配合,一般尺寸精度等级为 IT6~IT7 级;其形状精度应在公差之内;表面粗糙度为 $Ra\ 0.8\sim6.3\ \mu m$。

③ 外圆与内孔表面的同轴度公差一般要求较高,常为 0.01~0.05 mm。

④ 端面与轴线的垂直度公差一般要求较高,常为 0.02~0.05 mm。

2　套类零件的定位与装夹

(1) 套类零件定位基准的选择

套类零件的主要定位基准为外圆与内孔的中心。当外圆表面与内孔中心有较高同轴度要求时,加工中常互为基准反复装夹加工。

(2) 套类零件的装夹方案

当套类零件的尺寸较小时,尽量在一次装夹下加工出较多表面,既减少装夹次数及装夹误差,还容易获得较高的位置精度。加工套类零件外圆部分时常用的装夹方案见表 2-6。

表 2-6　　加工套类零件外圆部分时常用的装夹方案

夹具名称	装夹简图	装夹特点	应用
外梅花顶尖		顶尖顶紧即可车削，装夹方便、迅速	适用于带孔工件，孔径大小应在顶尖允许的范围内
摩擦力		利用顶尖顶紧工件后产生的摩擦力克服切削力	适用于精车加工余量较小的圆柱面或圆锥面，且零件有内锥孔的情况
锥形心轴		锥形心轴制造简单，工件的孔径可在锥形心轴锥度允许的范围内适当变动	适用于齿轮拉孔后精车外圆
夹顶式整体心轴		工件与夹顶式整体心轴间隙配合，靠螺母旋紧后的端面摩擦力克服切削力	适用于内孔与外圆同轴度要求一般的外圆车削
胀力心轴		胀力心轴通过圆锥的相对位移产生弹性变形而胀开，把工件夹紧，装卸工件方便	适用于内孔与外圆同轴度要求较高的外圆车削
花键心轴		花键心轴外径带有锥度，工件轴向推入即可夹紧	适用于具有矩形花键或渐开线花键孔的齿轮和其他工件

续表

夹具名称	装夹简图	装夹特点	应用
外螺纹心轴	(工件；外螺纹心轴)	利用本身的内螺纹旋入外螺纹心轴后紧固，装卸工件不方便	适用于有内螺纹和对外圆同轴度要求不高的工件

① 当套类零件的壁厚较大且零件以外圆定位时，可直接采用三爪卡盘装夹。当外圆轴向尺寸较小时，可与已加工过的端面组合定位装夹，例如采用反爪安装；工件较长时可加顶尖装夹，再根据工件长度决定是否再加中心架或跟刀架，采用"一夹一托"法安装。

② 当套类零件以内孔定位时，可采用心轴装夹（圆柱心轴、胀力心轴）。当零件的内孔与外圆同轴度要求较高时，可采用小锥度心轴装夹。当工件较长时，可在两端孔口各加工出一小段60°锥面，用两个圆锥对顶定位装夹。

③ 对于薄壁套类零件，直接采用三爪卡盘装夹会引起工件变形，可采用轴向装夹、刚性开缝套筒装夹和圆弧软爪装夹（自车软爪成圆弧爪，适当增大卡爪夹紧接触面积）等办法。

● 轴向装夹法 将薄壁套类零件由径向夹紧改为轴向夹紧，如图2-24所示。

● 刚性开缝套筒装夹法 薄壁套类零件采用三爪自定心卡盘装夹，如图2-25所示，零件只受到三个卡爪的夹紧力，夹紧接触面积小，夹紧力不均衡，容易使零件发生变形。采用如图2-26所示的刚性开缝套筒装夹，夹紧接触面积大，夹紧力较均衡，不容易使零件发生变形。

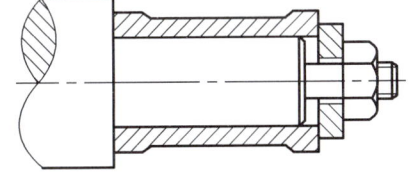

图2-24　工件轴向装夹

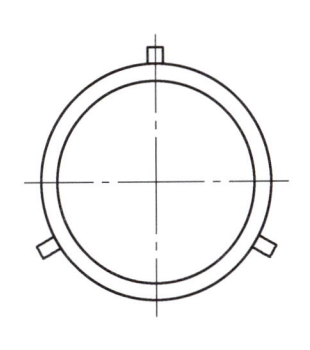

图2-25　三爪自定心卡盘装夹　　图2-26　刚性开缝套筒装夹

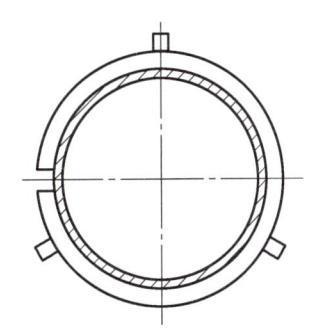

● 圆弧软爪装夹法 当被加工薄壁套类零件以三爪卡盘外圆定位装夹时，采用内圆弧软爪装夹。当被加工薄壁套类零件以内孔定位装夹（胀内孔）时，采用外圆弧软爪装夹。

根据加工工件内孔大小自车外圆弧软爪,如图 2-27 所示。

加工软爪时要注意软爪要在与使用时相同的夹紧状态下进行车削,以免在加工过程中松动以及由于卡爪反向间隙而引起定心误差。车削软爪外定心表面时,要在靠卡盘处夹适当的圆盘料,以消除卡盘端面螺纹的间隙。

图 2-27 自车外圆弧软爪

3 加工套类零件的常用夹具

加工小型套类零件时,常采用三爪卡盘装夹工件。若位置精度要求高,通常在内孔精加工完成后,以内孔定位上心轴或弹簧心轴加工外圆或端面,保证几何公差。加工大型套类零件时,常采用四爪卡盘或花盘装夹工件。下面重点介绍心轴。

用已加工过的内孔作为定位基准,采用心轴装夹,可以保证工件内、外表面的同轴度,适用于一定批量生产。

心轴的种类很多,当工件以圆柱孔定位时,常用圆柱心轴和小锥度心轴;对于带有锥孔、螺纹孔、花键孔的工件定位,常用相应的锥体心轴、螺纹心轴和花键心轴。圆锥心轴或锥体心轴定位装夹时,要注意其与工件的接触情况。根据心轴的特点,它又分为刚性心轴和弹性心轴。

(1)刚性心轴

刚性心轴一般可分为圆柱心轴、小锥度心轴和花键心轴。

①圆柱心轴　以外圆柱面定心、端面压紧来装夹工件。图 2-28(a)所示为过盈配合型心轴,其定心精度高,但装卸工件较麻烦,常用的配合种类为 H7/r6、H7/s6、H7/u6 等,根据传递切削扭矩的大小选择配合的松紧,右端 e8 作为引导,便于工件装入。图 2-28(b)所示为间隙配合型心轴,其定心精度不够高,一般只能保证同轴度为 0.02 mm 左右,但装卸工件方便,常用的配合种类为 H7/h6、H7/g6、H7/f6 等,通过螺母经过开口垫圈把工件夹紧。

(a)过盈配合型心轴　　　　(b)间隙配合型心轴

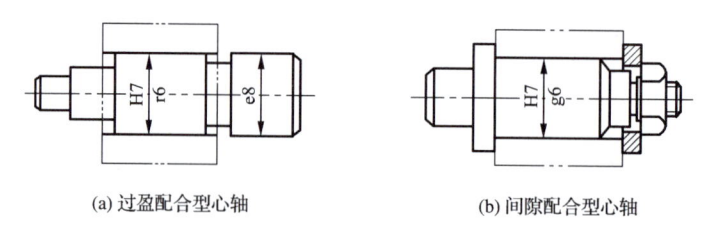

图 2-28 刚性心轴

②小锥度心轴　为了消除间隙,提高心轴定位精度,心轴可以做成锥度很小的锥体,如图 2-29 所示。其锥度一般为 1∶1000～1∶5000,定心精度要求高时取较小值。工作时,利用小锥度的自锁性将工件揳紧在心轴上,从而带动工件旋转,因此无须另加夹紧装置。小锥度心轴定心精度高,可达到 0.005～0.01 mm。但它所传递的转矩较小,并要求工件孔有较高的精度,否则孔径的变化将影响工件在心轴上的轴向位置,给后续加工带来

麻烦。这种心轴一般用于定位孔的精度不低于 7 级的精车和磨削加工。

③花键心轴　用于以花键孔为定位基准的工件，多用于定心精度要求较高的场合，如图 2-30 所示。

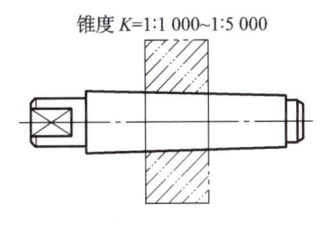

图 2-29　小锥度心轴

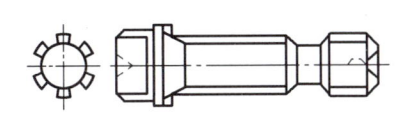

图 2-30　花键心轴

(2)弹性心轴

除了以上几种刚性心轴外，还有既能定心又能夹紧的弹性心轴(又称为胀力心轴)。弹性心轴一般分为直式弹性心轴和台阶式弹性心轴。

①直式弹性心轴　如图 2-31 所示，它的最大特点是直径方向上的膨胀量较大，可达 1.5～5 mm。

②台阶式弹性心轴　如图 2-32 所示，它的膨胀量较小，一般为 1.0～2.0 mm。

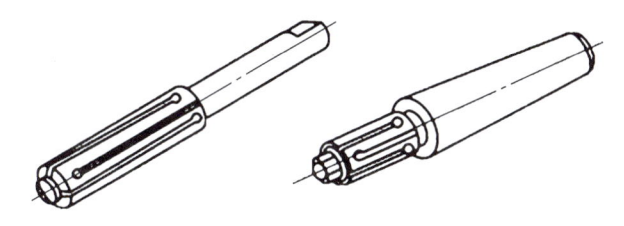

图 2-31　直式弹性心轴

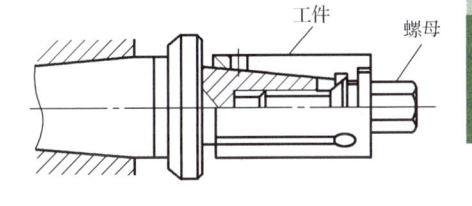

图 2-32　台阶式弹性心轴

4 内槽加工

回转体零件内回转表面常见切槽方法如图 2-33 所示。

内切槽车刀的刀杆形状与内孔车刀的刀杆形状一样呈圆柱形，刀片与外切槽车刀刀片相同。装夹内切槽车刀时，一般必须在刀杆上套一个弹簧夹套，再用刀夹通过弹簧夹套夹住内切槽车刀。常见内切槽车刀如图 2-34 所示。

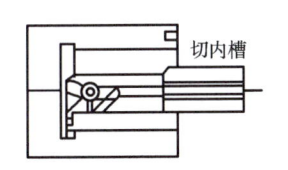

图 2-33　内回转表面常见切槽方法

图 2-34　内切槽车刀

5 内螺纹加工

(1)刀具的安装方式

车削内螺纹刀具的安装方式见表 2-7。

表 2-7　车削内螺纹刀具的安装方式

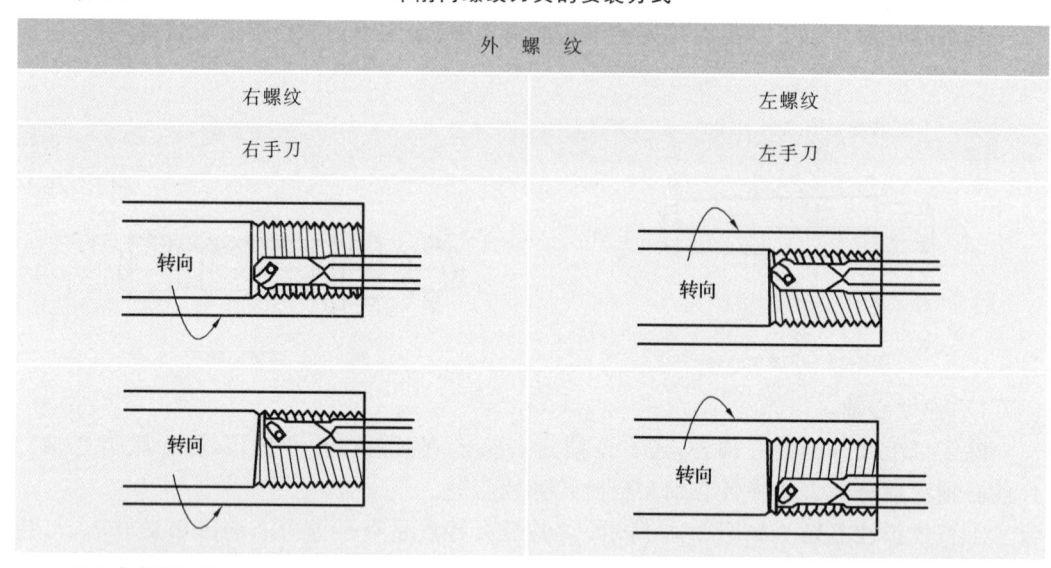

外　螺　纹	
右螺纹	左螺纹
右手刀	左手刀

(2) 内螺纹车刀

内螺纹车刀的刀杆形状与内切槽车刀的刀杆形状一样呈圆柱形,刀片与外螺纹车刀刀片相同。装夹内螺纹车刀时,一般必须在刀杆上套一个弹簧夹套,再用刀夹通过弹簧夹套夹住内螺纹车刀。常见的内螺纹车刀如图 2-35 所示。

图 2-35　常见的内螺纹车刀

6 加工余量及工序尺寸的确定

(1) 加工余量的概念

加工余量是指加工过程中所切去的金属层厚度。加工余量有工序余量和加工总余量之分。工序余量是指相邻两工序的工序尺寸之差;加工总余量是指毛坯尺寸与零件图样的设计尺寸之差。

对于数控车削回转表面(外圆和内孔等),加工余量是直径上的余量,在直径上是对称分布的,故称为对称余量,如图 2-36 所示;而在回转体的加工中,实际切除的金属层厚度是加工余量的一半,因此又有双边余量(加工前、后直径之差)和单边余量(加工前、后半径之差)之分。

由于毛坯尺寸、零件尺寸和各道工序的工序尺寸都存在误差,使实际上的加工余量在一定范围内变动,出现了最大和最小加工余量,它们与工序尺寸及其公差的关系如图 2-37 所示。工序尺寸的公差一般按入体原则标注。即对于被包容面,公称尺寸即上极限工序尺寸(上偏差为 0);对于包容面,公称尺寸即下极限工序尺寸(下偏差为 0);毛坯尺寸的公差一般按双向标注。

(2) 加工余量的确定方法

加工余量的大小对工件的加工质量和生产率均有较大的影响。加工余量过大,会增加机械加工的劳动量和各种消耗,提高加工成本;加工余量过小,则不能消除前工序的各种缺陷、误差和本工序的装夹误差,造成废品。因此,应当合理地确定加工余量。

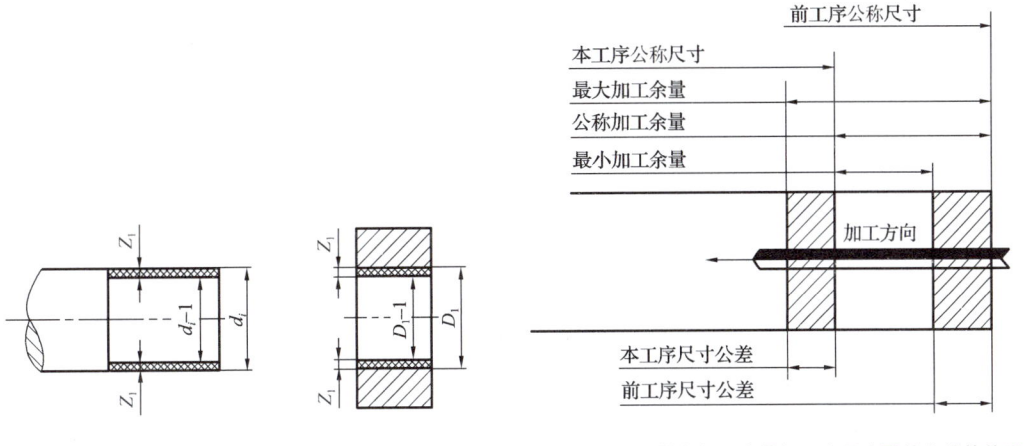

图 2-36 对称余量　　图 2-37 最大和最小加工余量与工序尺寸及其公差的关系

在保证加工质量的前提下,加工余量越小越好。确定加工余量有以下三种方法:

①查表法　根据各工厂的生产实践和试验研究积累的数据,先制成各种表格,再汇集成手册。确定加工余量时,查阅这些手册,再结合工厂的实际情况进行适当修改。目前大多采用查表法确定加工余量。

查表应先拟订工艺路线,将每道工序的余量查出后由最后一道工序向前推算出各道工序尺寸。粗加工工序余量不能用查表法得到,而由总余量减去其他各工序余量得到。

②经验估算法　根据实际经验确定加工余量。一般情况下,为防止因加工余量过小而产生废品,经验估计的数值总是偏大。经验估算法常用于单件、小批量生产。

③分析计算法　根据加工余量计算公式和一定的试验资料,对影响加工余量的各项因素进行分析、计算,从而确定加工余量。这种方法比较合理,但必须有比较全面和可靠的试验资料才能采用。

(3)工序尺寸及其公差的确定

零件上的设计尺寸及其公差是经过各加工工序后得到的,每道工序完成后应保证的尺寸称为该工序的工序尺寸,与其相应的公差即工序尺寸的公差。

①基准重合时工序尺寸及其公差的确定　当工序基准、测量基准、定位基准或编程原点与设计基准重合时,工序尺寸及其公差直接由各工序的加工余量和所能达到的精度确定,其计算方法由最后一道工序开始向前推算。

● 具体步骤　先确定各加工工序的加工余量。

从最后一道工序开始,即从设计尺寸开始到第一道加工工序,逐次加上每道加工工序余量,得到各工序的基本尺寸(包括毛坯尺寸)。

除了最后一道工序尺寸公差等于零件图上设计尺寸公差,其余工序公差由各自加工方法的加工精度确定。

最后一道工序按零件图标注,中间尺寸公差按入体原则标注,毛坯尺寸公差按对称原则双向标注。

● 应用示例　直径为 ϕ30h7、长度为 50 mm 的短轴,材料为 45 钢,需经表面淬火,其表面粗糙度为 Ra 0.8 μm,试查表确定其工序尺寸和毛坯尺寸。

根据技术要求,确定加工路线为:粗车→半精车→粗磨→精磨。

查表确定各工序加工余量及各工序公差。查阅《机械制造工艺手册》,得到毛坯余量及各工序加工余量为:毛坯 4.5 mm、半精车 1.1 mm、粗磨 0.3 mm、精磨 0.1 mm。由总余量公式可知,粗车余量为 4.5－1.1－0.3－0.1＝3.0 mm。查得各工序公差为:精磨 0.013 mm、粗磨 0.021 mm、半精车 0.033 mm、粗车 0.52 mm、毛坯 0.8 mm。

确定工序尺寸及其公差。由于精磨工序尺寸为精磨后工序的尺寸,所以精磨工序尺寸为 $\phi 30_{-0.013}^{0}$ mm;因为粗磨尺寸＝精磨工序尺寸＋精磨余量,所以粗磨工序尺寸为 $\phi 30.1_{-0.021}^{0}$ mm;因为半精车尺寸＝粗磨工序尺寸＋粗磨余量,所以半精车尺寸为 $\phi 30.4_{-0.033}^{0}$ mm;因为粗车尺寸＝半精车尺寸＋半精车余量,所以粗车尺寸为 $\phi 31.5_{-0.52}^{0}$ mm;毛坯尺寸为 $\phi 34.5 \pm 0.4$ mm。

②基准不重合时工序尺寸及其公差的确定　当工序基准、测量基准、定位基准或编程原点与设计基准不重合时,工序尺寸及其公差的确定需要借助工艺尺寸链的基本知识和计算方法。

● 工艺尺寸链的定义　在机器装配或零件加工过程中,由相互连接的尺寸形成封闭的尺寸组称为尺寸链。加工中各有关工艺尺寸组成的尺寸链称为工艺尺寸链。如图 2-38(a) 所示的阶梯轴,对小端端面进行加工后,按尺寸 A_2 加工台阶表面,再按尺寸 A_1 将零件切断,此时尺寸 A_0 也随之而定。尺寸 A_0 的大小取决于尺寸 A_1 及尺寸 A_2。这样,由尺寸 A_1、A_2 及 A_0 形成的封闭尺寸组就是尺寸链,阶梯轴的工艺尺寸链如图 2-38(b) 所示。组成尺寸链的各个尺寸称为尺寸链的环。

(a) 阶梯轴　　　　(b) 工艺尺寸链

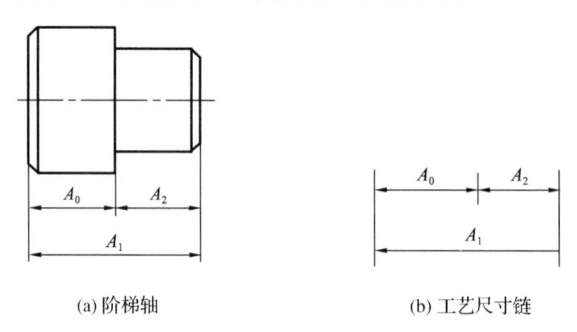

图 2-38　阶梯轴及其工艺尺寸链

● 工艺尺寸链的组成

a. 封闭环　加工间接获得(或装配中最后形成)的尺寸称为封闭环,精度受其他各环的影响,例如,图 2-38 中的 A_0。一个工艺尺寸链中只有一个封闭环。

b. 组成环　除封闭环以外的其余各个尺寸称为组成环,例如,图 2-38 中的 A_1、A_2。按组成环对封闭环的影响情况可将组成环分为增环和减环。

c. 增环　组成环中,由于该环的变动引起封闭环同向变动(该环增大时封闭环也增大,该环减小时封闭环也减小)的环称为增环。例如,图 2-38 中的尺寸 A_1,增环一般在组成环的字母上方标"→",如 $\overrightarrow{A_1}$。

d. 减环　组成环中,由于该环的变动引起封闭环反向变动(该环增大时封闭环减小,该环减小时封闭环增大)的环称为减环。例如,图 2-38 中的尺寸 A_2,减环一般在组成环的字母上方标"←",如$\overleftarrow{A_2}$。

增环和减环的判断用箭头表示法。给封闭环任选一个方向,沿此方向转一圈,在每个环上加方向,凡与封闭环箭头方向相同的环即减环,与封闭环箭头方向相反的环即增环。

- 工艺尺寸链的建立

a. 确定封闭环　封闭环是在加工过程中最后自然形成或间接保证的尺寸,一般根据工艺过程或加工方法确定。需要注意的是,零件的加工方案改变时,封闭环也可能改变。

b. 查找组成环　在确定封闭环后,先从封闭环的一端开始,依次找出影响封闭环变动的相互连接的各个尺寸,直到最后一个尺寸与封闭环的另一端连接为止,形成一个封闭图形。

c. 画出工艺尺寸链图,区分增环、减环　将封闭环和各组成环相互连接的关系单独用简图表示,称为工艺尺寸链图。在建立工艺尺寸链时,应遵循最短尺寸链原则。对于某一封闭环,若存在多个尺寸链,则选取组成环环数最少的尺寸链。组成环环数越少,对组成环的精度要求就越低,加工成本则越少。

- 工艺尺寸链的计算公式　尺寸链的计算是指计算封闭环与组成环的公称尺寸、公差及极限偏差之间的关系。计算方法分为极值法和统计(概率)法两类。极值法多用于环数少的尺寸链;统计(概率)法多用于环数多的尺寸链。极值法的特点是简单可靠,其基本公式如下:

a. 封闭环的公称尺寸　封闭环的公称尺寸等于所有增环的公称尺寸之和减去所有减环的公称尺寸之和,即

$$A_i = \sum_{i=1}^{m} \overrightarrow{A_i} - \sum_{j=m+1}^{n-1} \overleftarrow{A_j} \tag{2-1}$$

b. 封闭环的上偏差　封闭环的上偏差等于所有增环的上偏差之和减去所有减环的下偏差之和,即

$$ES_0 = \sum_{i=1}^{m} ES\overrightarrow{A_i} - \sum_{j=m+1}^{n-1} EI\overleftarrow{A_j} \tag{2-2}$$

c. 封闭环的下偏差　封闭环的下偏差等于所有增环的下偏差之和减去所有减环的上偏差之和,即

$$EI_0 = \sum_{i=1}^{m} EI\overrightarrow{A_i} - \sum_{j=m+1}^{n-1} ES\overleftarrow{A_j} \tag{2-3}$$

d. 封闭环的公差　封闭环的公差等于所有组成环的公差之和,即

$$T_0 = \sum_{j=1}^{n-1} T_i \tag{2-4}$$

- 工艺尺寸链的计算实例　如图 2-39 所示,某套筒零件设计尺寸为 $50_{-0.17}^{0}$ mm 和 $10_{-0.36}^{0}$ mm,在加工时设计尺寸 $10_{-0.36}^{0}$ mm 直接测量比较困难,而大孔深度 A_2(图 2-39)可方便地用深度尺测量,则大孔深度尺寸加工为多少才符合零件图要求?

解:由于出现了设计基准与测量基准不重合的情况,所以需按工艺尺寸链的原理进行换算。画出如图 2-40 所示的工艺尺寸链。

在图 2-40 中,$A_0 = 10_{-0.36}^{0}$ mm 是间接保证的设计尺寸,是封闭环。

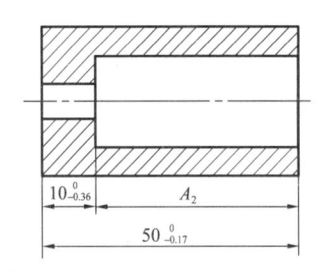

图 2-39 套筒　　　　图 2-40 工艺尺寸链

判断增环、减环：$A_1 = 50_{-0.17}^{\ 0}$ mm 是增环，A_2 是减环。

根据尺寸链计算公式计算 A_2 的公称尺寸：由 $A_0 = A_1 - A_2$ 得

$$A_2 = 50 - A_0 = 50 - 10 = 40 \text{ mm}$$

计算 A_2 的上、下偏差：由 $ES_0 = ES_1 - EI_2$ 得

$$EI_2 = ES_1 - ES_0 = 0 - 0 = 0$$

由 $EI_0 = EI_1 - ES_2$ 得

$$ES_2 = EI_1 - EI_0 = (-0.17) - (-0.36) = +0.19 \text{ mm}$$

最后求得 $A_2 = 40_{\ 0}^{+0.19}$。

任务实施

1 零件图的工艺分析

(1) 尺寸精度分析

内孔 $\phi 32_{\ 0}^{+0.033}$ mm、外圆 $\phi 60_{-0.03}^{\ 0}$ mm、端面至凸耳部分距离 (53 ± 0.02) mm 有较高的尺寸公差要求，且表面粗糙度要求较高。

(2) 几何精度分析

内孔 $\phi 32_{\ 0}^{+0.033}$ mm 与外圆 $\phi 60_{-0.03}^{\ 0}$ mm 间的同轴度要求为 $\phi 0.03 \mu$m，位置公差要求较高。

(3) 结构分析

如图 2-22 所示的连接套由内、外圆柱面，圆弧面，内圆锥面，内槽及内螺纹等回转表面组成，零件图尺寸标注完整、正确，加工部位明确、清楚，材料为 45 钢，切削性能好，该零件的所有部位都由数控车削加工完成。

2 机床的选择

本任务为成批生产，零件尺寸规格不大，但精度要求较高，故选用型号为 CK6125 的数控车床。

3 加工工艺路线的设计

(1) 加工方案的确定

根据加工表面的精度及表面粗糙度要求，选择粗车→半精车→精车即可满足零件图

的技术要求。由于毛坯是棒料,所以内孔部分需要在实体上先钻中心孔,后钻底孔,再粗、精车内孔。

(2)加工顺序的安排及加工工艺路线的拟订

加工顺序按由内到外、由粗到精、由近到远的原则安排,一次装夹中尽可能加工出较多的工件表面。结合本任务所要加工零件的结构形状,先粗、精加工内孔表面,然后粗、精加工外轮廓表面。

该零件的内孔部分包含内圆柱面、内圆锥面、内槽、内螺纹等内容,由于内螺纹与内圆锥面在零件的两端,不方便一次装夹完成,所以需要调头加工。

内孔右端的加工工艺路线是:粗、精车右端面(车削一端外圆调头夹紧用)→钻中心孔→钻通孔 $\phi26$ mm→粗、精加工内圆锥面及内孔。如图 2-41 所示。

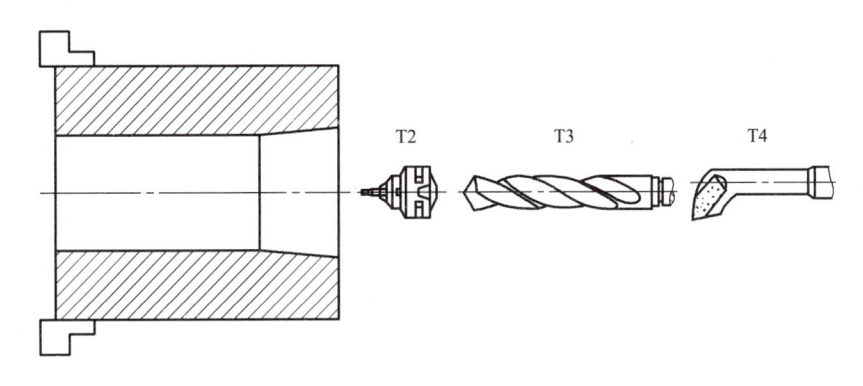

图 2-41　内孔右端加工路线

内孔左端的加工工艺路线是:夹紧加工后的外圆,校正 $\phi32^{+0.033}_{\ 0}$ mm 内孔后夹紧→车端面→镗内孔到内螺纹底孔尺寸→切内槽→车内螺纹。如图 2-42 所示。

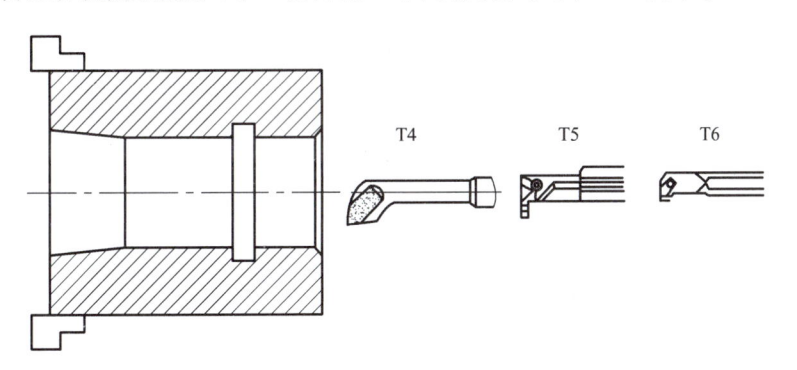

图 2-42　内孔左端加工路线

加工该零件外轮廓的走刀路线是:粗加工采用数控粗车循环,而精加工可沿零件轮廓顺序进行,如图 2-43 所示。

4 装夹方案及夹具的选择

加工内孔时,以外圆定位,用三爪自定心卡盘夹紧工件。

加工外轮廓时,为保证同轴度要求和便于装夹,以工件左端面和轴线为定位基准,为此需要设计一个心轴装置(图 2-44 中的双点画线部分),用三爪自定心卡盘夹持心轴左端，心轴右端留有中心孔并用尾座顶尖顶紧以提高工艺系统的刚性。

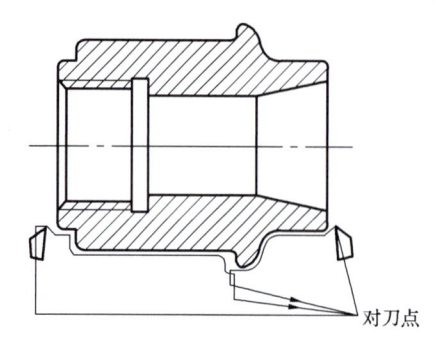

图 2-43　加工零件外轮廓的走刀路线

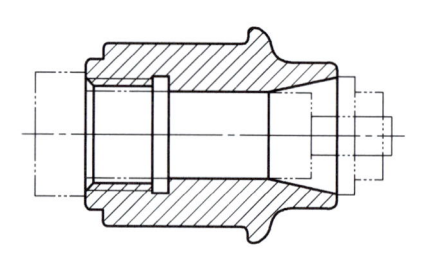

图 2-44　零件外轮廓车削装夹方案

5 数控加工工序卡和刀具卡的填写

（1）连接套数控加工工序卡

连接套数控加工工序卡见表 2-8。

表 2-8　　　　　　　　　　连接套数控加工工序卡

单位名称	×××		产品名称或代号	零件名称	零件图号
			×××	连接套	×××
工序号	程序编号		夹具名称	加工设备	车间
×××	×××		三爪卡盘、心轴	CK6125	数控中心
工步号	工步内容	刀具号	刀具规格/mm	主轴转速/($r \cdot min^{-1}$)	进给量/($mm \cdot r^{-1}$)	背吃刀量/mm	备注
1	粗、精车右端面，光外圆约 30 mm	T01	25×25	500/600	0.3/0.1	1.75/0.25	
2	钻中心孔	T02	ϕ3 中心钻	1 000	0.2		
3	钻孔 ϕ26 mm（通）	T03	ϕ26 钻头	300	0.1		
4	粗车内圆锥面，粗车 ϕ32 mm 内孔为 ϕ31.8 mm（通）	T04	ϕ20	450	0.1	0.5	
5	精车 1∶5 内锥、精车 ϕ32 mm 内孔至少长 60 mm	T04	ϕ20	500	0.08	1.75/0.25	
6	粗、精车左端面，保证总长达到零件图的尺寸要求（ϕ32 mm 内孔校正）	T01	25×25	500/600	0.3/0.1	0.1	调头
7	粗、精车螺纹底孔尺寸 ϕ34 mm	T04	ϕ20	500	0.2	0.5	
8	切 6×ϕ40 mm 退刀槽	T05	6 mm 内槽车刀	300	0.1	6	
9	粗、精车内螺纹达到零件图的尺寸要求	T06	内螺纹车刀	200	2	分 5 刀	
10	从右至左粗、精车外圆表面达到零件图的尺寸要求	T07	25×25	600	0.1	0.25	心轴定位
11	从左至右粗、精车外圆表面达到零件图的尺寸要求	T08	25×25	600	0.1	0.25	心轴定位
编制	×××	审核	×××	批准	×××	年　月　日	共　页　第　页

（2）连接套数控加工刀具卡

连接套数控加工刀具卡见表 2-9。

表 2-9　　　　　　　　　　连接套数控加工刀具卡

产品名称或代号		×××	零件名称	法兰盘	零件图号	×××
序号	刀具号	刀　具			加工表面	备注
		规格名称	数量	刀长/mm		
1	T01	硬质合金外圆粗车刀	1	实测	粗车端面	YT 类刀片
2	T02	中心钻	1	实测	打中心孔	
3	T03	$\phi26$ mm 钻头	1	实测	打底孔	
4	T04	内孔车刀	1	实测	粗、精车内孔及内圆锥面	
5	T05	6 mm 内槽车刀	1	实测	切内槽	6 mm 宽槽刀
6	T06	内螺纹车刀	1	实测	车内螺纹 M36×2－7H	
7	T07	93°右偏精车刀	1	实测	精车外圆	刀尖半径 0.4 mm
8	T08	93°左偏精车刀	1	实测	精车外圆	刀尖半径 0.4 mm
编制	×××	审核	×××	批准	×××	年　月　日	共　　页	第　　页

知识拓展

☞ 保证套类零件加工精度的方法

1 保证套类零件表面相互位置精度的方法

套类零件内、外表面的同轴度以及端面与内孔轴线的垂直度要求一般都较高，一般可用以下方法来满足：

（1）在一次装夹中完成内、外表面及端面的全部加工，这样可消除工件的安装误差并获得很高的相互位置精度。但由于工序比较集中，对尺寸较大的套筒安装不便，故多用于尺寸较小的轴套车削加工。

（2）主要表面的加工分在几次装夹中进行，先加工内孔至零件图的尺寸要求，然后以内孔为精基准加工外圆。由于使用的夹具（常为心轴）结构简单，而且制造和安装误差较小，所以可保证较高的相互位置精度，在套类零件加工中应用较多。

（3）主要表面的加工分在几次装夹中进行，先加工外圆至零件图的尺寸要求，然后以外圆为精基准完成内孔的全部加工。使用该方法装夹工件迅速可靠，但一般卡盘安装误差较大，使得加工后工件的相互位置精度较低。如果欲使同轴度误差较小，则应采用定心精度较高的夹具，例如弹性膜片卡盘、液性塑料夹头、经过修磨的三爪自定心卡盘和软爪等。

2 防止套类零件变形的方法

薄壁套类零件在加工过程中常因夹紧力、切削力和热变形的影响而变形。为防止零件变形，常采取以下工艺措施：

（1）减小夹紧力的影响

在工艺上采取以下措施减小夹紧力的影响：

①采用径向夹紧时，夹紧力不应集中在工件的某一径向截面上，而应使其分布在较大的面积上，以减小工件单位面积上所承受的夹紧力。例如可将工件安装在一个适当厚度的开口圆环中，再连同此环一起夹紧；也可采用增大接触面积的特殊卡爪。以内孔定位时，宜采用张开式心轴装夹。

②夹紧力的位置宜选在零件刚性较强的部位，以改善在夹紧力作用下薄壁套类零件的变形。

③改变夹紧力的方向，将径向夹紧改为轴向夹紧。

④在工件上制出加强刚性的工艺凸台或工艺螺纹以减少夹紧变形，加工时用特殊结构的卡爪夹紧，加工结束时将凸边切去。

（2）减小切削力的影响

①增大刀具主偏角和主前角，使加工时刀刃锋利，减小径向切削力。

②将粗、精加工分开，使粗加工产生的变形能在精加工中得到纠正，并采取较小的切削用量。

③内、外圆表面同时加工，使切削力抵消。

（3）热处理放在粗加工和精加工之间

这样安排可减少热处理变形的影响。套类零件热处理后一般会产生较大变形，在精加工时可得到纠正，但要注意适当加大精加工的加工余量。

知识点及技能测评

一、填空题

1. 套类零件的结构与尺寸随其用途不同而异，但一般都具有以下结构特点：外圆直径 d 一般小于其长度 L，通常 L/d _____；内孔与外圆直径之差较小，故壁薄易_____；内外圆回转面的_____要求较高；结构比较简单。

2. 套类零件的外圆表面多与机架或箱体孔以_____配合，起支承作用。

3. 外圆表面与内孔中心有较高同轴度要求时，常_____反复装夹外圆和内孔。

4. 心轴的种类很多，工件以圆柱孔定位常用_____和_____。

5. 根据心轴的特点，又分为_____和_____。

6. 小锥度心轴工作时，利用_____将工件楔紧在心轴上，从而带动工件旋转，因此不需另加夹紧装置。

7. 小锥度心轴一般用于定位孔的精度_____的场合。

8. 相邻两工序的工序尺寸之差是_____。

9. 对于数控车削回转表面(外圆和内孔等),加工余量是直径上的余量,在直径上是对称分布的,故称为_____。

10. 工序尺寸的公差一般按_____标注。

11. 在机器装配或零件加工过程中,由相互连接的尺寸形成封闭尺寸组称为_____。

12. 加工间接获得的尺寸称为_____,精度受其他各环的影响。

二、选择题

1. 工序尺寸公差一般按该工序加工的(　　)来选定。
   A. 经济加工精度　　B. 最高加工精度　　C. 最低加工精度　　D. 平均加工精度

2. 进行基准重合时的工序尺寸计算,应从(　　)道工序算起。
   A. 最开始第四　　B. 任意　　C. 中间第三　　D. 最后一

3. 尺寸链中,当其他尺寸确定后,新产生的一个环是(　　)。
   A. 增环　　B. 减环　　C. 增环或减环　　D. 封闭环

4. 封闭环公差等于(　　)。
   A. 各组成环公差之和　　　　B. 减环公差
   C. 增环、减环代数差　　　　D. 增环公差

5. 一个工艺尺寸链中有(　　)个封闭环。
   A. 1　　B. 2　　C. 3　　D. 多

6. 封闭环的最小极限尺寸等于各增环的最小极限尺寸(　　)各减环的最大极限尺寸之和。
   A. 之差乘以　　B. 之差除以　　C. 之和减去　　D. 之和除以

7. 尺寸链中,当其他尺寸确定后,新产生的一个环是(　　)。
   A. 增环　　B. 减环　　C. 增环或减环　　D. 封闭环

8. 封闭环公差等于(　　)。
   A. 各组成环公差之和　　　　B. 减环公差
   C. 增环、减环代数差　　　　D. 增环公差

9. 薄壁工件在加工时应尽可能采取轴向夹紧的方法,以防止工件产生(　　)。
   A. 切向位移　　B. 弹性应变　　C. 径向变形　　D. 轴向变形

10. 工件在小锥体心轴上定位,可限制(　　)自由度。
    A. 四个　　B. 五个　　C. 六个　　D. 三个

三、简答题

1. 薄壁套类零件在加工过程中,在工艺上采取哪些措施来减小夹紧力的影响?

2. 套类零件的外圆部分加工时常用心轴定位,举例说明常用心轴有哪几种?

四、设计如图 2-45 所示零件的加工工艺卡片。

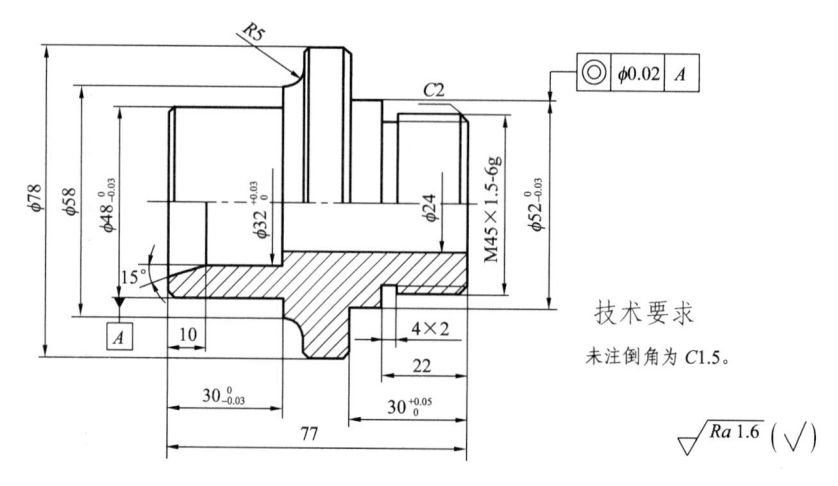

假设该零件毛坯尺寸为 $\phi85$ mm×80 mm

(a)

假设该零件毛坯尺寸为 $\phi65$ mm×40 mm，批量生产

(b)

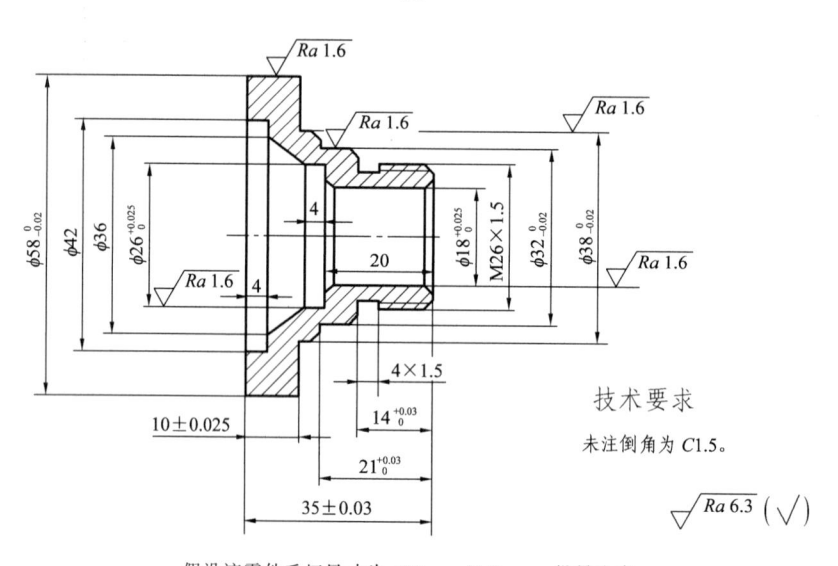

图 2-45 零件图

任务三　内、外锥配合件的数控加工工艺设计

学习目标

【知识目标】
1. 了解内、外锥配合的公差要求。
2. 了解配合件加工的工艺特点。

【技能目标】
1. 能够进行配合件的加工工艺分析。
2. 能够设计配合件的数控加工工艺。

任务描述

内、外锥配合件如图 2-46 所示，零件材料为 45 钢，毛坯尺寸为 $\phi50$ mm×130 mm，小批量生产。设计该零件的数控加工工艺。

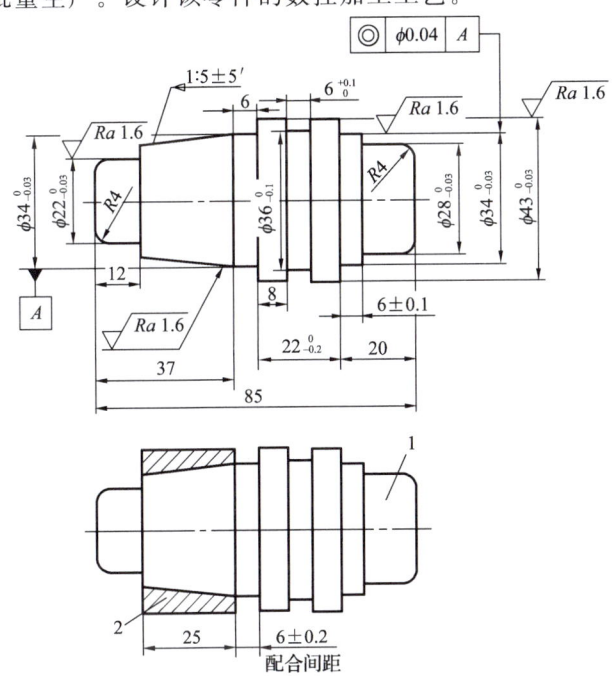

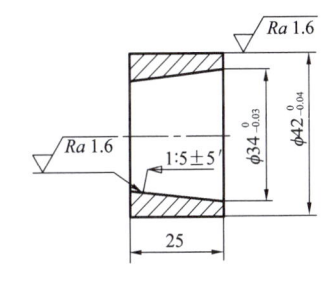

技术要求
1. 未注尺寸公差直接按 GB/T 1804-f 加工，长度按 GB/T 1804-m 加工；
2. 1∶5±5′ 锥面要求接触面积大于 65%；
3. 去除毛刺。

图 2-46　内、外锥配合件

相关知识

本任务涉及配合件的数控加工工艺的相关知识为:配合件的概念、配合件的加工方法、加工配合件的注意事项。

1 配合件概念

配合件(也称为组合件)是指两个或两个以上零件相互配合所组成的组件。与单一零件的车削加工相比,配合件的车削不仅要保证加工质量,还要保证各零件按规定组合装配后的技术要求。车削配合件的关键技术是:合理编制加工工艺方案,正确选择和准确加工基准件,认真进行组合件的配车和配研。《数控车工(中级)国家职业标准》中常见的配合件有:轴、孔配合件,内、外螺纹配合件,偏心轴、孔配合件,内、外锥配合件。

2 配合件的加工方法

轴、孔配合件的加工方法:先车削配合孔件,再车削配合轴件,并控制尺寸精度和配合精度。

内、外螺纹配合件的加工方法:外螺纹作为基准零件应首先加工,这是由于外螺纹便于测量。可以用车削好的外螺纹作为检测工具加工内螺纹,槽底径略小于螺纹小径,螺纹车削好后应清除毛刺。

偏心轴、孔配合件的加工方法:先车削基准件偏心轴,然后根据配合关系的顺序依次车削配合件中的其余工件。偏心部分的偏心方向应一致,加工误差应控制在允许误差的1/2之内,且偏心部分的轴线平行于工件轴线。

内、外锥配合件加工的关键技术是如何保证内、外圆锥的角度一致和接触面积达到零件图的要求。内、外锥配合件的加工方法:先车削配合孔件,再车削配合轴件。在配车外圆锥时,将正在加工的外圆锥涂色并与已加工好的孔件配合来检测接触面积的大小,根据情况修正外圆锥的尺寸直至合格。而保证内、外圆锥端面间距的方法是把外圆锥作为锥度塞规塞入已加工好的套件中测量间距,最终控制外圆锥的各项尺寸。

3 配合件加工的注意事项

加工配合件的难点在于保证各项配合精度。因此加工时应注意以下几点:

(1)认真分析配合件的装配关系,确定基准零件(直接影响配合件装配后各零件相互位置精度的主要零件)。

(2)加工配合件时,应先车削基准零件,然后根据装配关系的顺序,依次车削配合件中的其余零件。

(3)车削基准零件时应注意以下几点:

①对于影响配合精度的各个尺寸,应尽量控制在中间尺寸,加工误差最好控制在允许误差的1/2之内;各表面的几何形状误差和表面间的相互位置精度误差应尽可能小。

②对于有锥体配合的配合件,车削时车刀刀尖与锥体轴线等高,避免产生圆锥素线的直线度误差。

③有偏心配合时,偏心部分的偏心量应一致,加工误差应控制在零件图允许误差的 1/2 之内,且偏心部分的轴线应平行于零件轴线。

④有螺纹时,螺纹应车削至成形,一般不允许使用板牙、丝锥加工,以防止工件产生位移而影响工件的同轴度。外螺纹的螺纹中径尺寸应控制在下极限尺寸范围之内,内螺纹的螺纹中径尺寸应控制在上极限尺寸范围之内,使配合间隙尽量大些。

⑤配合件各表面的锐边应倒钝,毛刺应清除。

(4)根据各零件的技术要求和结构特点以及配合件装配的技术要求,分别确定各零件的加工方法、各主要表面的加工次数(粗加工、半精加工、精加工的选择)和加工顺序。

(5)对于配合件中其余零件的车削,一方面应按基准零件车削时的要求进行,另一方面也应按已加工的基准件及其他零件的实测结果相应调整,充分使用配车、配研、配合加工等手段以保证配合件的装配精度要求。

RENWU SHISHI 任务实施

1 零件图的工艺分析

图 2-46 所示内、外锥配合件的尺寸标注完整、正确,加工部位清楚、明确,适合数控加工。轴件 1 由外圆锥面、圆弧及外圆面组成,套件 2 由内圆锥面及外圆面组成,其中,配合件的多个径向尺寸和轴向尺寸有较高的尺寸精度、表面粗糙度、几何公差要求。零件材料为 45 钢棒料,无热处理和硬度要求,切削性能好。

下面分别对内外锥配合件的轴件 1 和套件 2 进行工艺分析。

(1)外圆锥轴件 1 的工艺分析

外圆锥轴件 1 的外圆有较高的尺寸精度要求,如 $\phi42_{-0.04}^{0}$ mm、$\phi34_{-0.03}^{0}$ mm、$\phi28_{-0.03}^{0}$ mm、$\phi22_{-0.03}^{0}$ mm 及矩形槽尺寸 $6_{0}^{+0.1}$ mm×$\phi36_{-0.1}^{0}$ mm。两外圆 $\phi34_{-0.03}^{0}$ mm 间同轴度要求为 $\phi0.04$ mm,多处有较高的表面粗糙度要求。

(2)内圆锥套件 2 的工艺分析

内圆锥套件 2 的尺寸 $\phi42_{-0.04}^{0}$ mm、$\phi34_{-0.03}^{0}$ mm 有较高的精度要求。

该内、外锥配合件的配合面是锥度为 1∶5±5′的内、外圆锥,内、外圆锥面配合间距为(6±0.2)mm,圆锥接触面积大于 65%。

2 机床的选择

本任务为小批量生产,零件规格不大,但精度较高,故选用型号为 CK6132 的全功能型数控车床。

3 加工工艺路线的设计

(1)加工方案的确定

该内外锥配合件中,轴件 1 为外圆轴类零件,套件 2 为套类零件,两类零件的加工方法在前面的任务中都已涉及。根据加工表面的精度及表面粗糙度要求,确定加工方案为粗车→半精车→精车。

(2)加工顺序的安排

为便于控制配合接触面积的大小,对于轴、孔配合件的加工,一般先加工孔,后加工轴。在加工轴时要涂上颜料与已加工好的孔进行配合,检测颜料脱落的情况,如果没有达到 65% 的接触面积,可以比较方便地修正轴的尺寸与锥度。

先将内圆锥套件 2 车削完毕,切断,如图 2-47 所示。然后将外圆锥轴件 1 钻中心孔,用一夹一顶的方法粗、精车右端外圆各部位尺寸并保证各项精度要求,如图 2-48 所示。将轴件 1 调头,钻中心孔;顶住中心孔,加工左端外圆及圆锥部位尺寸并保证各项精度要求,同时注意控制内、外圆锥面配合间距为(6±0.2) mm,如图 2-49 所示。

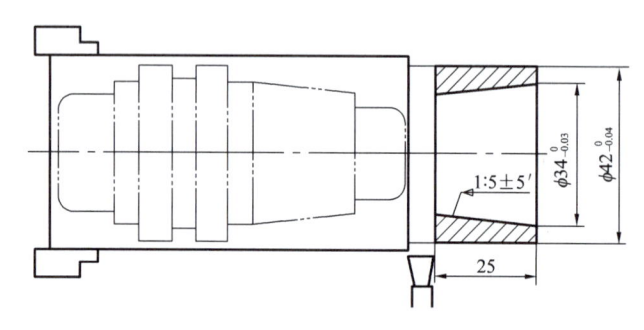

图 2-47 加工内圆锥套件 2

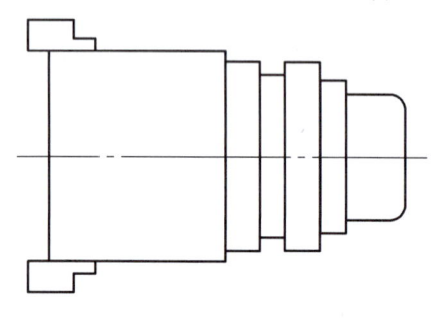

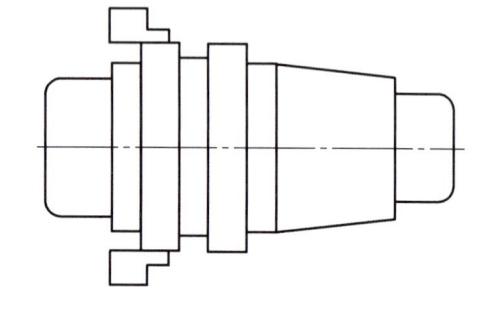

图 2-48 加工外圆锥轴件 1 的圆柱面   图 2-49 加工外圆锥轴件 1 的外圆锥面

4 装夹方案及夹具的选择

车削外圆锥轴件 1 时,采用一夹一顶装夹;车削内圆锥套件 2 时,采用三爪卡盘装夹。

5 数控加工工序卡和刀具卡的填写

(1)圆锥配合件数控加工工序卡

内圆锥套件 2 数控加工工序卡见表 2-10。

表 2-10　　　　　　　　　　　内圆锥套件 2 数控加工工序卡

单位名称	×××	产品名称或代号	零件名称	零件图号
		×××	套件 2	×××
工序号	程序编号	夹具名称	加工设备	车间
×××	×××	三爪卡盘	CK6132	数控中心

工步号	工步内容	刀具号	刀具规格/mm	主轴转速/(r·min⁻¹)	进给量/(mm·r⁻¹)	背吃刀量/mm	备注
1	车削右端面	T01	25×25	400	0.3		
2	钻中心孔	T02	φ3 中心钻	600	0.25		
3	钻孔 φ26 mm 深 25 mm	T03	φ26 钻头	650	0.1		
4	粗、精镗内圆锥 1∶5±5′至精度要求	T04	φ20	450	0.08	0.2	
5	粗、精车外圆 φ42 mm 至零件图要求	T05	25×25	450/500	0.3/0.1	0.3	
6	切断,控制总长尺寸 25.2 mm	T06	6 mm 切槽刀	300	0.1	6	

编制	×××	审核	×××	批准	×××	年 月 日	共 页	第 页

外圆锥轴件 1 数控加工工序卡见表 2-11。

表 2-11　　　　　　　　　　　外圆锥轴件 1 数控加工工序卡

单位名称	×××	产品名称或代号	零件名称	零件图号
		×××	轴件 1	×××
工序号	程序编号	夹具名称	加工设备	车间
×××	×××	一夹一顶	CK6132	数控中心

工步号	工步内容	刀具号	刀具规格/mm	主轴转速/(r·min⁻¹)	进给速度/(mm·r⁻¹)	背吃刀量/mm	备注
1	车削右端面	T01	25×25	400	0.3		
2	钻中心孔	T02	中心钻	600	0.25		手动
3	一夹一顶,粗、精车轴件 1 右端外圆 φ28 mm、φ34 mm、φ42 mm 各外圆及长度至零件图尺寸要求	T05	25×25	450/500	0.3/0.1	1.5/0.2	
4	车削槽 $6^{+0.1}_{0}$ mm × $36^{0}_{-0.1}$ mm 至零件图尺寸要求	T06	6 mm 切槽刀	300	0.1	6	
5	调头,校正,平端面保证总长 85 mm	T01	25×25	400	0.3	0.5	夹 φ42 mm 外圆
6	粗、精车 φ22 mm,1∶5±5′外圆锥及 φ34 mm 外圆,并控制配合间距至零件图尺寸要求	T05	25×25	450/500	0.3/0.1	1.5/0.2	用套件 2 检测外圆锥
7	与套件 2 配合好后车削套件 2 总长,保证尺寸 25 mm	T01	25×25	300	0.1	0.2	配合加工

编制	×××	审核	×××	批准	×××	年 月 日	共 页	第 页

(2)圆锥配合件数控加工刀具卡

圆锥配合件数控加工刀具卡见表 2-12。

表 2-12　　　　　　　　　　圆锥配合件数控加工刀具卡

产品名称或代号		×××	零件名称		轴套	零件图号		×××
序号	刀具号	刀具				加工表面		备注
		规格名称	数量		刀长/mm			
1	T01	45°端面车刀	1		实测	车削端面		YT 类刀片
2	T02	中心钻 A2	1		实测	钻中心孔		
3	T03	ϕ26 mm 钻头	1		实测	钻孔		
4	T04	内孔镗刀	1		实测	镗内圆锥面		YT 类刀片
5	T05	外圆车刀	1		实测	粗、精车外圆		YT 类刀片
6	T06	6 mm 切槽刀	1		实测	切断、切槽		
编制	×××	审核	×××	批准	×××	年　月　日	共　页	第　页

知识拓展

☞ 难加工材料的切削加工

1 难加工材料

难加工材料的界定随时代及专业领域而各有不同,例如,航空航天工业常用的超耐热合金、钛合金及含碳纤维的复合材料等,都是该领域的难加工材料。近年来,随着零件小型化、细微化要求不断提出,往往要求其所用材料必须具有高硬度、高韧性和高耐磨性,而具有这些特征的材料其加工难度也大。难加工的原因一般是以下方面:高硬度;高强度;高塑性和高韧性;低塑性和高脆性;低导热性;有微观的硬质点或硬夹杂物;化学性质活泼。

2 难加工材料的切削加工特点

(1) 切削温度

在切削难加工材料时,切削温度一般都比较高,主要有以下原因:导热系数低,难加工材料的导热系数一般都比较低(纯金属紫铜等除外),在切削时切削热不易传散,而且易集中在刀尖处;热强度高,如镍基合金等高温合金在 500～800 ℃时抗拉强度达到最高值。因此在车削这类合金时,车刀的车削速度不宜过高,一般不宜超过 10 m/min,否则刀具切入工件的切削阻力将会增大。

(2) 切削变形系数和加工硬化

难加工材料中的高温合金和不锈钢等,材料的变形系数都比较大,并且变形系数随着车削速度的增大而增大。由于车削过程中形成切屑时的塑性变形,金属会产生硬化和强化,使切削阻力增大,刀具磨损加快,甚至产生崩刃。例如高温合金、高锰钢和奥氏体不锈钢奥氏体组织,其硬化的严重程度和深度都很大,要比 45 钢大好几倍。难加工材料硬化程度严重,切屑的温度和硬度高,韧性好,以及切削温度高(强韧切屑),如果这样的切屑流经前刀面,就容易产生黏结和熔焊等粘刀现象,不利于切屑的排除,易使容屑糟堵塞,造成打刀、黏结磨损和崩刃。

(3)切削力

难加工材料一般强度较高,尤其是高温强度要比一般钢材大得多,再加上塑性变形大和加工硬化程度严重,因此车削难加工材料的切削力一般都比车削普通碳钢时大得多。

(4)磨损限度与耐用度

由于难加工材料的温度高、热强度高、塑性大、切削温度高和加工硬化严重,有些材料还有较强的化学亲和力和粘刀现象,所以车刀的磨损速度也较快。车削硬化现象严重的材料,车刀后刀面的磨损限度值不宜过大。硬质合金车刀粗车时的磨损限度为 0.9～1.0 mm,精车为 0.4～0.6 mm。难加工材料的刀具耐用度对于不锈钢而言为 90～150 min。对高温合金和钛合金等材料来说,刀具的耐用度时间还要短。车刀的耐用度与选择合理的车削速度和车刀材料及车刀类型都有一定的关系。

3 难加工材料用的切削刀具

立方氮化硼(CBN)的高温硬度是现有刀具材料中最高的,最适于难加工材料的切削加工。CBN 烧结体刀具适用于高硬度钢及铸铁等材料的切削加工,CBN 成分含量越高,刀具寿命也越长,切削用量也可相应提高。

新型涂层硬质合金是以超细晶粒合金作基体,选用高温硬度良好的涂层材料加以涂层处理,这种材料具有优异的耐磨性,也是可用于难加工材料切削的优良刀具材料之一,几乎适用于各种难加工材料的切削加工。

金刚石烧结体刀具适用于铝合金、纯铜等材料的切削加工。金刚石刀具刃口锋利,热传导率高,刃尖滞留的热量较少,可将积屑瘤等黏结物的发生控制在最低限度之内。在切削纯钛和钛合金时,选用单晶金刚石刀具切削比较稳定,可延长刀具寿命。

在切削难加工材料时,刀具形状的最佳化可充分发挥刀具材料的性能。选择与难加工材料特点相适应的前角、后角、切入角等刀具几何形状和对刃尖进行适当处理,可提高切削精度和延长刀具寿命。钻孔加工时,切削热极易滞留在切削刃附近,在切削难加工材料时,为了便于排屑,通常在钻头切削刃后侧设有冷却液喷出口,可供给充足的水溶性冷却液或雾状冷却剂等,使排屑变得顺畅,这种方式对切削刃的冷却效果也很理想。近年来,已开发出一些润滑性能好的涂层物质,这些物质涂镀在钻头的表面后,用其加工 3～5 mm 的浅孔时,可采用干式钻削方式。

知识点及技能测评

一、思考题

1. 试说明配合件加工的注意事项有哪些？
2. 难加工材料的铣削特点主要表现在哪些方面？

二、设计如图 2-50 所示零件的加工工艺卡片。

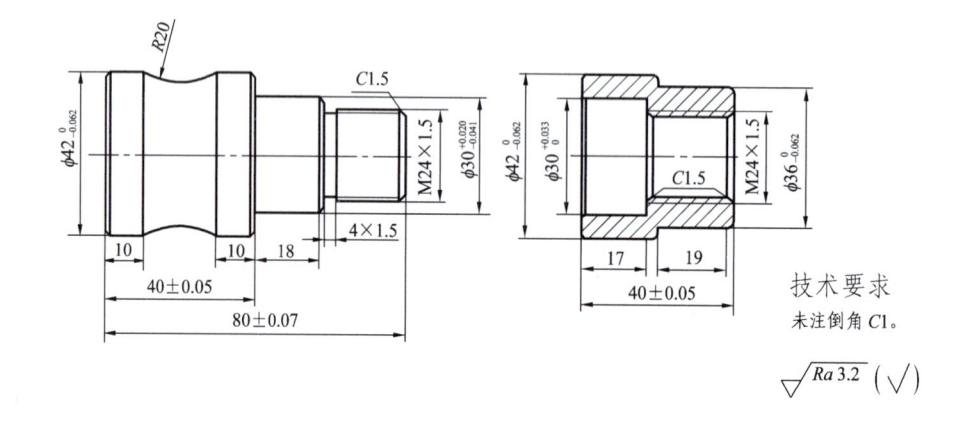

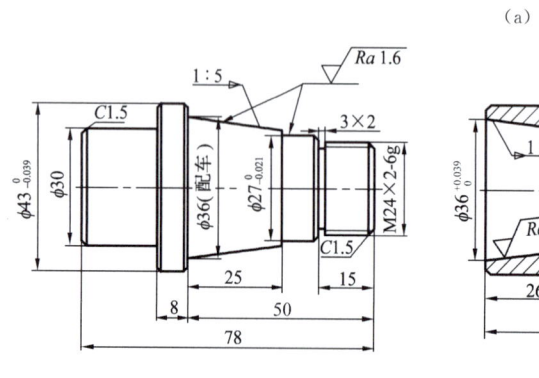

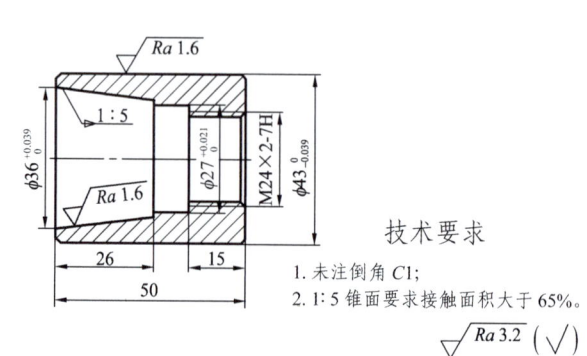

(a)

技术要求
未注倒角C1。

$\sqrt{Ra\ 3.2}\ (\sqrt{\ })$

(b)

技术要求
1. 未注倒角C1；
2. 1:5 锥面要求接触面积大于65%。

$\sqrt{Ra\ 3.2}\ (\sqrt{\ })$

图 2-50 零件图

拓展资料

新型工业化

制造业是国民经济的重要组成部分。加快建设制造强国与现代化产业体系建设密不可分,是筑牢中国式现代化物质基础的动力源泉。中央经济工作会议强调,要大力推进新型工业化,发展数字经济,加快推动人工智能发展。这既是基于对全球工业化发展规律的深刻认识,也体现了对我国国情和发展阶段的准确把握。全面认识新型工业化,必须从新一轮科技革命和产业变革角度,科学把握新发展格局下新型工业化所蕴含的时代内涵、所处的历史方位,抓住推进新型工业化的关键要素,引领发展战略性新兴产业和未来产业,不断培育和发展新质生产力。

随着数据进入生产要素的程度和范围日益加深,以数字技术为代表的新一轮科技革命和产业变革突飞猛进,正在对制造业的传统组织方式产生重大影响。在这轮产业变革浪潮中,大数据、人工智能、云计算和物联网等新技术在制造业中的应用日益广泛,不仅使产业边界日益模糊,也深刻影响了制造业的投入产出效率,极大地提升了人类社会的生产力水平。

新型工业化是以新发展理念为引领、把高质量发展要求贯穿始终的工业化,其核心是高端化升级,关键是数字化赋能,基底是绿色化转型。

推进新型工业化,重点就是要瞄准我国在全球产业链供应链中的"卡脖子"技术,聚焦发展战略性新兴产业和未来产业,从根本上掌握半导体芯片、生物医药、航空发动机、数控机床、工业软件等关键核心技术,提高在基础零部件和关键性基础材料等领域的供应链韧性,最终建立安全可靠的产业链供应链体系。

项目三
板类零件的数控加工工艺

任务一　模板的数控加工工艺设计

学习目标

【知识目标】
1. 了解数控铣床的主要加工对象。
2. 熟悉平面铣削刀具的选用。
3. 熟悉板类零件的定位与装夹方案。
4. 掌握数控铣削加工的进给路线设计。
5. 掌握平面铣削加工时切削用量的选择。

【技能目标】
1. 能够对简单板类零件进行加工工艺分析。
2. 能够根据零件精度要求选择合理的数控铣床类型。
3. 能够正确选择简单板类零件的数控铣削刀具和装夹方案。
4. 能够选择合理的铣削用量。
5. 能够拟订平面及平面轮廓类零件的数控铣削加工路线。

任务描述

模板如图 3-1 所示,零件材料为 45 钢,毛坯尺寸为 80 mm×80 mm×16 mm,周边无须加工,单件生产。设计该零件的数控加工工艺。

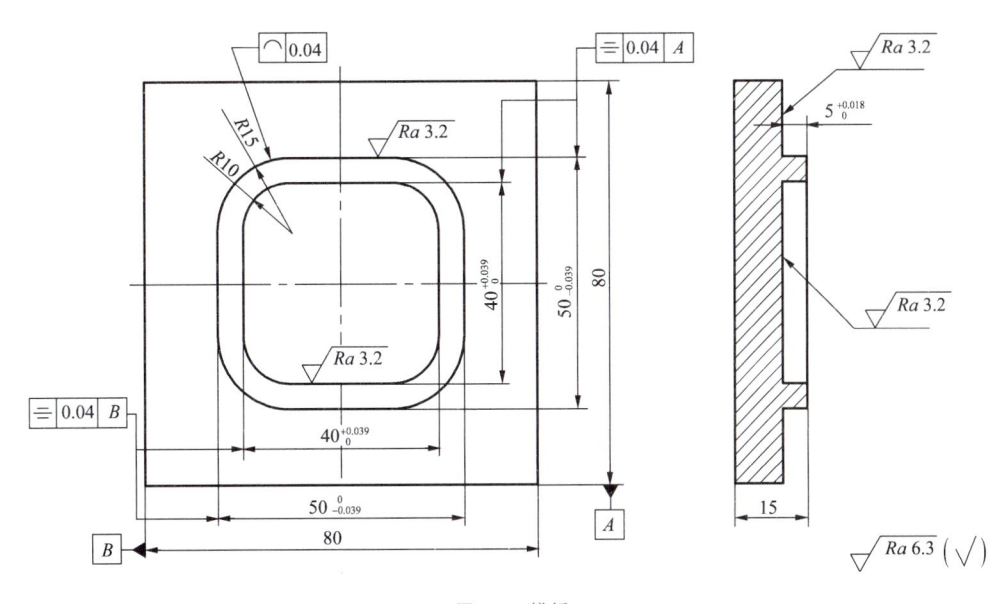

图 3-1 模板

相关知识

本任务涉及平面轮廓数控铣削加工工艺的相关知识为：数控铣床概述、铣削类零件图的工艺分析、数控铣削加工工艺路线的拟订、数控铣削加工的定位基准与装夹方案、数控铣刀、铣削用量的选择。

1 数控铣床概述

（1）数控铣床的主要功能

虽然各种类型的数控铣床所配置的数控系统各有不同，但各种数控系统的主要功能基本相同。

①点位控制功能　可以加工相互位置精度要求很高的孔系，使用孔加工固定循环可实现钻孔、铰孔、锪孔、镗孔、攻螺纹等。

②连续轮廓控制功能　可以实现直线、圆弧的插补及非圆曲线的加工。

③刀具半径补偿功能　可以实现根据零件图样的标注尺寸进行编程，而不必考虑所用刀具的实际半径尺寸，从而减少编程时的复杂数值计算。

④刀具长度补偿功能　可以自动补偿刀具的长短，以适应加工中对刀具长度尺寸调整的要求。

⑤比例及镜像加工功能　可将编好的加工程序按指定比例改变坐标值来执行。镜像加工又称为轴对称加工，如果一个零件的形状关于坐标轴对称，那么只要编出一个或两个象限的程序，其余象限的轮廓就可以通过镜像加工功能来实现。

⑥旋转功能　可将编好的加工程序在加工平面内旋转任意角度来执行。

⑦子程序调用功能　有些零件需要在不同的位置上重复加工同样的轮廓形状，将这一轮廓形状的加工程序作为子程序，在需要的位置上重复调用，就可以完成对该零件的加工。

⑧宏程序功能　可用一个总指令代表实现某一功能的一系列指令,并能对变量进行运算,使程序更具灵活性和方便性。

(2)数控铣床的主要加工对象

数控铣床可用于加工许多普通铣床难以加工甚至无法加工的零件,主要适用于铣削下列三类零件:

①平面类零件　是指加工面平行或垂直于水平面以及加工面与水平面的夹角为一定值的零件。这类零件的特点是:加工面为平面或加工面可以展开为平面。如图 3-2 所示的三个零件均属于平面类零件,图中的曲线轮廓面 A 和圆台侧面 B 展开后均为平面,C 为斜平面。这类零件的数控铣削相对比较简单,一般只用三坐标数控铣床的两坐标联动就可以加工出来。目前数控铣床加工的绝大多数零件均属于平面类零件。

(a) 曲线轮廓面 A　　(b) 圆台侧面 B　　(c) 斜平面 C

图 3-2　典型的平面类零件

②变斜角类零件　加工面与水平面的夹角呈连续变化的零件称为变斜角类零件。这类零件的特点是:加工面不能展开为平面,但在加工过程中,铣刀圆周与加工面接触的瞬间为一条直线。如图 3-3 所示是飞机上的一种变斜角梁椽条,该零件在第②肋至第⑤肋的斜角 α 从 $3°10'$ 均匀变化为 $2°32'$,至第⑨肋再均匀变化为 $1°20'$,最后又均匀变化至 $0°$。

变斜角类零件一般采用四坐标或五坐标联动的数控铣床加工,也可用三坐标数控铣床通过两坐标联动用鼓形铣刀分层近似加工,但精度稍差。

③曲面类零件　如图 3-4 所示,加工面为空间曲面的零件称为曲面类零件,又称为立体类零件。这类零件的特点是:加工面不能展开成平面,而且加工面与加工刀具(铣刀)始终为点接触。在这类零件中,对加工精度要求不高的曲面通常采用两轴半联动数控铣床加工;对精度要求高的曲面需用三坐标联动数控铣床加工;若曲面周围有干涉表面,则需用四坐标甚至五坐标联动数控铣床加工。

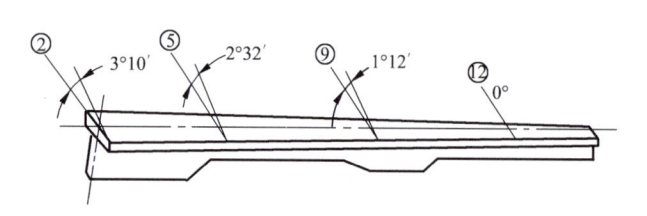

图 3-3　飞机上的一种变斜角梁椽条　　图 3-4　典型的曲面类零件

2　铣削类零件图的工艺分析

(1)铣削类零件的工艺性分析

①结构工艺性　是指所设计的零件在满足使用要求的前提下制造的可行性和经济性。良好的零件结构工艺性便于零件的加工,节省工时和材料;而较差的零件结构工艺性会使加工困难,浪费工时和材料,有时甚至无法加工。

● 毛坯是否适于定位与装夹　毛坯应便于定位与装夹,主要考虑毛坯在加工时定位和夹紧的可靠性与方便性,以便在一次装夹中加工出较多的表面。对于不便装夹的毛坯,可考虑在毛坯上另外增加装夹余量或工艺凸台、工艺凸耳等辅助基准。如图 3-5 所示,该工件缺少合适的定位基准,所以在毛坯上铸出两个工艺凸耳,在凸耳上制出定位基准孔。

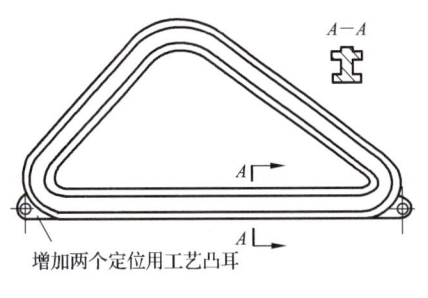

图 3-5　增加毛坯辅助基准示例

● 结构尺寸是否影响刀具的选择　轮廓内圆弧半径 R 常常限制刀具的直径,内槽(内型腔)圆角的大小决定着刀具直径的大小,因此内槽(内型腔)圆角半径不应太小。如图 3-6 所示的零件,其结构工艺性的好坏与被加工轮廓的高低、转角圆弧半径的大小等因素有关。图 3-6(b)与图 3-6(a)相比,转角圆弧半径大,可以采用较大直径的立铣刀来加工;加工平面时,进给次数也相应减少,表面加工质量也较好,因而结构工艺性较好。通常 $R<0.2H$ 时,可以判定零件该部位的结构工艺性不好。

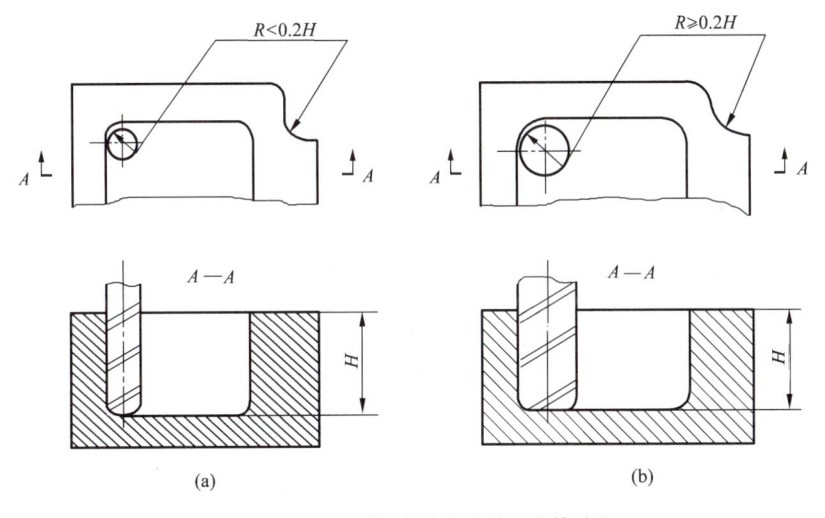

图 3-6　内槽(内型腔)结构工艺性对比

铣槽底平面时,槽底圆角半径 r 不要过大。若转接圆弧半径较小,则可以采用较大铣刀加工槽底平面,这样可提高生产率,且加工表面质量也较好,因此结构工艺性较好。如图 3-7 所示,铣刀端面刃与铣削平面的最大接触直径 $d=D-2r$(D 为铣刀直径),当 D 一定时,r 越大,铣刀端面刃铣削平面的面积越小,加工平面的能力就越差,生产率就越低,结构工艺性也越差。当 r 大到一定程度时,甚至必须用球头铣刀加工,这是应该尽量避免的。当

图 3-7　零件槽底平面圆弧对铣削工艺的影响

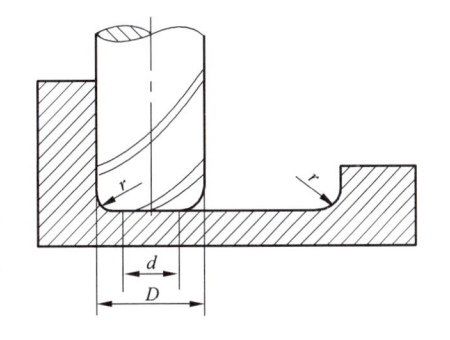

铣削的底面面积较大,底部圆弧 r 也较大时,只能用两把 r 不同的铣刀分两次进行铣削。

在一个零件上,凹圆弧半径在数值上一致性的问题对数控铣削的工艺性而言相当重要。零件的外形、内腔最好采用统一的几何类型或尺寸,这样可以减少换刀次数,使编程

方便，有利于提高生产率。一般来说，即使不能寻求完全统一，也要力求将数值相近的圆弧半径分组靠拢，达到局部统一，以尽量减少铣刀规格和换刀次数，并避免因频繁换刀而增加的零件加工面上的接刀阶差，从而降低表面加工质量。

铣削类零件的结构工艺性示例见表 3-1。

表 3-1　　　　　　　　铣削类零件的结构工艺性示例

序号	A 结构(结构工艺性差的结构)	B 结构(结构工艺性好的结构)	说　明
1	$R_2 < (\frac{1}{6} \sim \frac{1}{5})H$	$R_2 > (\frac{1}{6} \sim \frac{1}{5})H$	B 结构可选用刚性较好的铣削刀具
2			B 结构需用的刀具比 A 结构少，缩短了换刀的辅助时间
3			B 结构的 R 大，r 小，铣刀端面铣削面积大，生产率高
4	$a<2R$	$a>2R$	B 结构中 $a>2R$，便于半径为 R 的铣刀进入，所需刀具少，加工效率高
5	$\frac{H}{b} > 10$	$\frac{H}{b} \leq 10$	B 结构的刚性好，可用大直径铣刀加工，加工效率高

②加工工艺性　为减少后续加工和编程中可能出现的问题,还需从以下方面考虑零件的加工工艺性:

- **轮廓参数的几何条件是否充分**　由于编制数控铣削加工程序需要准确的坐标点,所以各图形几何要素间的相互关系(如相切、相交、垂直、平行和同心等)应明确;各种图形几何要素的条件要充分,应无引起矛盾的多余尺寸或影响工序安排的封闭尺寸;尺寸、公差和技术要求应标注齐全。
- **尺寸标注的基准是否统一**　要特别注意零件图中各方向尺寸是否有统一的设计基准,以便简化编程,保证零件的加工精度要求。
- **工艺基准的选择是否容易**　由于数控铣削加工不能使用普通铣床加工时常用的试切法来接刀,故往往会因为零件的重新装夹而接不好刀。数控铣削加工中特别强调采用统一的定位基准,否则很可能会因工件的重新装夹而引起加工后两个面上的轮廓位置及尺寸不协调,造成较大的误差。为了避免上述问题的产生,最好采用统一的基准定位。零件上应有合适的孔作为定位基准孔。如果没有,也可以专门设置工艺孔作为定位基准(如在毛坯上增加工艺凸耳或在后续工序要铣去的余量上设置定位基准孔)。如实在无法制出定位基准孔,起码也要用经过精加工的面作为统一基准。
- **零件加工时是否容易变形**　数控铣削加工中的变形会直接影响加工质量,应采取一些必要的工艺措施进行预防。

例如,当加工厚度小于 3 mm 且面积较大的薄板时,切削拉力及薄板的弹力退让极易产生切削面的振动,使薄板厚度尺寸公差难以保证,其表面粗糙度也将恶化。"铣工怕铣薄"已是铣削加工的难点,加工薄板时可采取如下预防措施:改进装夹方式,采用合适的加工顺序和刀具;采用适当的热处理方法,如对钢件进行调质处理,对铸铝件进行退火处理;采用粗、精加工分开及对称去除余量等措施来减小或消除变形的影响;充分利用数控机床的循环功能,减小每次进刀的背吃刀量或切削速度,从而减小切削力,控制零件在加工过程中的变形。

(2)选择并确定数控铣削的加工内容

数控加工可能只是零件加工工序的一部分,因此,有必要对零件图进行仔细分析,选择合适的表面进行数控加工。在选择数控铣削的加工内容时,应充分发挥数控铣床的优势和关键作用。数控铣削的主要加工内容有以下方面:

①工件上的曲线轮廓表面,特别是由数学表达式给出的非圆曲线和列表曲线等曲线轮廓。

②给出数学模型的空间曲面或通过测量数据建立的空间曲面。

③形状复杂、尺寸繁多、划线与检测困难的部位及尺寸精度要求较高的表面。

④通用铣床加工时难以观察、测量和控制进给的内、外凹槽。

⑤能在一次装夹中顺带铣削出来的简单表面或形状。

⑥采用数控铣削后能成倍提高生产率,大大减轻体力劳动强度的一般加工内容。

此外,在选择数控铣削的加工内容时,还应考虑生产批量、生产周期、生产成本和工序间周转情况等因素,防止把数控铣床当作普通机床来使用。

以下加工内容一般不采用数控铣削加工:

①需要进行长时间占机人工调整的粗加工内容。
②毛坯上的加工余量不太充分或不太稳定的部位。
③简单的粗加工表面。
④必须用细长铣刀加工的部位,一般指狭长深槽或高肋板小转接圆弧部位。

3 数控铣削加工工艺路线的拟订

(1)平面加工方法

①平面加工方案　一般有铣削、刨削、磨削、拉削、插削等。主要涉及一般经济精度等级的数控铣削平面加工方案见表3-2。

表3-2　　　　　　　　　　　　　平面加工方案

序号	加工方法	经济精度等级	表面粗糙度 $Ra/\mu m$	适用范围
1	粗铣→精铣 或 粗铣→半精铣→精铣	IT7~IT9	1.6~6.3	一般不淬硬平面
2	粗铣→精铣→刮研 或 粗铣→半精铣→精铣→刮研	IT6~IT7	0.4~1.6	精度要求较高的不淬硬平面
3	粗铣→精铣→磨削	IT7	0.4~1.6	精度要求高的淬硬平面或不淬硬平面
4	粗铣→精铣→粗磨→精磨	IT6~IT7	0.2~0.8	精度要求高的淬硬平面或不淬硬平面
5	粗铣→半精铣→拉	IT7~IT8	0.4~1.6	大量生产、较小的平面(精度视拉刀精度而定)
6	粗铣→精铣→磨削→研磨	IT6 以上	0.05~0.2	高精度平面

②平面轮廓的加工方法　这类零件的表面多由直线和圆弧或各种曲线构成,通常采用三坐标数控铣床进行两轴半坐标加工。如图3-8所示为由直线和圆弧构成的零件平面轮廓 ABCDEA,采用半径为 R 的立铣刀沿周向加工,双点画线 A'B'C'D'E'A' 为刀具中心的运动轨迹。为保证加工面光滑,刀具沿 PA' 切入,沿 A'K 切出。

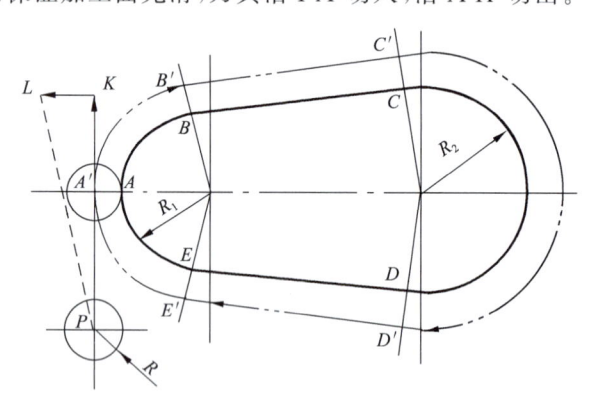

图3-8　平面轮廓铣削

③固定斜角平面的加工方法　固定斜角平面是指与水平面成固定夹角的斜面,常用的加工方法如下:

● 当零件尺寸不大时,可用斜垫板垫平后加工,特别是在成批或大量生产中,为了提高生产率和保证产品质量,一般采用专用夹具将斜面垫平后加工固定斜角,如图3-9

所示。

● 当零件尺寸很大、斜面斜度又较小时,常用行切法加工,如图 3-10 所示。行切法加工是指刀具与零件轮廓的切点轨迹是一行一行的,行间距按零件加工精度要求而定,但加工后会在加工面上留下残留面积,需要用钳修方法清除,用三坐标数控立铣床加工飞机整体壁板零件时常用此法。当然,加工斜面的最佳方法是采用五坐标数控铣床,主轴摆角后加工,可以不留残留面积,如图 3-11 所示。

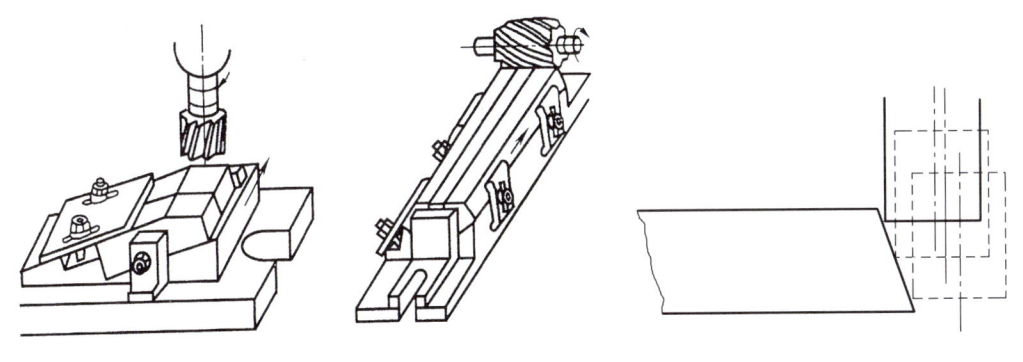

图 3-9 斜面垫平后加工固定斜角   图 3-10 行切法铣削

根据加工部位的具体情况也可采用如图 3-12 所示的主轴摆角。

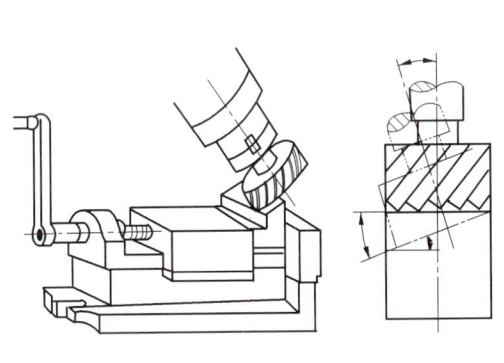

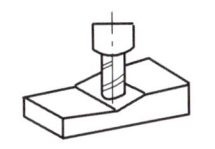

(a) 主轴垂直于端刃加工   (b) 主轴摆角后侧刃加工
(c) 主轴摆角后端刃加工   (d) 主轴水平侧刃加工

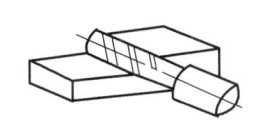

图 3-11 主轴摆角后加工斜面   图 3-12 主轴摆角加工固定斜面

● 对于正圆台、斜筋表面、V 形槽和燕尾槽,一般可用专用的角度成形铣刀加工,如图 3-13 所示。其效果比采用五坐标数控铣床主轴摆角加工好。

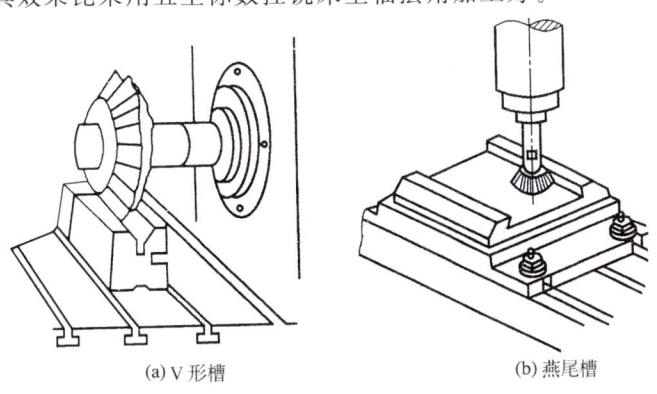

(a) V 形槽   (b) 燕尾槽

图 3-13 角度成形铣刀加工 V 形槽和燕尾槽

(2) 变斜角面的加工方法

对于曲率变化较小的变斜角面,选用 X、Y、Z 和 A 四坐标联动的数控铣床,采用立铣刀(但当零件斜角过大、超过机床主轴摆角范围时,可用角度成形铣刀加以弥补)以插补方式进行摆角加工,如图 3-14(a)所示。加工时,为保证刀具与零件型面在全长上始终贴合,刀具绕 A 轴摆角度。

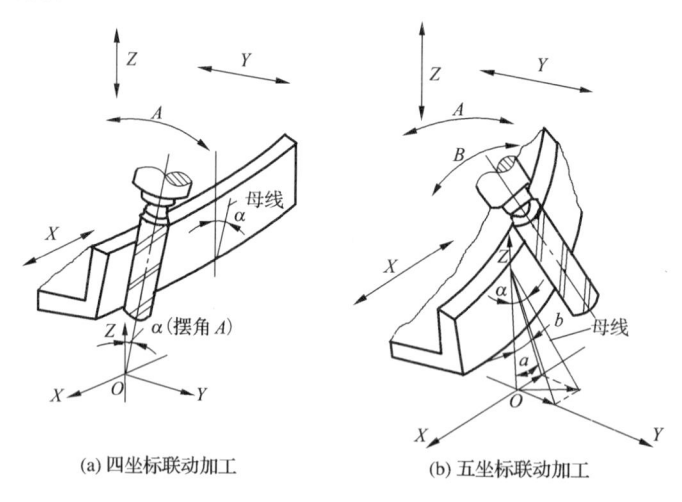

(a) 四坐标联动加工　　(b) 五坐标联动加工

图 3-14　四、五坐标数控铣床加工零件变斜角面

对于曲率变化较大的变斜角面,用四坐标联动加工难以满足加工要求,最好用 X、Y、Z、A 和 B(或 C 转轴)的五坐标联动数控铣床,以圆弧插补方式进行摆角加工,如图 3-14(b)所示,图中夹角 a 和 b 分别是零件斜面母线与 Z 坐标轴夹角 α 在 ZOY 平面上和 XOY 平面上的分夹角。

图 3-15 所示是用鼓形铣刀分层铣削变斜角面的情形。采用三坐标数控铣床两坐标联动,利用球头铣刀和鼓形铣刀以直线或圆弧插补方式进行分层铣削加工,加工后的残留面积用钳修方法清除。由于鼓形铣刀的鼓径可以做得比球头铣刀的球径大,所以加工后残留面积的高度小,加工效果比球头铣刀的加工效果好。

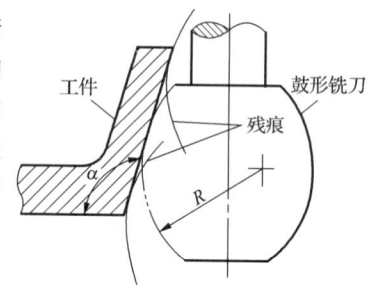

图 3-15　用鼓形铣刀分层铣削变斜角面

(3) 曲面轮廓的加工方法

立体曲面的加工应根据曲面形状、刀具形状及精度要求采用不同的铣削加工方法,例如两轴半、三坐标、四坐标及五坐标等联动加工。

① 两坐标联动的两轴半加工　对曲率变化不大且精度要求不高的曲面进行粗加工时,常采用两轴半坐标行切法加工,即 X、Y、Z 三轴中任意两轴做联动插补,第三轴做单独的周期进给。如图 3-16 所示,将 X 向分成若干段,球头铣刀沿 YOZ 面所截的曲线进行铣削,每一段加工完后进给 ΔX,再加工另一相邻曲线,如此依次切削即可加工出整个曲面。在行切法中,要根据轮廓表面粗糙度的要求及刀头不干涉相邻表面的原则选取 ΔX。球头铣刀的刀头半径应选得大一些,有利于散热,但刀头半径应小于内凹曲面的最小曲率半径。

② 三坐标联动加工　对曲率变化较大且精度要求较高的曲面进行精加工时,常用 X、Y、Z 三坐标联动插补的行切法加工。如图 3-17 所示,P_{ym} 平面为平行于坐标平面的一个

行切面,它与曲面的交线为 ab。由于是三坐标联动,故球头铣刀与曲面的切削点始终处在平面曲线 ab 上,可获得较规则的残留沟纹,但这时的刀心轨迹 O_1O_2 不在 P_{ym} 平面上,而是一条空间曲线。

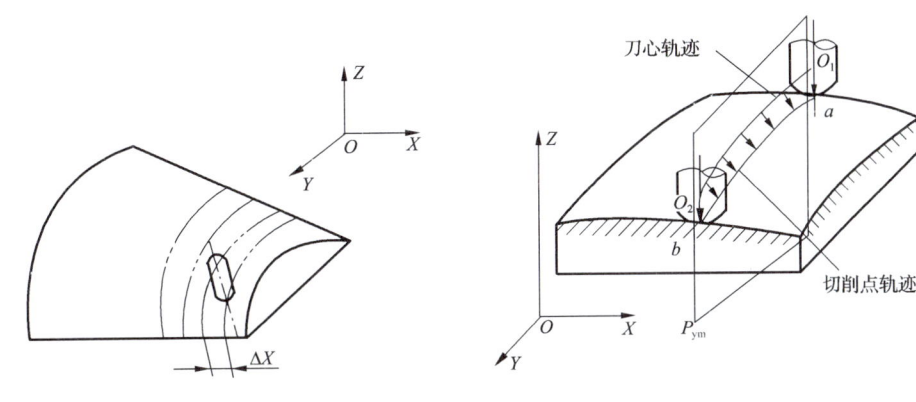

图 3-16 两轴半坐标行切法加工曲面

图 3-17 三坐标联动行切法加工曲面

③四坐标联动加工 如图 3-18 所示,侧面为指纹扭曲面。例如在三坐标联动机床上用圆头铣刀按行切法加工,不但生产率低,而且表面粗糙度大,因此,用圆柱铣刀进行周边切削,并用四坐标联动铣床加工,即除三个直角坐标轴上的运动外,为保证刀具与工件型面在全长始终贴合,刀具还应绕 O_1 或 O_2 做摆角联动。

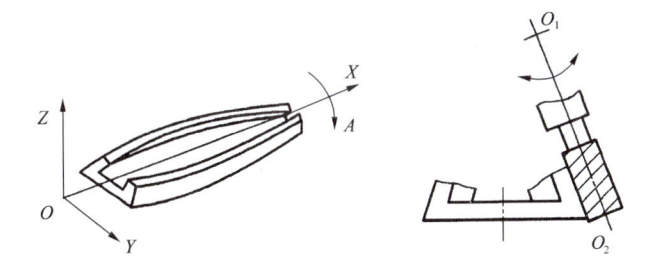

图 3-18 四坐标联动加工指纹扭曲面

④五坐标联动加工 对于螺旋桨、叶轮之类的零件,因其叶片形状复杂,刀具在相邻表面易发生干涉,故常用五坐标联动加工。叶片及其加工原理如图 3-19 所示。以半径为 R_1 的圆柱面与叶面的交线 AB 为螺旋线,螺旋角为 ψ_1,叶片的径向叶型线(轴向割线)EF 的倾角 α 为后倾角。螺旋线 AB 用极坐标加工方法加工,并且以折线段逼近。逼近段 mn 是由 C 坐标旋转角度 $\Delta\theta$ 与 Z 坐标位移 ΔZ 合成的。

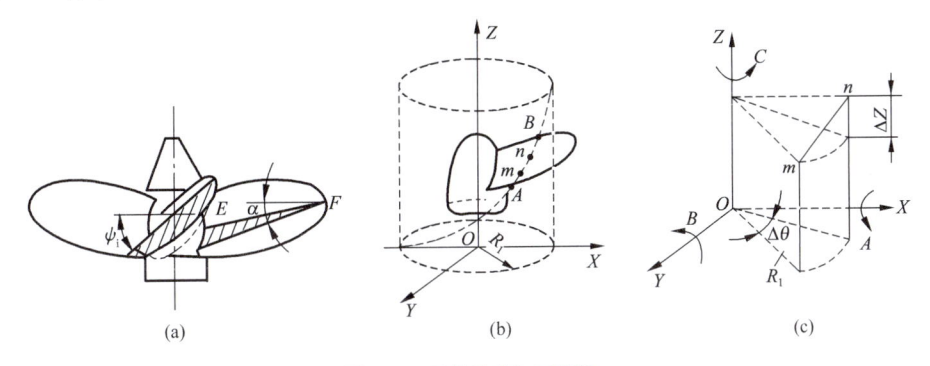

图 3-19 叶片及其加工原理

(4)内槽(型腔)起始切削加工方法

①预钻削起始孔法　是指在实体材料上先钻出比铣刀直径大的起始孔,铣刀先沿着起始孔下刀后,再按行切法、环切法或行切+环切法侧向铣削出内槽(型腔)的方法。在切削加工中一般不采用这种方法,因为若采用这种方法,钻头的钻尖凹坑会残留在内槽(型腔)中,需另外铣去该钻尖凹坑,且增加一把钻头;另外,铣刀通过预钻削孔时会因切削力突然变化而产生振动,常常会导致铣刀损坏。

②插铣法　又称为Z轴铣削法或轴向铣削法,是指利用铣刀前端面进行垂直下刀切削的加工方法。采用这种方法开始切削内槽(型腔)时,铣刀端部切削刃必须有一刃过铣刀中心(端面刃主要用来加工与侧面相垂直的底平面),且开始切削时,切削进给速度要慢一些,待铣刀切削进工件表面后,再逐渐提高切削进给速度,否则开始切削内槽(型腔)时,容易损坏铣刀。由于采用插铣法可有效减小径向切削力,故当加工任务要求刀具轴向长度较大时(如铣削大凹腔或深槽)可采用插铣法,该方法与预钻削起始孔法相比具有更高的加工稳定性,能够有效解决大悬深问题。

③坡走铣法　是指采用X、Y、Z三坐标联动线性坡走下刀切削加工,以达到全部轴向深度的切削方法,如图3-20所示。

④螺旋插补铣法　是采用X、Y、Z三坐标联动以螺旋插补形式下刀进行切削内槽(型腔)的加工方法,如图3-21所示。螺旋插补铣法是一种非常好的开始切削内槽(型腔)的加工方法,切削的内槽(型腔)的表面粗糙度较小,表面光滑,切削力较小,刀具耐用度较高,只需要很小的开始切削空间。

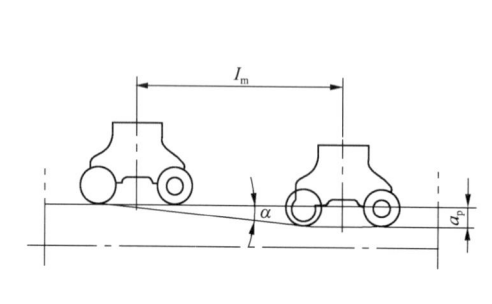

图3-20　坡走铣法

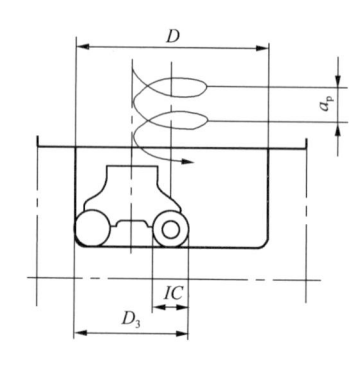

图3-21　螺旋插补铣法

(5)数控铣削加工进给路线的确定

数控铣削加工进给路线对零件的加工精度和表面质量有直接的影响。进给路线的确定与工件表面状况、零件精度要求、机床进给机构的间隙、刀具耐用度以及零件轮廓形状等有关。数控铣削加工进给路线的确定主要考虑以下方面:在保证加工质量的前提下,加工进给路线尽可能短,以缩短加工时间,提高效率;进刀、退刀位置应选在零件不太重要的部位,并且使刀具沿零件的切线方向进刀、退刀,避免产生刀痕;先加工内型腔,后加工外轮廓。在确定数控铣削加工进给路线时,应综合考虑最短加工进给路线和保证加工精度两者的关系。就精加工而言,应在保证加工精度的前提下,尽量缩短加工进给路线;对于粗加工而言,要注重缩短加工进给路线,提高效率,同时不能影响加工精度。

①铣削方向　用圆柱铣刀加工平面时,根据铣刀运动方向的不同,铣削方向可分为逆铣、顺铣和通道铣三种,如图3-22所示。在铣削加工中,采用顺铣还是逆铣是影响加工表面粗糙度的重要因素之一。

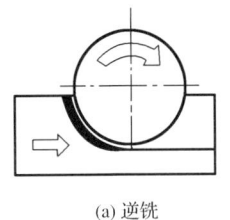

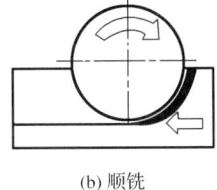

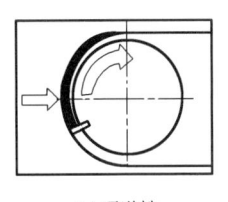

(a) 逆铣　　(b) 顺铣　　(c) 通道铣

图3-22　铣削方向

铣刀的旋转方向和工作台(工件)的进给方向相反时称为逆铣。逆铣时,切削厚度从零逐渐增大,可能会产生挖刀式的多切,且有把工件从工作台上挑起的倾向,因此需要较大的夹紧力。刀具从已加工表面切入,使加工表面易产生严重的冷硬层,不但容易使刀齿磨损,而且使工件的表面粗糙度增大。但逆铣时刀齿不会出现从毛坯面切入而打刀的现象,加之其水平切削分力与工件的进给方向相反,使铣床工作台纵向进给的丝杠与螺母传动面始终是右侧面抵紧,不会受丝杠螺母副间隙的影响,铣削较平稳。

铣刀的旋转方向和工作台(工件)的进给方向相同时称为顺铣。顺铣时,切削厚度从最大逐渐减小为零,切入时冲击力较大。刀具从待加工表面切入,其垂直方向的切削分力向下压向工作台,减小了工件的上下振动,对提高铣刀加工表面质量和工件的夹紧有利。但顺铣的水平切削分力与工件的进给方向一致,当水平切削分力大于工作台摩擦力(如遇到加工表面有硬皮或硬质点)时,使工作台带动丝杠向左窜动,丝杠与螺母传动副右侧面出现间隙,硬皮或硬质点过后丝杠螺母副的间隙恢复正常(左侧间隙),这种现象对铣削加工极为不利,会引起啃刀或打刀现象,甚至损坏夹具或机床。

在铣削过程中,逆铣与顺铣同时存在称为通道铣。面铣刀的铣削位置在工件的中间,切削力在径向位置交替变化,当主轴刚性不好时,将导致振动。通道铣一般要求刀具具有正前角,必要时应降低铣削速度和进给量且加冷却液。

根据上述分析,当工件表面有硬皮或硬质点、机床进给机构有间隙时,应选用逆铣。因为逆铣时,刀齿是从已加工表面切入的,不会崩刃,机床进给机构的间隙不会引起振动和爬行,因此粗铣时应尽量采用逆铣。当工件表面无硬皮或硬质点、机床进给机构无间隙时,应选用顺铣。顺铣加工后,零件表面质量好,刀齿磨损小,因此精铣时,尤其是零件材料为铝镁合金、钛合金或耐热合金时,应尽量采用顺铣。

数控铣床大多采用滚珠丝杠螺母副传动,进给传动机构一般无间隙或间隙值极小,这时如果加工的毛坯硬度不高,尺寸大,形状复杂,成本高,即使粗加工,一般也应采用顺铣,它有利于减少刀具的磨损且避免粗加工时逆铣产生挖刀式多切而造成后续加工余量不足、工件报废。

如要铣削如图3-23所示凹槽的两侧面，就应来回走刀两次，保证两侧面都是顺铣加工，以使两侧面具有相同的表面加工精度。

②铣削外轮廓的加工进给路线　当铣削平面零件的外轮廓时，一般采用立铣刀侧刃切削。刀具切入工件时，应避免沿零件外轮廓的法线方向切入，而应沿外轮廓延长线的切线方向逐渐切入工件，以避免在切入处产生刀具的划痕而影响加工表面质量，保证零件曲线的平滑过渡。在切离工件时，应避免在切削终点处直接抬刀，要沿着零件外轮廓延长线的切线方向逐渐切离工件。如图3-24所示为铣刀沿零件外轮廓延长线的切线方向切入和切出零件表面。

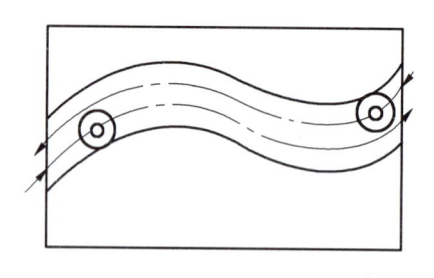

图3-23　铣削凹槽的两侧面

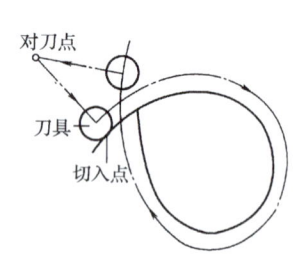

图3-24　外轮廓加工刀具的切入和切出（1）

当用圆弧插补方式铣削零件外轮廓或整圆加工时，如图3-25所示，要安排刀具从切线方向进入圆周铣削加工，当整圆加工完毕后，不要在切点2处直接退刀，而应让刀具沿切线方向多运动一段距离，以免取消刀补时刀具与工件表面相碰，造成工件报废。

③铣削内轮廓的加工进给路线　当铣削封闭的内轮廓表面时，若内轮廓曲线允许外延，则应沿切线方向切入、切出。若内轮廓曲线不允许外延，则刀具只能沿内轮廓曲线的法线方向切入、切出，并将其切入、切出点选在零件轮廓两几何元素的交点处。当用圆弧插补铣削内圆弧时，如图3-26所示，也要遵循从切线方向切入、切出的原则，最好安排从圆弧过渡到圆弧的加工路线，以提高内圆弧表面的加工精度和质量。

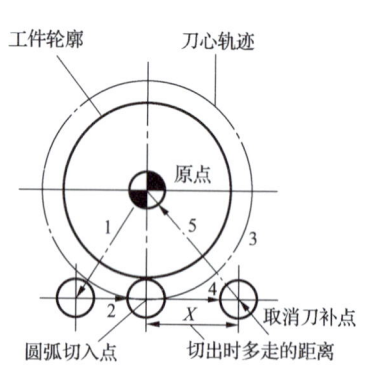

图3-25　外轮廓加工刀具的切入和切出（2）

图3-26　内轮廓加工刀具的切入和切出

④铣削内槽（型腔）的加工进给路线　所谓内槽，是指以封闭曲线为边界的平底凹槽，

一般用平底立铣刀加工,刀具圆角半径应符合内槽的零件图要求。图 3-27 所示为铣削内槽的三种加工进给路线。

图 3-27(a)所示为行切法加工内槽,图 3-27(b)所示为环切法加工内槽,图 3-27(c)所示为先行切再轮廓环切法加工内槽。行切法与环切法的加工进给路线都能切净内槽中的全部面积,不留死角,不伤轮廓,同时减小了重复进给的搭接量。其中,行切法的加工进给路线比环切法的加工进给路线短,但行切法将在每两次进给的起点与终点间留下残留面积,而达不到所要求的加工表面粗糙度;环切法加工获得的零件表面粗糙度要好于行切法,但环切法需要逐次向外扩展轮廓线,刀位点计算稍微复杂一些;先行切再轮廓环切法的加工进给路线综合了前两种加工进给路线的优点,先用行切法切去中间部分余量,最后用环切法光整轮廓表面,既能缩短总的加工进给路线,又能获得较好的表面粗糙度。

(a) 行切法　　(b) 环切法　　(c) 先行切再轮廓环切法

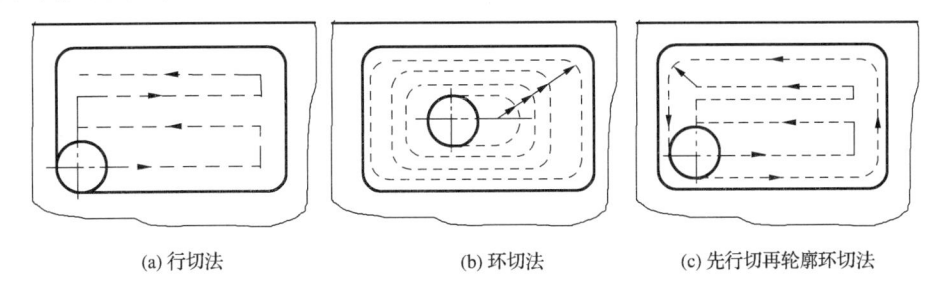

图 3-27　铣削内槽的加工进给路线

⑤铣削曲面类零件的加工进给路线　铣削曲面类零件时,常用球头铣刀采用行切法进行加工。对于边界敞开的曲面加工,由于没有其他表面限制,曲面边界可以延伸,所以球头铣刀应由边界外开始加工。

加工直纹曲面如发动机大叶片可采用两种加工进给路线,如图 3-28 所示。当采用图 3-28(a)所示的加工进给路线时,每次沿直线加工,刀位点计算简单,程序少,可以准确保证母线的直线度;当采用图 3-28(b)所示的加工进给路线时,符合这类零件给出的数据,便于加工后检验,叶形的准确度较高,但程序较多。

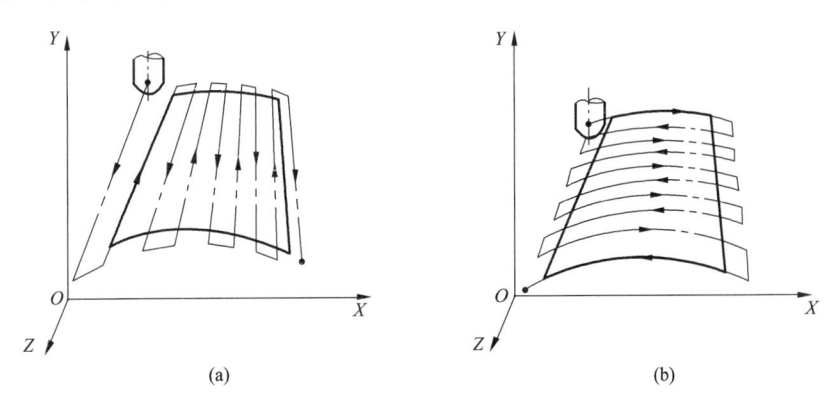

(a)　　(b)

图 3-28　直纹曲面的加工进给路线

如图 3-29 所示是用立铣方式加工一个圆柱形表面时采用的不同切削路径。沿圆周方向进行切削时,刀具轨迹要进行两坐标联动插补;沿母线方向进行切削时,刀具只做单轴的插补。另外,采用不同的切削方法,刀具的磨损差别很大,顺铣时的刀具磨损明显低于逆铣时的刀具磨损,往复铣削时的刀具磨损远远大于单项铣削时的刀具磨损。

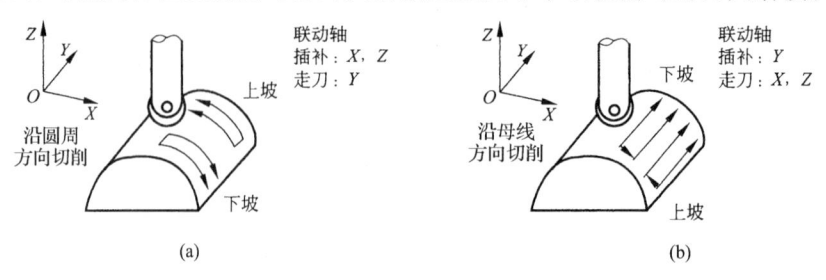

图 3-29 圆柱面精加工时两种切削路径的对比

⑥高速加工刀具路径　对于这类加工,必须保证刀具运动轨迹光滑平顺,并使刀具切削载荷均匀,所以下刀时常用螺旋下刀,圆弧接近,走刀时要求光滑的行间移刀和光滑的进刀、退刀,如图 3-30 所示。行切法的移刀可采用圆弧连接、内侧或外侧圆弧过渡移刀、高尔夫球杆头式移刀等方式。

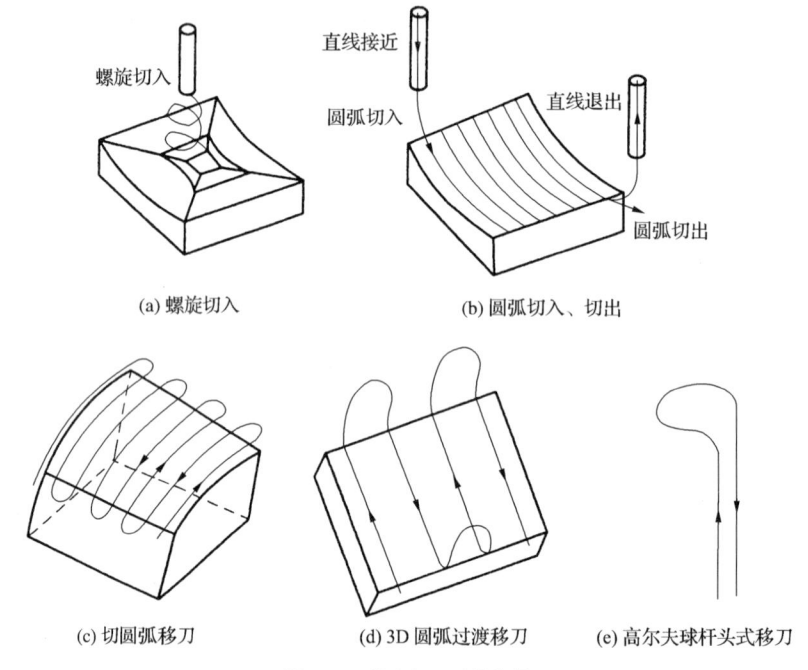

图 3-30 高速加工刀具路径

4 数控铣削加工的定位基准与装夹方案

(1)选择定位基准的基本原则

在数控铣床上加工零件时,选择定位基准的基本原则与选择普通机床定位基准的基本原则相同,也要合理地选择定位基准和装夹方案。为了提高数控铣床的效率,在确定定位基准时应注意以下几点:

①力求设计基准、工艺基准与编程原点统一。

②当零件的定位基准与设计基准不能重合时,遵从基准统一原则,应尽可能一次装夹完成全部关键部位的加工。

③当加工表面与其设计基准不能在一次装夹中同时加工时,应认真分析装配图,确定该零件设计基准的设计功能,通过尺寸链的计算,严格规定定位基准与设计基准间的公差范围,确保零件各部分的加工精度达到零件的使用要求。

④避免采用占机人工调整加工方案,以充分发挥数控机床的效能。

(2)数控铣削加工的装夹方案

①直接找正装夹　一般是以工件的有关表面或专门划出的痕迹作为找正的依据,用划针、百分表进行找正,以此确定工件的正确位置;或者通过百分表找正定位块,利用定位块来确保零件位置的准确,然后用压板和 T 形槽螺栓夹紧工件进行加工。

图 3-31(a)所示为在工件划线处找正,图 3-31(b)所示为在定位块上找正。直接找正装夹的方法是:沿工件四周移动划针,观察上表面所划痕迹对划针针尖的偏离情况,轻击工件进行校正,直至各处加工线均与划针针尖对准。将工件加力夹紧并重复校验一次,确保找正好的正确位置不因夹紧而发生变化。

数控铣削加工的装夹方案

(a) 在工件划线处找正　　(b) 在定位块上找正

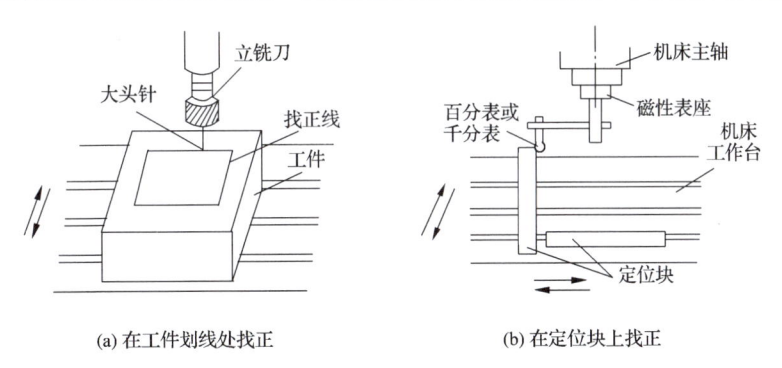

图 3-31　直接找正装夹

找正后用压板和 T 形槽螺栓装夹工件,如图 3-32 所示,其中图 3-32(a)所示为工件直接装夹在工作台上,图 3-32(b)所示为工件下垫等高垫块装夹在工作台上。直接找正装夹工件的方法能较好地适应工序或加工对象的变换,夹具结构简单,使用简便经济,适于单件、小批量生产的较大零件的装夹。

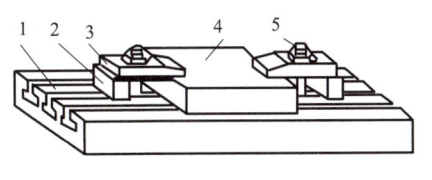

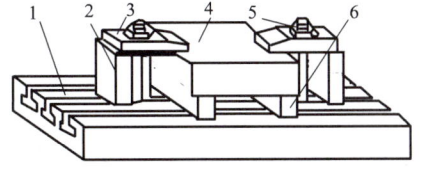

(a)工件直接装夹在工作台上　　(b)工件下垫等高垫块装夹在工作台上

图 3-32　找正后用压板和 T 形槽螺栓装夹工件
1—工作台;2—支承块;3—压板;4—工件;5—T 型槽螺栓;6—等高垫块

用压板装夹工件时,应注意以下几点:
- 压板螺栓应尽量靠近工件,使螺栓到工件的距离小于螺栓到垫块的距离,这样会增大夹紧力。
- 垫块的选择要正确,高度要与工件相同或稍高于工件,否则会影响夹紧效果。
- 压板夹紧工件时,应在工件和压板之间垫放铜皮,以避免损伤工件的已加工表面。
- 压板的夹紧位置要适当,应尽量靠近加工区域和工件刚度较好的位置。若夹紧位置有悬空,应将工件垫实。
- 每个压板的夹紧力大小应均匀,以防止压板夹紧力偏移而使压板倾斜。
- 夹紧力的大小应适当,过大时会使工件变形,过小时达不到夹紧效果,夹紧力大小严重不当时会造成事故。

②夹具装夹 将工件直接安装在夹具的定位元件上的方法称为夹具装夹法。采用这种方法装夹迅速方便,定位精度较高而且稳定,生产率较高,广泛用于中批以上的生产类型。

因夹具预先在机床上已调整好位置,故装夹时可将工件直接装入夹具,依靠定位基准与夹具的定位元件使工件占据正确的位置,不再需要找正便可将工件夹紧。

采用夹具装夹有以下几种情况:
- 工件用螺钉紧固在固定板(工艺板)上,在机床工作台上用压板或T形槽螺栓夹紧固定板,或用平口钳夹紧固定板,如图3-33所示。
- 使用机用平口钳、三爪卡盘等通用夹具装夹工件。

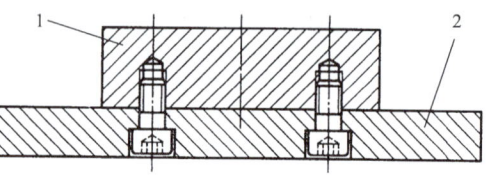

图3-33 利用固定板装夹工件
1—工件;2—固定板

对于形状比较规则的板类零件,常采用机用平口钳装夹。安装机用平口钳前,必须先将底面和工作台面擦拭干净,利用百分表校正钳口,如图3-34所示,使钳口与纵向或横向工作台方向平行,以保证铣削的加工精度。在工件装夹时,应注意:工件应当紧固在钳口中间;工件被加工部分要高出钳口,以避免刀具与钳口发生干涉;在工件的下面应垫上比工件窄、厚度适当、尺寸精度较高的等高垫块,然后将工件夹紧;为了使工件紧密地靠在等高垫块上,应用铜锤或木槌轻轻地敲击工件,直到用手不能轻易推动等高垫块为止,最后再将工件夹紧在机用平口钳内,如图3-35所示。

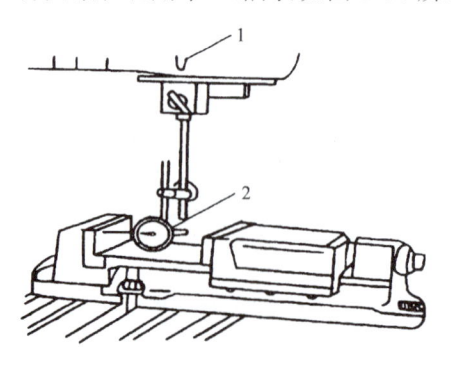

图3-34 机用平口钳的校正
1—主轴头;2—百分表

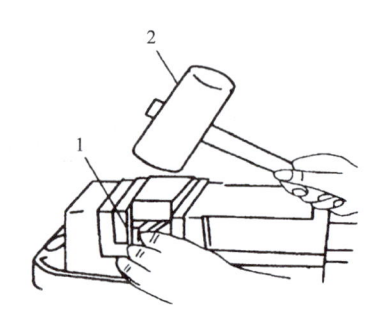

图3-35 用机用平口钳装夹工件
1—平行块;2—木槌

对于形状规则的圆盘类零件,需要采用三爪卡盘装夹;对于形状不规则的圆盘类零件,则采用四爪卡盘装夹。对轴类零件的键槽进行铣削加工时,一般先选用 V 形块定位(图 3-36),再用压板压紧的装夹方式。

● 使用组合夹具、专用夹具装夹工件。

组合夹具适于小批量生产或研制产品时装夹中小型工件,如图 3-37 所示。组合夹具在后续内容中将做详细介绍。

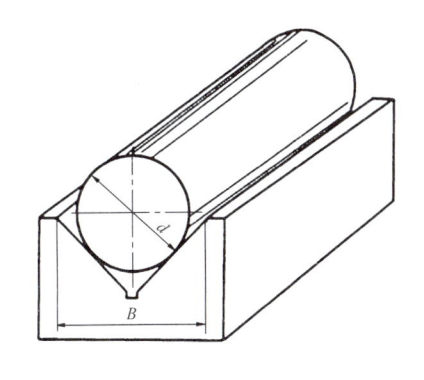

图 3-36 V 形块定位　　　　　　图 3-37 组合夹具

专用夹具广泛用于成批以上工件的生产。如图 3-38 所示为铣削轴端槽的专用夹具。

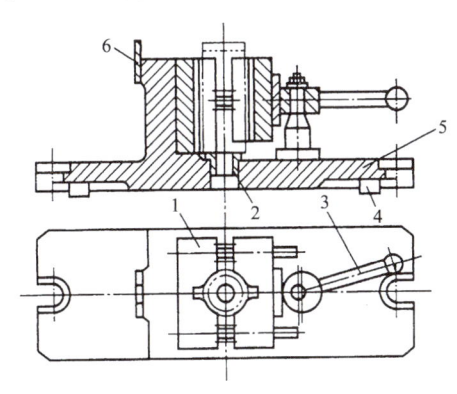

图 3-38 铣削轴端槽的专用夹具

1—V 形块;2—定位支承;3—手柄;4—定向键;5—夹具体;6—对刀块

③装夹工件时的注意事项　加工部位要敞开,夹紧机构或其他元件(如压板、螺栓等)不能与刀具轨迹发生干涉,不得影响进给。如图 3-39 所示,用立铣刀铣削零件的六边形,若用压板压住工件的凸台面,则压板易与铣刀发生干涉;若夹压工件上平面,就不影响进给。箱体类零件的加工可以利用内部空间来安排夹紧机构,将其加工表面敞开,如图 3-40 所示。

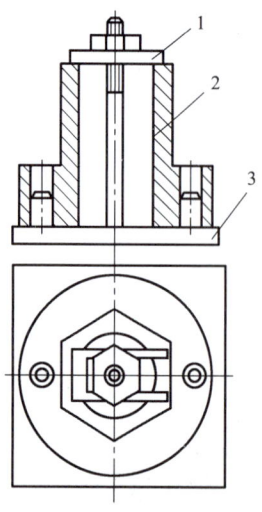

图 3-39 不影响进给的装夹示例
1—夹紧装置;2—工件;3—定位装置

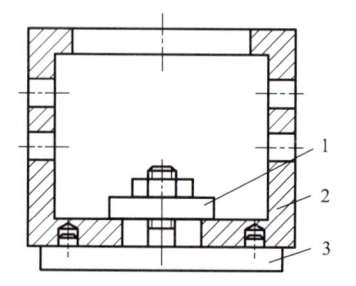

图 3-40 敞开加工表面的装夹示例
1—夹紧装置;2—工件;3—定位装置

必须保证最小的夹紧变形。夹紧力应力求靠近主要支承点或刚性好的地方,不能引起零件夹压变形。尽量不采用在加工过程中更换夹紧点的设计,若一定要在加工过程中更换夹紧点,要特别注意不能因更换夹紧点而破坏夹具或工件的定位精度。

零件安装方位与机床坐标系及编程坐标系方向一致。夹具不仅要保证在机床上实现定向安装,还要保证零件定位面与机床之间保持一定的坐标联系。

夹具结构应力求简单,装卸方便,夹紧可靠,辅助时间尽量短。

(3)夹具的选择

①数控铣削的常用夹具　数控铣削的常用夹具根据其所用的夹紧动力源的不同,可分为手动夹具、气动夹具、液压夹具、电动夹具、磁力夹具、真空夹具等;根据其使用范围的不同,可分为通用夹具、专用夹具和其他新型夹具。下面以使用范围分类对数控铣削的常用夹具进行介绍。

● 通用夹具　是指已经标准化、无须调整或稍加调整就可以用来装夹不同工件的夹具,例如平口钳[图 3-41(a)]、铣削用自定心三爪卡盘[图 3-41(b)]、铣削用四爪卡盘、分度盘、数控回转工作台和万能分度头等。这些夹具的通用性强,应用广泛,并由专业厂家批量生产,有些已经成为机床的一个附件随机床一起供应(如数控回转工作台)。通用夹具主要用于单件、小批量生产。

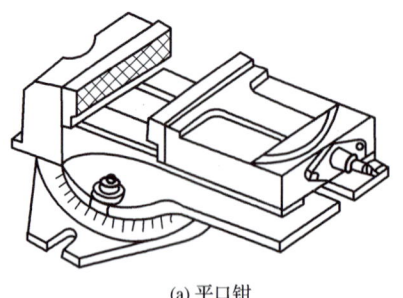

(a) 平口钳

(b) 铣削用自定心三爪卡盘

图 3-41 通用夹具

● **专用夹具**　是指为某一特定工件的特定工序而专门设计的一种夹具,如图 3-42 所示。一般根据零件的加工工艺要求提出设计任务,由后续工装设计人员设计后交与工具车间投入制造。

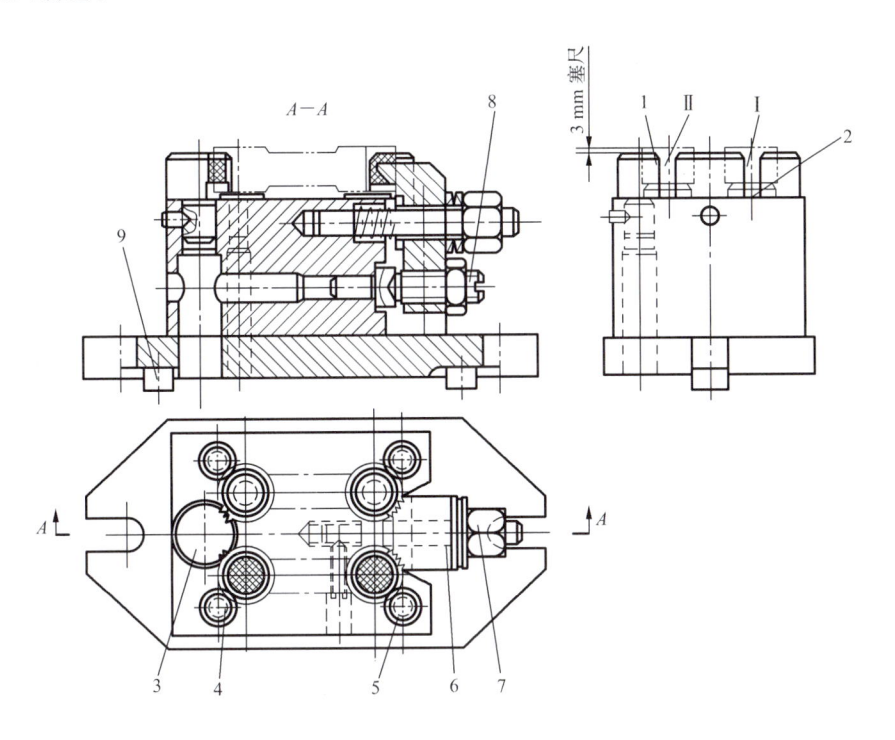

图 3-42　铣连杆工件两端面的双件装夹铣床专用夹具
1—对刀块;2—锯齿头支承钉;3~5—挡销;6—压板;7—螺母;8—压板支承螺钉;9—定位键

● **其他新型夹具**　专用夹具设计与制造周期长,且产品更换后无法利用,因此无法满足新产品试制和单件、小批量生产的需求,针对这一问题,产生了一批新型的夹具结构形式,如组合夹具、可调夹具、成组夹具等。其中,组合夹具由一套预先制造好的标准元件组合而成,可以根据不同需求搭成不同的夹具,适用范围广;可调夹具通过一些简单的调整,即可用来加工同类型的、尺寸相近或加工工艺相似的其他工件;成组夹具针对成组加工工艺中某一特定零件的某道工序而设计并制造的可调整夹具,其加工对象和适用范围比较明确,结构更加紧凑。

②数控铣削夹具的选择　选择数控铣削夹具时应重点考虑以下几点:

● 单件、小批量生产时,优先选用通用夹具和螺栓压板组合夹具,以缩短生产准备时间,节省生产费用。

● 成批生产时采用专用夹具,并力求结构简单。

● 大批量生产时,采用气动或液压作为动力源的新型夹具。

5 数控铣刀

(1)数控铣刀的基本要求

①刚性好　数控铣刀应有好的刚性,一是满足为提高生产率而采用大切削用量的需

要,二是为适应数控铣削加工过程中难以调整切削用量的特点。在通用铣床上加工时,若遇到刚度不好的刀具,比较容易从振动、声音等方面及时发现,并及时调整切削用量加以弥补,而数控铣削加工时只能以提高数控铣刀的刚性为手段避免加工时可能出现的问题。

②耐用度高 当一把铣刀加工的内容很多时,若刀具不耐用且磨损较快,将影响工件的表面质量与加工精度,而且会增加换刀引起的调刀与对刀次数,也会使加工表面留下因对刀误差而形成的接刀台阶,降低了工件的表面质量。

选择数控铣刀时,除考虑上述两点之外,还应考虑铣刀切削刃的几何角度参数及排屑性能等。总之,根据被加工工件材料的热处理状态、切削性能及加工余量,选择刚性好、耐用度高的铣刀是充分发挥数控铣床的生产率和获得满意的加工质量的前提。

(2)常用的数控铣刀

数控铣床上使用的刀具主要为铣刀,包括面铣刀、立铣刀、键槽铣刀、模具铣刀(球头铣刀)、鼓形铣刀、成形铣刀和三面刃铣刀等。除此以外还有各种孔加工刀具,如麻花钻、锪钻、铰刀、镗刀、丝锥等。下面主要介绍常用的数控铣刀。

①面铣刀 也称为盘铣刀,如图3-43所示,主要用于加工平面,尤其适于加工较大的平面。面铣刀的圆周表面和端面上都有切削刃,端部切削刃为副切削刃。主偏角 $\kappa_r=90°$ 的面铣刀还可以加工与平面垂直的直角面,如图3-44所示。面铣刀直径一般较大,多制成套式镶齿结构,即刀齿与刀体分开,刀齿为高速钢或硬质合金,刀体材料为40Cr。

高速钢面铣刀按国家标准规定,直径 $d=80\sim250$ mm,螺旋角 $\beta=10°$,刀齿数 $z=10\sim26$。硬质合金面铣刀与高速钢面铣刀相比,铣削速度较高,加工表面质量也较好,并可加工带有硬皮和淬硬层的工件,应用较广泛。硬质合金面铣刀按刀片和刀齿的安装方式不同可分为整体焊接式、机夹-焊接式和可转位式三种。因整体焊接式和机夹-焊接式面铣刀难于保证焊接质量,刀具耐用度低,故目前已被可转位式面铣刀取代。

图3-43 面铣刀　　　　　　图3-44 面铣刀加工示例

可转位式面铣刀的齿数对铣削生产率和加工质量有直接影响,齿数越多,同时工作的齿数越多,生产率越高,铣削过程越平稳,加工质量越好。直径相同的可转位式面铣刀根据齿数不同可分为粗齿面铣刀、细齿面铣刀、密齿面铣刀三种。粗齿面铣刀用于粗加工;细齿面铣刀用于平稳条件的铣削加工;密齿面铣刀用于薄壁铸铁件的铣削加工。可转位式面铣刀直径与齿数的关系见表3-3。

表 3-3　　　　　　　　可转位式面铣刀直径与齿数的关系

直径/mm		50	63	80	100	125	160	200	250	315	400	500
齿数	粗齿			4		6	8	10	12	16	20	26
	细齿				6	8	10	12	16	20	26	34
	密齿					12	18	24	32	40	52	64

② 立铣刀　主要用于加工沟槽、台阶面、平面和二维轮廓曲面等，可分为高速钢立铣刀和硬质合金立铣刀两种，如图 3-45 所示。

(a) 高速钢立铣刀　　　　　　　　(b) 硬质合金立铣刀

图 3-45　立铣刀

立铣刀的主切削刃分布在圆柱面上，呈螺旋形，其螺旋角为 30°～50°，这样有利于切削过程的平稳性，提高加工精度；副切削刃分布在立铣刀的端面上，过端面中心有一顶尖孔。因此，铣削时一般不能沿铣刀轴向做进给运动，只能沿铣刀径向做进给运动。

立铣刀根据刀齿数的不同可分为粗齿立铣刀和细齿立铣刀。粗齿立铣刀的齿数为 3～6，适用于粗加工；细齿立铣刀的齿数为 5～10，适用于精加工。立铣刀的直径范围是 2～80 mm，柄部有直柄、莫氏锥柄、7∶24 锥柄等多种形式，直径较小的立铣刀一般制成带柄的形式。图 3-45(a) 所示为直径为 2～20 mm 的直柄立铣刀；图 3-45(b) 所示为直径为 6～63 mm 的莫氏锥柄立铣刀；图 3-46 所示为直径为 25～80 mm 的 7∶24 锥柄立铣刀，直径为 40～160 mm 的立铣刀可做成套式结构，该结构的立铣刀也称为玉米铣刀。

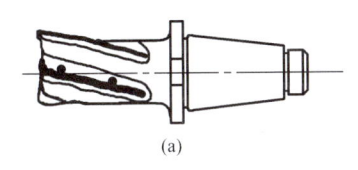

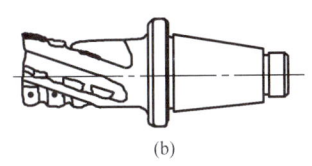

(a)　　　　　　　　(b)

图 3-46　硬质合金 7∶24 锥柄立铣刀

③ 键槽铣刀　其外形和端面与立铣刀的外形和端面相似，但端面无中心孔，端面刀齿从外圆开至轴心，端面刀齿上的切削刃为主切削刃，圆柱面上的切削刃为副切削刃，如图 3-47所示。键槽铣刀主要用于立式铣床，加工需要轴向下刀的部位，例如圆头封闭键槽。利用键槽铣刀铣削键槽时，先轴向进给较小的量，然后沿键槽方向铣出键槽全长，这样反复多次直至达到槽深，即可完成键槽的加工。由于键槽铣

图 3-47　键槽铣刀

刀的磨损是在端面和靠近端面的外圆部分，所以修磨时只要修磨端面切削刃，这样铣刀直径可保持不变，加工后键槽精度较高，铣刀寿命较长。按国家标准规定，直柄键槽铣刀直径 $d=2$~22 mm，锥柄键槽铣刀直径 $d=14$~50 mm。

④模具铣刀 由立铣刀发展而成,它是加工金属模具型面铣刀的通称。模具铣刀主要用于加工三维模具型腔、凸凹模成形表面和曲面类零件。模具铣刀可分为圆锥形立铣刀(圆锥半角有 3°、5°、7°、10°)、圆柱形球头模具铣刀和圆锥形球头模具铣刀等,如图 3-48 所示。模具铣刀的结构特点是球头或端面上布满了切削刃,圆周刃与球头刃圆弧连接,可以做径向和轴向进给。模具铣刀工作部分用高速钢或硬质合金制造,国家标准规定直径 $d=4\sim63$ mm。小规格的硬质合金模具铣刀多制成整体结构,直径为 16 mm 以上的模具铣刀可制成焊接式或机夹式可转位式刀片结构。模具铣刀的柄部有直柄、削平型直柄和莫氏锥柄三种。

模具铣刀中的球头铣刀适用于加工空间曲面类零件,有时也用于平面类零件较大的转接凹圆弧的补加工。图 3-49 所示为用硬质合金球头铣刀加工工件,图 3-50 所示为用球头铣刀加工空间曲面类零件的走刀路线。

图 3-48 模具铣刀

图 3-49 用硬质合金球头铣刀加工工件

⑤鼓形铣刀 如图 3-51 所示是一种典型的鼓形铣刀,它的切削刃分布在半径为 R 的圆弧面上,端面无切削刃。加工时控制刀具上下位置,相应改变刀刃的切削部位,可以在工件上切出从负到正的不同斜角。R 越小,鼓形铣刀所能加工的斜角范围越大,但所获得的表面质量也越差。这种刀具的缺点是刃磨困难,切削条件差,而且不适于加工有底的轮廓表面。鼓形铣刀主要用于对变斜角类零件的变斜角面进行近似加工。

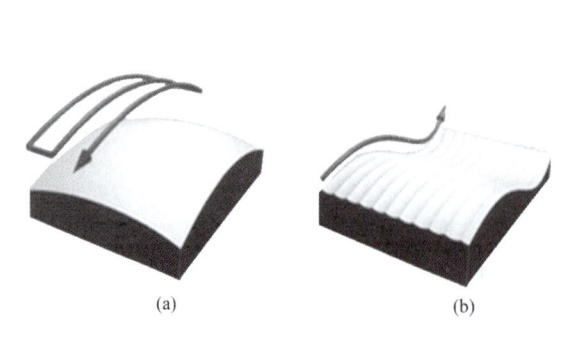

(a)　　　(b)

图 3-50 用球头铣刀加工空间曲面类零件的走刀路线

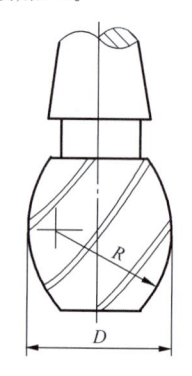

图 3-51 典型的鼓形铣刀

⑥成形铣刀　一般都是为特定的工件或加工内容专门设计制造的,适用于加工平面类零件的特定形状(如角度面、凹槽面等),也适用于特形孔或台,图 3-52 所示为常用的成形铣刀。

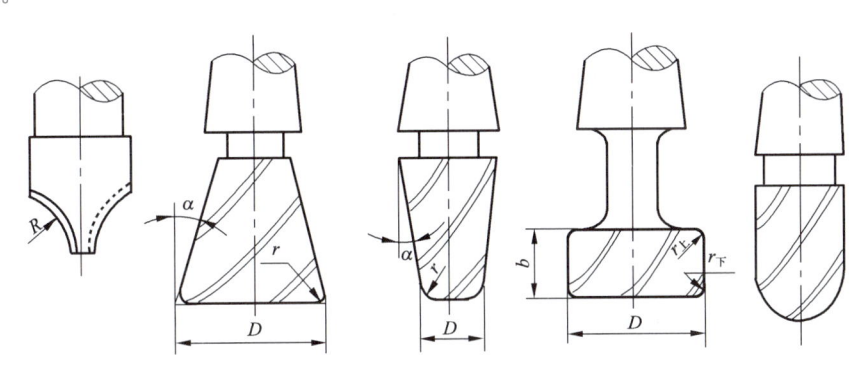

图 3-52　常用的成形铣刀

⑦三面刃铣刀　主要用于卧式铣床上加工槽和台阶面。三面刃铣刀的主切削刃分布在两端面上,按刀齿结构可分为直齿、错齿和镶齿三种形式。该铣刀结构简单,制造方便,但副切削刃前角为零度,切削条件差。图 3-53 所示是用三面刃铣刀加工沟槽。

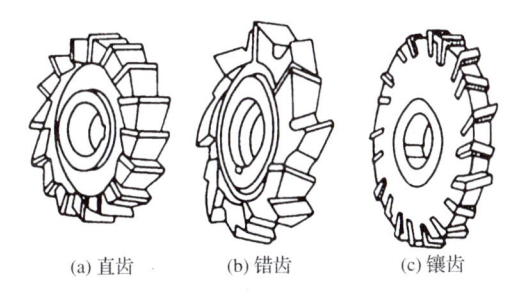

(a) 直齿　(b) 错齿　(c) 镶齿

图 3-53　三面刃铣刀加工示例

6　铣削用量的选择

铣削用量包括切削速度、进给速度、背吃刀量和侧吃刀量,如图 3-54 所示。背吃刀量 a_p 为平行于铣刀轴线测量的切削层尺寸,侧吃刀量 a_c 为垂直于铣刀轴线测量的切削层尺寸,单位都为 mm。端铣时,如图 3-54(a)所示,a_p 为切削层深度,a_c 为被加工表面的宽度;周铣时,如图 3-54(b)所示,a_p 为被加工表面的宽度,a_c 为切削层深度。

从刀具耐用度出发,切削用量的选择方法是:先选取背吃刀量或侧吃刀量,其次确定进给速度,最后确定切削速度。

(1)背吃刀量(端铣)和侧吃刀量(周铣)

背吃刀量和侧吃刀量的选取主要由加工余量和对表面质量的要求决定。

由于吃刀量对刀具耐用度影响最小,故背吃刀量 a_p 和侧吃刀量 a_c 的确定主要根据机床、夹具、刀具、工件的刚度和被加工零件的精度要求。如果零件的精度要求不高,在工艺系统刚度允许的情况下最好一次切净加工余量,即 a_p 或 a_c 等于加工余量,以提高加工

(a) 端铣　　　　　　　　(b) 周铣

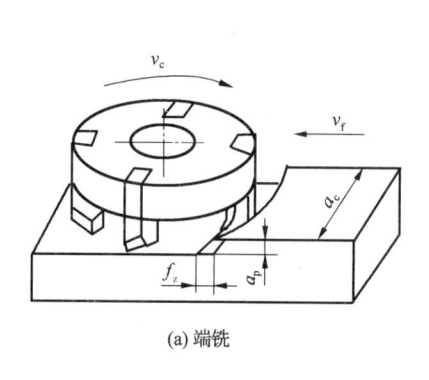

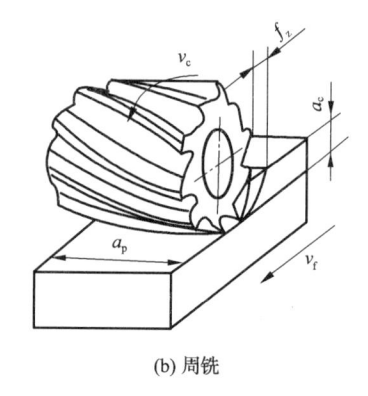

图 3-54　铣削用量

效率；如果零件的精度要求较高,为保证表面粗糙度和精度,只好采用多次走刀。

① 在工件表面粗糙度要求为 Ra 12.5～25 μm 时,如果圆周铣的加工余量小于 5 mm,端铣的加工余量小于 6 mm,粗铣只需一次进给就可以达到要求；但在加工余量较大、工艺系统刚性较差或机床动力不足时,可分两次进给完成。

② 在工件表面粗糙度要求为 Ra 3.2～12.5 μm 时,可分粗铣和半精铣两步进行。粗铣时背吃刀量或侧吃刀量的选取同前,粗铣后留 0.5～1.0 mm 加工余量,在半精铣时切除。

③ 在工件表面粗糙度要求为 Ra 0.8～3.2 μm 时,可分粗铣、半精铣、精铣三步进行。半精铣时背吃刀量或侧吃刀量取 1.5～2.0 mm；精铣时周铣侧吃刀量取 0.2～0.4 mm,端铣背吃刀量取 0.3～0.5 mm。

(2) 进给速度 v_f

进给速度 v_f 是指单位时间内工件与铣刀沿进给方向的相对位移,单位为 mm/min。它与主轴转速 n、铣刀齿数 z 及每齿进给量 f_z(单位为 mm/z)的关系为 $v_f = f_z z n$。

每齿进给量 f_z 的选取主要取决于工件材料的力学性能、刀具材料、工件表面粗糙度等因素。工件材料的强度和硬度越高,f_z 越小；工件材料的强度和硬度越低,f_z 越大。硬质合金铣刀的每齿进给量高于同类高速钢铣刀。工件表面粗糙度值越小,f_z 越小。每齿进给量的确定可参考表 3-4 选取。工件刚性较差或刀具强度较低时,应取较小值。

表 3-4　　　　　　　　　铣刀每齿进给量参考值　　　　　　　　　mm/z

工件材料	每齿进给量 f_z				
	粗铣		精铣	
	高速钢铣刀	硬质合金铣刀	高速钢铣刀	硬质合金铣刀
钢	0.08～0.12	0.10～0.20	0.03～0.05	0.05～0.12
铸铁	0.10～0.20	0.12～0.25		

（3）切削速度 v_c

铣削的切削速度 v_c 与刀具的耐用度 T、每齿进给量 f_z、背吃刀量 a_p、侧吃刀量 a_e 以及铣刀齿数 z 成反比，而与铣刀直径 d 成正比。其原因是当 f_z、a_p、a_e 和 z 增大时，刀刃负荷增加，而且同时工作的齿数也增多，使切削热增加，刀具磨损加快，从而限制了切削速度的提高。为了提高刀具的耐用度，允许使用较低的切削速度；但是加大铣刀直径可以改善散热条件，因而可以提高切削速度。铣削加工的切削速度 v_c 可参考表 3-5 选取，也可参考有关切削用量手册中的经验公式通过计算选取。

表 3-5　　　　　　　　　铣削加工的切削速度参考值

工件材料	硬度 HBS	$v_c/(\text{m} \cdot \text{min}^{-1})$ 高速钢铣刀	$v_c/(\text{m} \cdot \text{min}^{-1})$ 硬质合金铣刀
钢	<225	18～42	66～150
钢	225～325	12～36	54～120
钢	325～425	6～21	36～75
铸铁	<190	21～36	66～150
铸铁	190～260	9～18	45～90
铸铁	260～320	4.5～10	21～30

主轴转速 n(r/min)要根据允许的切削速度 v_c 来确定，即

$$n = \frac{1\,000 v_c}{\pi d} \tag{3-1}$$

式中　d——铣刀直径，mm；

　　　v_c——切削速度，m/min。

主轴转速 n 要根据计算值在机床说明书中选取标准值。

从理论上讲，v_c 的值越大越好，因为这不仅可以提高生产率，还可以避开生成积屑瘤的临界速度，获得较低的表面粗糙度。实际上由于机床、刀具等的限制，使用国内机床、刀具时，允许的切削速度常常只能在 100～200 m/min 范围内选取。但对于材质较软的铝、镁合金等，v_c 可提高一倍左右。切削速度应根据所采用机床的性能、刀具材料和尺寸、被加工零件材料的切削加工性能和加工余量的大小来综合确定。一般原则是：工件表面的加工余量大，切削速度低；反之，工件表面的加工余量小，切削速度高。切削速度可由机床操作者根据被加工零件表面的具体情况进行手动调整，以获得最佳切削状态。

任务实施

1 零件图的工艺分析

（1）尺寸精度分析

图 3-1 所示零件图中，内型腔的尺寸为 $40^{+0.039}_{0}$ mm×$40^{+0.039}_{0}$ mm；外轮廓的尺寸为 $50^{0}_{-0.039}$ mm×$50^{0}_{-0.039}$ mm，尺寸精度达到 IT8 级，尺寸精度要求较高。

(2)几何精度分析

外轮廓与内型腔对零件对称中心线有对称度要求(0.04 mm),采用普通铣床较难完成。

(3)结构分析

本任务为典型板类零件的数控加工工艺设计,加工表面主要由圆弧外轮廓和圆弧内型腔组成,宜采用铣削方式加工。零件图中尺寸标注完整、正确,加工部位明确、清楚,零件的材料为45钢,无热处理和硬度要求,切削加工性能较好。

2 机床的选择

本任务零件尺寸规格不大,尺寸精度要求及几何精度要求较高,故选用型号为XK713的全功能型数控铣床。

3 加工工艺路线的设计

(1)加工方案的确定

根据加工表面的尺寸精度及表面粗糙度要求,查表选择粗铣→精铣可满足零件图的技术要求。

(2)加工顺序的安排

①先平面后其他　先粗铣工件上表面,铣至尺寸 15.5 mm,再粗铣外轮廓和内型腔,单边留余量 0.5 mm。

②先内后外　按由内到外的原则,先粗铣内型腔,考虑深度方向只有 5 mm 铣削深度,一次粗加工完成大部加工内容(内型腔单边留 0.3 mm 精铣余量,深度留 0.3 mm 的余量),再粗铣外轮廓,深度方向一次铣削(外轮廓单边留 0.3 mm 精铣余量,深度留 0.3 mm 的余量)。

③先粗后精　平面及外轮廓和内型腔的粗加工完成后再进行平面及外轮廓和内型腔的精加工。

(3)加工工艺路线的拟订

①上表面的加工工艺路线　模板上表面的尺寸为 80 mm ×80 mm,为缩短进给路线,选用 ϕ100 mm 的刀具可以尽量包容工件整个加工宽度,以提高加工精度和加工效率,避免相邻两次进给之间的接刀痕迹,如图 3-55 所示。

②外轮廓和内型腔的加工工艺路线　粗铣零件外轮廓和内型腔时按逆铣路径进行,精铣外轮廓和内型腔时考虑加工表面粗糙度采用顺铣加工。即粗加工时,按逆时针方向路径加工外轮廓,按顺时针方向路径加工内型腔,同时增加切线方向的切入、切出路径;精加工时,按顺时针方向路径加工外轮廓,按逆时针方向路径加工内型腔。由于内型腔的最小曲率半径将影响刀具直径的选择,而刀具直径将影响铣削时行距的大小,从而影响加工效率,故本任务选择 ϕ18 mm 的刀具,铣削进给加工工艺路线如图 3-56 所示。

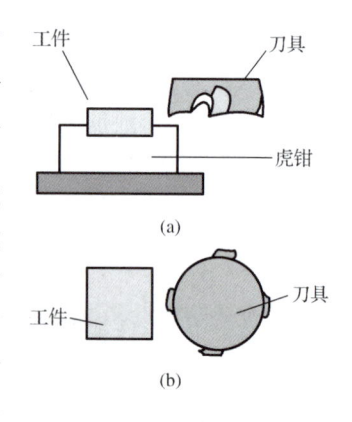

图 3-55　铣削上表面

(a)　　　　　　　　　　　　　　(b)

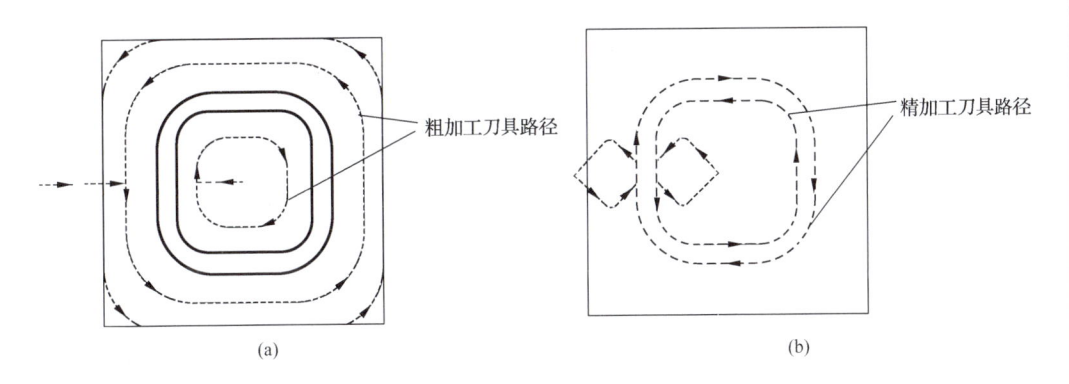

图 3-56　铣削进给加工工艺路线

4 装夹方案及夹具的选择

根据零件特点和加工部位,可采用机用平口虎钳通过一次装夹完成任务。由于零件的加工尺寸 5 mm 需要保证,所以上表面伸出机用平口虎钳的高度须大于 5 mm。

5 刀具的选择

加工上表面时,为提高加工效率,采用硬质合金面铣刀;加工外轮廓和内型腔时,为了减少换刀次数,采用高速钢直柄二刃键槽铣刀。本任务所用刀具如图 3-57 所示。

(a) 硬质合金面铣刀　　　　(b) 高速钢直柄二刃键槽铣刀

图 3-57　本任务所用刀具

6 切削用量的选择

(1)背吃刀量 a_p 的选择

外轮廓及内型腔余量切除时,深度为 5 mm,背吃刀量 a_p 分别为 4.7 mm、0.3 mm,外轮廓及内型腔侧壁及深度的精加工余量都为 0.3 mm。

(2)主轴转速 n 的选择

铣削上表面时,根据表 3-5 可选择粗铣的切削速度 v_c=80 m/min,精铣的切削速度 v_c=90 m/min,然后利用式(3-1)计算主轴转速 n。粗铣时 n=254 r/min,精铣时 n=287 r/min。

铣削外轮廓和内型腔时,根据表 3-5 可选择粗铣的切削速度 v_c=30 m/min,精铣的切削速度 v_c=40 m/min,然后利用式(3-1)计算主轴转速 n。粗铣时 n=530 r/min,精铣时 n=700 r/min。

(3)进给速度 v_f 的选择

根据表 3-4 和加工的实际情况,粗铣时选取 f_z=0.08 mm/z;精铣时选取 f_z=

0.04 mm/z。进给速度 $v_f = f_z z n$。硬质合金面铣刀在粗加工时的进给速度为 120 mm/min，在精加工时的进给速度为 70 mm/min；高速钢直柄二刃键槽铣刀在粗加工时的进给速度为 84 mm/min，在精加工时的进给速度为 56 mm/min。

7 数控加工工序卡和刀具卡的填写

（1）模板数控加工工序卡

模板数控加工工序卡见表3-6。

表3-6　　　　　　　　　　模板数控加工工序卡

单位名称	×××	产品名称或代号	零件名称	零件图号
		×××	模板	×××
工序号	程序编号	夹具名称	加工设备	车间
×××	×××	机用平口虎钳	XK713	数控中心

工步号	工步内容	刀具号	刀具规格/mm	主轴转速/(r·min^{-1})	进给速度/(mm·min^{-1})	背吃刀量/mm	备注
1	粗铣上表面，留0.3 mm加工余量	T01	φ100	254	120	0.7	
2	粗铣内型腔与外轮廓，单边留0.3 mm加工余量	T02	φ18	530	84	4.7	
3	精铣上表面至零件图尺寸	T01	φ100	287	70	0.3	
4	精铣深度至零件图尺寸	T02	φ18	700	56	0.3	
5	精铣内型腔与外轮廓至零件图尺寸	T02	φ18	700	56	0.3	

| 编制 | ××× | 审核 | ××× | 批准 | ××× | 年　月　日 | 共　页 | 第　页 |

（2）模板数控加工刀具卡

模板数控加工刀具卡见表3-7。

表3-7　　　　　　　　　　模板数控加工刀具卡

产品名称或代号	×××	零件名称	模板	零件图号	×××

序号	刀具号	刀具规格名称	数量	刀长/mm	加工表面	备注
1	T01	φ100 mm 硬质合金面铣刀	1	实测	铣削平面	
2	T02	φ18 mm 高速钢直柄二刃键槽铣刀	1	实测	粗、精加工外轮廓及内型腔	

| 编制 | ××× | 审核 | ××× | 批准 | ××× | 年　月　日 | 共　页 | 第　页 |

知识拓展

☞ 数控铣削刀具参数的选择

1 铣刀齿距的选择

为满足不同用户的需要,同一直径的可转位式铣刀一般有粗齿、中齿、密齿三种类型,具体见表 3-8。

表 3-8　　　　　　　　　　铣刀齿距的选择

铣刀齿距的类型	应用场合
粗齿铣刀	大余量软材料的加工,且切削宽度较大、机床功率较小的情况
中齿铣刀	通用系列,使用范围广泛,具有较高的金属切除率和切削稳定性
密齿铣刀	铸铁、铝合金和有色金属的大进给速度切削加工
不等分齿铣刀	防止工艺系统出现共振,使切削平稳,在铸钢件、铸铁件的大余量粗加工中建议优先选用不等分齿铣刀

2 铣刀角度的选择

(1) 铣刀的角度

可转位式铣刀的角度分为前角、后角、主偏角、副偏角、刃倾角等。为满足加工需要可有多种组合形式,其中最重要的是前角和主偏角。

① 前角　铣刀的前角可分解为径向前角和轴向前角。常用的前角组合形式有双负前角、双正前角、正负前角(轴向正前角、径向负前角)三种。

② 主偏角　可转位式铣刀的主偏角包括 90°、88°、75°、70°、60°、45°等。

(2) 铣刀各角度的功能

以面铣刀为例,各角度如图 3-58 所示,各角度的功能及效果见表 3-9。

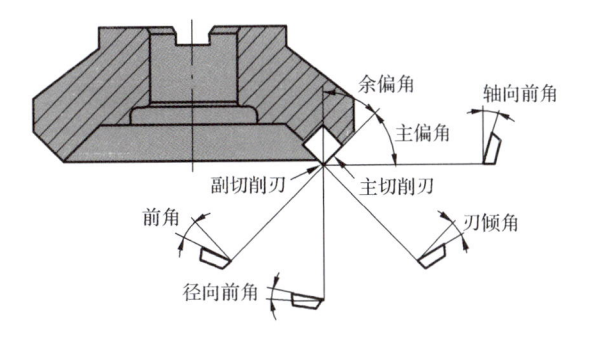

图 3-58　面铣刀的角度

表 3-9　　　　　　　　　　　　面铣刀各角度的功能及效果

名　称	功　能	效　果
轴向前角	决定切屑排出方向与切削性能	正角时：切削性能良好； 负角时：切屑排出性能良好
径向前角	决定切削刃的锋利程度与切削性能	
余偏角	决定切削厚度	角度大时：切削厚度变薄，切削时冲击力小，但背向力大
前角	决定实际切削刃的锋利程度	正角大时：切削性能良好，排屑难熔附； 负角大时：切削性能差，但切削刃强度高；
刃倾角	决定切屑排出方向	正角大时：排屑性能良好，但切削刃强度低
主偏角	决定切屑厚度、切削力和刀具寿命	常用的主偏角为 45°、90°、10°以及圆刀片的主偏角； 45°主偏角：存在大小值接近的径向和轴向切削力，这会产生更为平稳的压力，并且对机床的功率要求相对较小，适用于普通用途的平面铣削； 90°主偏角：适用于薄壁零件、装夹较差的零件和要求准确 90°成型的场合，进给力等于切削力，进给抗力大，易振动，要求机床具有较大的功率和刚性； 10°主偏角：主要在高进给和插铣刀具上使用； 圆刀片的主偏角：连续可变的主偏角，范围为 0°～90°，具体取值取决于切深情况

③ 铣刀直径的选择

可转位式铣刀直径的选择主要取决于设备规格和工件的加工尺寸。铣刀直径的选择通常以工件的宽度和机床功率为基础。

面铣刀直径的选择主要根据工件宽度、机床功率、刀具位置和刀齿与工件接触形式等进行，也可将机床主轴作为选取的依据，面铣刀直径可按 $D=1.5d$（主轴直径）选择，通常直径比工件宽度大 20%～50%。

立铣刀直径的选择主要根据工件加工尺寸的要求，并保证刀具所需功率在机床额定功率之内。例如对于小直径立铣刀，应考虑机床的最高转速能否达到刀具最低切削速度的要求。

④ 刀片牌号和断屑槽型的选择

以硬质合金刀片为例，合理选择硬质合金刀片牌号主要依据被加工材料的性能和硬质合金的性能。

（1）刀片牌号的选择

一般用户在选用可转位式铣刀时，均由刀具制造厂根据用户的加工材料及加工条件配备相应的硬质合金刀片。

（2）刀片断屑槽型的选择

一般用户根据刀具制造厂的刀具手册来选择，用于铣削的刀片槽型有轻型、中型和重型三种，见表 3-10。

表 3-10　　　　　　　　　　刀片断屑槽型的选用

轻 型	中 型	重 型
L	M	H
轻型加工、切削力小、进给量小	大多数材料的普通加工	重载加工、刀刃可靠、进给量大

知识点及技能测评

一、填空题

1. 数控铣床主要加工对象是_____、_____、_____三类零件。

2. 零件结构工艺性是指所设计的零件在_____要求的前提下制造的_____性和_____性。

3. 轮廓内圆弧半径常常限制刀具的_____。在一个零件上,凹圆弧半径在数值上一致性的问题对数控铣削的工艺性显得相当重要。

4. 对曲率变化不大和精度要求不高的曲面粗加工,常采用两轴半坐标的_____法加工。

5. 球头铣刀的刀头半径应选择大一些,有利于散热,但刀头半径应_____内凹曲面的_____。

6. 对于螺旋桨、叶轮之类的零件,因其叶片形状复杂,刀具易于相邻表面干涉,常用_____坐标联动加工。

7. 粗铣平面时,因加工表面质量不均,选择铣刀时直径要_____一些。精铣时,铣刀直径要_____,最好能包容加工面宽度。

8. 内槽(型腔)起始切削加工方法主要有:_____、_____、_____、_____。

9. 数控铣削加工路线对零件的加工精度和表面质量有直接的影响。对于粗加工而言,要注重_____加工路线,提高效率;就精加工而言,应首先保证_____,再考虑加工路线的长短。

10. 当铣削平面零件外轮廓时,一般采用立铣刀_____切削。刀具切入工件时,应沿外轮廓曲线的延长线的_____逐渐切入工件,以避免在切入处产生刀具的划痕而影响加工表面质量,保证零件曲线的平滑过渡。

11. 在数控铣床上加工整圆时,为避免工件表面产生刀痕,刀具从起始点沿圆弧表面的_____进入,进行圆弧铣削加工;整圆加工完毕退刀时,顺着圆弧表面的_____退出。

12. 在精铣内外轮廓时,为改善表面粗糙度,应采用_____的进给路线加工方案。

13. 铣削内槽(型腔)的加工路线有三种_____、_____、_____。

14. 工件装夹时加工部位要_____,夹紧机构或其他元件(如压板、螺栓等)不能与刀具轨迹发生_____,不得影响进给。

15. 零件安装方位与机床坐标系及编程坐标系方向_____。

二、选择题

1. 下列较适合在数控铣床上加工的内容是(　　)。
   A. 形状复杂、尺寸繁多、划线与检测困难的部位
   B. 毛坯上的加工余量不太充分或不太稳定的部位
   C. 需长时间占机人工调整的粗加工内容
   D. 简单的粗加工表面

2. 数控铣床对铣刀的基本要求是(　　)。
   A. 铣刀的刚性要好　　　　　　B. 铣刀的耐用性要高
   C. 根据切削用量选择铣刀　　　D. A 和 B 两项

3. 数控系统常用的两种插补功能是(　　)
   A. 直线插补和圆弧插补　　　　B. 直线插补和抛物线插补
   C. 圆弧插补和抛物线插补　　　D. 螺旋线插补和抛物线插补

4. 毛坯工件通过找正后划线,可使加工表面与不加工表面之间保持(　　)。
   A. 位置准确　　　　　　　　　B. 形状正确
   C. 尺寸均匀　　　　　　　　　D. 表面精度准确

5. 键槽铣刀用钝后,为了保持其外径尺寸不变,应修磨铣刀的(　　)。
   A. 周刃　　　B. 端刃　　　C. 周刃和端刃　　　D. 所有刃

6. 安装直柄立铣刀是通过(　　)进行的。
   A. 弹簧夹头套筒　B. 过渡套筒　C. 钻夹头　　D. 三爪卡盘

7. 下列刀具中,(　　)不适宜做轴向进给。
   A. 立铣刀　　B. 键槽铣刀　　C. 球头铣刀　　D. A、B、C 都

8. 封闭式直角沟槽通常选用(　　)铣削加工。
   A. 三面刃铣刀　B. 键槽铣刀　C. 盘形槽铣刀　D. 任意刀具

9. 用数控铣床加工较大平面时,应选择(　　)。
   A. 立铣刀　　B. 面铣刀　　C. 圆锥形立铣刀　　D. 鼓形铣刀

10. 曲面加工常用(　　)。
    A. 键槽刀　　B. 锥形刀　　C. 盘形刀　　D. 球形刀

11. 当工件基准面与工作台面平行时,可在(　　)铣削平行面。
A. 立铣上用周铣法　　　　　　　B. 卧铣上用飞刀
C. 卧铣上用端铣法　　　　　　　D. 立铣上用端铣法

12. 铣削一外轮廓,为避免切入/切出点产生刀痕,最好采用(　　)。
A. 法向切入/切出　　　　　　　B. 切向切入/切出
C. 斜向切入/切出　　　　　　　D. 垂直切入/切出

13. 平面铣削加工中,刀齿旋转的切线方向与工件的进给方向相反,这种铣削称为(　　)
A. 逆铣法　　B. 周铣法　　C. 顺铣法　　D. 端铣法

14. 在数控铣床上加工内外轮廓,如果不考虑进给丝杠间隙,为提高加工质量,宜采用(　　)。
A. 外轮廓顺铣、内轮廓逆铣　　　B. 外轮廓逆铣、内轮廓顺铣
C. 内、外轮廓均为顺铣　　　　　D. 内、外轮廓均为逆铣

15. 在铣削内槽时,刀具的进给路线应采用(　　)加工较为合理。
A. 行切法　　　　　　　　　　　B. 环切法
C. 综合行切、环切法　　　　　　D. 都不正确

16. 平面轮廓加工属于(　　)加工方式。
A. 二轴　　B. 二轴半　　C. 三轴　　D. 四轴

17. 加工曲面时,三坐标同时联动的加工方法称(　　)加工。
A. 4 维　　B. 6.5 维　　C. 1.5 维　　D. 3 维

18. 用行(层)切法加工空间立体曲面,即三坐标运动、二坐标联动的编程方法称为(　　)加工。
A. 4.5 维　　B. 5.5 维　　C. 2.5 维　　D. 3.5 维

19. 对曲率变化较大和精度要求较高的曲面精加工,常用(　　)的行切法加工。
A. 两轴半坐标联动　　　　　　　B. 三轴坐标联动
C. 四轴坐标联动　　　　　　　　D. 五轴坐标联动

20. 飞机叶轮片曲面加工属于(　　)。
A. 两轴半加工　　B. 三轴联动加工　　C. 六轴联动加工　　D. 五轴联动加工

21. 用平口钳装夹长的工件时,钳口应与进给方向(　　)。
A. 同向　　B. 水平　　C. 垂直　　D. 平行

22. 铣床上用的平口钳属于(　　)。
A. 组合夹具　　B. 专用夹具　　C. 成组夹具　　D. 通用夹具

23. 在立式铣床上用机用平口钳装夹工件,应使切削力指向(　　)。
A. 活动钳口　　B. 虎钳导轨　　C. 固定钳口　　D. 工作台

24. 选择铣削加工的主轴转速的依据(　　)
A. 一般依赖于机床的特点和用户的经验
B. 工件材料与刀具材料

C. 机床本身、工件材料、刀具材料、工件的加工精度和表面粗糙度

D. 由加工时间定额决定

25. 数控粗铣时,从刀具耐用度出发,切削用量的选择方法是(   )。

A. 先选取吃刀量,其次确定进给速度,最后确定切削速度

B. 先选取进给速度,其次确定吃刀量,最后确定切削速度

C. 先选取吃刀量,其次确定切削速度,最后确定进给速度

D. 先选取切削速度,其次确定进给速度,最后确定吃刀量

三、判断题

1. 两轴联动坐标数控机床只能加工平面零件轮廓,曲面轮廓零件必须是三轴坐标联动的数控机床。(   )

2. 缩短切削进给路线,可有效地提高生产效率,降低刀具的损耗,因此,无论是粗加工还是精加工,我们都应尽可能地缩短进给路线。(   )

3. 用立铣刀铣封闭式沟槽时,可以事先钻好落刀孔。(   )

4. 除两刃式端铣刀外,一般端铣刀端面中心无切削作用。(   )

5. 鼓形铣刀主要用于对变斜角类零件的变斜角面的精加工。(   )

6. 在铣削平面外轮廓零件时,刀具应沿零件外轮廓法向切入,避免在切入处产生刀痕。(   )

7. 为了保证零件质量,避免加工中途停刀导致的变形,精加工进给路线时,其零件的完工轮廓应由最后一刀连续加工而成。(   )

8. 铣削零件轮廓时进给路线对加工精度和表面质量无直接影响。(   )

9. 内槽(内型腔)圆角的大小决定着刀具直径的大小,所以内槽(内型腔)圆角半径不应太小。(   )

10. 锯片铣刀主要用于大多数材料的切槽、切断、内外槽铣削、组合铣削、缺口实验的槽加工、齿轮毛坯粗齿加工等。(   )

11. 使用面铣刀铣削时,若产生振动,应考虑增加切削深度。(   )

12. 为保证凸轮的工作表面有较好的表面质量,对外凸轮廓,按逆时针方向铣削,对内凹轮廓按顺时针方向铣削。(   )

四、简答题

1. 数控铣床的主要功能有哪些?

2. 铣削类零件的结构工艺性主要考虑哪些方面?

3. 数控铣削加工路线主要考虑哪几个方面?

4. 常用数控铣刀有哪些?选择铣刀时主要考虑哪些因素?

五、设计如图 3-59 所示零件的加工工艺卡片。

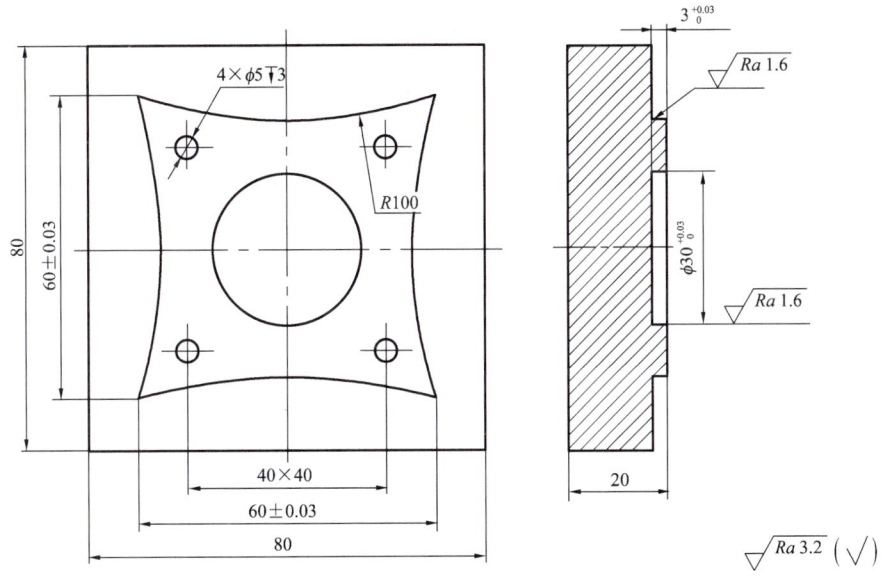

假设该零件毛坯尺寸为 80 mm×80 mm×21 mm(台虎钳夹持)
(a)

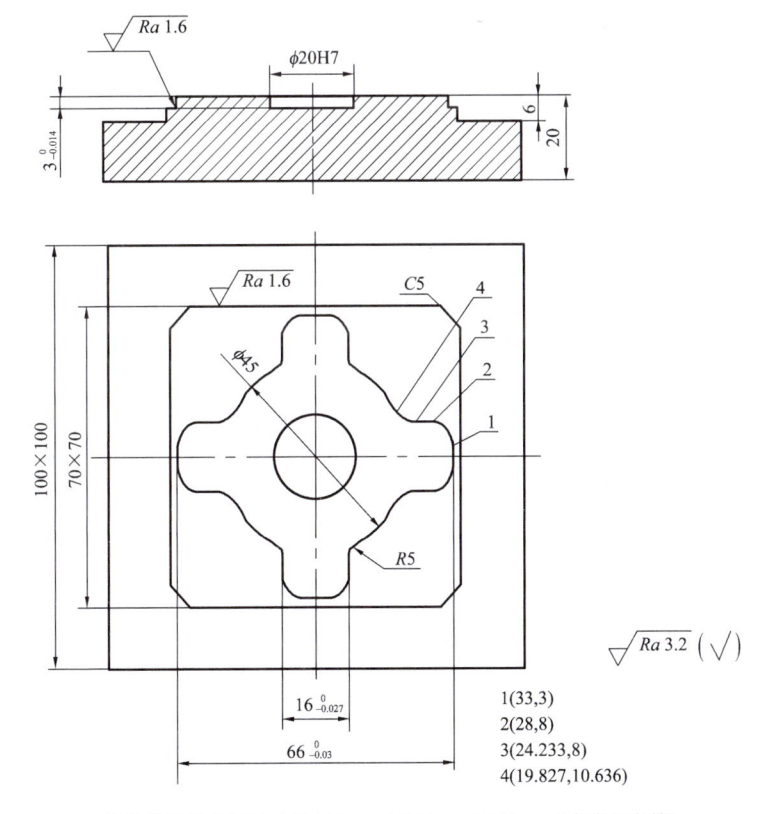

1(33,3)
2(28,8)
3(24.233,8)
4(19.827,10.636)

假设该零件毛坯尺寸为 100 mm×100 mm×21 mm(台虎钳夹持)
(b)

图 3-59　零件图

任务二　孔板的数控加工工艺设计

学习目标

【知识目标】
1. 熟悉并掌握孔加工方法。
2. 熟悉孔加工刀具的用法和切削用量。

【技能目标】
1. 能够选择正确的孔加工刀具和合理的切削用量。
2. 能够拟订孔板的孔加工工艺路线。

RENWU MIAOSHU 任务描述

孔板如图 3-60 所示,零件材料为 HT200,毛坯尺寸(长×宽×高)为 80 mm×80 mm×20 mm,四周轮廓及上下底面已加工完成,中间 $\phi30H7$ 已有粗加工孔,尺寸为 $\phi25$ mm。试完成该盖板上孔系的数控加工工艺设计。

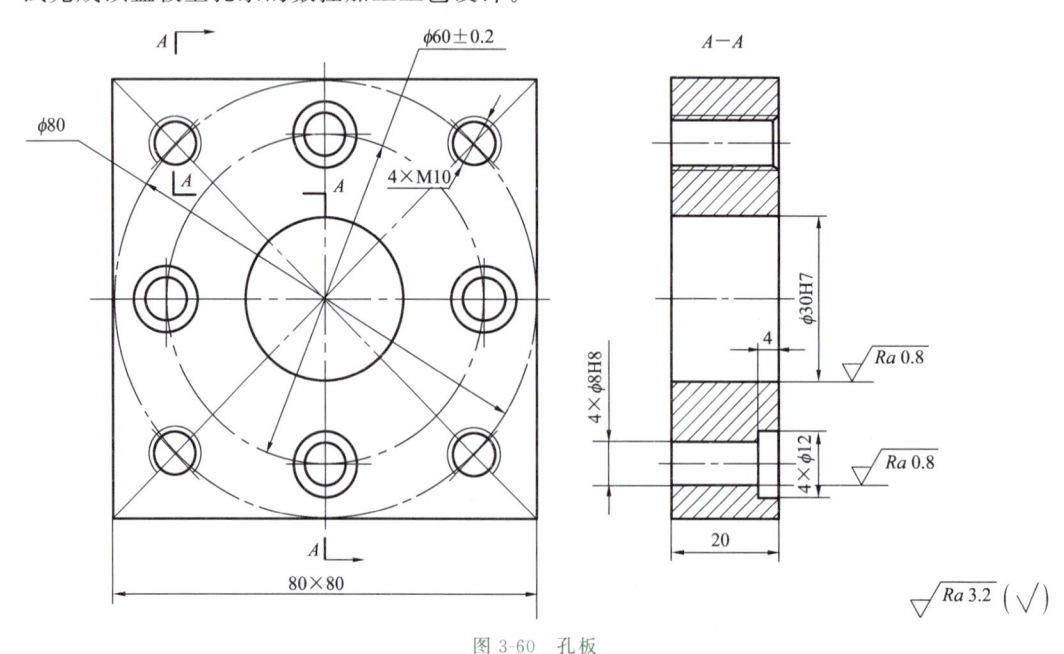

图 3-60　孔板

相关知识

本任务涉及孔数控加工工艺的相关知识为:孔加工的结构工艺性、孔加工工艺路线的拟订、孔加工刀具及其选择、孔加工切削用量的选择。

1 孔加工的结构工艺性

零件的孔加工结构工艺性应满足以下要求:

(1)零件上光孔和螺纹的尺寸规格尽可能少,减少加工时钻头、铰刀及丝锥等刀具的数量,缩短换刀时间,同时防止刀库容量不够。

(2)零件加工尺寸规格尽量标准化,以便采用标准刀具。

(3)零件加工表面应具有加工的可能性和方便性。

(4)零件结构应具有足够的刚性,以减少夹紧变形和切削变形。

部分零件的孔加工结构工艺性对比示例见表3-11。

表 3-11　　　　零件的孔加工结构工艺性对比示例

序号	A结构(工艺性差的结构)	B结构(工艺性好的结构)	特　点
1			A结构不便引进刀具,难以实现孔加工
2			B结构可避免钻头钻入和钻出时因工件表面倾斜而造成的引偏和断损
3			B结构节省材料,减小质量,还避免了深孔加工
4	M17	M16	A结构不能采用标准丝锥攻螺纹

续表

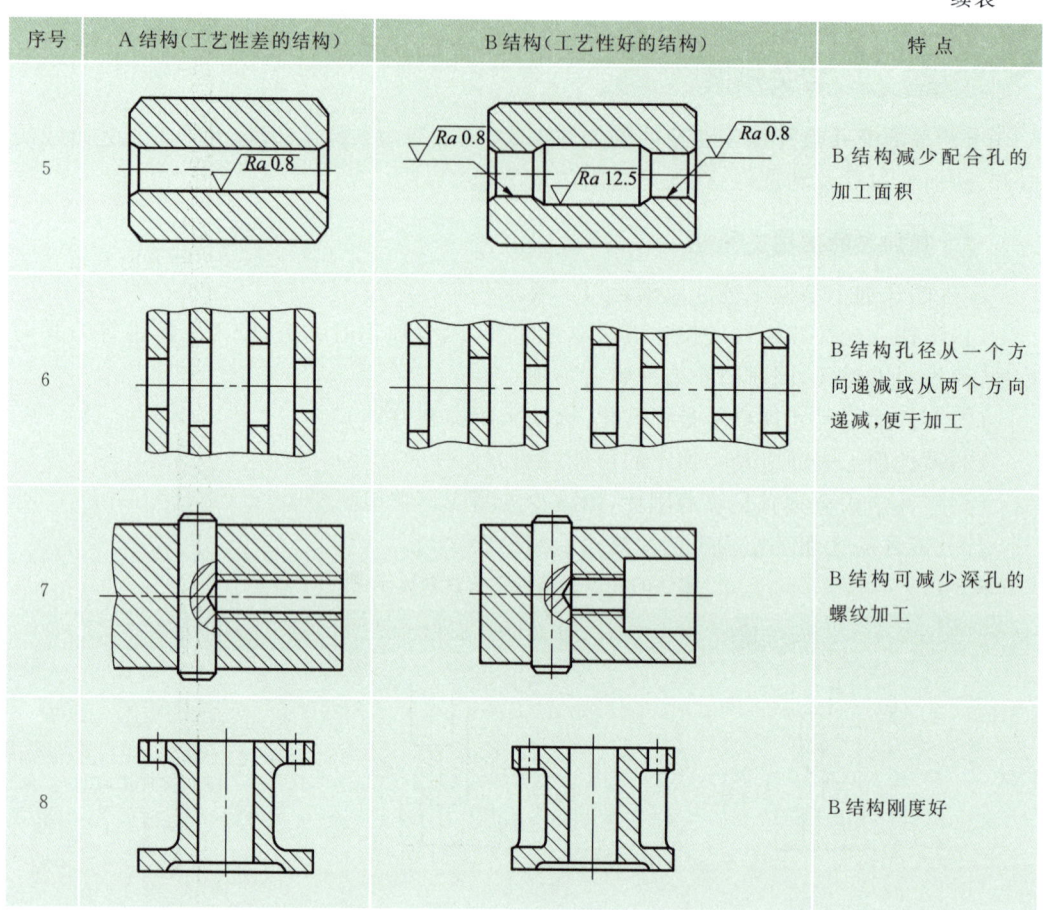

序号	A 结构(工艺性差的结构)	B 结构(工艺性好的结构)	特 点
5			B 结构减少配合孔的加工面积
6			B 结构孔径从一个方向递增或从两个方向递减,便于加工
7			B 结构可减少深孔的螺纹加工
8			B 结构刚度好

2 孔加工工艺路线的拟订

(1)孔加工方法的选择

孔加工方法比较多,有钻、扩、铰、镗和攻螺纹等。大直径孔还可采用圆弧插补方式进行铣削加工。孔加工方案见表 3-12,要根据被加工孔的技术要求和具体的生产条件选用。

表 3-12　　　　　　　　　　　　孔加工方案

序号	加工方法	经济精度等级	表面粗糙度 $Ra/\mu m$	适用范围
1	钻	IT11～IT13	12.5	加工未淬火钢及铸铁的实心毛坯,可用于加工有色金属,孔径小于 20 mm
2	钻→铰	IT8～IT10	1.6～6.3	
3	钻→粗铰→精铰	IT7～IT8	0.8～1.6	
4	钻→扩	IT10～IT11	6.3～12.5	加工未淬火钢及铸铁的实心毛坯,可用于加工有色金属,孔径大于 15 mm
5	钻→扩→铰	IT8～IT9	1.6～3.2	
6	钻→扩→粗铰→精铰	IT7	0.8～1.6	
7	钻→扩→机铰→手铰	IT6～IT7	0.2～0.4	

续表

序号	加工方法	经济精度等级	表面粗糙度 $Ra/\mu m$	适用范围
8	钻→扩→拉	IT7~IT9	0.1~1.6	大批量生产,精度由拉刀的精度而定
9	粗镗(粗扩)	IT11~IT13	6.3~12.5	加工淬火钢外各种材料,毛坯有铸出孔或锻出孔
10	粗镗(粗扩)→半精镗(精扩)	IT9~IT10	1.6~3.2	
11	粗镗(粗扩)→半精镗(精扩)→精镗(铰)	IT7~IT8	0.8~1.6	
12	粗镗(粗扩)→半精镗(精扩)→精镗(铰)→浮动镗刀精镗	IT6~IT7	0.4~0.8	
13	粗镗(扩)→半精镗→磨	IT7~IT8	0.2~0.8	主要用于加工淬火钢,也可用于加工未淬火钢,但不宜用于加工有色金属
14	粗镗(扩)→半精镗→粗磨→精磨	IT6~IT7	0.1~0.2	
15	粗镗→半精镗→精镗→精细镗(金刚镗)	IT6~IT7	0.05~0.40	加工精度要求较高的有色金属
16	钻→(扩)→粗铰→精铰→珩磨钻→(扩)→拉→珩磨粗镗→半精镗→精镗→珩磨	IT6~IT7	0.025~0.200	加工精度要求很高的孔
17	钻→(扩)→粗铰→精铰→研磨钻→(扩)→拉→研磨粗镗→半精镗→精镗→研磨	IT5~IT6	0.006~0.100	

例如,加工精度为 IT7 级、表面粗糙度为 $Ra\ 1 \sim 2\ \mu m$ 的孔,可以采用如下加工方案:

①钻→扩→粗铰→精铰 适用于加工直径较小(一般直径 $d<60\ mm$)的孔。因为如果孔径太大,扩孔钻和铰刀不便于制造和使用。对于小直径的孔,有时只需要铰一次便可以达到技术要求。铰刀为定尺寸刀具,保证精度容易,故广泛用来加工未淬火钢及铸铁,但对有色金属铰出孔表面粗糙度较大,常用精镗来代替。

②粗镗→半精镗→精镗 适于加工毛坯上已铸出或锻出的孔,孔径不宜太小,否则会因镗杆太细而影响加工质量。箱体类零件的孔系加工通常采用这种方案。

③粗镗→半精镗→磨 适用于需淬火的零件,对于铸铁及未淬火钢的工件也可采用,但磨孔的生产率较低,一般无须淬火的零件尽量不采用此方案。此外,采用磨孔加工时,还必须考虑加工零件的大小应当和磨床的规格相适应,太大的零件无法在磨床上加工。

④钻→扩→拉 适用于成批和大量生产时加工中小型零件,生产率高,但拉刀制造复杂、成本较高。工件材料可为未淬火钢、铸铁和有色金属,被拉的孔不宜太大、太长,一般孔长不超过孔径的 3~4 倍。

(2)孔加工进给路线的确定

数控设备进行孔加工时,一般首先将刀具在 XOY 平面内迅速、准确地运动到孔的轴线位置,然后再沿 Z 方向(轴向)运动进行加工。因此,孔加工进给路线的确定包括以下内容:

①在 XOY 平面内的进给路线 加工孔时,刀具在 XOY 平面内的运动属于点位运

动,因此确定进给路线时主要考虑定位要迅速和准确。

- 定位要迅速 即在刀具不与工件、夹具和机床干涉的前提下使空行程尽可能短。例如,加工如图3-61(a)所示零件,按图3-61(b)所示的进给路线加工比按图3-61(c)所示的进给路线加工可节省近一半的定位时间。这是因为加工中心(含数控铣床)在点位运动情况下,刀具由一点运动到另一点时,通常是沿 X、Y 坐标轴方向同时快速移动,当沿 X、Y 坐标轴各自移动的距离不同时,短移动距离方向的运动先停,待长移动距离方向的运动停止后刀具才到达目标位置。图3-61(b)所示的进给路线沿 X、Y 坐标轴方向移动的距离近,所以定位迅速。

(a)零件　　　　(b)进给路线1　　　　(c)进给路线2

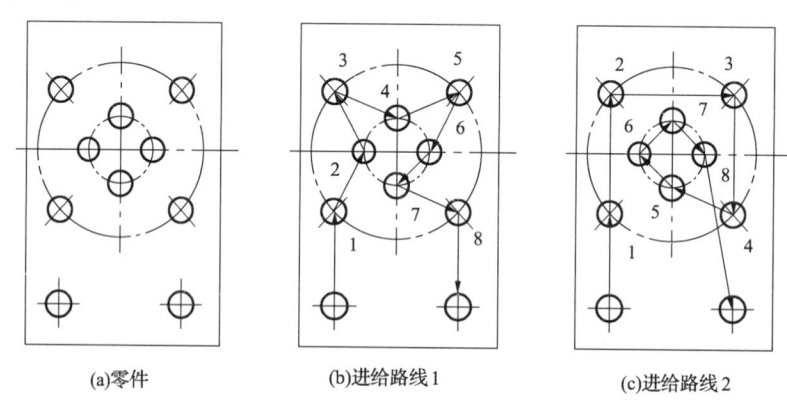

图 3-61　最短进给路线设计

- 定位要准确 安排进给路线时,要避免机械进给传动系统反向间隙对孔位精度的影响。例如,镗削如图3-62(a)所示零件上的4个孔,其中两孔间 X 方向无定位尺寸要求,Y 方向有定位尺寸要求。如果按图3-62(b)所示进给路线,由于4孔与1、2、3孔的定位方向相反,Y 方向反向间隙会使定位误差增加,从而影响4孔与其他孔的位置精度。如果按图3-62(c)所示进给路线,加工完3孔后往上多移动一段距离至 P 点,然后再折回来在4孔处进行定位加工,这样方向一致,就可避免反向间隙的引入,提高了4孔的定位精度。

(a)零件　　　　(b)进给路线1　　　　(c)进给路线2

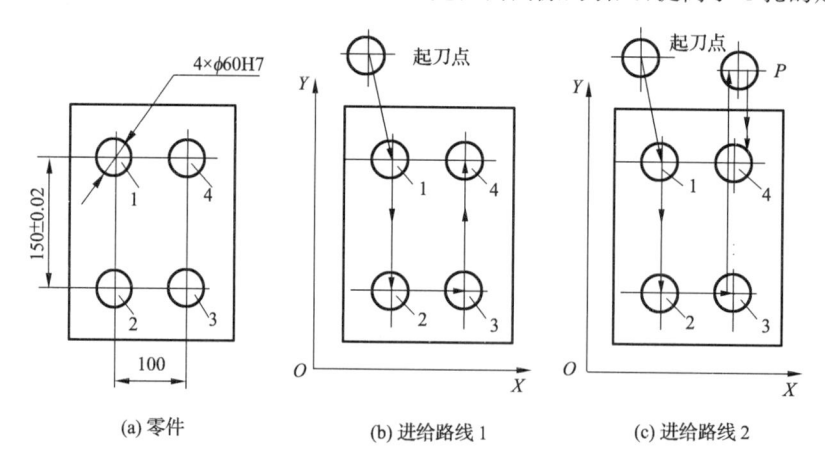

图 3-62　准确定位进给路线设计

定位迅速和定位准确有时难以同时满足,图3-62(b)所示是按最短路线进给的,满足了定位迅速,但由于不是从同一方向趋近目标的,引入了机床进给传动系统的反向间隙,故难以做到定位准确。图 3-62(c)所示是从同一方向趋近目标的,消除了机床进给传动系统反向间隙造成的误差,满足了定位准确,但非最短进给路线,没有满足定位迅速的要求。因此,在具体加工中应抓住主要矛盾,若按最短路线进给能保证位置精度,则取最短路线;反之,应取能保证定位准确的进给路线。

②Z 方向的进给加工路线　为缩短刀具的空行程时间,刀具在 Z 方向的进给路线分为快进(快速接近工件)路线和工进(工作进给)路线。刀具在开始加工前,要快速运动到距待加工表面一定距离的 R 平面上,然后才能以工作进给速度进行切削加工。图 3-63(a) 所示为加工单孔时刀具的进给路线。加工多孔时,为缩短刀具空行程进给时间,加工完前一个孔后,刀具不必退回到初始平面,只需退到 R 平面即可沿 X、Y 坐标轴方向快速移动到下一孔位,其进给路线如图 3-63(b)所示。

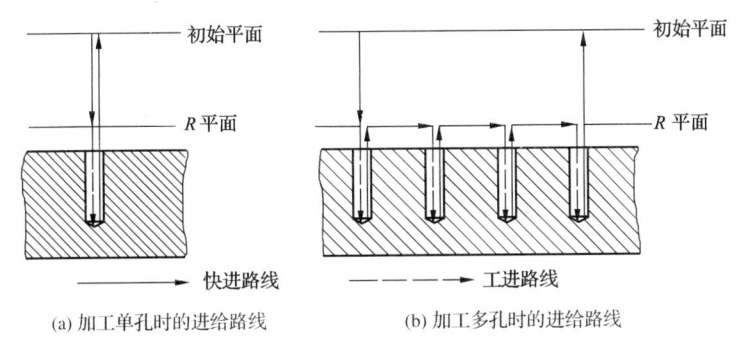

(a) 加工单孔时的进给路线　　(b) 加工多孔时的进给路线

图 3-63　刀具 Z 方向进给加工路线设计示例

在工进路线中,工作进给距离 Z_F 包括被加工孔的深度 H、刀具的切入距离 Z_a 和切出距离 Z_0(加工通孔)及钻尖长度 T_t,如图 3-64 所示。

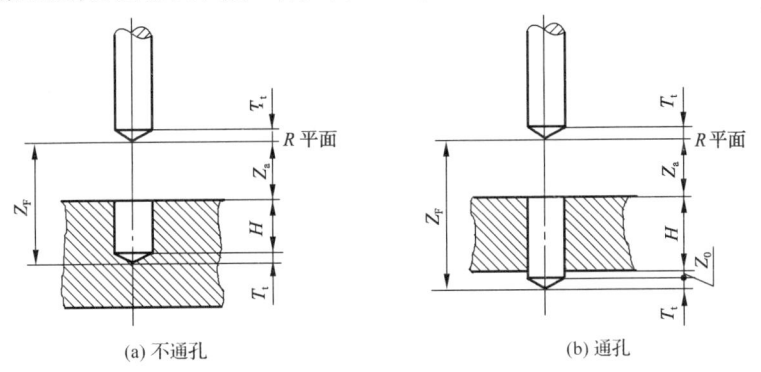

(a) 不通孔　　(b) 通孔

图 3-64　工作进给距离

加工不通孔时,工作进给距离为

$$Z_F = Z_a + H + T_t$$

加工通孔时,工作进给距离为

$$Z_F = Z_a + H + Z_0 + T_t$$

钻螺纹底孔深度的确定。螺纹为通孔时,螺纹底孔钻通,钻孔深度的问题与加工通孔时的进给距离一致。螺纹为不通孔时,如图 3-65 所示,钻孔深度为

$$H=H_2+L_1+L_2+L_3 \text{ 或 } H=H_1+L_3$$

式中　H——螺纹底孔编程的实际钻孔深度(含钻头 118°钻尖高度),mm;

　　　H_2——丝锥攻螺纹的有效深度,mm;

　　　L_1——丝锥的倒锥长度,mm,丝锥倒锥一般有三个导程(螺距)P 长度,故 $L_1=3P$;

　　　L_2——确保足够容屑空间而增加钻孔深度的裕量,mm,一般为 2～3 mm;

　　　L_3——钻头的钻尖高度,mm;

　　　H_1——钻孔的有效深度,mm。

图 3-65 中,孔加工过程中有容屑空间。钻孔时,铁屑主要以带状切屑形式从钻头的螺旋槽排出,小部分铁屑以崩碎切屑和粒状切屑形式掉到孔底。在加工孔时,一般不会人为干预停机将细碎铁屑从孔底清除出来(除了主轴另配气管将孔底细碎铁屑吹出或钻头采用内冷将细碎铁屑清除出来)。攻螺纹时,产生的细碎铁屑相当一部分也掉到孔底,与钻削时掉到孔底的细碎铁屑累积起来,沉积在容屑空间内。若 L_2 太小,则会影响加工,甚至可能造成工件报废。

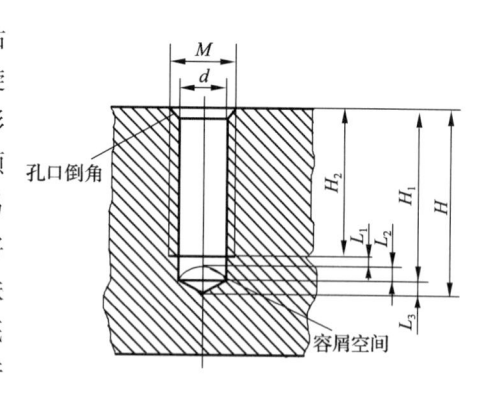

图 3-65　钻螺纹孔加工尺寸

3 孔加工刀具及其选择

在机械加工过程中,孔加工刀具的应用相当普遍,就一般机械加工而言,孔的切削加工比重占 40%～70%。孔加工刀具的种类繁多,按孔加工性质的不同可分为实体材料钻孔用刀具、底孔扩孔用刀具;按孔的长径比不同可分为深孔加工刀具、浅孔加工刀具;按孔的加工方法不同可分为钻孔刀具、扩孔刀具、铰孔刀具、镗孔刀具、珩孔刀具、滚压刀具等。随着科学技术的发展,在实际应用中还出现了许多新型、高效的孔加工刀具。常用的数控孔加工刀具及其选择如下:

(1)钻孔刀具及其选择

钻孔刀具的种类较多,有中心钻、麻花钻、可转位浅孔钻及扁钻等,应根据工件材料、加工尺寸及加工质量要求等合理选用。

麻花钻是应用最多的孔加工刀具,可用来在实体材料上钻孔或在已有孔的基础上扩孔。加工孔径范围较广,从 $\phi 0.1$ mm 的小孔到 $\phi 80$ mm 的大孔,均可用麻花钻来加工,但最多的是用来加工 $\phi 2 \sim \phi 30$ mm 的较小孔。麻花钻的组成如图 3-66 所示,圆柱柄麻花钻主要由工作部分和柄部组成,标准莫氏锥柄麻花钻还有颈部和扁尾,工作部分又包括切削部分和导向部分。麻花钻的切削部分有两个主切削刃、两个副切削刃和一个横刃。两条主切削刃在与其平行的平面内的投影之间的夹角称为顶角,标准麻花钻的顶角 2ϕ 为 118°;横刃与主切削刃在端面内的投影之间的夹角称为横刃斜角,横刃斜角 Ψ 为 50°～55°。麻花钻导向部分起导向、修光、排屑和输送切削液的作用。

根据柄部不同,麻花钻有莫氏锥柄和圆柱柄两种。直径为 8～80 mm 的麻花钻多为

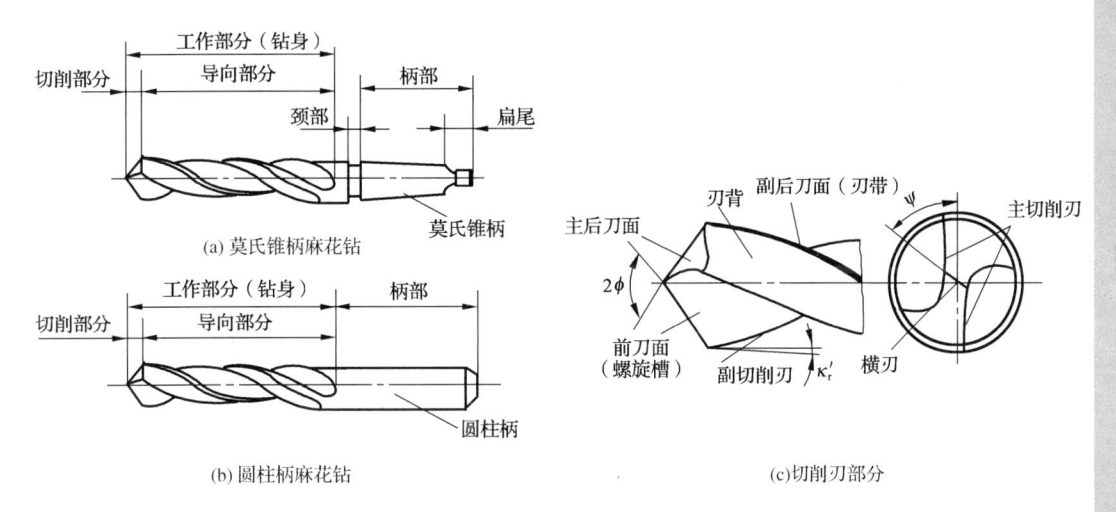

图 3-66 麻花钻的组成

莫氏锥柄,可直接装在带有莫氏锥孔的刀柄内,刀具长度不能调节。直径为 0.1～20 mm 的麻花钻多为圆柱柄,可装在钻夹头刀柄上。直径为 8～20 mm 的麻花钻选用两种形式均可。

麻花钻有标准型和加长型两种,为了提高钻头刚性,应尽量选用较短的钻头,但麻花钻的工作部分应大于孔深,以便排屑和输送切削液。

在加工中心上钻孔,因无夹具钻模导向,受两切削刃上切削力不对称的影响,容易引起钻头偏斜,故要求钻头的两切削刃必须有较高的刃磨精度(两刃长度一致,顶角 2ϕ 对称于钻头中心线)。

可转位浅孔钻用来钻削直径为 20～60 mm、孔的深径比不大于 3 的中等浅孔。如图 3-67 所示,可转位浅孔钻的结构是在带排屑槽及内冷却通道钻体的头部装有一组刀片(多为凸多边形、菱形和四边形),多采用硬质合金刀片。靠近钻心的刀片用韧性较好的材料,靠近钻头外径的刀片选用较为耐磨的材料,这种钻头具有切削效率高、加工质量好的特点,最适用于箱体类零件的钻孔加工。为了提高刀具的使用寿命,可在刀片上涂覆 TiC 涂层。使用这种钻钻箱体孔的效率是使用普通麻花钻钻箱体孔效率的 4～6 倍。

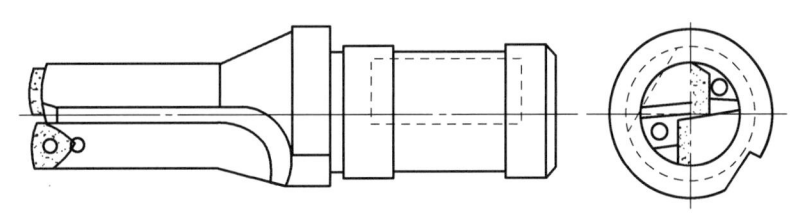

图 3-67 可转位浅孔钻

钻削大直径孔时,可采用刚性较好的可装配式扁钻,如图 3-68 所示。

喷吸钻用来加工深径比大于 5 而小于 100 的深孔,如图 3-69 所示。因为其加工中散热差,排屑困难,钻杆刚性差,所以易使刀具损坏和引起孔的轴线偏斜,影响加工精度和生产率。

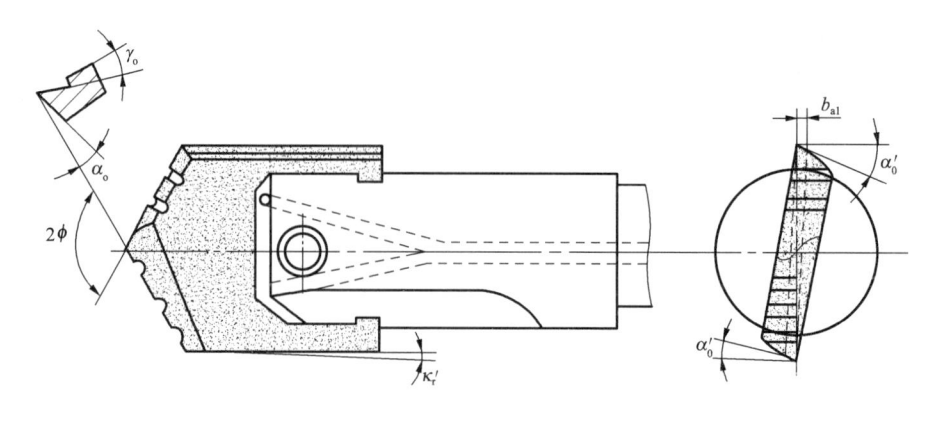

图 3-68　可装配式扁钻

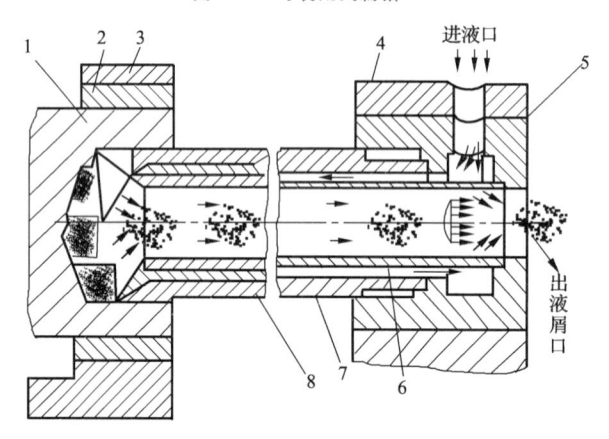

图 3-69　喷吸钻
1—工件；2—夹爪；3—中心架；4—支承座；5—连接套；6—内管；7—外管；8—钻头

(2) 扩孔刀具及其选择

扩孔多采用扩孔钻，也可采用镗刀。

标准扩孔钻一般有 3~4 条主切削刃，切削部分的材料为高速钢或硬质合金，结构形式有直柄式、套式和锥柄式等，如图 3-70 所示。

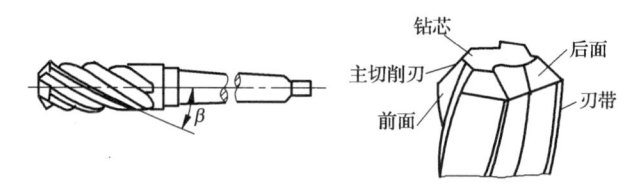

(a) 锥柄式高速钢扩孔钻

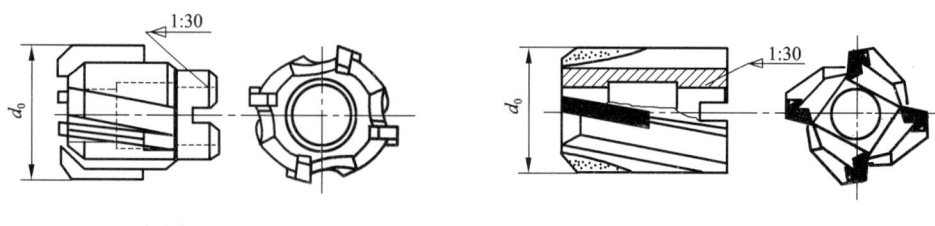

(b) 套式高速钢扩孔钻

(c) 套式硬质合金扩孔钻

图 3-70　扩孔钻

扩孔直径较小时，可选用直柄式扩孔钻；扩孔直径中等时，可选用锥柄式扩孔钻；扩孔直径较大时，可选用套式扩孔钻。

扩孔钻的加工余量较小，主切削刃较短，因而容屑槽浅、刀体的强度和刚度较好。它无麻花钻的横刃，且刀齿多，所以导向性好，切削平稳，加工质量和生产率都比麻花钻高。

扩孔直径为 20～60 mm，且机床刚性好、功率大时，可选用如图 3-71 所示的可转位扩孔钻。这种扩孔钻的两个可转位刀片的外刃位于同一个外圆直径上，并且刀片径向可进行微量(±0.1 mm)调整，以控制扩孔直径。

(3) 镗孔刀具及其选择

图 3-71 可转位扩孔钻

镗孔所用刀具为镗刀。镗刀的种类很多，按切削刃数量可分为单刃镗刀和双刃镗刀。

镗削通孔、阶梯孔和不通孔可分别选用图 3-72(a)、图 3-72(b)、图 3-72(c) 所示的单刃镗刀。单刃镗刀头的结构简单，与车刀类似，也是用螺钉装夹在镗杆上。图 3-72 所示单刃镗刀中，调节螺钉用于调整尺寸，紧固螺钉起锁紧作用。单刃镗刀刚性差，切削时容易引起振动，所以镗刀的主偏角选得较大，以减小径向力。镗铸铁孔或精镗时，一般取主偏角 $\kappa_r = 90°$；粗镗钢件孔时，取主偏角 $\kappa_r = 60° \sim 75°$，以提高刀具的耐用度。所镗孔径的大小要靠调整刀具的悬伸长度来保证，调整麻烦，效率低，一般用于粗镗或单件、小批量生产零件的粗、精镗。

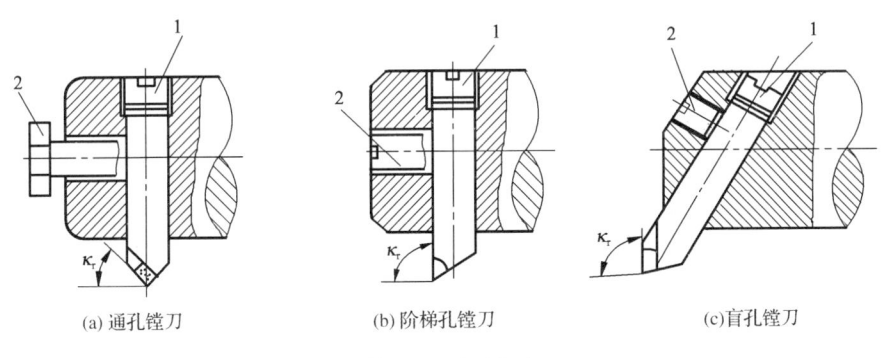

(a) 通孔镗刀　　(b) 阶梯孔镗刀　　(c) 盲孔镗刀

图 3-72　单刃镗刀
1—调节螺钉；2—紧固螺钉

在孔的精镗中，目前较多地选用精镗微调镗刀。这种镗刀的径向尺寸可以在一定范围内进行微调，调节方便，且精度高，其结构如图 3-73 所示。调整尺寸时，先松开拉紧螺钉，然后转动带刻度盘的调整螺母，待调至所需尺寸，再拧紧拉紧螺钉。使用时应保证锥面接触面积，且与直孔部分同心。导向块与键槽配合间隙不能太大，否则微调时就不能达到较高的精度。

镗削大直径的孔可选用图 3-74 所示的双刃镗刀。这种镗刀头部可以在较大范围内进行调整，且调整方便。双刃镗刀的两端有一对对称的切削刃同时参加切削，与单刃镗刀相比，双刃镗刀每转进给量可提高一倍左右，生产率高，同时可消除切削力对镗杆的影响。

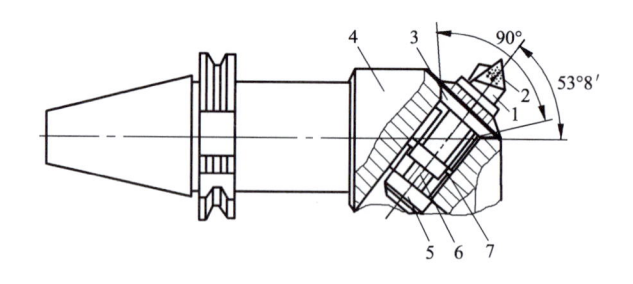

图 3-73 微调镗刀
1—刀片；2—切削刃；3—调整螺母；4—镗刀杆；
5—螺母；6—拉紧螺钉；7—导向块

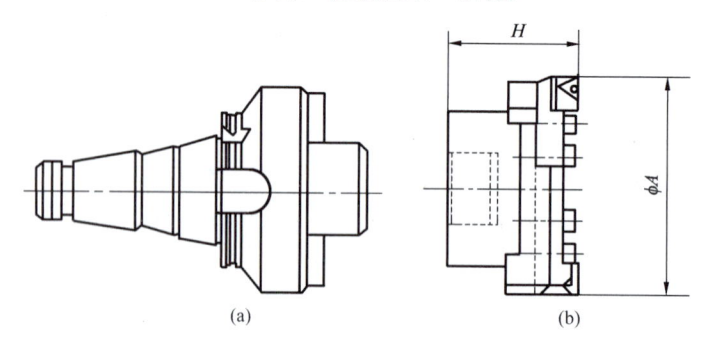

图 3-74 双刃镗刀

(4) 铰孔刀具及其选择

加工中心上使用的铰刀多是通用标准铰刀。此外，还有机夹硬质合金刀片的单刃铰刀和浮动铰刀等。通用标准铰刀的组成如图 3-75 所示。

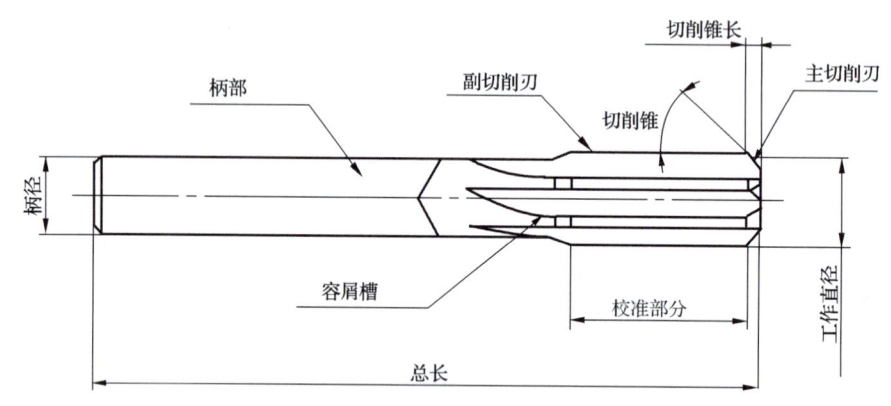

图 3-75 通用标准铰刀

当加工精度等级为 IT8～IT9 级、表面粗糙度为 Ra 0.8～1.6 的孔时，多选用通用标准铰刀。

通用标准铰刀如图 3-76 所示，可分为直柄铰刀、锥柄铰刀和套式铰刀三种。锥柄铰刀直径为 10～32 mm，直柄铰刀直径为 6～20 mm，小孔直柄铰刀直径为 1～6 mm，套式铰刀直径为 25～80 mm。

铰刀的工作部分包括切削部分与校准部分。切削部分为锥形，担负主要的切削工作。

(a) 直柄铰刀　　(b) 锥柄铰刀

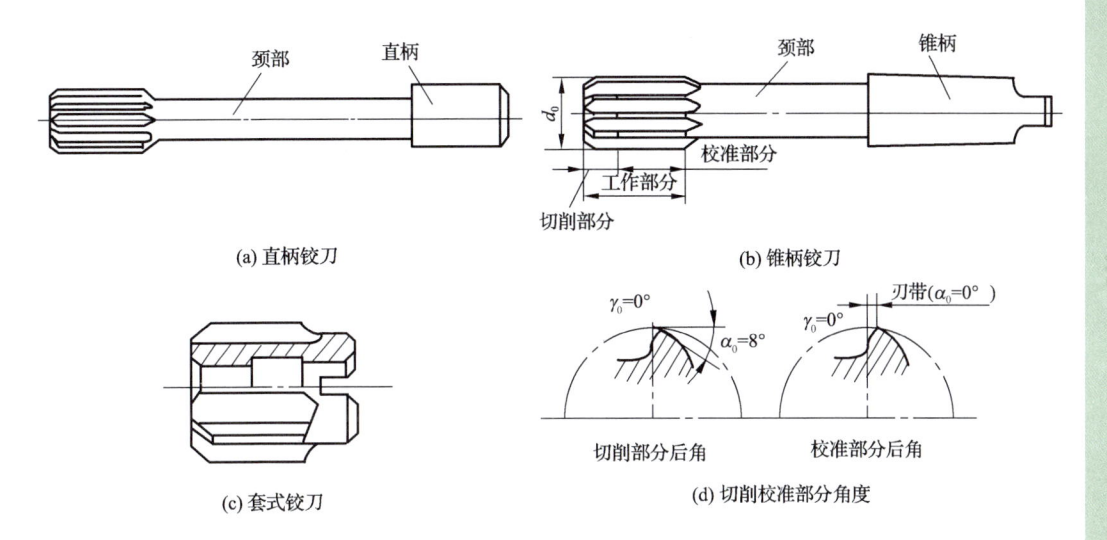

(c) 套式铰刀　　(d) 切削校准部分角度

图 3-76　通用标准铰刀

切削部分的主偏角为 5°～15°，前角一般为 0°，后角一般为 5°～8°。校准部分有校正孔径、修光孔壁和导向的作用。校准部分包括圆柱部分和倒锥部分，圆柱部分可保证铰刀直径且便于测量，倒锥部分可减少铰刀与孔壁的摩擦且减小孔径扩大量。

通用标准铰刀有 4～12 齿，铰刀的齿数除了与铰刀直径有关外，主要根据加工精度的要求选择。齿数对加工表面粗糙度的影响并不大，齿数过多，刀具的制造、重磨都比较麻烦，而且会因齿间容屑槽的减小而造成切屑堵塞和划伤孔壁，导致铰刀折断；齿数过少，则铰削时的稳定性差，刀齿的切削负荷增大，容易产生几何误差。铰刀齿数的选择见表 3-13。

表 3-13　铰刀齿数的选择

铰刀直径/mm		1.5～3	3～14	14～40	>40
齿数	一般加工精度	4	4	6	8
	高加工精度	4	6	8	10～12

当铰削精度等级为 IT5～IT7 级、表面粗糙度为 $Ra\ 0.4～0.8$ 的孔时，可采用机夹硬质合金刀片的单刃铰刀铰孔，如图 3-77 所示。

当铰削精度等级为 IT6～IT7 级、表面粗糙度为 $Ra\ 0.8～1.6$ 的大直径通孔时，可选用专为加工中心设计的浮动铰刀，如图 3-78 所示。浮动铰刀既能保证在换刀和铰削过程中刀片不会从刀杆中滑出，又能较准确地定心。浮动铰刀有两个对称刀刃，能自动平衡切削力，在铰削过程中又能自动补偿因刀具安装误差或刀杆的径向跳动而引起的加工误差，因而加工精度稳定。

(5) 小孔径螺纹加工刀具及其选择

丝锥用于加工直径为 M6～M20 的螺纹孔，一般在加工中心上用攻螺纹的方法加工。丝锥的组成如图 3-79 所示。丝锥示例如图 3-80 所示。

需要注意的是，加工中心或数控铣床在攻螺纹时必须采用具有浮动功能的攻螺纹夹头。

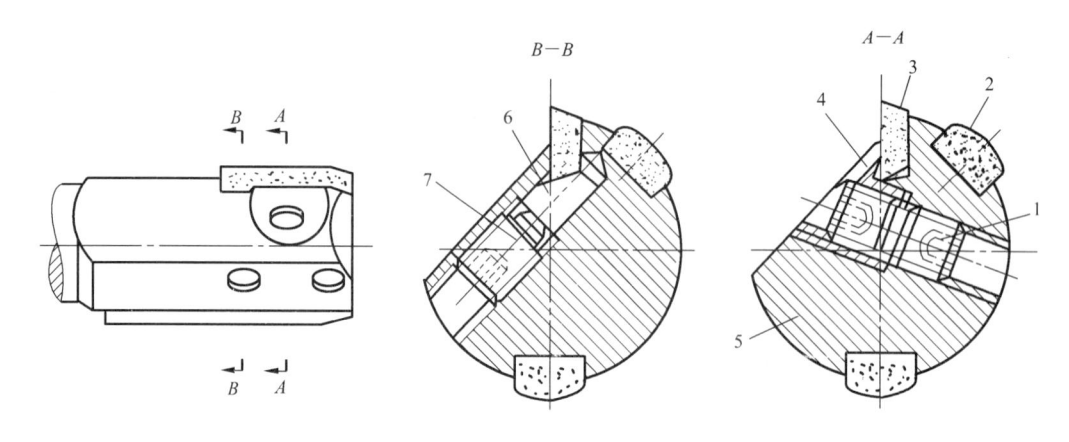

图 3-77 硬质合金单刃铰刀
1—螺钉；2—导向块；3—刀片；4—模套；5—刀体；6—销子；7—调节杆

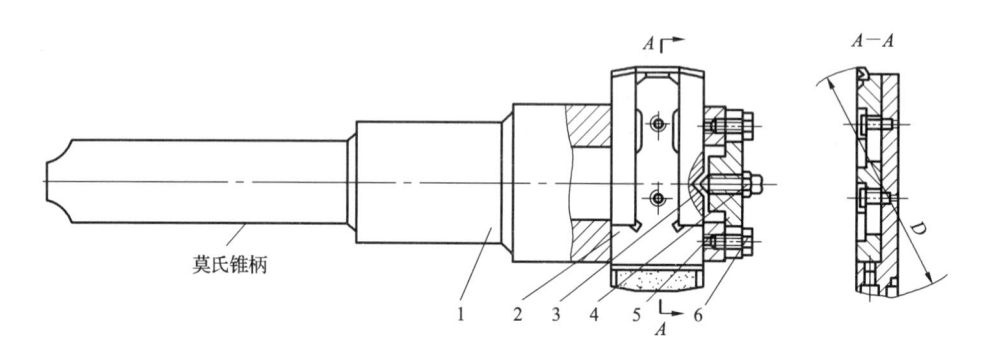

图 3-78 浮动铰刀
1—刀杆体；2—可调式浮动铰刀体；3—圆锥端螺钉；4—螺母；5—定位滑块；6—螺钉

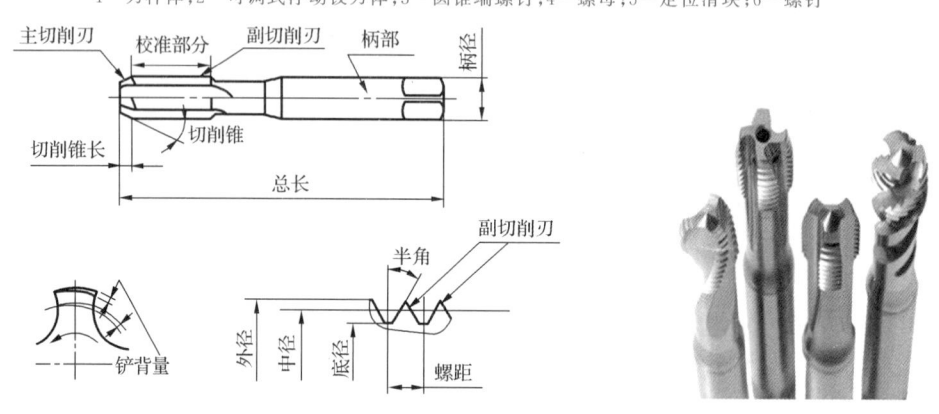

图 3-79 丝锥的组成

图 3-80 丝锥示例

丝锥的选择要点如下：

①工件材料的可加工性是攻螺纹难易的关键，对于高强度的工件材料，丝锥的前角和下凹量(前面的下凹程度)通常较小，以增加切削刃强度。下凹量较大的丝锥则用在切削扭矩较大的场合，长屑材料需较大的前角和下凹量，以便卷屑和断屑。

②加工较硬的工件材料需要较大的后角,以减小摩擦和便于冷却液到达切削刃;加工软材料时,太大的后角会导致螺孔扩大。

③直槽丝锥主要用于加工通孔的螺纹。螺旋槽丝锥主要用于加工不通孔的螺纹,螺旋槽丝锥攻螺纹时,排屑效果较好。加工硬度、强度较高的工件材料,所用的螺旋槽丝锥螺旋角较小,可改善其结构强度。

(6)锪孔刀具及其选择

锪孔是用锪钻或锪刀在工件孔口刮平端面或切出锥形、圆柱形沉孔的加工方法,如图 3-81 所示。在工件孔口刮平端面称为锪平面,切出锥形、圆柱形沉孔称为锪沉孔。锪孔的深度一般较浅,如锪平铸件或锻件工件孔口平面、锪出沉孔螺栓的沉孔等。锪钻或锪刀一般是根据要锪的孔口平面或沉孔形状进行特殊磨制或订制。在生产实际中,对于孔口较小的平面或沉孔,一般采用立铣刀或端面立铣刀锪平面,锪孔一般采用立铣刀、端面立铣刀或除钻尖外端面基本为平面的钻头(由麻花钻手工刃磨或工具磨刃磨而成)锪沉孔。

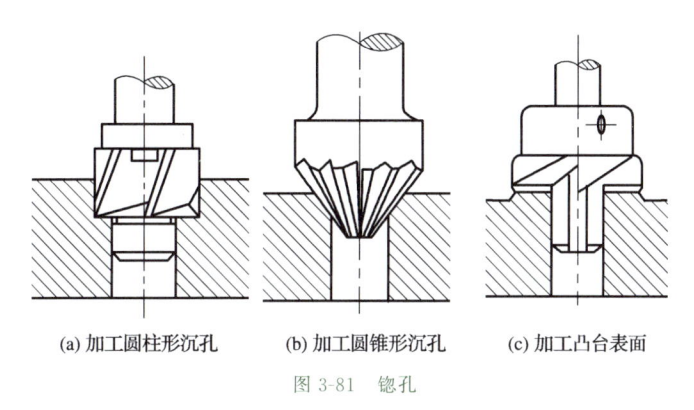

(a) 加工圆柱形沉孔　　(b) 加工圆锥形沉孔　　(c) 加工凸台表面

图 3-81　锪孔

4 孔加工切削用量的选择

切削用量的选择应充分考虑零件的加工精度、表面粗糙度、刀具的强度和刚度、加工效率等因素,在机床说明书允许的范围之内,查阅手册并结合经验确定。表 3-14～表 3-18 中列出了部分孔加工切削用量,供选择时参考。

表 3-14　　　　　　　　高速钢钻头加工铸铁的切削用量

钻头直径/mm	材料硬度					
	160～200HBS		200～300HBS		300～400HBS	
	v_c/(m·min^{-1})	f/(mm·r^{-1})	v_c/(m·min^{-1})	f/(mm·r^{-1})	v_c/(m·min^{-1})	f/(mm·r^{-1})
1～6	16～24	0.07～0.12	10～18	0.05～0.1	5～12	0.03～0.08
6～12	16～24	0.12～0.2	10～18	0.1～0.18	5～12	0.08～0.15
12～22	16～24	0.2～0.4	10～18	0.18～0.25	5～12	0.15～0.2
22～50	16～24	0.4～0.8	10～18	0.25～0.4	5～12	0.2～0.3

注:采用硬质合金钻头加工铸铁时,取 v_c=20～30 m/min。

表 3-15　　　　　　　　　高速钢钻头加工钢件的切削用量

钻头直径/ mm	材料硬度					
	σ_b=520~700 MPa (35、45钢)		σ_b=700~900 MPa (15Cr、20Cr钢)		σ_b=1 000~1 100 MPa (合金钢)	
	v_c/ (m·min^{-1})	f/ (mm·r^{-1})	v_c/ (m·min^{-1})	f/ (mm·r^{-1})	v_c/ (m·min^{-1})	f/ (mm·r^{-1})
1~6	8~25	0.05~0.1	12~30	0.05~0.1	8~15	0.03~0.08
6~12	8~25	0.1~0.2	12~30	0.1~0.2	8~15	0.08~0.15
12~22	8~25	0.2~0.3	12~30	0.2~0.3	8~15	0.15~0.25
22~50	8~25	0.3~0.45	12~30	0.3~0.45	8~15	0.25~0.35

表 3-16　　　　　　　　　高速钢铰刀铰孔的切削用量

铰刀直径/ mm	材料硬度					
	铸铁		钢及合金钢		铝铜及其合金	
	v_c/ (m·min^{-1})	f/ (mm·r^{-1})	v_c/ (m·min^{-1})	f/ (mm·r^{-1})	v_c/ (m·min^{-1})	f/ (mm·r^{-1})
6~10	2~6	0.3~0.5	1.2~5	0.3~0.4	8~12	0.3~0.5
10~15	2~6	0.5~1	1.2~5	0.4~0.5	8~12	0.5~1
15~25	2~6	0.8~1.5	1.2~5	0.5~0.6	8~12	0.8~1.5
25~40	2~6	0.8~1.5	1.2~5	0.4~0.6	8~12	0.8~1.5
40~60	2~6	1.2~1.8	1.2~5	0.5~0.6	8~12	1.5~2

注：采用硬质合金铰刀加工铸铁时，取 v_c=8~10 m/min；加工铝时，取 v_c=12~15 m/min。

表 3-17　　　　　　　　　　镗孔的切削用量

工 序	刀具 材料	工件材料					
		铸铁		钢及合金钢		铝铜及其合金	
		v_c/ (m·min^{-1})	f/ (mm·r^{-1})	v_c/ (m·min^{-1})	f/ (mm·r^{-1})	v_c/ (m·min^{-1})	f/ (mm·r^{-1})
粗镗	高速钢 硬质合金	20~25 35~50	0.4~1.5	15~30 50~70	0.35~0.7	100~150 100~250	0.5~1.5
半精镗	高速钢 硬质合金	20~35 50~70	0.15~0.45	15~50 95~135	0.15~0.45	100~200	0.2~0.5
精镗	高速钢 硬质合金	70~90	<0.8 0.12~0.15	100~135	0.12~0.15	150~400	0.06~0.1

注：当采用高精度镗头镗孔时，余量较小，直径余量不大于 0.2 mm，切削速度可提高一些；加工铸铁时，为 100~150 m/min；加工钢件时，为 150~200 m/min；加工铝合金时，为 200~400 m/min。进给量可在 0.03~0.1 mm/r 范围内选取。

表 3-18　　　　　　　　　　　攻螺纹切削用量

加工材料	铸铁	钢及合金钢	铝、铜及其合金
$v_c/(\text{m}\cdot\text{min}^{-1})$	2.5~5	1.5~5	5~15

(1) 主轴转速(刀具转速)的选择

主轴转速(刀具转速) n 根据选定的切削速度 v_c 和刀具的加工直径 d 来计算，即

$$n = \frac{1\,000 v_c}{\pi d} \tag{3-2}$$

式中　d——刀具的加工直径，mm；

　　　v_c——选定刀具的切削速度，m/min；

　　　n——主轴转速(刀具转速)，r/min。

(2) 进给速度 v_f 的选择

进给速度 v_f 包括纵向进给速度和横向进给速度，其计算公式为

$$v_f = nf \tag{3-3}$$

式中　v_f——进给速度，mm/min；

　　　n——主轴转速(刀具转速)，r/min；

　　　f——每转进给量，mm/r。

攻螺纹时进给量的选择决定于螺纹的导程，即

$$v_f = nP \tag{3-4}$$

式中　v_f——丝锥攻螺纹的进给速度，mm/min；

　　　P——加工螺孔的导程，mm；

　　　n——攻螺纹时的主轴转速(刀具转速)，r/min。

任务实施

1 零件图的工艺分析

(1) 尺寸精度分析

图 3-60 所示零件图中 $\phi 30H7$ 及 $\phi 8H8$ 的精度等级分别达到 IT7 级和 IT8 级，尺寸精度要求较高。

(2) 位置精度分析

该零件无位置精度要求。

(3) 结构及其他方面分析

本任务为典型板类零件的数控加工工艺设计，零件结构简单，零件图尺寸标注完整、正确，加工部位明确、清楚，材料为 HT200，加工工艺性好。主要加工内容为板件表面上的孔系，包括 $\phi 30H7$ 及 $4\times\phi 8H8$ 孔、$4\times\phi 12$ 沉孔及 $4\times M10$ 螺纹孔。其中，$\phi 30H7$ 及 $4\times\phi 8H8$ 孔的尺寸精度要求和表面粗糙度要求较高，特别是表面粗糙度为 $Ra\ 0.8\ \mu m$，适于数控加工。

2 机床的选择

本任务所要加工零件的外形不大,因需要换用多把刀具来加工孔系,机床自动换刀可提高加工效率,故选用规格不大的型号为 VC850A 的德马加工中心(若没有加工中心,可以选用数控铣床加工,只是需要机床操作人员自行换刀)。

3 加工工艺路线的设计

(1) 加工方案的确定

ϕ30H7:已有粗加工孔 ϕ25 μm,选择粗镗→半精镗→精镗加工方案可满足加工要求。

4×ϕ8H8:选择钻中心孔→钻孔→扩孔→铰孔加工方案,以满足表面粗糙度要求。

4×ϕ12:完成 4×ϕ8H8 后锪孔。

4×M10:选择钻中心孔→钻螺纹底孔→螺纹孔口倒角→攻螺纹加工方案。

(2) 加工顺序的安排

按照先粗后精的原则安排加工顺序。总体顺序为粗加工(粗镗 ϕ30H7 孔→钻各中心孔→粗加工 4×ϕ8H8 孔和锪 4×ϕ12 mm 沉孔→钻 4×M10 螺纹底孔)→半精加工(半精镗 ϕ30H7 孔→扩 4×ϕ8H8 孔→4×M10 螺纹孔口倒角)→精加工(精镗 ϕ30H7 孔→铰 4×ϕ8H8 孔 →攻 4×M10 螺纹)。

(3) 加工工艺路线的拟订

由零件图可知,孔的位置精度要求不高,因此所有孔加工的进给路线按最短路线确定。图 3-82～图 3-86 所示为孔加工各工步的进给路线。

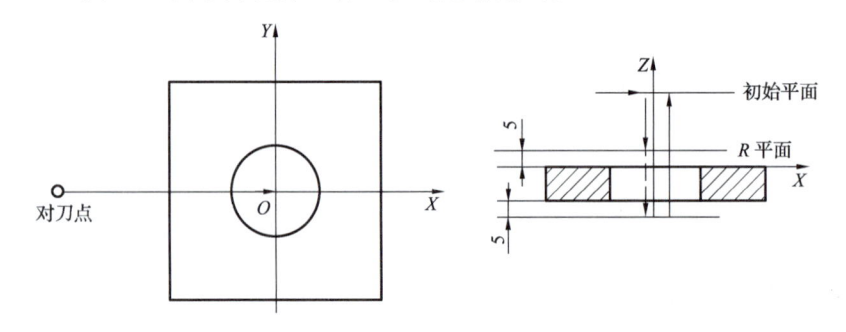

图 3-82 粗镗 ϕ30H7 孔的进给路线

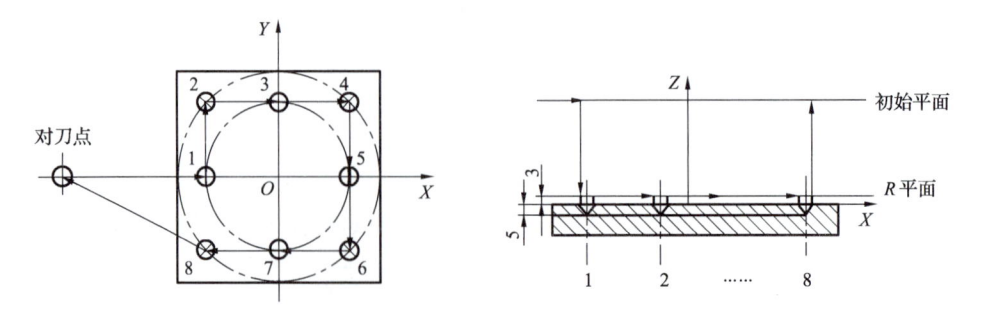

图 3-83 钻各中心孔的进给路线

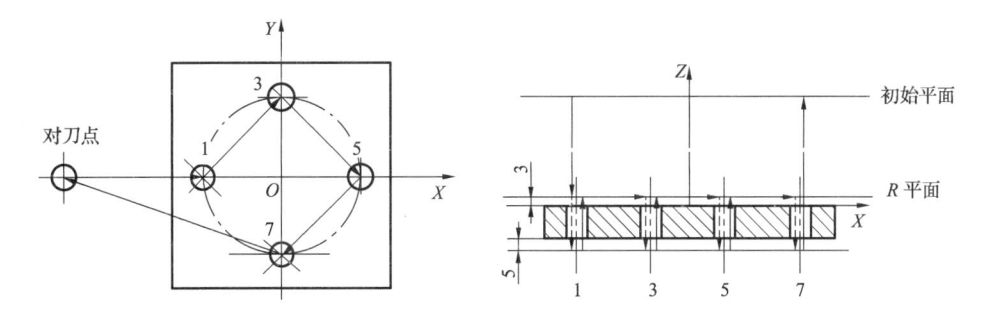

图 3-84　钻、铰 4×φ8H8 孔的进给路线

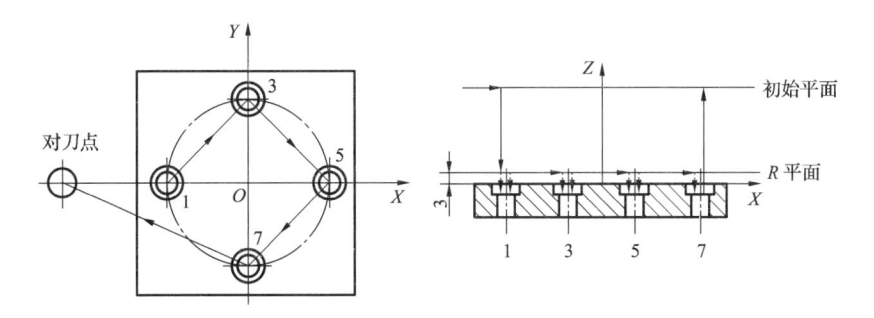

图 3-85　锪 4×φ12 mm 沉孔的进给路线

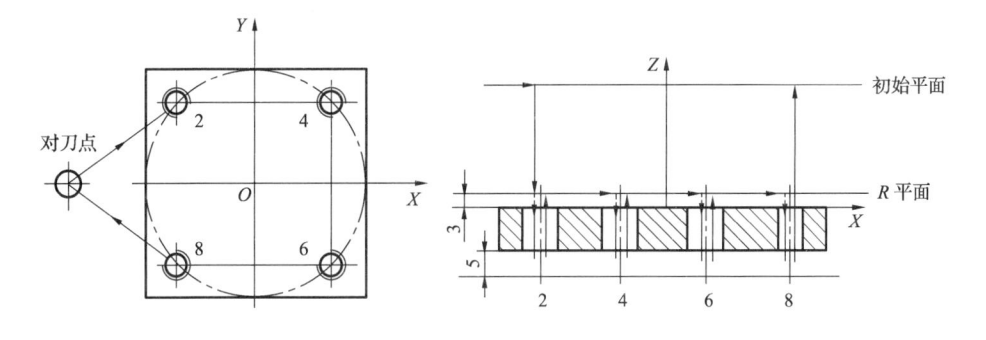

图 3-86　钻 4×M10 螺纹底孔、攻 4×M10 螺纹的进给路线

4 装夹方案及夹具的选择

该零件形状比较规则、简单,加工孔系的位置精度要求不高,采用台虎钳夹紧即可。

5 数控加工工序卡和刀具卡的填写

(1)孔板数控加工工序卡

孔板数控加工工序卡见表 3-19。

表 3-19　　　　　　　　　　　　孔板数控加工工序卡

单位名称	×××	产品名称或代号	零件名称	零件图号
		×××	孔板	×××
工序号	程序编号	夹具名称	加工设备	车间
×××	×××	台虎钳	VC850A（立式加工中心）	数控中心

工步号	工步内容	刀具号	刀具规格/mm	主轴转速/(r·min⁻¹)	进给速度/(mm·min⁻¹)	检测工具	备注
1	钻各中心孔	T01	$\phi3$	1000	40	游标卡尺	
2	粗镗 $\phi30H7$ 孔至 28	T02	$\phi28$	500	60	游标卡尺	
3	钻 4×$\phi8H8$ 底孔至 $\phi7.5$ mm	T03	$\phi7.5$	800	60	游标卡尺	
4	锪 4×$\phi12$ mm 沉孔	T04	$\phi12$	400	30	游标卡尺	
5	钻 4×M10 螺纹底孔至 $\phi8.5$ mm	T05	$\phi8.5$	750	50	游标卡尺	
6	半精镗 $\phi30H7$ 孔至 $\phi29.8$ mm	T06	$\phi29.8$	500	50	游标卡尺	
7	扩 4×$\phi8H8$ 底孔至 $\phi7.9$ mm	T07	$\phi7.9$	500	60	游标卡尺	
8	4×M10 螺纹孔口倒角	T08	$\phi18$	600	40	游标卡尺	
9	精镗 $\phi30H7$ 孔	T09	$\phi30H7$	550	30	内径百分表	
10	铰 4×$\phi8H8$ 孔	T10	$\phi8H8$	100	30	专用检具	
11	攻 4×M10 螺纹	T11	M10	100	150	螺纹通止规	
编制	×××	审核	×××	批准	×××	年 月 日	共 页 第 页

（2）孔板数控加工刀具卡

孔板数控加工刀具卡见表 3-20。

表 3-20　　　　　　　　　　　　孔板数控加工刀具卡

产品名称或代号	×××	零件名称	孔板	零件图号	×××

序号	刀具号	刀具规格名称	数量	刀长/mm	加工表面	备注
1	T01	$\phi3$ mm 中心钻	1	实测	钻各孔的中心	
2	T02	$\phi28$ mm 镗刀	1	实测	粗镗 $\phi30H7$ 孔	
3	T03	$\phi7.5$ mm 麻花钻	1	实测	钻 4×$\phi8H8$ 底孔	
4	T04	$\phi12$ mm 阶梯铣刀	1	实测	锪 4×$\phi12$ mm 沉孔	
5	T05	$\phi8.5$ mm 麻花钻	1	实测	钻 4×M10 螺纹底孔	
6	T06	$\phi29.8$ mm 镗刀	1	实测	半精镗 $\phi30H7$ 孔	
7	T07	$\phi7.9$ mm 平钻	1	实测	扩 4×$\phi8H8$ 孔	
8	T08	$\phi18$ mm 麻花钻	1	实测	4×M10 螺纹孔口倒角	
9	T09	$\phi30H7$ 精镗刀	1	实测	精镗 $\phi30H7$ 孔	
10	T10	$\phi8H8$ 铰刀	1	实测	铰 4×$\phi8H8$ 孔	
11	T11	机用丝锥 M10	1	实测	攻 4×M10 螺纹	
编制	×××	审核	×××	批准	×××	年 月 日　共 页 第 页

知识拓展

☞ 钻头的选择及钻前常见问题与对策

1 钻头的选择步骤

(1)确定孔的直径、深度和质量要求

在此过程中,还需考虑生产经济性和切削可靠性。

(2)选择钻头的类型

选择用于粗加工或精加工的钻头。检查钻头是否适合工件材料、孔的质量要求和能否提供最佳的生产经济性。确定是选用可转位刀片钻头还是可重磨钻头。可转位刀片钻头不能用于加工小直径(直径小于 12 mm)孔,加工小直径孔可选用整体或焊接硬质合金钻头。

(3)选择钻头的牌号和槽形

如果选择了可转位刀片钻头,就必须单独选择刀片。找到适用于孔直径的刀片,选择推荐用于该工件材料的槽形和牌号。为整体或焊接硬质合金钻头选择合适的牌号。

(4)选择刀柄的类型

许多钻头有不同的安装方式,找出适用于机床的刀柄类型很重要。

2 钻削的常见问题与对策

以整体式钻头为例,钻削的常见问题与对策见表 3-21。

表 3-21　　　　　整体式钻头铣削的常见问题与对策

问 题	图 例	对 策
后刀面快速磨损		检查机床主轴、刀具与工件的装夹; 提高冷却液浓度; 降低切削速度
刃带磨损		检查并确保径向跳动小于 0.04 mm; 检查机床主轴、刀具与工件的装夹; 提高冷却液浓度; 降低切削速度
横刃微崩		检查并确保径向跳动小于 0.04 mm; 检查机床主轴、刀具与工件的装夹; 降低入口处的进给量; 提高冷却液压力,并通过调节进给量来优化切屑形成

续表

问题	图例	对 策
刀尖、主切削刃微崩		检查机床主轴、刀具与工件的装夹； 降低入口切处的进给量； 提高冷却液浓度； 降低切削速度； 重磨钻头
孔外折断		检查并确保径向跳动小于 0.04 mm； 检查机床主轴、刀具与工件的装夹； 降低入口处的进给量
孔内折断		检查并确保径向跳动小于 0.04 mm； 检查机床主轴、刀具与工件的装夹； 降低入口切处的进给量； 提高冷却液压力，并通过调节进给量来优化切屑形成； 重磨钻头
位置精度差		检查并确保径向跳动小于 0.04 mm； 检查机床主轴、刀具与工件的装夹； 降低入口切处的进给量； 降低进给量； 提高冷却液压力，并通过调节进给量来优化切屑形成； 重磨钻头
出口处毛刺		减小负倒棱宽度(W)
积屑瘤		提高冷却液浓度； 提高切削速度或重磨钻头(如果钻头磨损)

知识点及技能测评

一、填空题

1. 孔加工方法比较多,有钻、扩、_____、_____和_____等。

2. 用数控设备进行孔加工时,一般首先将刀具在_____平面内迅速、准确地运动到孔中心线位置,然后再沿_____向运动进行加工。

3. 钻→扩→粗铰→精铰方案适用于加工未淬硬钢或铸铁,要求加工精度为 7 级、表面粗糙度 Ra 为 1~2 μm 且直径_____(填"较大"或"较小")的孔。

4. 粗镗→半精镗→精镗方案适于毛坯上已铸出或锻出的孔加工,要求加工精度为 7 级、表面粗糙度 Ra 为 1~2 μm 且直径_____(填"较大"或"较小")的孔。

5. 加工孔时,刀具在 XY 平面内的运动属点位运动,因此确定进给加工路线时主要考虑定位要_____和_____。

6. 定位要迅速也就是在刀具不与工件、夹具和机床干涉的前提下空行程尽可能_____。

7. 麻花钻是应用最多的孔加工刀具,可用来在实体材料上或在已有孔的基础上_____。

8. 麻花钻主要由工作部分和柄部组成,工作部分又包括_____和_____。麻花钻的切削部分有_____个主切削刃、_____个副切削刃和_____个横刃。

9. 镗刀种类很多,按切削刃数量可分为_____和_____。

10. 铰削加工精度为 IT8~IT9 级,表面粗糙度 Ra 为 0.8~1.6 μm 的孔时,选用通用_____铰刀。

11. 丝锥用于加工直径在_____mm 之间的螺纹孔,一般在加工中心上用攻螺纹的方法加工。

12. 加工中心/数控铣床攻螺纹时必须采用具有_____功能的攻螺纹夹头。

二、选择题

1. 位置精度较高的孔系加工时,特别要注意孔加工顺序的安排,主要是考虑到( )。

   A. 坐标轴的反向间隙　　　　B. 刀具的耐用度
   C. 控制振动　　　　　　　　D. 加工表面质量

2. 钻孔的直径在理论上讲应(　　)钻头的直径。
   A. 大于　　　　　B. 小于　　　　　C. 等于　　　　　D. 小于等于
3. (　　)可修正上一工序所产生的孔的轴线位置公差,保证孔的位置精度。
   A. 镗孔　　　　　B. 扩孔　　　　　C. 铰孔　　　　　D. 锪孔
4. 下图工艺结构合理的是(　　)。

   A.　　　　　B.　　　　　C.　　　　　D.

5. 钻孔时为了减少加工热量和轴向力,提高定心精度的主要措施是(　　)。
   A. 修磨后角和修磨横刃　　　　　B. 修磨横刃
   C. 修磨顶角和修磨横刃　　　　　D. 修磨后角
6. 通常,对精度有要求的螺纹孔,需(　　)攻螺纹。
   A. 一次　　　　　B. 二次　　　　　C. 三次　　　　　D. 多次
7. 下列孔加工中,(　　)孔是起钻孔定位和引正作用的。
   A. 麻花钻　　　　　B. 中心钻　　　　　C. 扩孔钻　　　　　D. 锪钻
8. 镗削精度高的孔时,粗镗后,在工件上的切削热达到(　　)后再进行精镗。
   A. 热平衡　　　　　B. 热变形　　　　　C. 热膨胀　　　　　D. 热伸长
9. 镗孔时,孔呈椭圆形的主要原因是(　　)。
   A. 主轴与进给方向不平行　　　　　B. 刀具磨损
   C. 工件装夹不当　　　　　D. 主轴刚度不足
10. 镗孔时,孔出现锥度的原因之一是(　　)。
    A. 主轴与进给方向不平行　　　　　B. 工件装夹不当
    C. 切削过程中刀具磨损　　　　　D. 工件变形

三、判断题

1. 麻花钻的柄部都是圆柱柄。　　　　　　　　　　　　　　　　　　　(　　)
2. 标准麻花钻的横刃斜角为 50°～55°。　　　　　　　　　　　　　　　(　　)
3. 镗削过程中,刀杆挠度是影响镗孔形位精度的主要因素之一。　　　(　　)
4. 铰孔的加工精度很高,因此能对粗加工后孔的尺寸和位置误差作精确的纠正。
   　　　　　　　　　　　　　　　　　　　　　　　　　　　　　　　(　　)
5. 位置精度较高的孔系加工时,特别要注意孔的加工顺序的安排,主要是考虑到坐标轴的反向间隙。　　　　　　　　　　　　　　　　　　　　　　　(　　)
6. 扩孔可以部分地纠正钻孔留下的孔轴线歪斜。　　　　　　　　　　(　　)

四、设计如图 3-87 所示零件的加工工艺卡片。

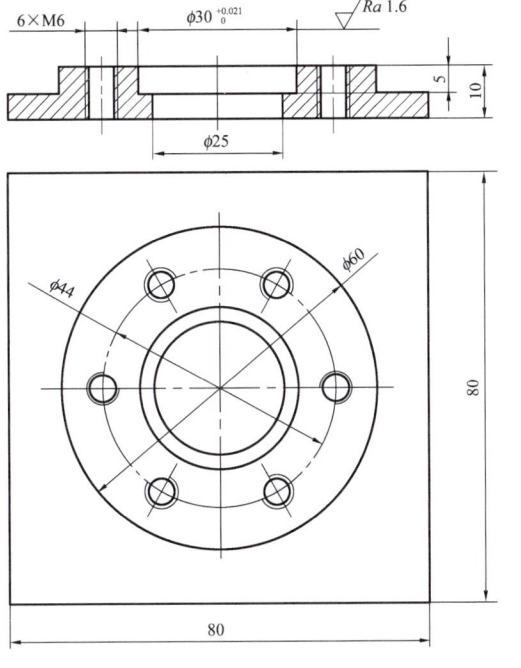

毛坯：80 mm×80 mm×10 mm

(a)

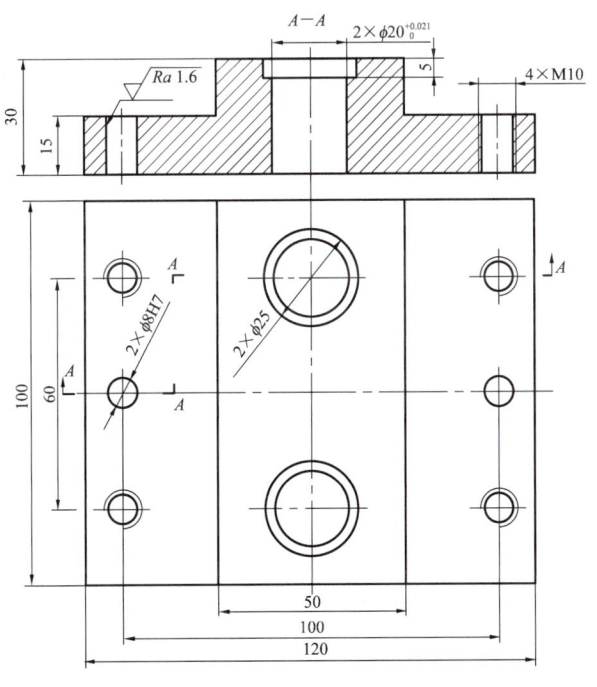

毛坯：120 mm×100 mm×30 mm

(b)

图 3-87 零件图

拓展资料

工业母机

2021年8月19日,国资委在会议上强调,要把科技创新摆在更加突出的位置,推动中央企业主动融入国家基础研究、应用基础研究创新体系,针对工业母机、高端芯片、新材料、新能源汽车等领域加强关键核心技术攻关。而"工业母机"就是机床,它是工业生产中重要的工具之一。

对于中国机床产业来说,被国资委会议提高到"工业母机"的高度在此刻显得十分重要。在工业母机之上,承载的是中国制造业的星辰大海。

改革开放以来,数控机床技术一直作为机床工业的主攻方向,国家连续组织了几个五年计划的数控技术攻关,有力地促进了数控机床技术的发展进步,我国已全面进入了数控机床时代。

随着我国数控机床技术的全面普及,中档数控机床技术不断趋向成熟,市场竞争力逐步增强,市场地位日益巩固。近年来,国产机床已经在本土中端市场占据了半壁江山,基本实现了由被动防守到长期相持再到积极进攻的战略转变。

同时,我国机床企业在高端领域也努力进取,2009年启动的"国家高档数控机床重大科技专项"发挥了有力的推动作用,显著加快了高档数控机床及其功能单元和关键零部件的技术研发步伐,许多高档产品品种实现了"从无到有"的跨越,为参与高端领域的市场竞争进一步积蓄了能量。

项目四
箱体类零件的数控加工工艺

任务一 壳体的数控加工工艺设计

学习目标

【知识目标】

1. 了解数控加工中心的工艺特点和加工对象。
2. 了解数控加工中心的工艺装备。
3. 掌握数控加工中心刀柄的选择及使用方法。

【技能目标】

1. 能够熟练选择平面及孔加工的刀具和切削用量。
2. 能够对壳体类零件设计合理的数控加工工艺。

RENWU MIAOSHU 任务描述

壳体的零件图和立体图如图 4-1 所示,零件材料为 HT200。在数控加工之前,底面凸台、$\phi 30^{+0.033}_{\ \ 0}$ 孔及其凸台已加工完成。设计该零件的数控加工工艺。

相关知识

本任务涉及简单箱体类零件的数控加工工艺的相关知识为:加工中心概述、加工中心的工艺装备、加工中心的刀具结构、刀柄的选择与使用。

1 加工中心概述

(1)加工中心的工艺特点

加工中心是一种功能较全的数控机床,它集铣削、钻削、铰削、镗削、攻螺纹和切螺纹于一体,具有多种工艺手段。与普通机床相比,加工中心具有许多显著的工艺特点。

①加工精度高　在加工中心上加工,其工序高度集中,一次装夹即可加工出零件上大部分甚至全部表面,避免了工件多次装夹所产生的装夹误差,因此,加工表面之间能获得较高的相互位置精度。同时,加工中心多采用半闭环,甚至全闭环的位置补偿功能,在加工过程中产生的尺寸误差能及时得到补偿,有较高的定位精度和重复定位精度。

②精度稳定　整个加工过程由程序自动控制,不受操作者人为因素的影响,加上机床的位置补偿功能和较高的定位精度、重复定位精度,加工出的零件尺寸一致性较好。

③效率高　一次装夹能完成较多表面的加工,缩短了多次装夹工件所需的辅助时间,同时也减少了工件在机床与机床之间、车间与车间之间的周转次数和运输工作量,在制品数量少时可简化生产调度和管理。

④表面质量好　加工中心主轴转速和各轴进给量均是无级调速,有的甚至具有自适应控制功能,能随刀具和工件材质及刀具参数的变化,把切削参数调整到最佳数值,从而提高了各加工表面的质量。

⑤软件适应性强　零件每个工序的加工内容、切削用量、工艺参数都以数控程序的方式输入加工中心,加工中心按照程序加工零件,程序可以随时修改,这给新产品试制、实行新的工艺流程和试验提供了方便。

但在加工中心上加工与在普通机床上加工相比,也有不足之处。例如,刀具应适应更高的强度、硬度和耐磨性;悬臂切削孔时,无辅助支承,刀具还应具备很好的刚性;在切削加工过程中,切屑易堆积,会缠绕在工件和刀具上,影响加工顺利进行,需要采用断屑措施并及时清理切屑;一次装夹完成从毛坯到成品的加工,无时效工序,工件的内应力难以消除;使用、维修管理要求较高,操作者应具有较高的技术水平;加工中心的价格一般在几十万元到几百万元人民币,一次性投入较大,零件的加工成本较高。

(2)加工中心的主要加工对象

针对加工中心的工艺特点,加工中心适于加工形状复杂、加工内容多、精度要求较高、需用多种类型的普通机床和众多工艺装备,且经多次装夹和调整才能完成加工的零件。由于加工中心在数控铣床的基础上增加刀库及自动换刀装置,工件在一次装夹后可依次完成多工序的加工,所以加工中心与数控铣床相比,除了能加工数控铣床的主要加工对象外,还能加工如下对象:

(a) 零件图

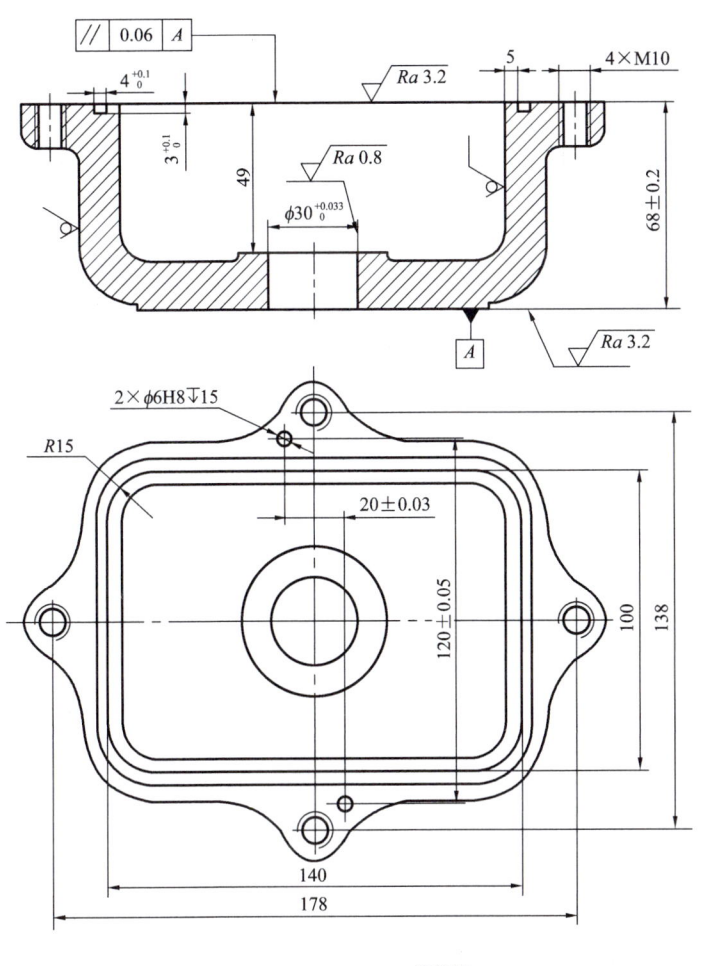

技术要求

1. 零件加工表面不应有划痕、擦伤等缺陷；
2. 去除毛刺、飞边；
3. 毛坯为铸件，未注尺寸允许 ±0.5。

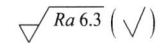

(b) 立体图

图 4-1　壳体

①既有平面又有孔系的零件　加工中心具有自动换刀装置，在一次装夹中可以完成零件平面的铣削以及孔系的钻削、镗削、铰削、铣削、攻螺纹等多工步加工。加工的部位可以在一个平面上，也可以在不同的平面上。五面体加工中心在一次装夹后可以完成除装夹面以外的五个面的加工。因此，既有平面又有孔系的零件是加工中心的首选加工对象，

这类零件常见的有箱体类零件和盘、套、轴、板、壳体类零件。

- 箱体类零件　一般是指具有多个孔系，内部有一定型腔和空腔，在长、宽、高方向有一定比例的零件，例如发动机缸体、变速箱体、机床的床头箱、主轴箱、泵箱体等，如图 4-2 所示。

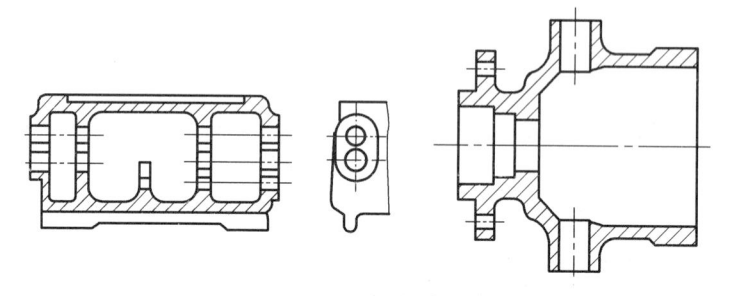

图 4-2　箱体类零件简图

箱体类零件一般都需要进行多工位孔系及平面加工，精度要求较高，特别是形状精度和位置精度要求严格，通常要经过铣削、钻削、扩削、镗削、铰削、锪削、攻螺纹等工序（或工步）加工，需要的刀具较多。此类零件在普通机床上加工难度大，工装套数多，费用高，加工周期长，需多次装夹、找正，手工测量次数多，换刀次数多，加工精度难以保证。而在加工中心上加工，一次装夹即可完成普通机床 60%～95% 的工序内容，零件各项精度一致性好，加工质量稳定，同时节省费用，生产周期短。

- 盘、套、轴、板、壳体类零件　带有键槽、径向孔或端面有分布的孔系及曲面的盘、套、轴、板、壳体类零件，例如，带法兰盘的轴套、带键槽或方头的轴类零件，具有较多加工孔的板类零件和各种壳体类零件等。盘、套类零件如图 4-3 所示，壳体类零件如图 4-4 所示。

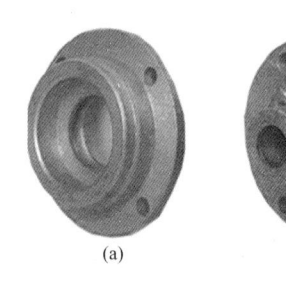

图 4-3　盘、套类零件

图 4-4　壳体类零件

②结构形状复杂、普通机床难加工的零件　主要表面由复杂曲线、曲面组成的零件，加工时需要多坐标联动加工，这在普通机床上是难以甚至无法完成的。加工中心的刀具可以自动更换，工艺范围更宽，是加工这类零件的最有效的设备。常见的典型零件有以下几类：

- 凸轮类　有各种曲线的盘形凸轮、圆柱凸轮、圆锥凸轮和端面凸轮等。
- 整体叶轮类　常见于航空发动机的压气机、空气压缩机、船舶水下推进器等，它除了具有一般曲面加工的特点外，还存在许多特殊的加工难点，如通道狭窄，刀具很容易与加工表面和邻近曲面产生干涉等。
- 模具类　常见的模具有锻压模具、铸造模具、注塑模具及橡胶模具等。

③外形不规则的异形类零件　由于外形不规则,所以在普通机床上只能采取工序分散的原则加工,需用工装套数较多,生产周期较长。利用加工中心多工位点、线、面混合加工的特点,可以完成大部分甚至全部工序内容。

④周期性投产的零件　用加工中心加工零件时,所需工时主要包括基本时间和准备时间,其中准备时间占很大比例。例如,工艺准备、程序编制、零件首件试切等,这些时间往往是单件基本时间的几十倍。采用加工中心可以将花费准备时间的内容存储起来,供以后反复使用。这样,对于周期性投产的零件,可以大大节约时间,提高效率。

⑤加工精度要求较高的中、小批量零件　针对加工中心加工精度高、尺寸稳定的特点,对于加工精度要求较高的中、小批量零件可选择加工中心加工,容易获得所要求的尺寸精度和位置精度,并可得到很好的互换性。

⑥新产品试制中的零件　在新产品定型之前,需经反复试验和改进。选择加工中心试制,可省去许多采用普通机床加工所需的工装。当零件被修改时,只需修改相应的程序及适当地调整夹具、刀具即可,节省了费用,缩短了试制周期。

(3)在加工中心上确定工艺方案时应注意的问题

①确定采用加工中心加工的内容,确定工件的安装基面、加工基面、加工余量等。

②以充分发挥加工中心效率为目的来安排加工工序。

③对于复杂零件,由于加工过程中会产生热变形,淬火后会产生内应力,零件卡压后也会变形等多种原因,故全部工序很难在一次装夹后完成,这时可以考虑两次或多次装夹。

④安排加工工序时应本着由粗渐精的原则。首先安排重切削、粗加工,去掉毛坯上的加工余量,然后安排加工精度要求不高的内容,例如钻小孔、攻螺纹等,以使零件在精加工前有较充裕的时间冷却以及释放内应力,每道工序之间应尽量减少空行程移动量。决定工步顺序时应考虑相近位置的加工顺序,以减少换刀次数,节省辅助时间。建议参考以下工步顺序:铣大平面→粗镗孔→半粗镗孔→立铣刀加工→钻中心孔→钻孔→攻螺纹→精加工→铰镗→精铣等。

⑤当加工工件批量较大、工序又不太长时,可在工作台上一次装夹多个工件同时加工,以减少换刀次数。

⑥为减少加工时产生的大量热量对加工精度的影响,提高刀具耐用度,需积极采用大流量的冷却方式,深孔加工的刀具可采用内冷装置。为实现上述目的,可增添大流量冷却装置、切屑和冷却液分离的排屑装置、容量大的冷却水箱、密封性很好的大防护罩等。

2 加工中心的工艺装备

(1)自动换刀装置(ATC)

自动换刀装置用来交换主轴与刀库中的刀(工)具。

①对自动换刀装置的要求　要求刀库容量适当,换刀时间短,换刀空间适当,动作可靠、使用稳定,刀具重复定位精度高,刀具识别准确等。

②刀库　在加工中心上使用的刀库有两种,一种是盘式刀库,另一种是链式刀库。盘式刀库的刀具容量相对较小,一般可容1~24把刀具,主要适用于小型加工中心;链式刀

库的刀具容量相对较大,一般可容1~100把刀具,主要适用于大中型加工中心。

③换刀方式　常用的换刀方式有机械手换刀和主轴换刀,如图4-5所示。

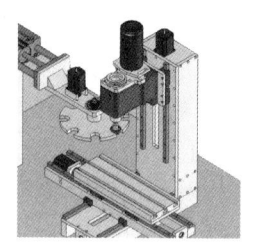

(a) 机械手换刀　　　　(b) 主轴换刀

图 4-5　常用的换刀方式

(2)工作台自动交换装置(APC)

①作用　该装置可携带工件在工位与非工位之间转换,减小定位误差,缩短装夹时间,提高加工精度及生产率。

②要求　要求交换时间短,交换空间适当,动作可靠,使用稳定,工作台重复定位精度高。

③类型　该装置有移动交换式和回转交换式两种,如图4-6所示。

(a) 移动交换式　　　　(b) 回转交换式

图 4-6　工作台自动交换装置的类型

(3)对刀装置

对刀的目的是通过对刀或对刀工具确定工件坐标系与机床坐标系之间的空间位置关系,并将对刀数据输入到相应的存储位置,这一步是数控加工中最重要的操作内容之一,其准确性将直接影响零件的加工精度。常用的对刀工具有 Z 轴设定器、寻边器、对刀仪等。

①Z 轴设定器　用以确定主轴方向的坐标数据,其形式多样,如机械式 Z 轴设定器、电子式 Z 轴设定器,如图4-7所示。对刀时将刀具的端刃与工件表面或 Z 轴设定器的测头接触,利用机床坐标的显示来确定对刀值。当使用 Z 轴设定器时,要将 Z 轴设定器的高度考虑进去。如图4-8所示为 Z 轴设定器与刀具和工件的关系。

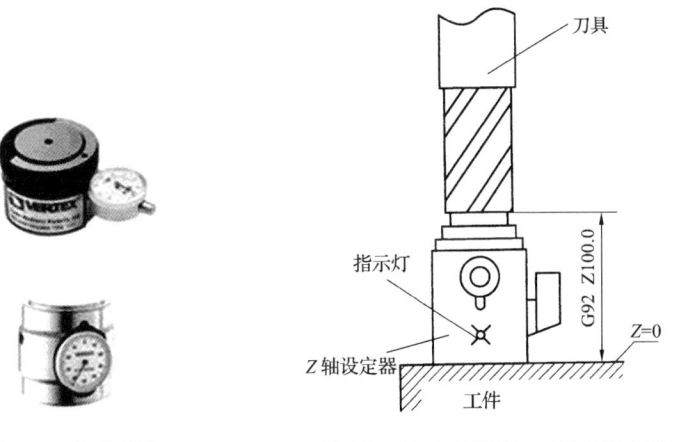

图 4-7 Z 轴设定器　　　　图 4-8 Z 轴设定器与刀具和工件的关系

②寻边器　有偏心寻边器和光电式寻边器两种，如图 4-9 所示。

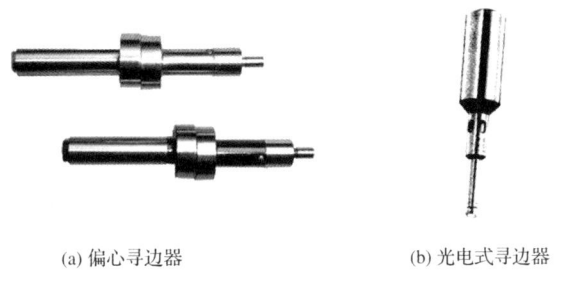

(a) 偏心寻边器　　　　(b) 光电式寻边器

图 4-9 寻边器

- 偏心寻边器　偏心寻边器由两段圆柱销（销子）组成，内部靠弹簧连接。使用时，其一端与主轴同心装夹，并以低速转动（转速约为 600 r/min）。由于离心力的作用，另一端的销子首先做偏心运动。在销子接触工件的过程中，会出现短时间的同心运动，这时记录下系统显示器显示的数据（机床坐标），结合接触处销子的实际半径，即可确定工件接触面的位置。

- 光电式寻边器　光电式寻边器一般由柄部和触头组成，光电式寻边器需要内置电池，当其找正接触工件时，发光二极管亮，其重复找正精度在 2 μm 以内。

③对刀仪　如图 4-10 所示为光学数显对刀仪，可测量刀具的半径和长度，并进行记录，然后将刀具的测量数据输入机床的刀具补偿表中，供加工中进行刀具补偿时调用。

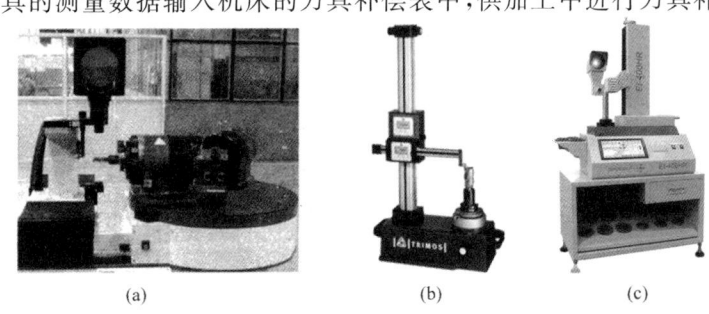

(a)　　　　(b)　　　　(c)

图 4-10 光学数显对刀仪

3 加工中心的刀具结构

在加工中心上使用的刀具结构如图 4-11 所示。

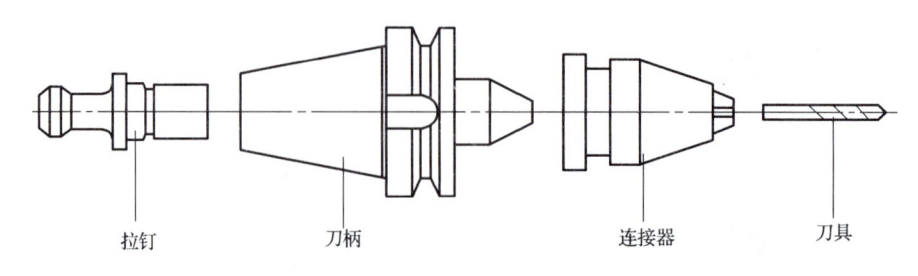

拉钉　　刀柄　　连接器　　刀具

图 4-11　刀具结构

(1) 拉钉

固定在刀柄尾部且与主轴内拉紧机构相适应的拉钉已标准化,柄部及拉钉的有关尺寸可查阅相应的国家标准(GB/T 10944.5—2013)。图 4-12 和图 4-13 所示分别是国家标准中规定的 A 型拉钉和 B 型拉钉。

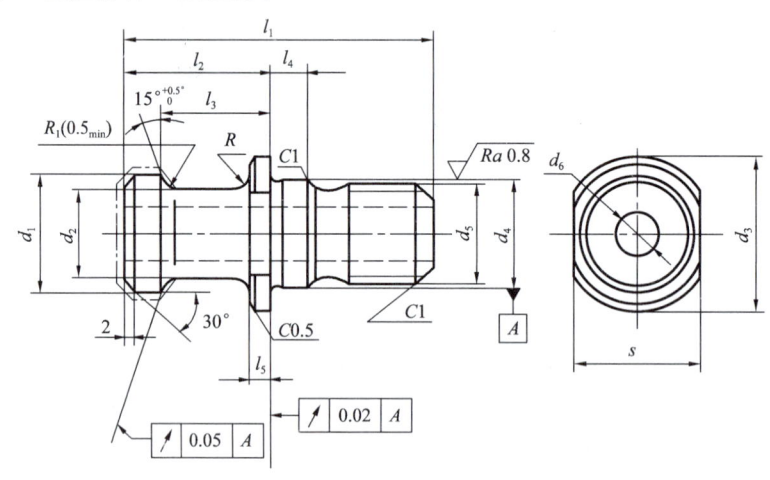

图 4-12　A 型拉钉

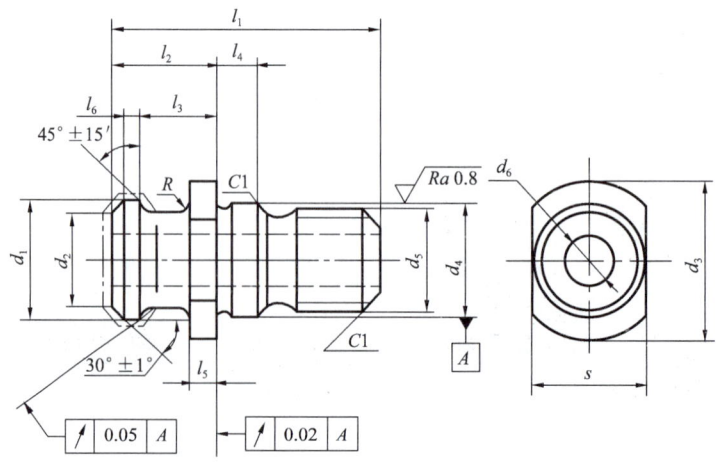

图 4-13　B 型拉钉

加工中心/数控铣床的刀柄(工具柄部)和拉钉的标准很多,有 BT、DIN、CAT、JT、ISO 等近十种。在选择刀柄时,应弄清楚选用的机床应配用哪个标准的刀柄,拉钉也要与刀柄一样采用相同标准,拉钉的形状、尺寸要与主轴里的拉紧机构相匹配,如果拉钉选择不当,装在刀柄上使用可能会造成事故。

(2)工具系统

工具系统包括刀柄、连接器和刀具三部分。

刀柄是机床主轴与刀具之间的连接工具,因此刀柄要能满足机床主轴自动松开和拉紧定位、准确安装各种切削刀具、适应机械手的夹持和搬运、储存和识别刀库中各种刀具的要求。加工中心上一般都采用 7∶24 圆锥刀柄,如图 4-14 所示。这类刀柄不能自锁,换刀比较方便,比直柄有较高的定心精度与刚度。加工中心刀柄已系列化和标准化,其锥柄部分和机械手抓拿部分都有相应的国际和国家标准。

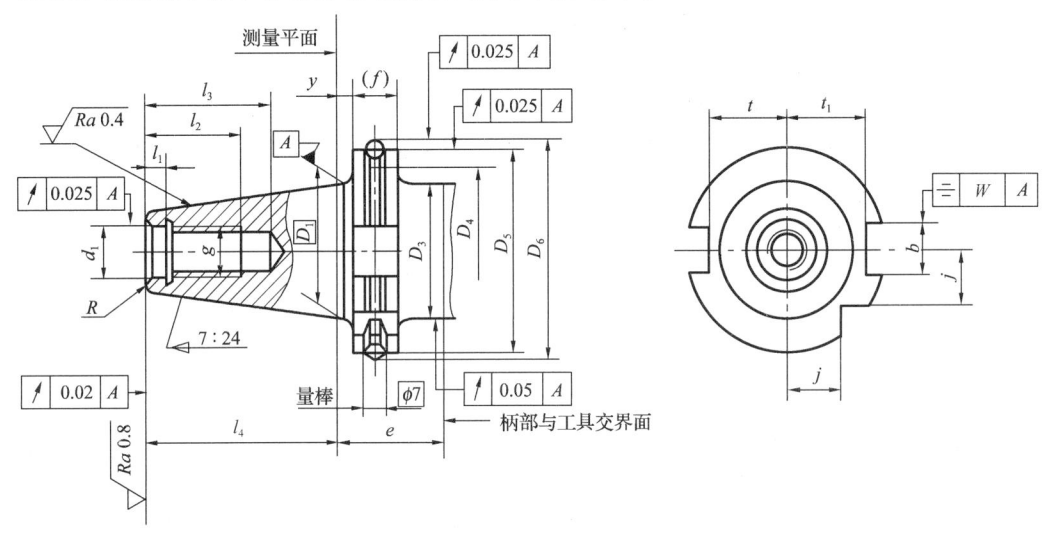

图 4-14 加工中心/数控铣床上使用的 7∶24 圆锥刀柄

由于加工中心要适应多种形式零件不同部位的加工,故刀具装夹部分的结构、形式、尺寸也是多种多样的。把通用性较强的几种装夹工具(如装夹铣刀、镗刀、铰刀、钻头和丝锥等)系列化、标准化就发展成为不同结构的镗铣类工具系统。

4 刀柄的选择与使用

(1)刀柄的选择

选择加工中心用刀柄需注意的问题较多,主要有以下几点:

①刀柄结构形式的选择需要考虑多种因素。对于一些长期反复使用、不需要拼装的简单刀柄,例如面铣刀刀柄、弹簧夹头刀柄及钻夹头刀柄等,可配备整体刀柄,这样工具刚性好,价格低廉;当加工孔径、孔深经常变化的多品种、小批量零件时,应选用模块式刀柄,这样能大大减少设备投资,提高工具利用率,同时也有利于工具的管理与维护。

②刀柄数量应根据要加工零件的规格、数量、复杂程度以及机床的负荷等配置。一般选择数量是加工数量的 2～3 倍。这是因为机床工作的同时还有一定数量的刀柄正在预

调或进行刀具修理,只有当机床负荷不足时,选择数量才取加工数量的2倍或不足2倍。

③刀柄的柄部应与机床相配,加工中心的主轴孔多选为不自锁的7∶24锥孔,但是与机床相配的刀柄柄部(除锥度角以外)并没有完全统一;机械手抓拿槽的形状、位置,拉钉的形状、尺寸或键槽尺寸也不相同。因此在选择刀柄时,应弄清楚机床使用的是哪一种标准的刀柄柄部,要求工具的柄部应与机床主轴孔的规格(40号、45号或50号)相一致;刀柄抓拿部位要能适应机械手的形态位置要求;拉钉的形状、尺寸要与主轴的拉紧机构相匹配。

(2)刀柄在主轴上的装卸方法

刀柄和刀具的装夹方式很多,主要取决于刀具类型。不同的刀具类型和刀柄的结合构成一个品种规格齐全的刀具系统,供用户选择和组合使用。目前,刀柄在数控机床主轴上大多采用气动装夹方式。在主轴上手动装卸刀柄的方法如下:

①确认刀具和刀柄的质量不超过机床规定的许用最大质量。

②清洁刀柄锥面和主轴锥孔时,可使用主轴专用清洁棒将主轴锥孔擦拭干净。

③左手握住刀柄,将刀柄的缺口对准主轴端面键垂直深入到主轴内,不可倾斜。

④右手按换刀按钮,压缩空气从主轴吹出以清洁主轴和刀柄,按住按钮直到刀柄锥面与主轴锥孔完全贴合后,放开按钮,刀柄即被拉紧。

⑤确认刀具确实被拉紧后才能松手。

⑥卸刀柄时,先用左手握住刀柄,再用右手按换刀按钮(否则刀具会从主轴内掉下,可能会损坏刀具、工件或夹具等),取下刀柄。卸刀柄时必须要有足够的动作空间,刀柄不能与工作台上工件、夹具发生碰撞和干涉。

(3)弹簧夹头刀柄的使用方法

在中小尺寸的数控机床上加工时,经常采用整体式或机夹式铣刀进行铣削加工,一般使用弹簧夹头刀柄装夹铣刀。当铣刀直径小于16 mm时,一般使用普通ER弹簧夹头刀柄夹持;当铣刀直径大于16 mm或切削力很大时,应采用侧固式刀柄、强力弹簧夹头刀柄或液压夹头刀柄夹持。铣刀的装卸可在常用的锁刀座上进行,如图4-15所示。弹簧夹头刀柄的结构如图4-16所示。

图4-15 常用的锁刀座

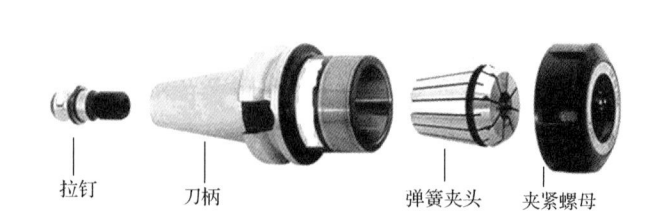

图4-16 弹簧夹头刀柄的结构

弹簧夹头刀柄的装刀步骤如下:

①将刀柄放入锁刀座并卡紧。

②根据刀具直径尺寸选择相应的弹簧夹头,清洁工作表面。

③将弹簧夹头按入夹紧螺母。

④将铣刀装入弹簧夹头中,并根据加工深度控制刀具的伸出长度。
⑤用扳手沿顺时针方向锁紧,夹紧螺母。
⑥检查安装的质量。

莫氏锥度刀柄的装刀步骤如下:
①根据铣刀直径尺寸和锥柄号选择相应的刀柄,清洁工作表面。
②将刀柄放入锁刀座并卡紧。
③卸下刀柄拉钉。
④将铣刀锥柄装入刀柄锥孔中,用内六角螺钉从刀柄中锁紧铣刀。
⑤锁紧拉钉并检查安装的质量。

任务实施

1 零件图的工艺分析

(1) 尺寸精度分析

图 4-1(a)所示零件图中两销孔 $2\times\phi 6H8$ 的尺寸精度达到 IT8 级,且两销孔间尺寸为 (120 ± 0.05) mm,精度要求较高。上表面有一个 $4_{\ 0}^{+0.1}$ mm$\times 3_{\ 0}^{+0.1}$ mm 的环形槽,适于采用数控设备加工。

(2) 几何精度分析

该零件上表面相对于下表面有平行度要求,选择下底面为基准进行加工。

(3) 结构分析

该壳体结构外形较为复杂,为典型的箱体类零件。毛坯材料为 HT200,切削加工性好。该壳体上需加工的内容有上表面、环形槽、$2\times\phi 6H8$ 的销孔以及 $4\times M10$ 螺纹孔,加工内容较多,适于在立式加工中心上加工。

2 加工工艺路线的设计

(1) 加工方案的确定

上表面以及 $4_{\ 0}^{+0.1}$ mm$\times 3_{\ 0}^{+0.1}$ mm 环形槽:粗铣→精铣。

$2\times\phi 6H8$ 销孔:钻中心孔→钻孔→扩孔→铰孔。

$4\times M10$ 螺纹孔:钻中心孔→钻螺纹底孔→螺纹孔口倒角→攻螺纹。

(2) 加工顺序的确定

按照先粗后精、先平面后其他的原则确定加工顺序。总体顺序为:粗铣上表面→粗铣 $4_{\ 0}^{+0.1}$ mm$\times 3_{\ 0}^{+0.1}$ mm 环形槽→钻各中心孔(螺纹孔及销孔)→钻 $4\times M10$ 螺纹底孔至 $\phi 8.5$ mm→钻销孔底孔→扩销孔→精铣上表面→精铣 $4_{\ 0}^{+0.1}$ mm$\times 3_{\ 0}^{+0.1}$ mm 环形槽→铰销孔→螺纹孔口倒角→攻 $4\times M10$ 螺纹。

(3) 加工路线的确定

①上表面的铣削加工路线 采用 $\phi 80$ mm 的面铣刀进行上表面的加工,如图 4-17 所示。

②环形槽的铣削及螺纹孔的加工路线　环形槽的铣削采用键槽铣刀按顺时针路径进行加工,如图4-18所示。螺纹孔的位置精度要求不高,因此所有中心孔加工的进给路线按最短路线确定,其加工路线如图4-19所示。

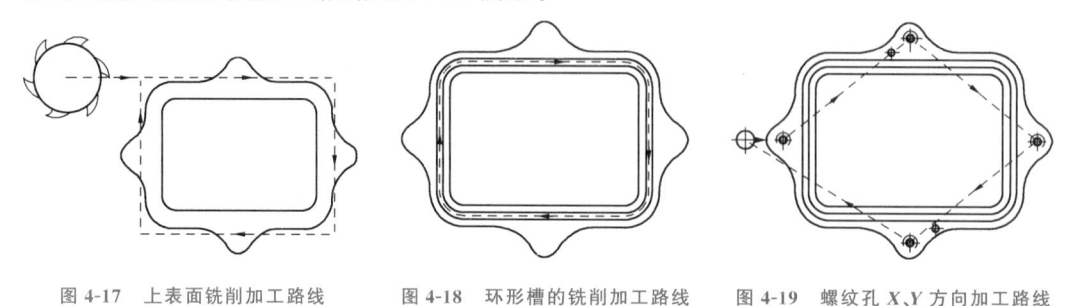

图4-17　上表面铣削加工路线　　　图4-18　环形槽的铣削加工路线　　　图4-19　螺纹孔 X、Y 方向加工路线

3 机床的选择

本任务因需要换多把刀进行面、孔及槽的加工,故选用规格不大的型号为VC850A的立式加工中心。

4 定位基准及装夹方案的选择

(1) 定位基准的选择

本工序中加工内容的设计基准是壳体的底面和 $\phi30^{+0.033}_{0}$ mm 的孔。根据基准重合原则,以底面限制三个自由度,孔限制两个自由度,在零件的后面用一个限位挡块限制一个绕孔转动的自由度,实现完全定位。一面一孔加一个限位挡块的定位方式如图4-20所示。

(2) 装夹方案的选择

采用螺钉和压板,压板压在 $\phi30^{+0.033}_{0}$ mm 孔的上端面,夹紧的方向对着底面,旋紧螺母将工件夹紧。装夹方案如图4-21所示。

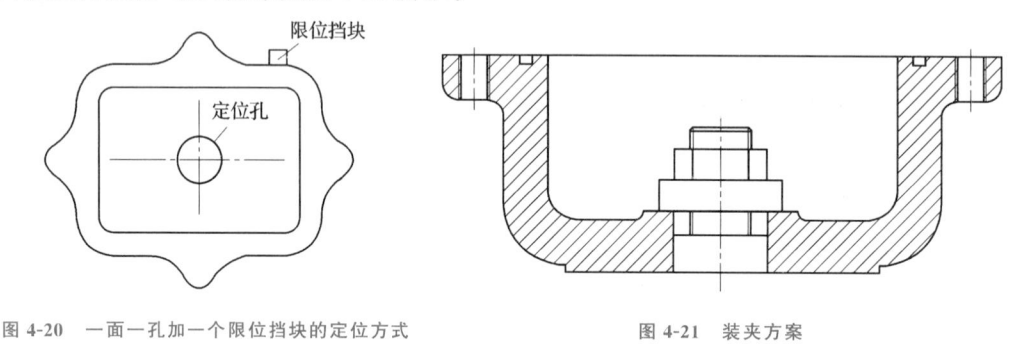

图4-20　一面一孔加一个限位挡块的定位方式　　　图4-21　装夹方案

5 数控加工工序卡和刀具卡的填写

(1) 壳体数控加工工序卡

壳体数控加工工序卡见表4-1。

表 4-1 壳体数控加工工序卡

单位名称	×××	产品名称或代号	零件名称	零件图号
		×××	壳体	×××
工序号	程序编号	夹具名称	加工设备	车间
×××	×××	螺钉和压板	VC850A 立式加工中心	数控中心

工步号	工步内容	刀具号	刀具规格/mm	主轴转速/(r·min^{-1})	进给速度/(mm·min^{-1})	背吃刀量/mm	备注
1	粗铣上表面	T01	ϕ80	300	80		
2	粗铣 $4_0^{+0.1}$ mm × $3_0^{+0.1}$ mm 环形槽,单边留 0.2 mm 加工余量	T02	ϕ3	800	40		
3	钻所有孔的中心孔(含销孔)	T03	ϕ3	1 200	40		
4	钻 4×M10 螺纹底孔至 ϕ8.5 mm	T04	ϕ8.5	500	50		
5	钻销孔底孔	T05	ϕ5	800	50		
6	扩销孔	T06	ϕ5.8	800	50		
7	精铣上表面	T01	ϕ80	400	50		
8	精铣 $4_0^{+0.1}$ mm × $3_0^{+0.1}$ mm 环形槽	T07	ϕ4	1 200	80		
9	铰销孔	T08	ϕ6	100	30		
10	螺纹孔口倒角	T09	ϕ18	500	50		
11	攻 4×M10 螺纹	T10	M10	100	150		

编制	×××	审核	×××	批准	×××	年 月 日	共 页	第 页

(2)壳体数控加工刀具卡

壳体数控加工刀具卡见表 4-2。

表 4-2 壳体数控加工刀具卡

产品名称或代号		×××	零件名称	壳体	零件图号	×××
序号	刀具号	刀具规格名称	数量	刀长/mm	加工表面	备注
1	T01	ϕ80 mm 面铣刀	1	实测	粗、精铣上表面	
2	T02	ϕ3 mm 键槽铣刀	1	实测	粗铣 $4_0^{+0.1}$ mm × $3_0^{+0.1}$ mm 环形槽	
3	T03	ϕ3 mm 中心钻	1	实测	钻中心孔	
4	T04	ϕ8.5 mm 麻花钻	1	实测	钻 4×M10 底孔至 ϕ8.5 mm	
5	T05	ϕ5 mm 钻头	1	实测	钻销孔底孔	
6	T06	ϕ5.8 mm 钻头	1	实测	扩销孔	
7	T07	ϕ4 mm 键槽铣刀	1	实测	精铣环形槽	
8	T08	ϕ6H8 铰刀	1	实测	铰定位孔	
9	T09	ϕ18 mm 麻花钻	1	实测	螺纹孔口倒角	
10	T10	M10 丝锥	1	实测	攻螺纹	

编制	×××	审核	×××	批准	×××	年 月 日	共 页	第 页

项目四 箱体类零件的数控加工工艺设计

知识拓展

☞ 加工中心的选择

一般来说，在规格相近的加工中心中，卧式加工中心的价格要比立式加工中心的价格高一倍以上，因此从经济性角度考虑，若完成同样的工艺内容，宜选用立式加工中心；当立式加工中心不能满足加工要求时才选卧式加工中心。选择加工中心时主要从以下方面综合考虑：

1 加工中心类型的选择

(1)立式加工中心适用于只需单工位加工的零件，例如各种平面凸轮、端盖、箱盖等板类零件和跨距较小的箱体等。

(2)卧式加工中心适用于加工两工位以上的工件或四周呈径向辐射状排列的孔系、面等。

(3)对于位置精度要求较高的箱体、阀体、壳体等宜采用卧式加工中心加工，若采用卧式加工中心在一次装夹中不能完成多工位加工以保证位置精度要求，则可选择立卧五面加工中心。

(4)当工件尺寸较大、一般立式加工中心的工作范围不足时，应选用龙门式加工中心，例如机床的床身、立柱等。

上述只是一般的选择原则，并不是绝对的。如果厂里不具备各种类型的加工中心，则应从如何保证工件的加工质量出发，灵活地选用加工中心的类型。

2 加工中心规格的选择

选择加工中心的规格主要考虑工作台大小、坐标行程、坐标数量和主轴电动机功率等。

(1)工作台规格的选择

所选工作台台面应比零件稍大一些，以便安装夹具。例如，外形尺寸是 450 mm×450 mm×450 mm 的箱体，选用工作台台面尺寸为 500 mm×500 mm 的加工中心即可。如小工件选大工作台且进行单件多工位加工，会造成刀具过长而影响加工质量，甚至无法加工。大工作台加工小工件可以考虑多件加工，以提高生产率。

(2)加工范围的选择

加工范围的选择应考虑加工中心各坐标行程。在加工中心上加工的零件，其各加工部位必须在机床各向行程的最大值与最小值之间，否则将引起超程。

加工中心工作台台面尺寸与 X、Y、Z 三坐标行程有一定的比例，如工作台台面为 500 mm×500 mm，则 X、Y、Z 坐标行程分别为 700～800 mm、550～700 mm、500～600 mm。若工件尺寸大于坐标行程，则加工区域必须在坐标行程之内。另外，工件和夹具的总质量不能大于工作台的额定负载，工件移动轨迹不能与机床防护罩等附件发生干涉，工件不能与机床交换刀具的空间干涉。

(3)机床主轴功率及转矩的选择

主轴电动机功率反映了机床的切削效率和切削刚性。加工中心一般配置功率较大的交流或直流伺服电动机,调速范围比较宽,可满足高速切削的要求。但在用大直径盘铣刀铣削平面和粗镗大孔时,转速较低,输出功率较小,转矩受限制。因此,必须对低速转矩进行校核。

3 加工中心精度的选择

根据零件关键部位的加工精度选择加工中心的精度等级。国产加工中心按精度分为普通型和精密型两种。表4-3列出了加工中心的精度等级。

表 4-3　　　　　　　　　加工中心的精度等级　　　　　　　　　　　mm

精度项目	普通型	精密型
单轴定位精度	±0.01/300	0.005/全长
单轴重复定位精度	±0.006	<0.003
铣圆精度(圆度)	0.03~0.04/ϕ200 圆	0.015/ϕ200 圆

一般来说,单轴方向精镗加工两个孔的孔距误差是加工中心定位精度的2倍左右。在普通型加工中心上加工,孔距精度可达IT8级;在精密型加工中心上加工,孔距精度可达IT6~IT7级。精铣两平面间距离误差一般为加工中心定位精度的4~5倍。

4 加工中心功能的选择

(1)数控系统功能的选择

数控系统功能应根据实际需要选择,以免造成浪费。

(2)坐标轴控制功能的选择

坐标轴控制功能主要从零件本身的加工要求来选择。例如平面凸轮需两坐标联动,复杂曲面的叶轮、模具等需要三坐标或四坐标以上联动。

(3)工作台自动分度功能的选择

普通型卧式加工中心多采用鼠牙盘定位的工作台自动分度。这种工作台的分度定位间距有一定的限制,而且工作台只起分度与定位作用,在回转过程中不能参与切削。当配备能实现任意分度和定位的数控转盘并实现同其他坐标联动控制时,这种工作台在回转过程中能参与切削。因此,需根据具体工件的加工要求选择相应的工作台自动分度功能。

5 刀库容量的选择

通常根据零件的工艺分析,算出工件一次装夹所需刀具数来确定刀库容量。刀库容量需留有余地,但不宜太大,因为大容量刀库的成本和故障率高,结构和刀具管理复杂。一般来说,在立式加工中心上选用20把左右刀具容量的刀库,在卧式加工中心上选用40把左右刀具容量的刀库即可满足使用要求。

由于加工中心的台时费用高,所以在考虑工序负荷时,不仅要考虑机床加工的可能性,还要考虑加工的经济性。例如,用加工中心可以进行复杂的曲面加工,但如果厂里有多坐标联动的数控铣床,则在加工复杂的成形表面时,应优先选择数控铣床。因为有些成形表面加工时间很长,刀具单一,在加工中心上加工并不是最佳选择,这要视厂里拥有的数控机床类型、功能及加工能力,具体分析决定。

知识点及技能测评

一、填空题

1. 加工中心是一种带_____和_____的数控机床。
2. 在加工中心上加工零件,其采用工序_____原则,一次装夹即可加工出零件上大部分甚至全部表面,避免了工件多次装夹所产生的装夹误差。
3. 在加工中心上使用的刀库有两种,一种是盘式刀库,另一种是链式刀库。_____主要适于小型加工中心,_____主要用在大中型加工中心。
4. 常用的对刀工具有_____、_____和_____以及刀具预调仪等。
5. 加工中心/数控铣床的刀柄(工具柄部)和拉钉都已经_____,在选择刀柄时,应先根据主轴的拉紧机构确定拉钉的标准和尺寸,选用_____的刀柄。

二、选择题

1. 加工中心与其他数控机床的主要区别是(   )。
   A. 有刀库和自动换刀装置   B. 机床转速高
   C. 机床刚性好   D. 进刀速度高
2. 加工箱体类零件平面时,应选择的数控机床是(   )。
   A. 数控车床   B. 数控铣床   C. 数控钻床   D. 数控镗床
3. 在加工中心上镗孔时,毛坯孔的误差及加工面硬度不均匀,会使所镗孔产生(   )。
   A. 圆度误差   B. 对称度误差   C. 锥度误差   D. 尺寸误差
4. 数控铣刀的拉钉与刀柄通常采用(   )连接。
   A. 右旋螺纹   B. 左旋螺纹   C. 平键   D. 花键
5. 加工中心上孔的位置精度由(   )保证。
   A. 机床的定位精度   B. 刀具的尺寸精度
   C. 机床的 Z 轴运动精度   D. 刀具的角度
6. 编制数控加工中心加工程序时,为了提高加工精度,一般采用(   )。
   A. 精密专用夹具   B. 流水线作业法
   C. 工序分散加工法   D. 一次装夹,多工集中
7. 一般加工中心刀柄的标准锥度是(   )。
   A. 1/4   B. 1/5   C. 7/24   D. MT4
8. 对于既要铣面又要镗孔的零件(   )。
   A. 先镗孔后铣面 B. 先铣面后镗孔 C. 同时进行   D. 无所谓
9. 数控铣床的刀具通常是组件,一般由(   )组成。
   A. 刀头、刀柄、拉钉   B. 刀片、刀体、刀杆
   C. 刀体、刀头、刀片   D. 柄、刀片、刀体
10. 加工中心的刀具由(   )管理。
    A. 软件   B. PLC   C. 硬件   D. ATC

三、设计如图 4-22 所示零件的加工工艺卡片。

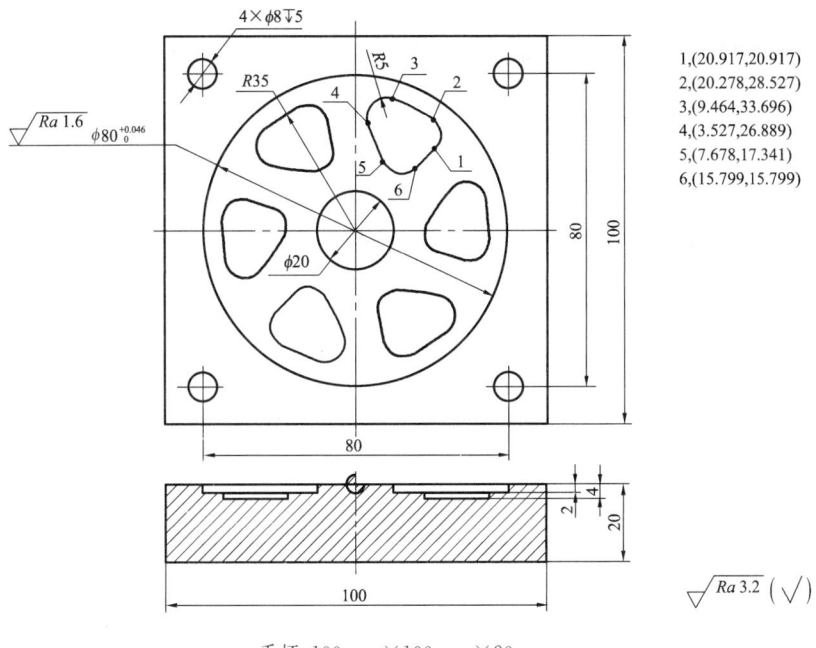

4×φ8↓5

1,(20.917,20.917)
2,(20.278,28.527)
3,(9.464,33.696)
4,(3.527,26.889)
5,(7.678,17.341)
6,(15.799,15.799)

$Ra\ 1.6$
$\phi80_{\ 0}^{+0.046}$

R35
R5
φ20

80
100
80
100

$\sqrt{Ra\ 3.2}\ (\sqrt{\ })$

毛坯：100 mm×100 mm×20 mm

（a）

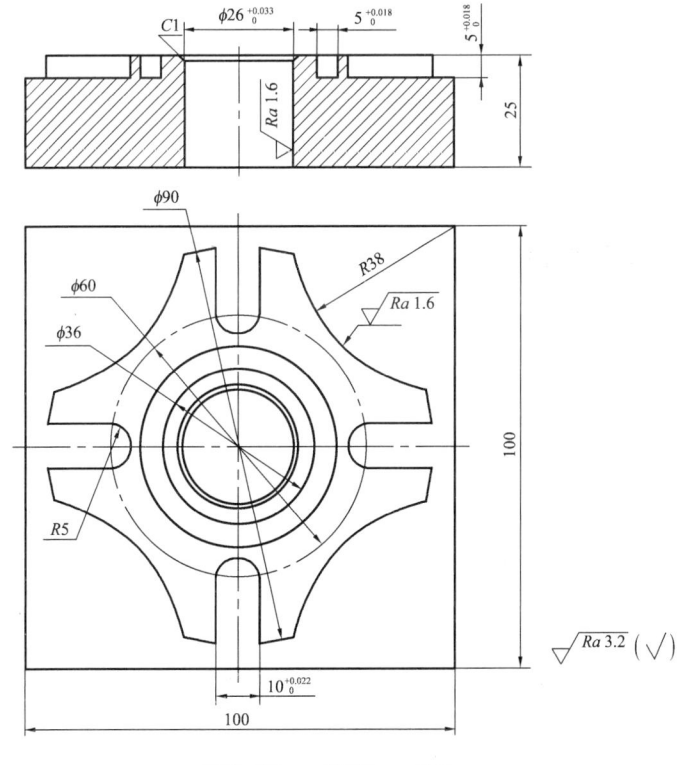

C1 $\phi26_{\ 0}^{+0.033}$ $5_{\ 0}^{+0.018}$ $5_{\ 0}^{+0.018}$

$Ra\ 1.6$

25

φ90
φ60
φ36
R38
R5
$Ra\ 1.6$

$10_{\ 0}^{+0.022}$
100
100

$\sqrt{Ra\ 3.2}\ (\sqrt{\ })$

毛坯：100 mm×100 mm×25 mm

（b）

图 4-22 零件图

任务二　变速箱的数控加工工艺设计

学习目标

【知识目标】
1. 了解卧式加工中心的加工特点。
2. 掌握典型箱体类零件的定位与装夹方法。
3. 掌握典型箱体类零件的加工工艺路线。

【技能目标】
1. 能够对箱体类零件进行正确的定位与装夹。
2. 能够制订常见箱体类零件的合理加工工艺路线。

▶▶▶ 任务描述

变速箱的零件图和立体图如图4-23所示,零件材料为HT250,成批生产。毛坯上除 $\phi30$ mm以下孔未铸出毛坯孔外,其余孔的毛坯孔均已铸出。设计该零件的数控加工工艺。

▶▶▶ 相关知识

本任务涉及箱体类零件数控加工工艺的相关知识为:卧式加工中心的工艺特点、卧式加工中心刀具长度的确定、箱体类零件概述、箱体类零件加工工艺路线的拟订。

1 卧式加工中心的工艺特点

卧式加工中心是指主轴轴线设置在水平状态的加工中心,卧式五轴加工中心如图4-24所示。卧式加工中心有多种形式,例如固定立柱式、固定工作台式等。与立式加工中心相比,卧式加工中心一般具有刀库容量大、整体结构复杂、体积和占地面积大、加工时排屑容易等特点,但价格较高。卧式加工中心有能精确分度的数控回转工作台,一般具有3~5个运动坐标,常见的是3个直线运动坐标加1个回转运动坐标,它能够使工件在一次装夹后完成除安装面和顶面以外的其余4个面的加工,最适于加工箱体类零件,也可多坐标联动,以便加工复杂的空间曲面。

有的卧式加工中心带有自动交换工作台,如图4-25所示,在加工一个工件的同时可以装卸另一个工件,从而大大缩短辅助时间,提高加工效率。

技术要求
1. 铸件须消除内应力；
2. 未注圆角半径为R6~R10；
3. 未注倒角为C2；
4. 非加工大表面须涂红漆。

$\sqrt{}(\sqrt{})$

(a) 零件图

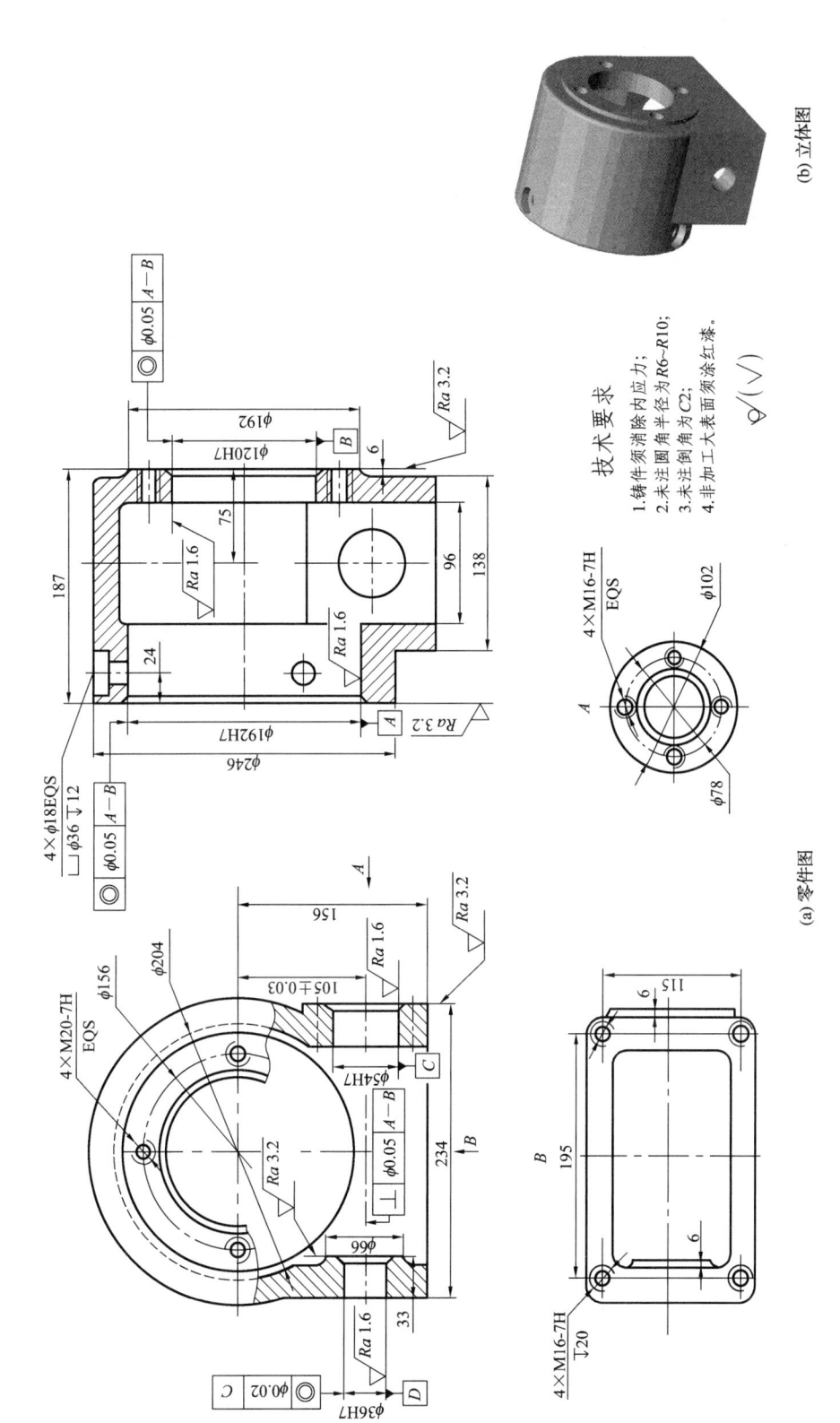

(b) 立体图

图 4-23　变速箱的零件图和立体图

191

项目四　箱体类零件的数控加工工艺设计

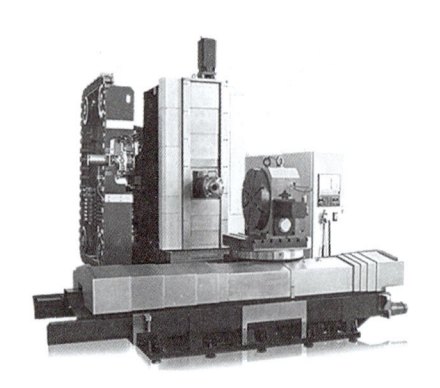

图 4-24　卧式五轴加工中心　　　　图 4-25　带自动交换工作台的卧式加工中心

② 卧式加工中心刀具长度的确定

在加工中心上,刀具长度一般是指主轴端面至刀尖的距离,包括刀柄和刀具两部分,如图 4-26 所示。

刀具长度的确定原则是:在满足各个部位加工要求的前提下,尽量缩短刀具长度,以提高工艺系统刚度。

拟订工艺时一般不必准确确定刀具长度,只需初步估算出刀具长度范围,以方便准备刀具。刀具长度范围可根据工件尺寸、工件在机床工作台上的装夹位置以及机床主轴端面距工作台台面或中心的最大、最小距离等确定。在卧式加工中心上,针对工件在工作台上的装夹位置不同,刀具长度范围有下列两种估算方法。

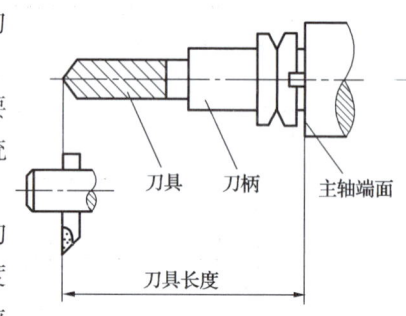

图 4-26　加工中心刀具长度

(1) 加工部位位于工作台中心和机床主轴之间

如图 4-27(a)所示,刀具长度的最小值为

$$T_{Lmin}=A-B-N+L+Z_0+T_t \tag{4-1}$$

式中　T_{Lmin}——刀具最小长度;

A——主轴端面至工作台中心最大距离;

B——主轴在 Z 坐标轴方向的最大行程;

N——加工表面距工作台中心的距离;

L——工件的加工深度;

Z_0——刀具切出工件长度;

T_t——钻头尖端锥度部分长度,一般 $T_t=0.3d$(d 为钻头直径)。

刀具长度范围为

$$A-B-N+L+Z_0+T_t<T_L<A-N \tag{4-2}$$

(2) 加工部位位于工作台中心和机床主轴之外

如图 4-27(b)所示,刀具长度的最小值为

$$T_{Lmin}=A-B+N+L+Z_0+T_t \tag{4-3}$$

刀具长度范围为

$$A-B+N+L+Z_0+T_t < T_L < A+N \qquad (4\text{-}4)$$

在确定刀具长度时，还应考虑工件其他凸出部分及夹具、螺钉对刀具轨迹的干涉。

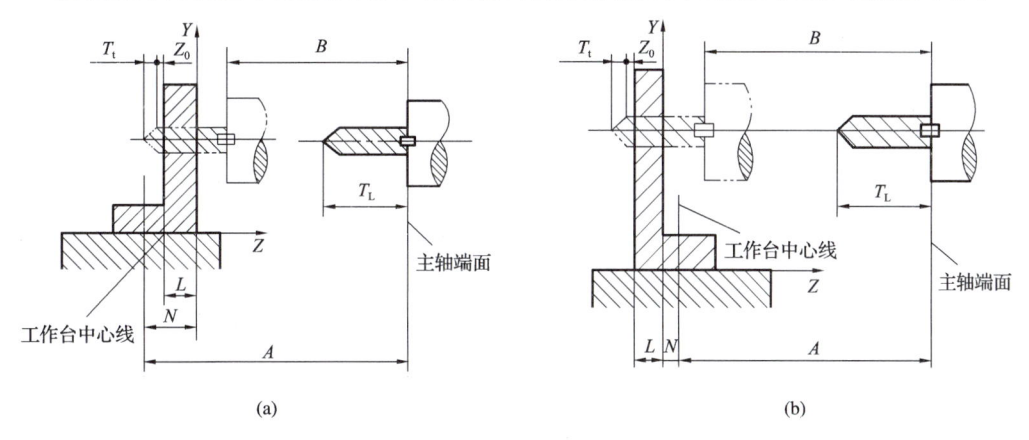

图 4-27 卧式加工中心刀具长度的确定

3 箱体类零件概述

（1）箱体类零件的功用和结构特点

箱体类零件是机器的基础零件之一，用于将一些轴、套和齿轮等零件组装在一起，使其保持正确的相互位置，并按照一定的传动关系协调地运动。组装后的箱体部件用箱体的基准平面安装在机器上，因此，箱体类零件的加工质量对箱体部件装配后的精度有着决定性的影响。

由于各种箱体的应用不同，其结构形状差异很大，一般可分为整体式箱体和剖分式箱体两类，如图 4-28 所示，其中图 4-28(a)、图 4-28(c)、图 4-28(d) 所示为整体式箱体，图 4-28(b) 所示为剖分式箱体。

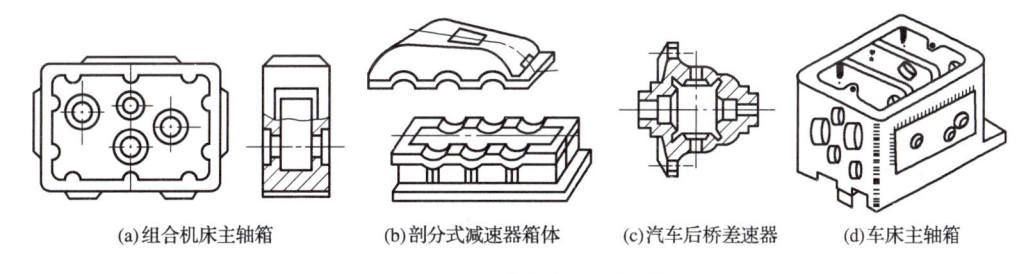

(a) 组合机床主轴箱　　(b) 剖分式减速器箱体　　(c) 汽车后桥差速器　　(d) 车床主轴箱

图 4-28 常用箱体类零件的结构

箱体类零件共同的结构特点是：结构、形状复杂，内部呈空腔，箱壁较薄且不均匀，其上有许多精度要求很高的轴承孔和装配用的基准平面，此外还有一些精度要求不高的紧固孔和次要平面。因此，箱体上需要加工的部位较多，加工难度也较大。

（2）箱体类零件的材料和毛坯

箱体的材料一般用 HT150～HT250 铸铁，其中 HT200 的应用较广泛。这是因为铸铁易成形，切削性能好而且价廉，吸振性和耐磨性也好。

单件和小批量生产时，为缩短生产周期，可用钢板焊接成箱体；特殊情况下，例如航空发动机箱体,为减轻质量,箱体材料常用铝镁合金。

对于箱体类零件的铸件毛坯,单件和小批量生产用木模手工造型,因而精度低,加工余量大;大批量生产时,用金属模机器造型,毛坯精度高,加工余量小。

对于毛坯上的孔,在单件生产时,一般当直径大于 50 mm 时才铸造;成批生产时,直径大于 30 mm 时就可铸造。

(3)箱体类零件的主要技术要求

箱体类零件一般有以下五项精度要求:

①孔径精度　孔径的尺寸误差和几何误差会造成轴承与孔的配合不良。孔径过大、配合过松,使主轴回转轴线不稳定,并降低了支承刚度,易产生振动和噪声;孔径太小,会使配合偏紧,轴承将因外圈变形、不能正常运转而缩短寿命;装轴承的孔不圆也会使轴承外圈变形而引起主轴径向圆跳动。因此,孔的精度要求较高,一般取 IT7～IT8 级,还有可能达到 IT6 级;孔的几何精度未作规定的,一般控制在尺寸公差的 1/2 范围内即可。

②孔与孔的位置精度　同一轴线上各孔的同轴度误差和孔端面对轴线的垂直度误差会使轴和轴承装配到箱体内出现歪斜,从而造成主轴径向圆跳动和轴向窜动,也加剧了轴承磨损;孔系之间的平行度误差会影响齿轮的啮合质量。一般孔距的允许误差为 (±0.025～±0.060) mm,而同一轴线上的支承孔的同轴度公差约为最小孔尺寸公差的一半。

③孔和平面的位置精度　主要孔对主轴箱装配基面的平行度决定了主轴与床身导轨的相互位置关系,这项精度是在总装时通过刮研来达到的。为了减少刮研的工作量,一般规定在垂直和水平两个方向上,只允许主轴前端向上和向前偏。

④主要平面的精度　装配基面的平面度影响主轴箱与床身连接时的接触刚度,加工过程中作为定位基面则会影响主要孔的加工精度。因此,规定了底面和导向面必须平直;为了保证箱盖的密封性,防止工作时润滑油泄出,还规定了顶面的平面度要求;当大批量生产将其顶面作为定位基面时,对它的平面度要求还要提高。

⑤表面粗糙度　一般精度要求高的孔的表面粗糙度可能达到 Ra 0.4 μm,其他各纵向孔的表面粗糙度为 Ra 1.6 μm;孔的内端面的表面粗糙度为 Ra 3.2 μm,装配基面和定位基面的表面粗糙度为 Ra 2.5～0.63 μm,其他平面的表面粗糙度为 Ra 10～12.5 μm。

4 箱体类零件加工工艺路线的拟订

(1)加工方法的选择

①箱体平面的加工方法　加工箱体平面的常用方法有刨削、铣削和磨削三种。刨削和铣削常用于平面的粗加工和半精加工,而磨削则用于平面的精加工。

刨削加工的特点是:刀具结构简单,机床调整方便,通用性好。在龙门刨床上可以利用多个刀架在工件的一次装夹中完成多个表面的加工,能比较经济地保证这些表面间的相互位置精度要求。

铣削的生产率高于刨削的生产率,在中批以上生产中多用于铣削平面。当加工尺寸较大的箱体平面时,常在多轴龙门铣床上用多把铣刀同时加工各有关平面,以保证平面间的相互位置精度并提高生产率。

采用数控设备加工箱体类零件,可以对平面直接采用粗铣→精铣的加工方案达到零件图的技术要求。

②箱体孔与箱体孔系的加工方法

● **箱体孔的加工方法** 孔的加工方法有钻削、扩削、铰削和镗削等,大直径孔还可采用圆弧插补方式进行铣削加工。

加工箱体孔时采用先粗后精的原则,一般先完成所有孔的粗加工后再进行精加工。

为避免加工大孔时由于切削力较大而影响已加工好的小孔,一般先加工大孔,再加工小孔,特别是在大、小孔相距很近的情况下更要采取这一措施。

对于直径大于 ϕ30 mm 的已铸出或锻出毛坯孔的孔,一般先在普通机床上进行毛坯荒加工,直径上留 4~6 mm 的加工余量,然后由加工中心按粗镗→半精镗→孔口倒角→精镗四个工步的加工方案完成;有退刀槽时可用锯片铣刀在半精镗之后、精镗之前用圆弧插补方式铣削完成,也可用单刃镗刀镗削加工(但加工效率较低);孔径较大时可用立铣刀用圆弧插补方式通过粗铣→精铣的加工方案完成。

对于直径小于 ϕ30 mm 的孔,毛坯上一般不铸出或锻出预制孔,这就需要在加工中心上完成其全部加工。为提高孔的位置精度,在钻孔前必须锪(或铣)平孔口端面,并钻出中心孔作导向孔,即通常采用锪(或铣)平端面→钻中心孔→钻→扩→孔口倒角→铰的加工方案;对于有同轴度要求的小孔,须采用锪(或铣)平端面→钻中心孔→钻→半精镗→孔口倒角→精镗(或铰)的加工方案。孔口倒角安排在半精加工后、精加工之前进行,以防止孔内产生毛刺。

对于螺纹孔,要根据其孔径的大小选择不同的加工方式。对于 M6~M20 的螺纹孔,一般在加工中心上用攻螺纹的方法加工;对于 M6 以下的螺纹孔,则只在加工中心上加工出底孔,然后通过其他手段攻螺纹(因加工中心在攻小螺纹时不能随机控制加工状态,小丝锥容易扭断,从而产生废品);对于 M20 以上的螺纹孔,一般采用镗刀镗削而成或采用铣螺纹的方法。

● **箱体孔系的加工方法** 箱体上若干具有相互位置精度要求的孔的组合称为孔系。孔系可分为平行孔系、同轴孔系和交叉孔系,如图 4-29 所示。孔系的加工是箱体加工的关键,根据箱体加工批量的不同和孔系精度要求的不同,孔系加工所用的方法也是不同的,现分别予以讨论。

(a) 平行孔系 (b) 同轴孔系 (c) 交叉孔系

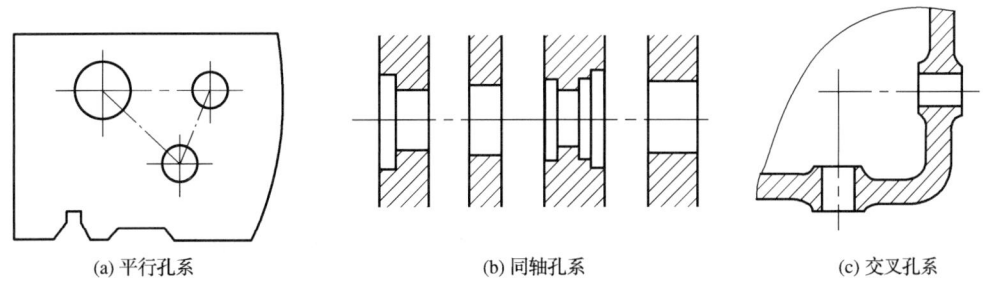

图 4-29 孔系的类型

a. 平行孔系的加工 在数控加工中心上加工箱体类零件的平行孔系时,只需在编程时正确按照孔的坐标加工即可满足孔的平行度要求。

b.同轴孔系的加工　箱体类零件的同轴孔系是指有同轴度要求的孔系。如果有同轴度要求的孔间距离较近,则可根据长径比来决定。一般长径比小于 2.5 时,可在大孔所在的方向加工孔系,同轴度由刀具的装夹情况和刀杆的刚度决定,如图 4-30(a)所示。当长径比太大时,如果在同一方向加工势必会造成小孔的镗刀杆过长,影响刀具的刚度,进而影响孔的质量,此时最好采用调头镗孔的方法,即镗好一端孔后,将镗床工作台回转 180°再镗另一端的孔,该同轴度由加工中心的回转定位精度决定,如图 4-30(b)所示。

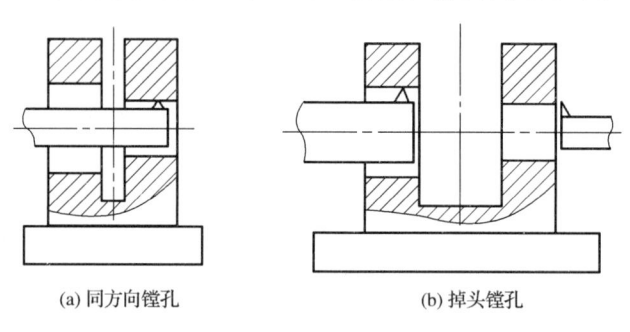

(a) 同方向镗孔　　(b) 掉头镗孔

图 4-30　同轴孔系加工

c.交叉孔系的加工　交叉孔系中孔的轴线之间既不平行也不共线。箱体类零件中交叉孔系是常见情况。加工前先注意两交叉孔系的轴线是否相交(同一平面内)或交叉(轴线不相交,但孔相交)。对于轴线相交但实体并未相交的孔系,如图 4-31(a)所示,按照加工中心所在的工位情况决定孔加工的先后次序;对于实体相交的孔系,如图 4-31(b)所示,则应先加工小孔再加工大孔。如果大孔先加工好再加工小孔,钻头 D_1 会遇到曲面上的 A 点,无法定位,易造成钻头折断;如先加工小孔,则由于 D_2 的直径大于 D_1,曲面对钻头 D_2 影响小,再加上钻头 D_2 刚度好,不易折断。

(2)基准的选择

①精基准的选择

● 以一面两销为精基准　即以箱体底面和底面上的两个螺栓孔为精基准,如图 4-32 所示。需要注意的是,作为定位的两孔先要经过钻、扩、铰等工序,使加工精度提高到 IT7 级。以一面两销定位的优点是夹具结构简单,定位可靠,提高了夹具的刚度,同时也方便了工件的装卸,即在一次装夹下可加工除定位面外的所有五个方向上的面与孔,符合基准统一的原则,减小了重复定位误差。由于此法易于实现自动定位和夹紧,故适用于大批量生产。

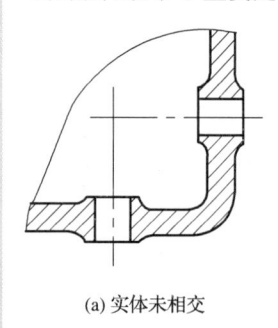

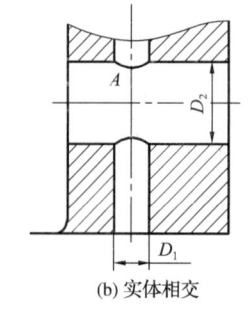

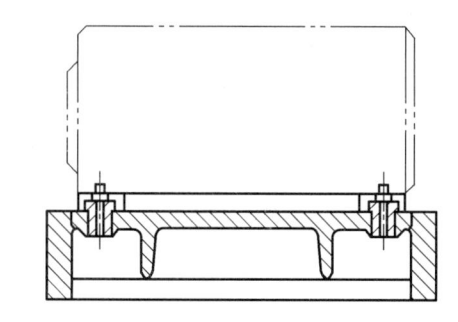

(a) 实体未相交　　(b) 实体相交

图 4-31　交叉孔系　　　　图 4-32　箱体以一面两销定位

● 以装配基面为精基准　通常采用大轴承孔及端面作为精基准来加工孔系及其端面,这里的大轴承孔及其端面就是装配基准,此定位方式符合基准重合原则,避免了基准不重合误差。但这种定位方式也有它的不足之处,如辅助时间长、效率低。因此这种定位方式只适用于单件和小批量生产。

②粗基准的选择　选择粗基准时应考虑如下要求:在各加工面都有加工余量的前提下保证各个孔的加工余量尽量均匀;所选的定位基面应使定位夹紧可靠;工作时运动部件不至于同机体非加工面相碰。

因此,通常以相同的重要孔(如轴承孔)为粗基准,这样可以保证箱体上重要孔的加工余量均匀,对提高孔的加工质量、耐磨性等有重要意义。实际上,毛坯精度不太高时,由于轴承孔作为粗基准,表面粗糙,定位不稳,自动定心夹紧的夹具结构复杂,加之箱体形状复杂、加工面多,所以一般在生产批量不大时,常采用划线法来建立基准(实际的划线也基本上以轴承孔为基准)。当批量大、毛坯精度高时,则可以以轴承孔为粗基准。

(3)夹紧部位的选择

工件在机床上装夹时的夹紧部位的选择必须便于操作,且引起的工件变形要小。在箱体顶面自上向下夹紧容易使工件变形,在箱体内部、下部夹紧则操作方便。当用箱体底部定位时,可选择底座上的螺纹孔处,以避免上述变形和操作不便;当用轴承孔及其端面定位时,其夹紧部位选在端面上螺纹孔处,也可达到同样效果。

(4)加工阶段的划分

在加工中心上加工零件时,其加工阶段的划分主要根据零件是否已经过粗加工、加工质量要求、毛坯质量以及生产批量等因素确定。

若零件已在其他机床上经过粗加工,加工中心只是完成最后的精加工,则不必划分加工阶段。

对于加工质量要求较高的零件,若其主要表面在进入加工中心加工之前没有经过粗加工,则应尽量将粗、精加工分开进行,使零件粗加工后有一段自然时效过程,以消除残余应力和恢复切削力、夹紧力引起的弹性变形以及切削热引起的热变形,必要时还可以安排人工时效处理,最后通过精加工消除各种变形。

对于加工精度要求不高而毛坯质量较高、加工余量不大、生产批量很小的零件或新产品试制中的零件,利用加工中心的良好的冷却系统,可把粗、精加工合并进行,但粗、精加工应划分成两道工序分别完成,粗加工用较大的夹紧力,精加工用较小的夹紧力。

(5)加工顺序的安排

在加工中心上加工零件时,一般都有多个工步,使用多把刀具,因此加工顺序安排得是否合理将直接影响到加工精度、加工效率、刀具数量和经济效益。在安排加工顺序时同样要遵循基面先行、先粗后精、先主后次以及先面后孔的一般工艺原则。此外,还应考虑如下原则:

①减少换刀次数,节省辅助时间。一般情况下,每换一把新的刀具后,应通过移动坐标、回转工作台等将由该刀具切削的所有表面全部完成。

②每道工序应尽量减少刀具的空行程移动量,按最短路线安排加工表面的加工顺序。安排加工顺序时可参照粗铣大平面→粗镗孔、半精镗孔→(立铣刀加工台阶孔)→中心孔

定位→钻孔→孔口倒角→攻螺纹→平面和孔精加工(精铣、铰、镗等)的加工顺序。

(6)热处理工序的安排

箱体的结构复杂,壁厚不均匀,铸造时可能因冷却速度不一致而造成内应力较大且表面较硬。为了改善切削性能及保持加工后精度的稳定性,毛坯铸造后应进行一次人工时效处理。对于普通精度的箱体,粗加工后可安排自然时效;对于高精度或形状复杂的箱体,在粗加工后还应安排一次人工时效处理,以消除内应力。

任务实施

1 零件图的工艺分析

(1)尺寸精度分析

图 4-23(a)所示零件图中,前、后两孔(ϕ120H7 与 ϕ192H7)及左、右两孔(ϕ36H7 与 ϕ54H7)的尺寸精度都要求达到IT7级,尺寸精度要求较高。

(2)位置精度分析

前、后两孔(ϕ120H7 与 ϕ192H7)轴线间有较高的同轴度要求(ϕ0.05 mm),左、右两孔(ϕ36H7 与 ϕ54H7)轴线之间有较高的同轴度要求(ϕ0.02 mm),并且前、后两孔轴线与左、右两孔轴线有垂直度要求 ϕ0.05 mm。

(3)结构分析

该零件为典型的箱体类零件,主要加工面集中在零件四周,基本上是平面和孔系。主要加工内容有:前凸台 ϕ192 mm 平面和该平面上的孔 ϕ120H7 及倒角、螺纹孔 4×M20;后凸台 ϕ246 mm 平面、孔 ϕ192H7 及倒角;左面孔 ϕ36H7 及倒角、左内凸台面 ϕ66 mm、右外凸台面 ϕ102 mm 和该平面上 ϕ54H7 孔及倒角、螺纹孔 4×M16。

2 机床的选择

为提高加工效率和保证各加工表面之间的尺寸精度及相互位置精度要求,尽可能在一次装夹下完成绝大部分表面的加工。本任务选择型号为 HDA-63 的卧式加工中心。机床工作台规格为 630 mm×630 mm;工作台 X 方向行程为 700 mm,Z 方向行程为 600 mm,Y 方向行程为 600 mm;主轴轴线至工作台距离为 50～700 mm;配有 FANUC 0i-MD 数控系统;具有三坐标联动、机械手自动换刀的功能;定位精度和重复定位精度分别为±0.005 mm 和±0.002 mm;刀库容量为 24 把;编程可用人机会话式;一次装夹可完成不同工位的钻、扩、铰、镗、铣、攻螺纹等工序。对于加工箱体类多工位、工序密集的零件,与普通机床相比,卧式加工中心有其独特的优势。

3 加工工艺路线的设计

(1)加工方案的确定

该零件主要加工面的表面粗糙度要求不高(Ra 3.2 μm),根据加工精度及表面加工质量要求,采用粗铣→精铣的加工方案即可达到要求;各加工孔的尺寸精度达IT7级,选择粗镗→半精镗→精镗的加工方案可满足零件图的技术要求。

(2)加工顺序的确定

①基准先行　箱体类零件在卧式加工中心加工之前,应先在普通铣床上加工好定位面及定位孔,以便在加工中心上定位与装夹。

②先粗后精　为保持加工中心的精度,避免精机粗用,往往在加工中心加工之前对各加工表面及内孔进行粗加工,这样不仅可以充分发挥机床的各种功能,降低加工成本,提高经济效益,而且可以让零件在粗加工后有一段自然时效过程,以消除粗加工产生的残余应力,恢复因切削力、夹紧力引起的弹性变形以及由切削热引起的热变形,必要时还可以安排人工时效,保证零件的加工精度。

③先面后孔　箱体类零件往往有面有孔,为避免孔中心在加工过程中发生偏斜,往往先加工平面。

(3)加工工艺路线的拟订

根据上述加工顺序安排零件的加工工艺路线,见表4-4。

表 4-4　　　　　　　　　　　　变速箱加工工艺路线

工序号	工序名称	工序内容	定位基准	加工设备
10	热	人工时效		
20	划线	找正外形,划线		
30	镗铣	工件 ϕ246 mm 平面向下,找正压紧粗铣底面,按线留 2 mm 的加工余量	ϕ246 mm平面为粗基准	普通卧式镗床
30	镗铣	底面向下,找正压紧; 粗铣前、后、左、右四个平面(注意左凸台为内凸台),按线留 2 mm 的加工余量,粗镗 ϕ120H7、ϕ192H7、ϕ54H7、ϕ36H7 通孔分别至 ϕ115 mm、ϕ187 mm、ϕ49 mm、ϕ31 mm	底面为基准	普通卧式镗床
30j	检	检查		
40	热	去应力退火		
50	镗铣	精铣底面,保证尺寸 156 mm,利用 4×M16 作为工艺孔(其中两孔加工为两定位孔 ϕ14H7;另外两孔先加工为 2×ϕ14)再攻螺纹 2×M16,以便后续定位与装夹	ϕ246 mm平面与ϕ187 mm孔	卧式加工中心
60	镗铣	粗、精铣前、后凸台,粗、精铣左内凸台、右凸台,粗镗、半精镗、精镗 ϕ120H7、ϕ192H7、ϕ54H7、ϕ36H7 各孔达零件图尺寸,钻前凸台上 4×M20 螺纹底孔至 ϕ17.5 mm,钻右凸台上 4×M16 螺纹底孔至 ϕ14,攻螺纹 4×M20 及 4×M16	2×ϕ14 mm及底面	卧式加工中心
60j	检	检查		
70	钻	工件 ϕ192 mm 平面向下,找正压紧; 攻底面螺纹余下的 2×M16,钻 ϕ246 mm 外圆柱面上 3×ϕ18 mm 及沉孔 ϕ36 mm	ϕ246 mm平面与ϕ192 mm孔	普通卧式钻床
70j	检	检查		
80	钳	去毛刺、清洗		
90	检	检查入库		

❹ 定位基准及装夹方案的选择

(1)定位基准的选择

该零件的主要加工内容集中在四周平面,为了在卧式加工中心上一次可以完成尽可能多的内容,以底面为精基准是最佳选择。为了提高该精基准的加工质量,底面及底面上的定位孔的加工也选在该设备上进行。因此,两道工序(第50道、第60道)在卧式加工中心进行,出现了两次定位基准,其中第50道工序的基准为ϕ246 mm平面及该平面上的孔,第60道工序的基准为底面及底面上两孔。

(2)装夹方案的选择

第50道工序采用螺旋压板的方式装夹。

第60道工序采用组合夹具搭建的一面两销的方式装夹。先将底面的四个螺纹孔(4×M16)加工为两个定位销与两螺纹孔,销孔做定位用,螺纹孔做反拉夹紧用。但零件高度尺寸较大,只采用底部的两螺纹孔反拉是不够的,还应该在不挡住加工部位的情况下,采用龙门压紧方式,且注意夹紧力适中,以免在拆掉压紧装置后使螺纹孔产生变形。

❺ 数控加工工序卡和刀具卡的填写

该零件有两道工序采用了卧式加工中心,因此,有两道数控加工工序的工序卡和刀具卡。

(1)变速箱第50道工序的数控加工工序卡和刀具卡

变速箱第50道工序的数控加工工序卡和刀具卡见表4-5、表4-6。

表4-5　　　　　　　变速箱数控加工工序卡(第50道工序)

单位名称	×××	产品名称或代号	零件名称	零件图号
		×××	变速箱	×××
工序号	程序编号	夹具名称	加工设备	车间
50	×××	组合夹具(螺旋压板)	HDA-63 卧式加工中心	数控中心

工步号	工步内容	刀具号	刀具规格/mm	主轴转速/(r·min^{-1})	进给速度/(mm·min^{-1})	背吃刀量/mm	备注
1	粗、精铣234 mm×138 mm底面,保证156 mm尺寸达零件图要求	T01	ϕ160	300/320	60/50	1.5/0.5	ϕ192 mm孔定位
2	钻4×M16中心孔	T01	中心钻	1000	70		
3	钻2×M16底孔至ϕ14 mm(取对角线上)	T02	ϕ14	500	60		
4	钻2×ϕ12 mm孔	T03	ϕ12	480	55		做定位孔
5	扩2×ϕ13.9 mm孔	T04	ϕ13.9	450	50		
6	铰2×ϕ14H7孔	T05	ϕ14铰刀	300	30		

| 编制 | ××× | 审核 | ××× | 批准 | ××× | 年　月　日 | 共　页　第　页 |

表 4-6　　　　　　　　　变速箱数控加工刀具卡（第 50 道工序）

产品名称或代号	×××	零件名称	变速箱	零件图号	×××
序号	刀具号	刀具 规格名称	数量	刀长/mm	加工表面	备注

序号	刀具号	规格名称	数量	刀长/mm	加工表面	备注
1	T01	φ160 mm 面铣刀	1	实测	粗、精铣底面	
2	T02	φ3 mm 中心钻	1	实测	钻 4×M16 中心孔	
3	T03	φ14 mm 麻花钻	1	实测	钻 2×M16 螺纹底孔至 φ14 mm	
4	T04	φ12 mm 麻花钻	1	实测	钻定位工艺孔底孔	
5	T05	φ13.9 mm 镗刀	1	实测	扩定位工艺孔	
6	T06	φ14H7 铰刀	1	实测	铰定位工艺孔	
编制	×××	审核	×××	批准	×××	年　月　日　共　页　第　页

（2）变速箱第 60 道工序的数控加工工序卡与刀具卡

变速箱第 60 道工序的数控加工工序卡与刀具卡见表 4-7、表 4-8。

表 4-7　　　　　　　　　变速箱数控加工工序卡（第 60 道工序）

单位名称	×××	产品名称或代号	零件名称	零件图号
		×××	变速箱	×××
工序号	程序编号	夹具名称	加工设备	车间
60	×××	组合夹具（一面两销）	HDA-63 卧式加工中心	数控中心

工步号	工步内容	刀具号	刀具规格/mm	主轴转速/(r·min⁻¹)	进给速度/(mm·min⁻¹)	背吃刀量/mm	备注
1	粗铣 φ192 mm 前凸台（0°方向）	T01	φ80	320	70	1.5	
2	粗铣 φ246 mm 后凸台（180°方向）	T01	φ80	320	70	1.5	
3	粗铣 φ102 mm 右凸台（90°方向）	T02	φ40	500	60	1.5	
4	粗铣 φ66 mm 左内凸台（90°方向）	T03	专用铣刀	400	50	1.5	杆长超 215 mm
5	粗镗 φ54H7 至尺寸 φ53.5 mm（90°方向）	T04	φ53.5	500	50		
6	粗镗 φ36H7 至尺寸 φ35.5 mm（90°方向）	T05	φ35.5	550	50		杆长超 250 mm
7	粗镗 φ192H7 至尺寸 φ191.5 mm（180°方向）	T06	φ191.5	280	40		
8	粗镗 φ120H7 至尺寸 φ119.5 mm（0°方向）	T07	φ119.5	300	40		
9	钻 4×M20 中心孔（0°方向）	T08	φ3	1000	80		
10	钻 4×M16 中心孔（90°方向）	T08	φ3	1000	80		
11	钻 4×M16 螺纹底孔至 φ14 mm（90°方向）	T09	φ14	600	80		
12	钻 4×M20 螺纹底孔至 φ17.5 mm（0°方向）	T10	17.5	580	75		

续表

工步号	工步内容	刀具号	刀具规格/mm	主轴转速/(r·min⁻¹)	进给速度/(mm·min⁻¹)	背吃刀量/mm	备注
13	4×M20 螺纹孔口倒角(0°方向)	T11	φ24	400	50		
14	4×M16 螺纹孔口倒角(90°方向)	T11	φ24	400	50		
15	攻 4×M16 螺纹(90°方向)	T12	M16	100	200		
16	攻 4×M20 螺纹(0°方向)	T13	M20	100	250		
17	精铣 φ192 mm 前凸台(0°方向)	T14	φ80	350	50	0.5	
18	精铣 φ246 mm 后凸台(180°方向)	T14	φ80	350	50	0.5	
19	精铣 φ102 mm 右凸台(90°方向)	T15	φ40	300	50	0.5	
20	精铣 φ66 mm 左内凸台(90°方向)	T16	专用精铣刀	300	40	0.5	杆长超 215 mm
21	φ36H7 孔口倒角(90°方向)	T17	专用倒角刀	500	30		杆长超 250 mm
22	φ54H7 孔口倒角(90°方向)	T18	45°倒角刀	800	50		
23	φ120H7 孔口倒角(0°方向)	T18	45°倒角刀	800	50		圆弧铣削倒角
24	φ192H7 孔口倒角(180°方向)	T18	45°倒角刀	800	50		
25	精镗 φ192H7 至零件图尺寸(180°方向)	T19	φ192H7	280	35		
26	精镗 φ120H7 至零件图尺寸(0°方向)	T20	φ120H7	300	35		
27	精镗 φ54H7 至零件图尺寸(90°方向)	T21	φ54H7	550	40		
28	精镗 φ36H7 至零件图尺寸(90°方向)	T22	φ36H7	580	40		杆长超 250 mm
29	工作台回到 0°方向						
编制	×××	审核	×××	批准	×××	年 月 日	共 页 第 页

表 4-8　　　　变速箱数控加工刀具卡(第 60 道工序)

产品名称或代号	×××	零件名称	变速箱	零件图号	×××

序号	刀具号	刀具 规格名称	数量	刀长/mm	加工表面	备注
1	T01	φ80 mm 面铣刀	1	实测	粗铣前、后凸台	
2	T02	φ40 mm 面铣刀	1	实测	粗铣右凸台	
3	T03	专用铣刀	1	实测	粗铣左内凸台	
4	T04	φ53.5 mm 粗镗刀	1	实测	粗镗 φ54H7 至尺寸 φ53.5 mm	
5	T05	φ35.5 mm 粗镗刀	1	实测	粗镗 φ36H7 至尺寸 φ35.5 mm	
6	T06	φ191.5 mm 粗镗刀	1	实测	粗镗 φ192H7 至尺寸 φ191.5 mm	

续表

序号	刀具号	刀具 规格名称	数量	刀长/mm	加工表面	备注
7	T07	ϕ119.5 mm 镗刀	1	实测	粗镗 ϕ120H7 至尺寸 ϕ119.5 mm	
8	T08	ϕ3 mm 中心钻	1	实测	钻 4×M20、4×M16 中心孔	
9	T09	ϕ14 mm 麻花钻	1	实测	钻 4×M16 螺纹底孔至尺寸 ϕ14 mm	
10	T10	ϕ17.5 mm 麻花钻	1	实测	钻 4×M20 螺纹底孔至尺寸 ϕ17.5 mm	
11	T11	ϕ24 mm 麻花钻	1	实测	攻螺纹 4×M20 及 4×M16 孔口倒角	
12	T12	M16 丝锥	1	实测	攻螺纹 4×M16	
13	T13	M20 丝锥	1	实测	攻螺纹 4×M20	
14	T14	精 ϕ80 mm 面铣刀	1	实测	精铣前、后凸台	
15	T15	精 ϕ40 mm 面铣刀	1	实测	精铣右凸台	
16	T16	专用精铣刀	1	实测	精铣左内凸台	
17	T17	专用倒角刀	1	实测	ϕ36H7 孔口倒角	
18	T18	45°倒角刀	1	实测	ϕ54H7、ϕ120H7、ϕ192H7 孔口倒角	
19	T19	ϕ192H7 精镗刀	1	实测	精镗 ϕ192H7 至零件图尺寸	
20	T20	ϕ120H7 精镗刀	1	实测	精镗 ϕ120H7 至零件图尺寸	
21	T21	ϕ54H7 精镗刀	1	实测	精镗 ϕ54H7 至零件图尺寸	
22	T22	ϕ36H7 精镗刀	1	实测	精镗 ϕ36H7 至零件图尺寸	
编制	×××	审核	×××	批准	×××	年 月 日 共 页 第 页

知识拓展

定位误差（1）

1 定位误差的组成

在使用夹具加工零件时，除了要求工件安装可靠、操作方便、调整迅速外，首要的是保证加工精度。设计夹具时，应尽量减小与夹具有关的误差，特别是定位误差，以满足加工精度的要求。

这种只与工件定位有关的加工误差称为定位误差,用 Δ_D 表示,通常 $\Delta_D \leqslant \delta/3$($\delta$ 为工件被加工尺寸的公差)。图 4-33 可以说明定位误差的组成情况。这里应该明确的是,工件以夹具定位时,一般是以调整法进行加工的,即刀具的位置相对于夹具上的定位元件调整好后,用来加工一批工件。如果采用试切法逐件加工,则根本不存在定位误差。

如图 4-33 所示,零件图中尺寸为 $A \pm \delta_A$、$B \pm \delta_B$。当各大平面和孔均已加工好,最后铣槽时,可能有以下两种定位方案。

① 以底面和侧面定位　如图 4-33(a)所示。此时并没有直接保证设计尺寸 $A \pm \delta_A$,产生了基准不重合误差 Δ_B,其大小等于尺寸 B 的公差 $2\delta_B$。

② 以孔为主要定位基准　如图 4-33(b)所示。此时,定位基准与设计基准重合,不产生基准不重合误差。但当定位孔与定位销之间采用间隙配合时,由于定位基准和定位元件制造不准确而使得定位孔中心位置不稳定,对于加工一批零件而言,尺寸 A 也将在一定范围内变化,这项误差称为定位基准位移误差 Δ_Y。

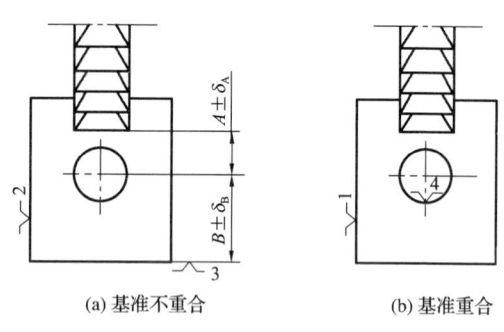

图 4-33　定位误差分析

综上所述,定位误差包含两部分:由基准不重合引起的基准不重合误差 Δ_B;由定位基准与定位元件制造不准确引起的定位基准位移误差 Δ_Y。当这两项误差同时存在时,定位误差的大小是它们的向量和。

2 定位误差的计算

基准不重合误差的计算方法已在工艺尺寸链中叙述过,此处只分析工件在圆柱孔定位时定位基准位移误差的计算。工件以外圆柱面在 V 形块上定位时的定位误差的计算见项目五中任务一的知识拓展。

(1)工件定位孔在过盈配合定位心轴(或销)上定位

因为工件定位孔与定位心轴采用过盈配合,所以定位副间无径向间隙,也就是不存在定位副不准确引起的定位误差。可见,过盈配合定位心轴的定心精度是相当高的。

(2)工件定位孔在间隙配合心轴上定位

在间隙配合心轴上定位可根据定位心轴与定位孔的接触情况不同分为如下两种情况:

① 定位心轴水平放置　工件因自重始终靠在孔的下边,即单边接触。定位误差仅反映在径向,单边向下,即

$$\Delta_Y = \delta_D + \delta_d \tag{4-5}$$

式中　δ_D——定位孔公差;
　　　δ_d——定位心轴公差。

② 定位心轴垂直放置　因为无法预测间隙偏向哪一边,定位孔在任何方向都可做双

向移动,故其最大位移量(Δ_Y)较定位心轴水平放置时大一倍,即

$$\Delta_Y = D_{max} - d_{min} = \Delta_{最小间隙} + \delta_D + \delta_d \tag{4-6}$$

式中　D_{max}——定位孔最大直径;

d_{min}——定位心轴最小直径;

$\Delta_{最小间隙}$——定位副最小间隙。

因为定位心轴的垂直放置(双边接触)与水平放置(单边接触)不同,最小间隙无法在调整刀具时预先清除补偿,所以必须考虑最小间隙的影响。

(3) 工件一面两销定位时的定位误差

工件以一面两销定位的基准位移误差包括两类,即沿平面内任意方向的定位基准位移误差 Δ_Y 和基准转角误差 $\Delta_{\theta/2}$。

定位基准位移误差是由定位基准及定位表面的制造误差引起的,如图 4-34(a)所示,即

$$\Delta_Y = X_{1max} = \delta_{D_1} + \delta_{d_1} + \Delta_{最小间隙} \tag{4-7}$$

由于两定位孔与两定位销为上下错移接触,造成工件两定位孔连线相对于夹具上两定位销连线发生偏转,产生基准转角误差,如图 4-34(b)所示。基准转角误差的大小取决于两孔和两销的最大配合间隙、中心距 L 以及工件的偏移方向,可近似计算为

$$\Delta_{\theta/2} = \pm \arctan \frac{O_1 O'_1 + O_2 O'_2}{L} = \pm \arctan \frac{X_{1max} + X_{2max}}{2L} \tag{4-8}$$

式中　X_{1max}——圆柱销与定位孔的最大配合间隙;

X_{2max}——削边销与定位孔的最大配合间隙。

可见,为了减小基准转角误差,两定位孔之间的距离应尽可能大些。

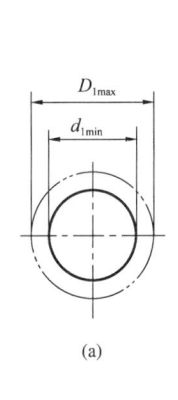

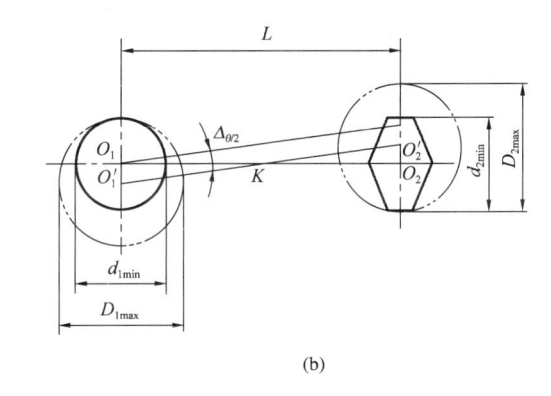

图 4-34　一面两销定位误差分析

知识点及技能测评

一、填空题

1. 某箱体零件中,需要完成多方位上的面和孔加工,最好选用_____机床。

2.加工部位与定位基准面平行,且既需加工面还需加工孔的零件最好选用_____机床。

3.卧式加工中心上刀具长度的确定原则是:在满足各个部位加工要求的前提下,_____以提高工艺系统刚度。

4.在一面两销定位方式中,经常将其中一个销做成削扁销来避免_____。

5.零件加工中有试切法和调整法两种加工方案,其中_____逐件加工,不存在定位误差。

6.定位误差包含两部分:一是由于基准不重合引起的_____;二是由于定位基准与定位元件制造不准确引起的_____。

二、选择题

1.在加工中心上加工箱体类零件时,工序安排的原则之一是(　　)。
A.当既有面又有孔时,应先铣面,再加工孔
B.在孔系加工时应先加工小孔,再加工大孔
C.在孔系加工时,一般应对一孔粗、精加工完成后,再对其他孔按顺序进行粗、精加工
D.对跨距较小的同轴孔,应尽可能采用调头加工的方法

2.箱体零件上(　　)常作为轴孔位置尺寸的设计基准、安装基准和工艺基准。
A.底面　　　　B.侧面　　　　C.端面　　　　D.上面

3.大跨距箱体的同轴孔加工,一般采取(　　)加工方法。
A.装压　　　　B.夹顶　　　　C.调头　　　　D.卡盘装夹

4.对直径大于 $\phi30mm$ 已铸出或锻出的毛坯件的加工,一般采用的加工路线是(　　)。
A.粗镗→半精镗→孔口倒角→精镗　　B.锪平端面→打中心孔→钻
C.锪平端面→钻→铰　　　　　　　　D.钻→孔口倒角→铰

5.进行孔类零件加时,钻孔→扩孔→倒角→铰孔的方法适用于(　　)。
A.小孔径的盲孔　　　　　　B.高精度孔
C.孔位置精度不高的中小孔　　D.大孔径的盲孔

6.一般情况下,(　　)的螺纹孔可在加工中心上完成攻螺纹。
A.M55 以上　　　　　　　B.M6 以下、M2 以上
C.M40　　　　　　　　　　D.M6 以上、M20 以下

7.基准不重合误差由前后(　　)不同而引起。
A.工序基准　B.加工误差　C.工艺误差　D.计算误差

8.一面两销定位时符合(　　)原则。
A.基准重合　B.基准统一　C.互为基准　D.自为基准

9.基准位移误差在当前工序中产生,一般受(　　)的影响。
A.夹具　　　B.刀具　　　C.量具　　　D.电源

10.采用削边销而不采用普通销定位主要是为了(　　)。
A.避免过定位　B.避免欠定位　C.减轻质量　D.定位灵活

三、设计如图 4-35 所示零件的加工工艺卡片。

（a）

（b）

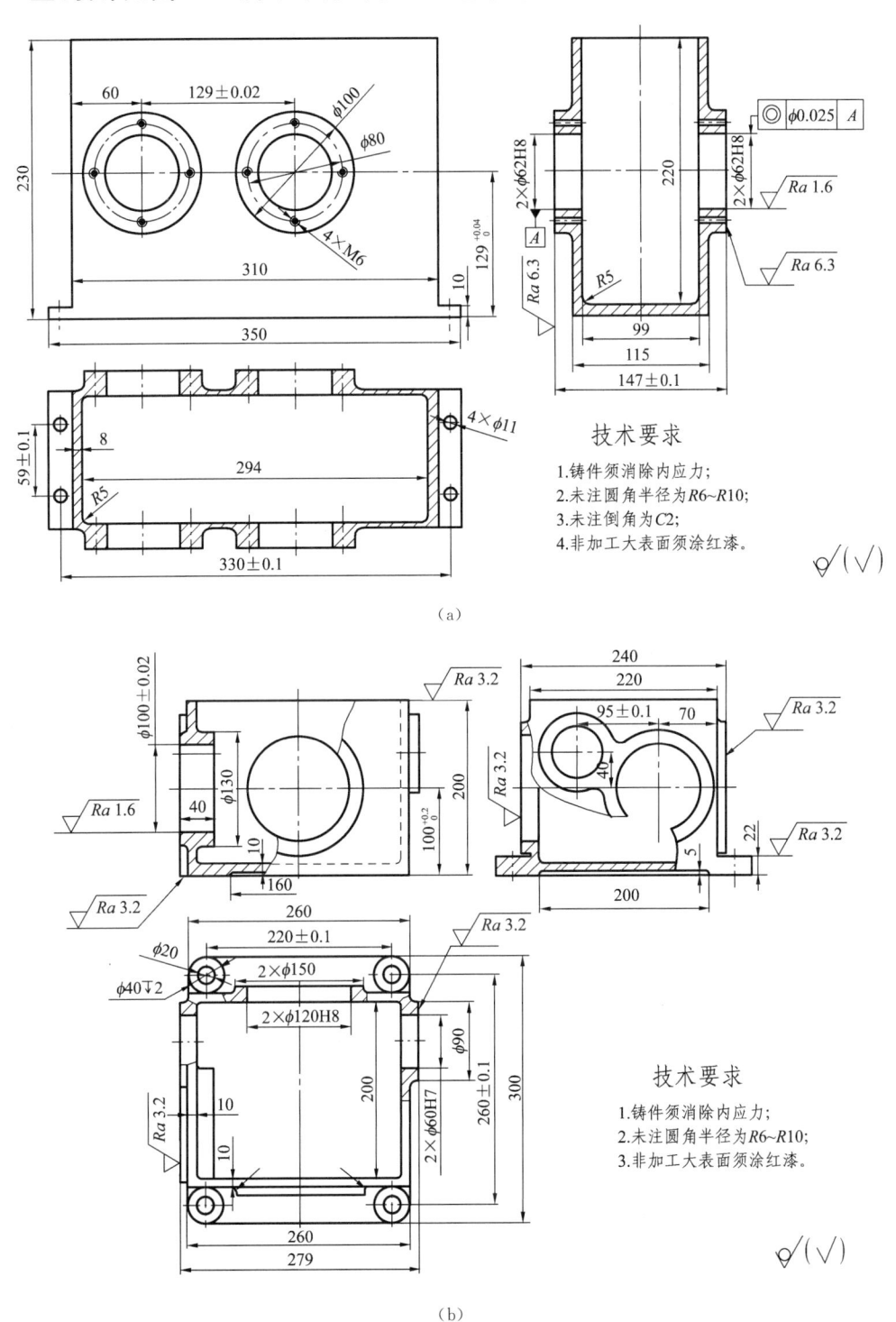

图 4-35 零件图

技术要求
1. 铸件须消除内应力；
2. 未注圆角半径为 R6~R10；
3. 未注倒角为 C2；
4. 非加工大表面须涂红漆。

技术要求
1. 铸件须消除内应力；
2. 未注圆角半径为 R6~R10；
3. 非加工大表面须涂红漆。

拓展资料

工匠精神

工匠精神是一种职业精神，它是职业道德、职业能力、职业品质的体现，是从业者的一种职业价值取向和行为表现。工匠精神就是追求卓越的创造精神、精益求精的品质精神、用户至上的服务精神。工匠精神的基本内涵包括敬业、精益、专注、创新等方面的内容。

敬业是从业者基于对职业的敬畏和热爱而产生的一种全身心投入的认认真真、尽职尽责的职业精神状态。中华民族历来有"敬业乐群""忠于职守"的传统，敬业是中国人的传统美德，也是当今社会主义核心价值观的基本要求之一。

精益就是精益求精，是从业者对每件产品、每道工序都凝神聚力、精益求精、追求极致的职业品质。

专注就是内心笃定而着眼于细节的耐心、执着、坚持的精神，这是一切"大国工匠"所必须具备的精神特质。从实践经验来看，工匠精神意味着一种执着，即一种几十年如一日的坚持与韧性。

工匠精神还包括追求突破、追求革新的创新内涵。古往今来，热衷于创新和发明的工匠们一直是世界科技进步的重要推动力量。

时代发展需要大国工匠。在我国的工艺文化历史上，产生过鲁班、李春、李冰、沈括这样的世界级工匠大师，还有遍及各种工艺领域里手艺出神入化的普通工匠。

进入现代工业社会，更需要将中国传统文化中所深蕴的工匠文化在新时代条件下发扬光大。无论是三峡大坝、高铁动车，还是航天飞船，都凝结着现代工匠的心血和智慧。大学生要以大国工匠和劳动模范为榜样，做一个品德高尚而追求卓越的人，积极投身于中华民族伟大复兴的宏伟事业中。

项目五
复杂零件的数控加工工艺

任务一 支承套的数控加工工艺设计

学习目标

【知识目标】
1. 了解组合夹具的特点及应用。
2. 掌握工件在夹具中的定位原理及常用定位元件。
3. 掌握数控设备的选择方法。

【技能目标】
1. 能够进行组合夹具的设计和使用。
2. 能够对复杂车铣复合件进行工艺设计。

任务描述

支承套零件图和立体图如图 5-1 所示,该零件用于支承轴承,材料为 45 钢棒料,大批量生产,设计该零件的数控加工工艺。

(a) 零件图　　　　　　　　　　(b) 立体图

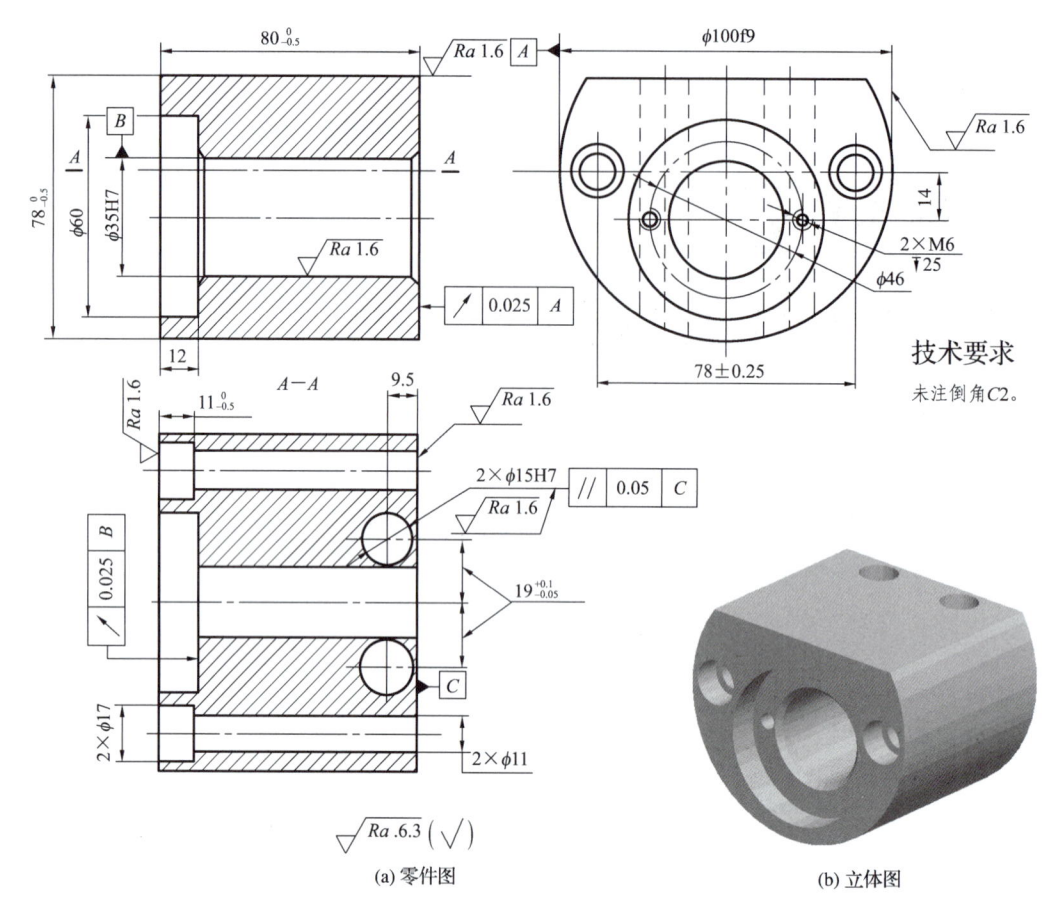

图 5-1　支承套

相关知识

本任务涉及车铣复合零件的数控加工工艺的相关知识为：组合夹具概述、工件在夹具中的定位、工件在夹具中的夹紧。

1　组合夹具概述

（1）组合夹具的工作原理与特点

组合夹具是机床夹具中一种标准化、系列化、通用化程度很高的工艺装备，由一套预先制造好的标准元件组合而成。这些元件具有各种不同形状、尺寸和规格，并且有较好的互换性、耐磨性和较高的精度。根据工件的工艺要求，采用搭积木的方式组装成各种专用夹具。使用完毕后，可方便地拆开元件，洗净后存放起来，待重新组装时重复使用。图5-2所示为两种组合夹具的实例。

图 5-2 两件组合夹具实例

组合夹具有以下特点:灵活多变,为生产迅速提供夹具,缩短生产准备周期;保证加工质量,提高生产率;节约人力、物力和财力;减小夹具存放面积,改善管理工作。

组合夹具既有优点也有缺点。

优点:使用组合夹具可节省夹具的材料费、设计费、制造费,方便库存保管。此外,其组合时间短,能够缩短生产周期,反复拆装,不受零件尺寸改动限制,可以随时更换夹具定位易磨损件。

缺点:组合夹具需要经常拆卸和组装;其结构与特制的专用夹具相比显得复杂、笨重;对于定型产品大批量生产时,组合夹具的生产率不如特制的专用夹具生产率高。此外,组装成套的组合夹具必须有大量的元件储备,因此初始投资费用高。

(2) 组合夹具的应用范围

组合夹具应用范围很广,它不仅成熟地应用于机床、汽车、农机、仪表等行业,而且在重型机械、矿山机械等行业也进行了推广使用。

① 从生产类型方面看,组合夹具的特点决定了它最适用于产品经常变换的生产,如单件、小批量生产,新产品试制和临时突击性的生产任务等。

② 从加工工种方面看,组合夹具可用于钻、车、铣、刨、磨、镗、检验等工种,其中以钻床夹具应用量最大。

③ 从加工工件的几何形状和尺寸方面看,组合夹具一般可不受工件形状复杂程度的限制,很少遇到因工件形状特殊而不能组装夹具的情况。

④ 从加工工件的公差等级方面看,组合夹具元件本身公差等级为 IT2 级,通过各组装环节的累积误差,在一般情况下,工件加工公差等级可达 IT3 级。

(3) 组合夹具元件的分类

组合夹具分为槽系和孔系两大类。如图 5-3 所示为槽系组合夹具,如图 5-4 所示为孔系组合夹具。

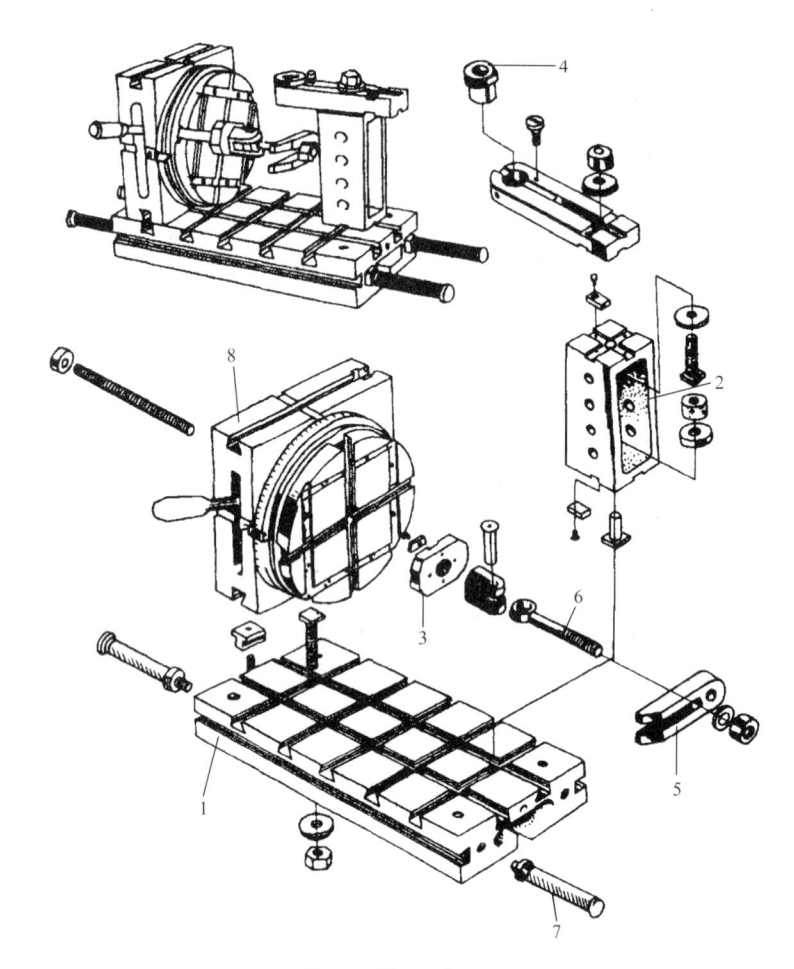

图 5-3 槽系组合夹具
1—基础件；2—支承件；3—定位件；4—导向件；5—夹紧件；6—紧固件；7—其他件；8—组合件

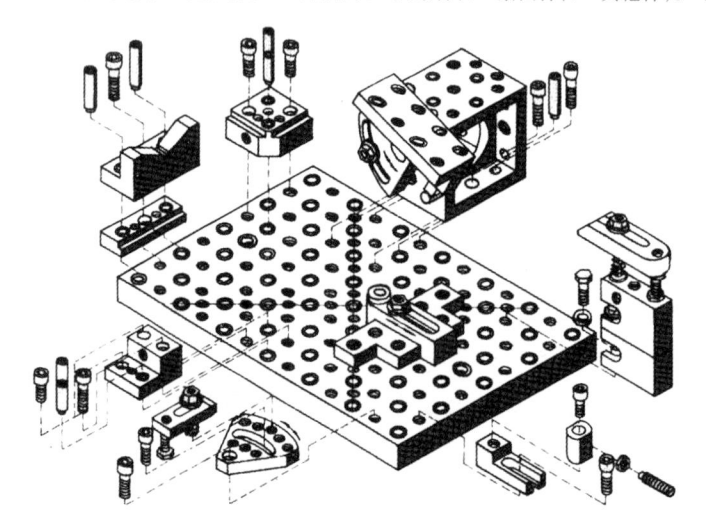

图 5-4 孔系组合夹具

组合夹具元件按其用途不同,可分为以下八大类:

①基础件 包括各种规格尺寸的方形、矩形、圆形基础板和基础角铁等。基础件主要用作夹具体,如图 5-5 所示。

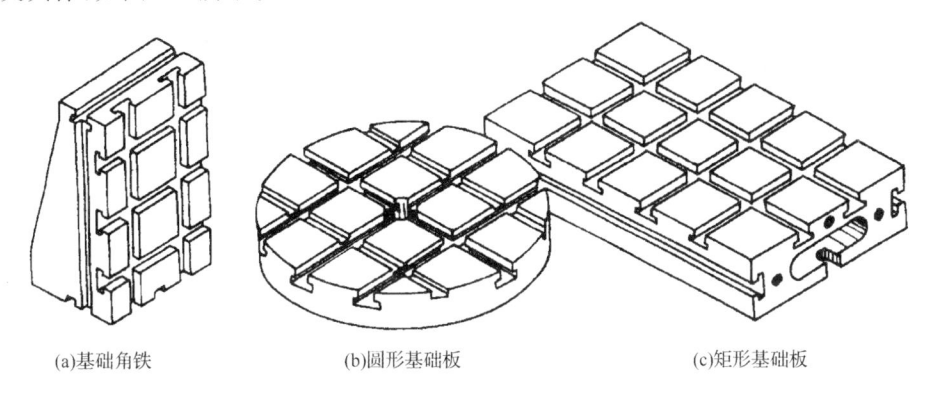

(a)基础角铁　　　　(b)圆形基础板　　　　(c)矩形基础板

图 5-5 基础件

②支承件 包括各种规格尺寸的垫片、垫板、方形和矩形支承、角度支承、角铁、菱形板、V 形块、螺孔板、伸长板等。支承件主要用作不同高度的支承和各种定位支承平面,是夹具体的骨架,如图 5-6 所示。

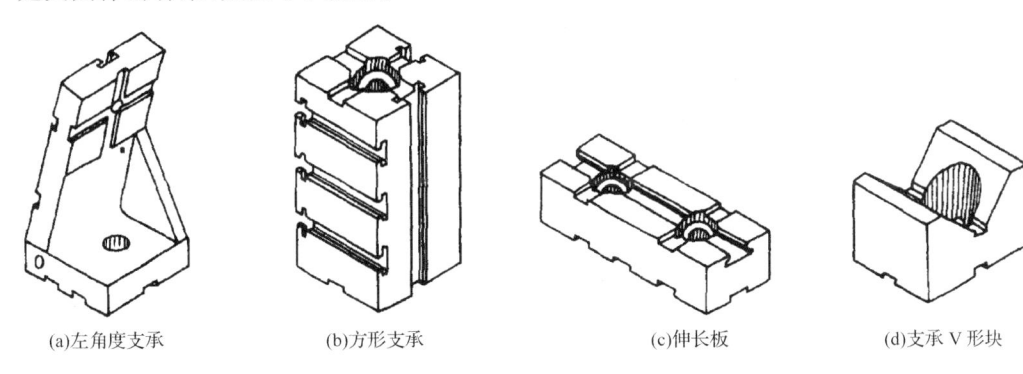

(a)左角度支承　　　(b)方形支承　　　(c)伸长板　　　(d)支承 V 形块

图 5-6 支承件

③定位件 包括各种定位销、定位盘、定位键、定位轴、各种定位支座、定位支承、镗孔支承、顶尖等。定位件主要用于确定元件与元件、元件与工件之间的相对位置尺寸,以保证夹具的装配精度和工件的加工精度,如图 5-7 所示。

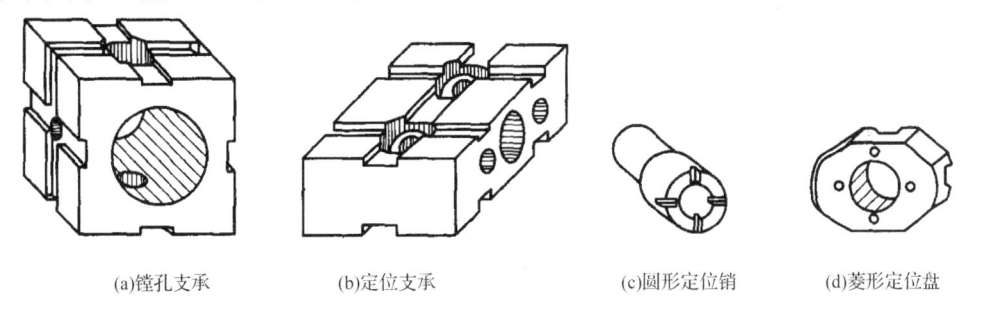

(a)镗孔支承　　　(b)定位支承　　　(c)圆形定位销　　　(d)菱形定位盘

图 5-7 定位件

④导向件 包括各种钻模板、钻套、铰套和导向支承等。导向件主要用来确定刀具与

工件的相对位置，加工时起到引导刀具的作用，如图5-8所示。

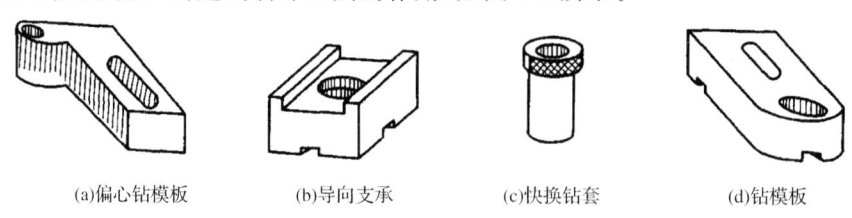

(a)偏心钻模板　　　(b)导向支承　　　(c)快换钻套　　　(d)钻模板

图5-8　导向件

⑤夹紧件　包括各种形状尺寸的压板。夹紧件主要用来将工件夹紧在夹具上，保证工件定位后的正确位置在外力作用下不变动。由于各种压板的主要表面都经过磨光，因此也常用作定位挡板、连接板或其他用途，如图5-9所示。

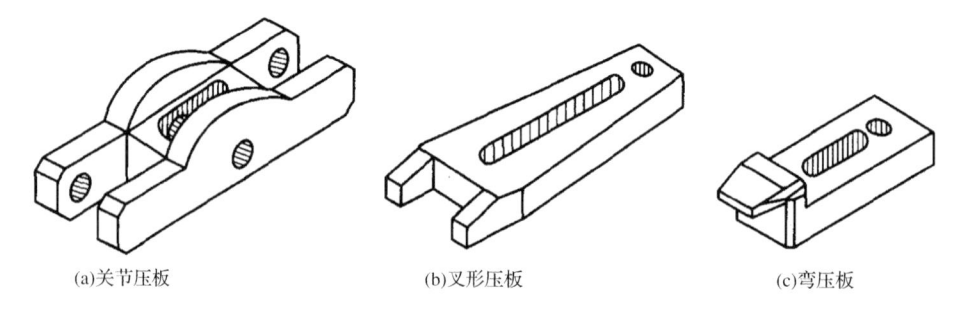

(a)关节压板　　　(b)叉形压板　　　(c)弯压板

图5-9　夹紧件

⑥紧固件　包括各种螺栓、螺钉、螺母和垫圈等。紧固件主要用来把夹具上各种元件连接紧固成一个整体，并可通过压板把工件夹紧在夹具上。

⑦其他件　包括除了上述六类以外的各种用途的单一元件，例如连接板、回转压板、浮动块、各种支承钉、支承帽、二爪支承、三爪支承、平衡块等。

⑧组合件　指在组装过程中不拆散使用的独立部件。按其用途可分为定位合件、导向合件、夹紧合件和分度合件等。

2 工件在夹具中的定位

在夹具设计中，如果定位方案不合理，工件的加工精度就无法保证。因此，工件在夹具中的定位，是夹具设计中首先要解决的问题。分析定位问题，关键在于定位基准的选择。下面以定位基准已经选定为前提，来分析和讨论工件在夹具中的定位。

(1)工件定位的基本原理

如图5-10所示，任一刚体在空间都有六个自由度，即沿X、Y、Z三个坐标轴的移动自由度，以及绕此三个坐标轴的转动自由度。

假设工件也是一个刚体，要使它在机床上(或夹具中)完全定位，就必须限制它在空间的六个自由度。如图5-11所示的长方体工件，用六个合理分布的定位支承点，使其与工件接触，每个定位支承点限制工件的一个自由度，便可将六个自由度完全限制，工件在空间的位置被唯一地确定。由此可见，用合理分布的六个支承点即可限制工件的六个自由度，这就是工件定位的基本原理，简称为六点定位原理。

在应用工件"六点定位原理"进行定位问题分析时，应注意如下几点：

(a) 矩形　　　　　　　　　　　(b) 圆柱形

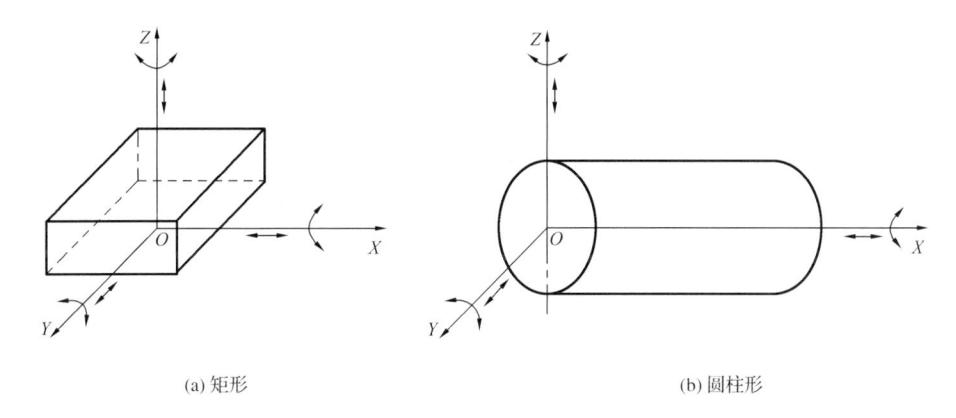

图 5-10　工件的六个自由度

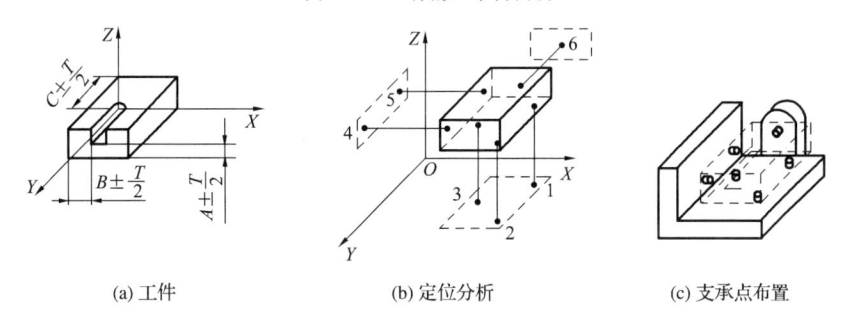

(a) 工件　　　　(b) 定位分析　　　　(c) 支承点布置

图 5-11　长方体工件的六点定位

①定位就是限制自由度,通常用合理设置定位支承点的方法来限制工件的自由度。

②定位支承点限制工件自由度的作用,应理解为定位支承点与工件定位基面始终保持紧贴接触。若二者脱离,则意味着失去定位作用。

③一个定位支承点仅限制一个自由度,一个工件仅有六个自由度,所设置的定位支承点数目,原则上不应超过六个。

④分析定位支承点的定位作用时,不考虑力的影响。工件的某一自由度被限制,并非指工件在受到使其脱离定位支承点的外力时,不能运动。使其在外力作用下不能运动,是夹紧的任务;反之,工件在外力作用下不能运动,即被夹紧,也并非说工件的所有自由度都被限制了。因此,定位和夹紧是两个概念,绝不能混淆。

⑤定位支承点是由定位元件抽象而来的。在夹具中,定位支承点始终通过具体的定位元件体现。至于具体的定位元件应转化为几个定位支承点,需结合其结构进行分析。

在夹具设计和定位分析中,还经常会遇到以下问题:完全定位和不完全定位;欠定位和重复定位。工件定位时,影响加工要求的自由度必须限制;不影响加工要求的自由度,有时要限制,有时可不限制,视具体情况而定。按照加工要求应限制的自由度没有被限制的定位称为欠定位。确定工件在夹具中的定位方案时,欠定位是决不允许发生的。

重复定位(亦称过定位)可分为两种情况:工件的一个或几个自由度被重复限制,并对加工产生有害影响的重复定位,称为不可用重复定位,不可用重复定位是不允许的;工件的一个或几个自由度被重复限制,但仍能满足加工要求,即不但不产生有害影响,反而可增加工件装夹刚度的定位,称为可用重复定位。在生产实际中,可用重复定位被大量采用。

（2）常见的定位方式

工件的定位表面有各种形式，例如平面、外圆、内孔等。对于这些表面，始终采用一定结构的定位元件，以定位元件的定位面与工件定位基面相接触或配合，实现工件的定位。

①工件以平面定位　在机械加工中，利用工件上一个或几个平面作为定位基面来安装工件的定位方式，称为平面定位。例如箱体、机座、支架、板盘类零件等，多以平面为定位基准。所用的定位元件可分为基本支承和辅助支承两类，常用的支承元件已标准化。现介绍它们的结构特点。

● 支承钉和支承板　工件以粗基准定位时，由于基准面粗糙不平，若使其与一精密平板的平面保持接触，显然只有粗基准上三个最高点与之接触，为保证定位可靠，一般采用支承钉。图 5-12 所示为各类支承钉。图 5-12（a）所示为平头支承钉，用于精基准定位；图 5-12（b）所示为圆头支承钉，用于粗基准定位；图 5-12（c）所示为锯齿形支承钉，常用于粗基准侧面定位。

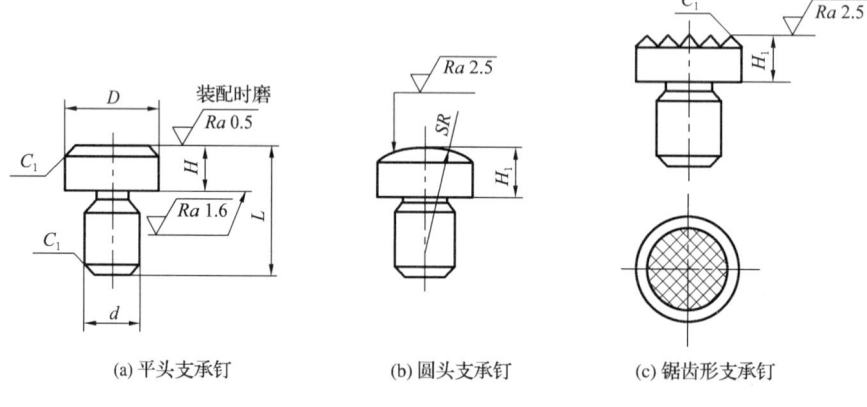

(a) 平头支承钉　　(b) 圆头支承钉　　(c) 锯齿形支承钉

图 5-12　支承钉

对于大中型零件，当用精基准定位时，通常采用支承板，如图 5-13 所示。图 5-13（a）所示结构简单，制造方便，但切屑末易堆积在固定支承板用的沉头螺钉中，不易清除；图 5-13（b）所示结构克服了上述缺陷，但制造略微麻烦。

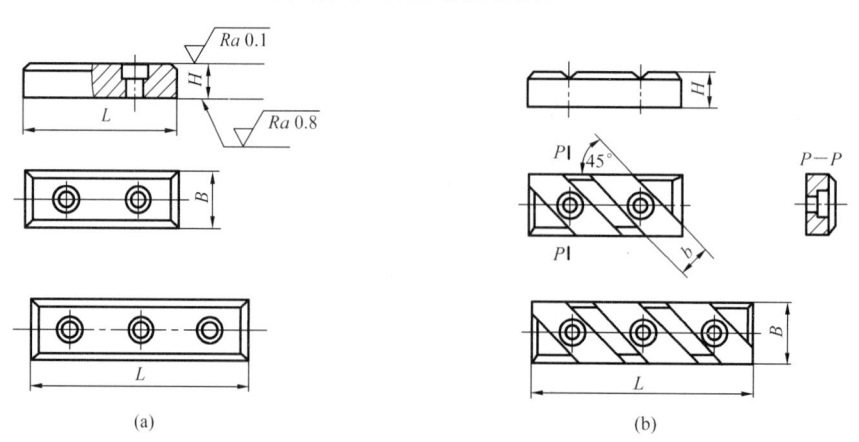

图 5-13　支承板

● 可调支承与自位支承 可调支承是指顶端位置可在一定高度范围内调整的支承。多用于未加工平面的定位,以调节和补偿各批毛坯尺寸的误差,一般每批毛坯调整一次,其典型结构如图 5-14 所示。

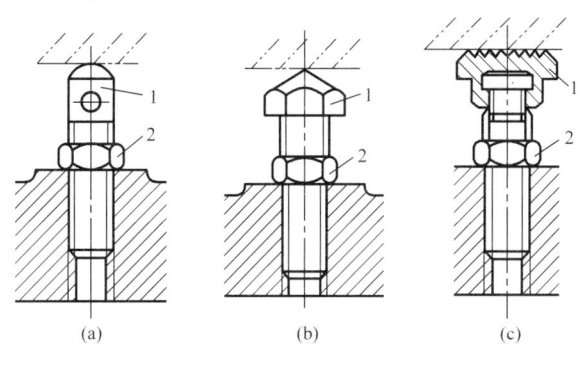

图 5-14 可调支承
1—支承;2—螺母

自位支承又称浮动支承,是指支承本身的位置在定位过程中,能自动适应工件定位基准变化的一类支承。自位支承能增加与工件定位面的接触点数目,使其单位面积压力减小,故多用于刚度不足的毛坯表面或不连续平面的定位。此时,虽增加了接触点的数目,却并未发生过定位。图 5-15 所示为常用自位支承的结构形式:图 5-15(a)所示为球面三点式,定位时可保证与工件定位面上的三个分布点接触;图 5-15(b)和图 5-15(c)所示为两点式浮动支承,分别通过球面和斜面实现浮动,从而确保工件与支承面的两个浮动接触。由于自位支承是活动的,因此,尽管每个自位支承与工件可能做两点或三点接触,实质上仍然只起一个定位支承点的作用,即只限制一个自由度。

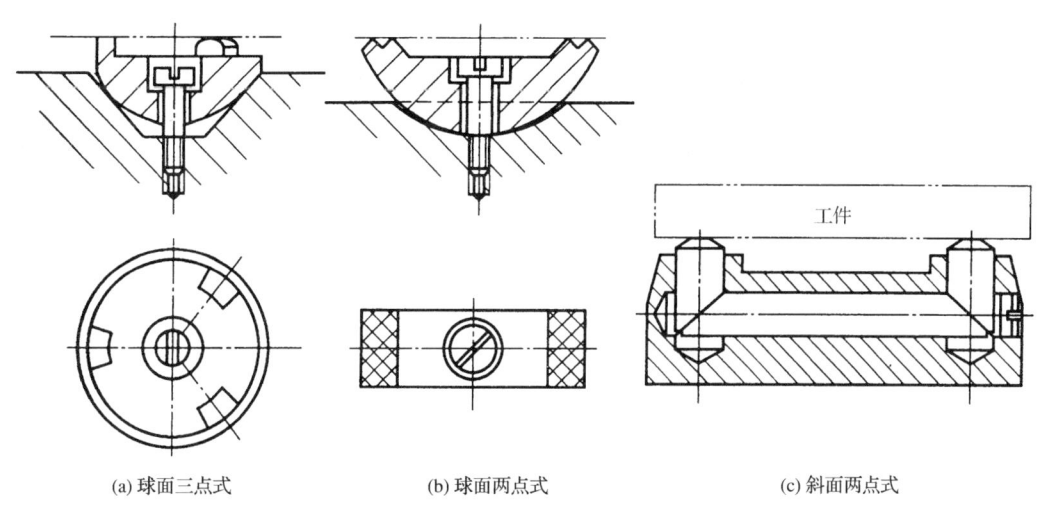

(a) 球面三点式   (b) 球面两点式   (c) 斜面两点式

图 5-15 常用自位支承的结构形式

● 辅助支承 是指对工件不起限制自由度作用的支承,主要用于提高工件的刚度和定位稳定性,不起定位作用。

②工件以圆孔定位 圆孔定位在夹具中应用十分广泛。其基本特点是定位孔和定位

元件间处于配合状态,理论上要求确保工件孔的轴线与夹具定位元件的轴线重合。圆孔作为定位基准时采用的定位元件有定位销、定位心轴等。

● 定位销　与工件孔配合部分尺寸公差通常按 g6 或 f7 确定。短圆柱销可限制两个自由度,而长圆柱销可限制四个自由度。从结构上看,定位销一般可分为固定式和可换式两种,固定式定位销是直接用过盈配合装在夹具上使用的。图 5-16 为定位销常见结构。

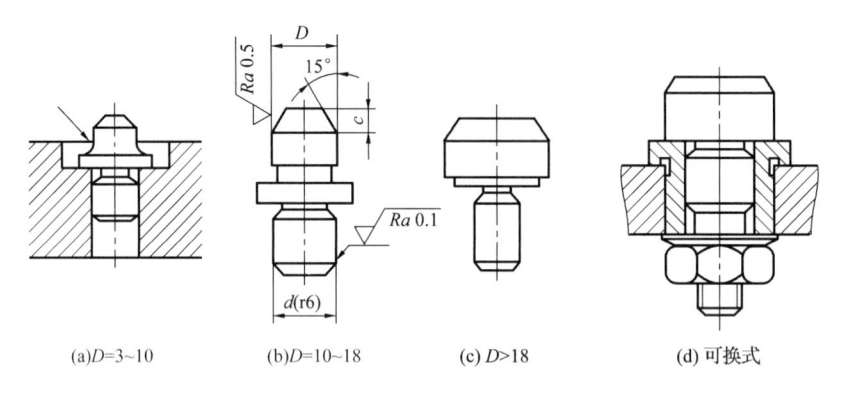

(a)D=3~10　　(b)D=10~18　　(c) D>18　　(d) 可换式

图 5-16　定位销

当要求孔销配合只在一个方向上限制工件自由度时,可采用菱形销,如图 5-17(a)所示。有时工件也采用圆锥销定位,如图 5-17(b)所示,圆锥销定位限制三个自由度。由于工件在单个圆锥销上容易倾斜,所以圆锥销一般与其他定位元件组合使用。

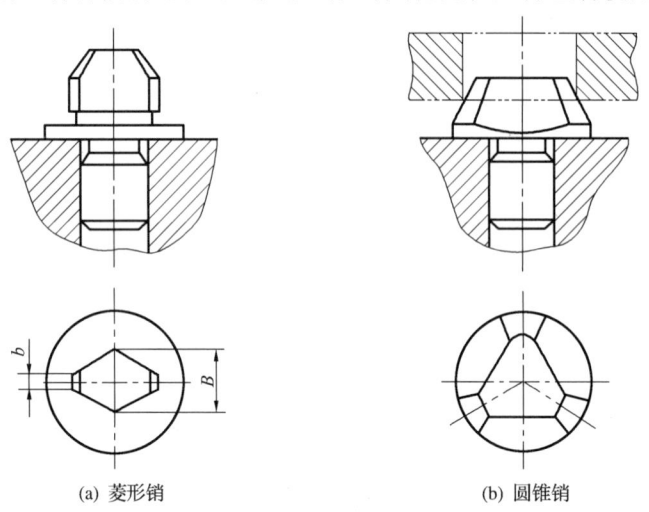

(a) 菱形销　　(b) 圆锥销

图 5-17　菱形销和圆锥销

● 定位心轴　在项目二的任务二中已介绍。

③工件以外圆柱面定位　是常见的定位方式,在生产中应用十分广泛。外圆定位有两种基本形式:支承定位和定心定位。

● 支承定位　最常用的定位元件有 V 形块。典型的 V 形块结构如图 5-18 所示,其中图 5-18(a)所示结构用于较短工件精基准定位;图 5-18(b)所示结构用于较长工件的精基准定位;图 5-18(c)所示结构用于定位基面较长或分为两段时的情况。短 V 形块限制工件两个自由度,长 V 形块限制工件四个自由度。在 V 形块上定位时,工件能够自动对中。V形块的结构尺寸已经标准化,其两斜面的夹角 α 有 60°、90°和 120°三种。

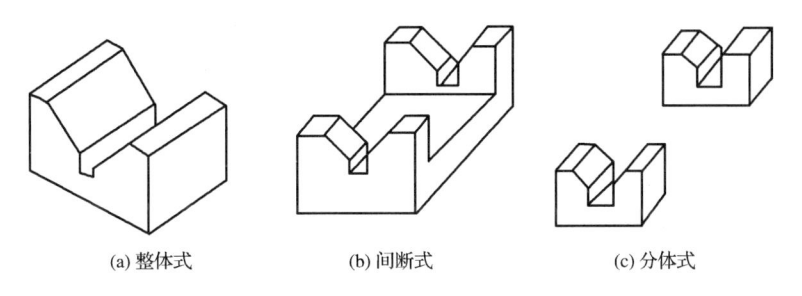

(a) 整体式　　(b) 间断式　　(c) 分体式

图 5-18　典型的 V 形块结构

● 定心定位　最常用的定位元件主要是套筒(包括锥套)、卡盘和弹簧夹头等。定位套筒结构形式如图 5-19 所示。它装在夹具体上,用以支承外圆表面,起定位作用。这种定位方法,元件结构简单,但定心精度不高,当工件外圆与定位孔配合较松时,还易使工件偏斜。当套筒定位长径比较大时,限制工件四个自由度(两个移动,两个转动);当套筒定位长径比较小时,限制工件两个自由度,使用圆锥销时,通常限制三个自由度。在实际生产中,经常采用套筒内孔与端面一起定位,以减少偏斜。若工件端面较大,为避免过定位,定位孔应做得短些。

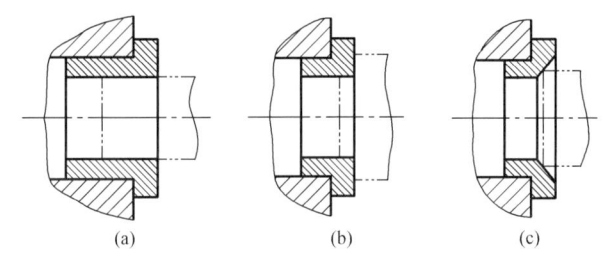

(a)　　(b)　　(c)

图 5-19　定位套筒

④工件以组合表面定位　以上所述定位方法,均为工件以单一表面定位。实际上,工件往往是以几个表面同时定位的,称为"组合表面定位"。以下就几种不同组合情况加以叙述。

● 三个平面组合　长方体形工件若实现完全定位,需要用三个互相成直角的平面作为定位基准。

● 一个平面和一个圆柱孔(面)组合　在数控车床上加工盘套类零件时,常用一个平面和圆柱孔组合定位,这种组合能限制除绕自身轴线回转外的五个自由度。

在数控铣床上加工盘类零件或加工箱体类零件(通常定位面上只有一个孔的情况下),常采用一个平面和一个定位销定位的方法,为定位方便,需附加一个定位销防止零件转动。

● 一个平面和两个与其垂直的孔的组合　在箱体、连杆、盖板等类零件加工中,常采用这种组合定位,俗称"一面两销"定位。一面两销定位时所用的定位元件是:平面采用支承板,两孔采用定位销。这种定位方式简单可靠,夹紧方便,便于实现基准统一。当工件上没有合适的小孔供定位使用时,常把紧固螺钉孔的精度提高或专门做出两个工艺孔,以供一面两销定位用。如图 5-20 所示为一面两销定位,利用一个大平面与该平面垂直的两个圆孔作为定位基准。由于大平面限制三个自由度,每个短销限制两个自由度,因此一面两销会产生过定位。为了避免过定位,可将两定位销之一在定位干涉方向上削边,做成削边销。削边销的结构大致有三种,如图 5-21 所示。

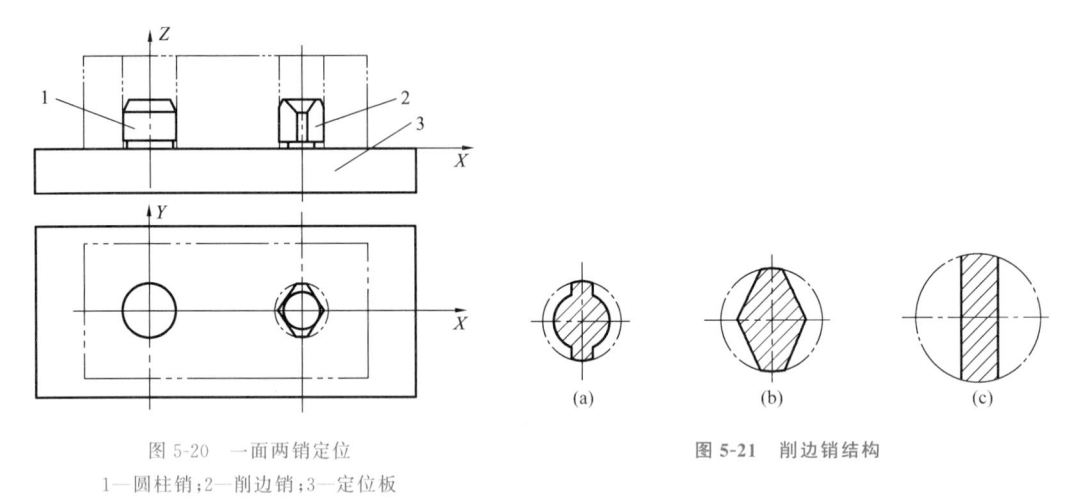

图 5-20　一面两销定位
1—圆柱销;2—削边销;3—定位板

图 5-21　削边销结构

3　工件在夹具中的夹紧

工件定位后必须通过一定的机构产生夹紧力,把工件压紧在定位元件上,使其保持准确的定位位置,不会由于切削力、工件重力、离心力或惯性力等的作用而产生位置变化和振动,以保证加工精度和操作安全。这种产生夹紧力的机构称为夹紧装置。

(1)夹紧装置应达到的基本要求

①夹紧过程可靠,不改变工件定位后所占据的正确位置。

②夹紧力的大小适当,既要保证工件在加工过程中其位置稳定不变、振动小,又要使工件不会产生过大的夹紧变形。

③操作简单方便、省力、安全。

④结构性好,夹紧装置的结构力求简单、紧凑,便于制造和维修。

(2)夹紧力方向和作用点的选择

①夹紧力的方向

● 夹紧力的方向应有助于定位,如图 5-22 所示。

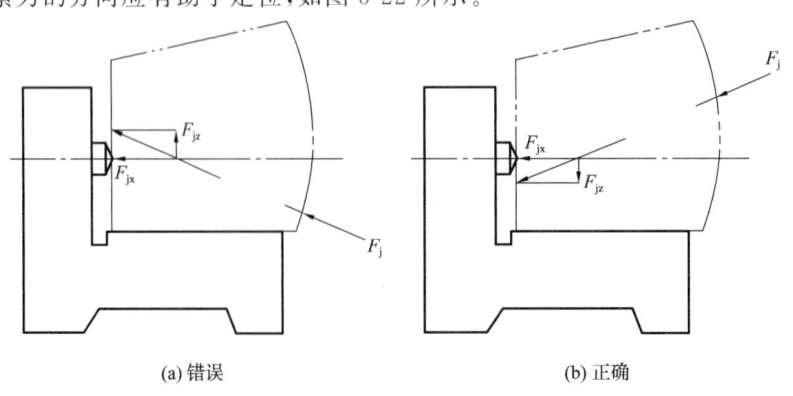

(a)错误　　　　　　(b)正确

图 5-22　夹紧力方向的表示

- 夹紧力的方向应指向主要定位面，如图 5-23 所示。

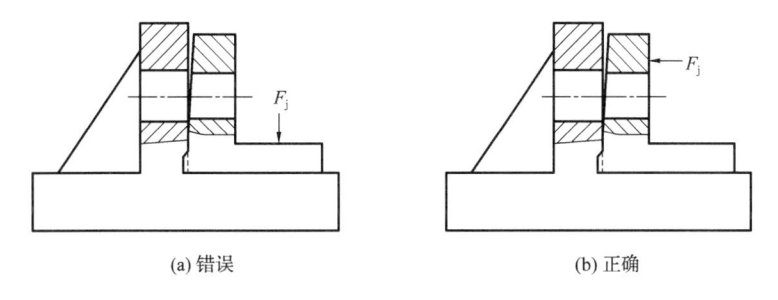

图 5-23　夹紧力方向指向的表示

②夹紧力的作用点
- 夹紧力的作用点应落在定位元件的支承范围内，并靠近支承元件的几何中心。如图 5-24 所示。

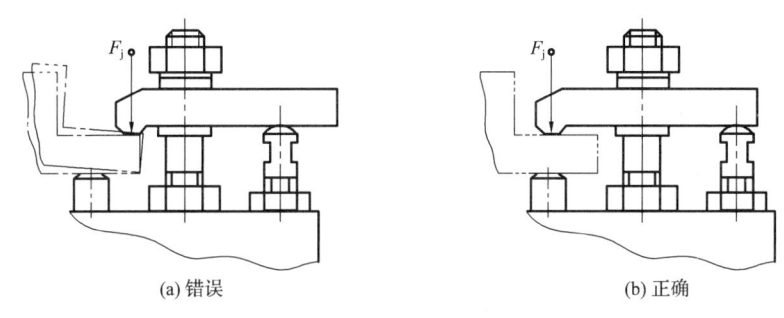

图 5-24　夹紧力作用点位置的表示

- 夹紧力的方向和作用点应施加于工件刚性较好的方向和部位　如图 5-25(a)所示，薄壁套的轴向刚性比径向刚性好，用卡爪径向夹紧工件变形大，若采用轴向施压夹紧力，变形会小很多。如图 5-25(b)所示，夹紧薄壁箱体时，夹紧力不应作用在箱体顶部，而应作用在刚性较好的凸边上，或改用顶面三点夹紧，改变着力点位置，以减小夹紧变形，如图 5-25(c)所示。

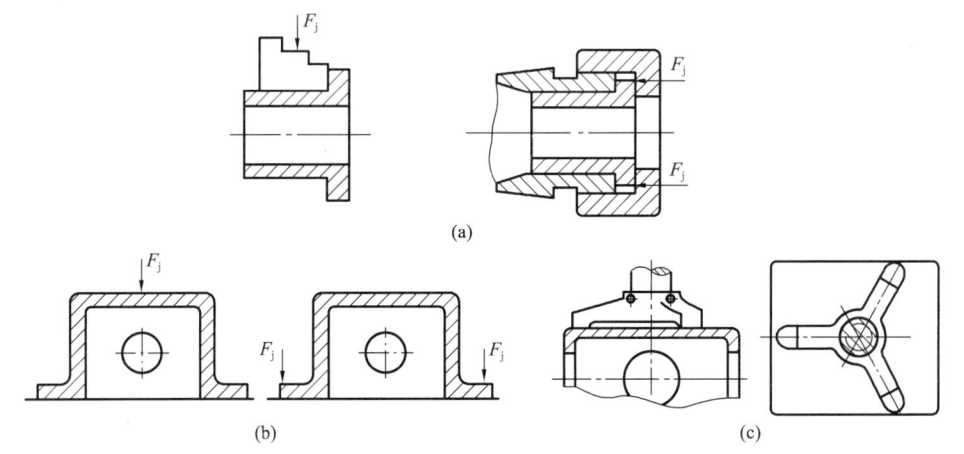

图 5-25　夹紧力作用点与夹紧变形的关系

- 夹紧力作用点应尽量靠近工件加工表面　为提高工件加工部位的刚性，防止或减少工件产生振动,应将夹紧力的作用点尽量靠近加工表面,如图 5-26 所示。

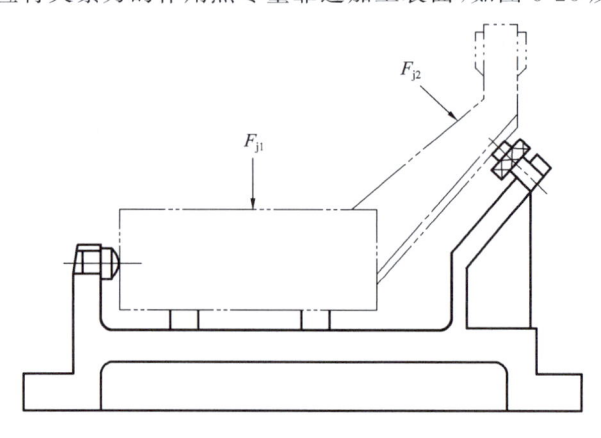

图 5-26 夹紧力作用点靠近加工表面

任务实施

1 零件图的工艺分析

(1)尺寸精度分析

该零件尺寸 ϕ35H7、2×ϕ15H7 的尺寸精度达到 IT7 级,尺寸精度要求较高。

(2)位置精度分析

沉孔 ϕ60 mm 孔底平面对 ϕ35H7 孔有跳动要求;2×ϕ15H7 孔对端面 C 有平行度要求;端面 C 对 ϕ100f9 外圆有跳动要求。

(3)结构分析

该零件为一带平面的偏心套,从零件的结构来看既不属于回转轴类,也不属于箱体类,也算不上异形类;从加工设备的角度可以理解为车-铣复合类零件。该零件有互相垂直的两个方向上的孔系(ϕ35H7 与 ϕ15H7),且 ϕ35H7 孔对外圆中心有 14 mm 的偏心距要求。若在普通机床上加工,由于各加工部位在不同方向上,需多次装夹才能完成,难以保证位置精度且加工效率低。如果在数控车床上加工 ϕ100f9 外圆,到数控铣床上铣削 $78_{-0.5}^{0}$ 后,再采用带回转工作台的卧式加工中心加工,则可以将除 ϕ100f9、$78_{-0.5}^{0}$ 外的内容一次装夹完成。

2 机床的选择

根据零件图分析,该零件是车-铣复合类零件,除了在数控车床上加工 ϕ100f9 外圆、数控铣床上铣削 $78_{-0.5}^{0}$ mm 外,其余内容都选用卧式加工中心加工。

3 加工工艺路线的设计

(1)加工方案的确定

该支承套零件毛坯为棒料,加工内容有外圆、平面及孔。

外圆 ϕ100f9 采用数控车床粗车→精车的加工方案。

平面 $78_{-0.5}^{0}$ mm 采用数控铣床粗铣→精铣的加工方案。

其余内容：由于零件中所有孔都是在实体上加工，为防止钻头钻偏，需先用中心钻钻导向孔，再进行钻孔。为保证 ϕ35H7 及 2×ϕ15H7 孔的尺寸精度，选择铰孔为其最终加工方法，需钻中心孔→钻孔→扩（或粗镗）孔→铰（或精镗）孔。对 ϕ60 mm 孔，根据孔径精度、孔深尺寸和孔底平面要求，用粗铣→精铣的方法同时完成孔壁和孔底平面的加工。其余各孔因无精度要求，用钻中心孔→钻孔→锪孔即可达到加工要求。各加工部位选择的加工方案如下：

ϕ35H7 孔：钻中心孔→钻孔→粗镗→半精镗→铰孔。

ϕ15H7 孔：钻中心孔→钻孔→扩孔→铰孔。

ϕ60 mm 孔：粗铣→精铣。

ϕ11 mm 孔：钻中心孔→钻孔。

ϕ17 mm 孔：锪孔（在加工 ϕ11 mm 孔之后）。

M6 螺纹孔：钻中心孔→钻底孔→孔口倒角→攻螺纹。

(2) 加工工序的划分

根据该零件的结构特点，以设备为划分工序的依据，有关键的三道工序：第一道工序是数控车削，第二道工序是数控铣削，第三道工序是数控镗铣削（卧式加工中心），其他还有辅助工序等。

(3) 加工顺序的安排

①在车床上加工外圆 ϕ100f9。

②在铣床上铣平面，保证尺寸 $78_{-0.5}^{0}$ mm。

③以前面两道工序的加工内容定位装夹工件，在卧式加工中心上加工零件的其余内容。为减少变换加工工位的辅助时间和工作台分度误差的影响，各个加工工位上的加工内容在工作台一次分度下按先主后次、先粗后精的原则加工完毕。

(4) 加工工艺路线的拟订

根据上述加工顺序的安排，支承套加工工艺路线见表 5-1。

表 5-1　　　　　　　　　　支承套加工工艺路线

工序号	工序名称	工序内容	定位基准	加工设备
10	车	车外圆 ϕ100f9 并保证轴长 $80_{-0.5}^{0}$ mm	外圆	数控车床
10j	检			
20	铣	铣平面保证尺寸 $78_{-0.5}^{0}$ mm	平面	数控铣床
20j	检			
30	镗铣	0°钻 ϕ35H7、2×ϕ11 mm 孔中心孔→钻 ϕ35H7 孔→钻 2×ϕ11 mm 孔→锪 2×ϕ17 mm 孔→粗镗 ϕ35H7 孔→粗铣、精铣 ϕ60 mm 孔→半精镗 ϕ35H7 孔→钻 2×M6 螺纹中心孔→钻 2×M6 螺纹底孔→2×M6 螺纹孔端倒角→攻 2×M6 螺纹→铰 ϕ35H7 孔 90°钻 2×ϕ15H7 孔中心孔→钻 2×ϕ15H7 孔→扩 2×ϕ15H7 孔→铰 2×ϕ15H7 孔	外圆+平面	卧式加工中心
40	钳工	倒角去毛刺，清洗		
40j	检	合格后入库		

4 装夹方案及夹具的选择

第 10 道工序：采用三爪自定心卡盘夹紧轴外圆，在数控车床上车削外圆 $\phi100f9$ 即可。

第 20 道工序：用机用虎钳夹紧支承套两端面在数控铣床上铣平即可。

第 30 道工序：考虑到大批量生产，为提高效率，用专用夹具在卧式加工中心上加工其余内容。按照基准重合原则选择定位基准。由于 $\phi35H7$ 孔、$\phi60$ mm 孔、$2\times\phi11$ mm 孔及 $2\times\phi17$ mm 孔的设计基准均为 $\phi100f9$ 外圆轴线，所以选择 $\phi100f9$ 外圆中心线为主要定位基准。因 $\phi100f9$ 外圆不是整圆，故用 V 形块作为定位元件，限制四个自由度。支承套长度方向的定位基准，若选右端面定位，对 $\phi17$ mm 孔深尺寸 $11_{-0.5}^{0}$ mm 存在基准不重合误差，加工精度不能保证（因工序尺寸 $80_{-0.5}^{0}$ mm 的公差为 0.5 mm），故选左端面定位，限制支承套轴向移动的自由度。工件的装夹简图如图 5-27 所示。在装夹时应使工件上平面在夹具中保持竖直，以消除转动自由度。

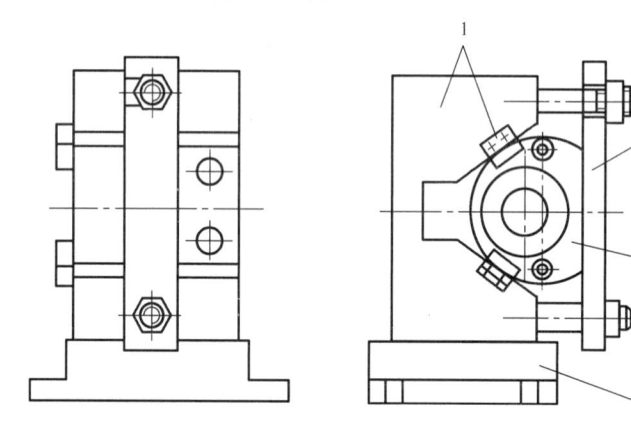

图 5-27　支承套装夹简图
1—定位元件；2—夹紧机构；3—工件；4—夹具体

5 数控加工工序卡和刀具卡的填写

（1）支承套数控加工工序卡

考虑到第 10 道、第 20 道工序内容都只有一个工步，因此，不再填写工序卡。第 30 道工序的数控加工工序卡见表 5-2。

表 5-2　　　　　　　　支承套数控加工工序卡（第 30 道工序）

单位名称		产品名称或代号	零件名称	零件图号
×××		×××	支承套	×××
工序号	程序编号	夹具名称	加工设备	车间
30	×××	专用夹具	HDA-63 卧式加工中心	数控中心

工步号	工步内容	刀具号	刀具规格/mm	主轴转速/($r \cdot min^{-1}$)	进给速度/($mm \cdot min^{-1}$)	检测工具	备注
	B0°						工作台 0°
1	钻 $2\times\phi35H7$ 孔、$2\times\phi11$ 孔中心孔	T01	$\phi3$	1 200	40	游标卡尺	

续表

工步号	工步内容	刀具号	刀具规格/mm	主轴转速/(r·min⁻¹)	进给速度/(mm·min⁻¹)	检测工具	备注
2	钻 ϕ35H7 孔至 ϕ31 mm	T02	ϕ31	150	30	游标卡尺	
3	钻 2×ϕ11 mm 孔	T03	ϕ11	500	70	游标卡尺	
4	锪 2×ϕ17 mm 沉孔	T04	ϕ17	150	15	游标卡尺	
5	粗镗 ϕ35H7 孔至 ϕ34 mm	T05	ϕ34	400	30	游标卡尺	
6	粗铣 ϕ60 mm×12 mm 至 ϕ59 mm×11.5 mm	T06	ϕ32	500	70	游标卡尺	
7	精铣 ϕ60 mm×12 mm 至尺寸	T06	ϕ32	600	45	内径百分尺	
8	半精镗 ϕ35H7 孔至 ϕ34.85 mm	T07	ϕ34.85	450	35	游标卡尺	
9	钻 2×M6 螺纹中心孔	T01	ϕ3	1 200	40	游标卡尺	
	B0°						工作台 0°
10	钻 2×M6 螺纹底孔至 ϕ5 mm	T08	ϕ5	650	35	游标卡尺	
11	2×M6 螺纹孔口倒角	T03	ϕ11	500	20	游标卡尺	
12	攻 2×M6 螺纹	T09	M6	100	100	螺纹通止规	
13	铰 ϕ35H7 孔至尺寸	T10	ϕ35H7	100	50	内径百分尺	
	B90°						工作台转90°
14	钻 2×ϕ15H7 孔中心孔	T01	ϕ3	1 200	40	游标卡尺	
15	钻 2×ϕ15H7 孔至 ϕ14 mm	T11	ϕ14	450	60	游标卡尺	
16	扩 2×ϕ15H7 孔至 ϕ14.85 mm	T12	ϕ14.85	200	40	游标卡尺	
17	铰 2×ϕ15H7 孔至尺寸	T13	ϕ15H7	100	60	专用检具	
编制	×××	审核	×××	批准	×××	年 月 日	共 页 第 页

(2)支承套数控加工刀具卡

支承套数控加工刀具卡(第 30 道工序)见表 5-3。

表 5-3　　　　　　　　支承套数控加工刀具卡(第 30 道工序)

产品名称或代号		×××	零件名称	支承套	零件图号	×××
序号	刀具号	刀具 规格名称	数量	刀长/mm	加工表面	备注
1	T01	ϕ3 mm 中心钻	1	实测	钻 ϕ35H7、ϕ17 mm、ϕ15H7 孔和 M6 螺纹孔的中心孔	
2	T02	ϕ31 mm 锥柄麻花钻	1	实测	钻 ϕ35H7 孔	
3	T03	ϕ11 mm 锥柄麻花钻	1	实测	钻 ϕ11 mm 孔	
4	T04	ϕ17 mm×11 mm 锥柄埋头钻	1	实测	锪 ϕ17 mm 孔	
5	T05	ϕ34 mm 粗镗刀	1	实测	粗镗 ϕ35H7 孔	

续表

序号	刀具号	刀具规格名称	数量	刀长/mm	加工表面	备注
6	T06	ϕ32 mm 立铣刀	1	实测	铣 ϕ60 mm 孔	
7	T07	ϕ34.85 mm 镗刀	1	实测	半精镗 ϕ35H7 孔	
8	T08	ϕ5 mm 直柄麻花钻	1	实测	钻 M6 螺纹底孔	
9	T09	M6 机用丝锥	1	实测	攻 M6 螺纹孔	
10	T10	ϕ35H7 套式铰刀	1	实测	铰 ϕ35H7 孔	
11	T11	ϕ14 mm 锥柄麻花钻	1	实测	钻 ϕ15H7 孔	
12	T12	ϕ14.85 mm 扩孔钻	1	实测	扩 ϕ15H7 孔	
13	T13	ϕ15H7 铰刀	1	实测	铰 ϕ15H7 孔	
编制	×××	审核 ×××	批准	×××	年 月 日 共 页	第 页

知识拓展

定位误差(2)

本节定位误差主要针对 V 形块定位误差的计算。

V 形块定位的最大优点是对中性好,安装方便。即使作为定位基面的外圆直径存在误差,仍可保证一批工件的定位基准轴线始终处在 V 形块的对称面上。V 形块定位实例如图 5-28 所示。

工件以外圆柱面在 V 形块中定位,由于工件定位面外圆直径有公差 δ_D,对一批工件而言,当直径由最小值 $D-\delta_D$ 变到最大值 D 时,工件中心(定位基准)将在 V 形块的对称中心平面内上下偏移(左右不发生偏移),即工件中心由 A' 变到 A,其变化量为 $AA'(\Delta_Y)$ 如图 5-29 所示。

图 5-28 V 形块定位实例

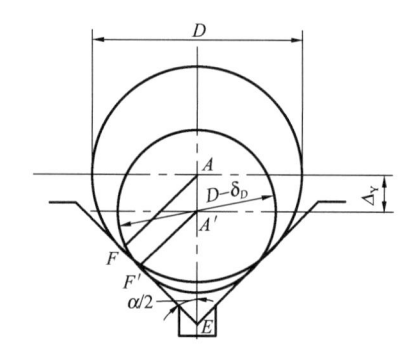

图 5-29 V 形块的定位基准位移误差

由几何关系可以推出

$$\Delta_Y = \frac{\frac{\delta_D}{2}}{\sin\frac{\alpha}{2}} = \frac{\delta_D}{2\sin\frac{\alpha}{2}} \qquad (5-1)$$

当工件以外圆柱表面在 V 形块定位时,可以将定位基准认为是外圆的中心。上面已经计算出定位基准位移误差。由于工件待加工尺寸的设计基准不同,还有可能产生基准不重合误差。定位误差的大小为上述两项误差的综合影响结果。设计基准可能出现如图 5-30 所示的三种情况。

(a) 设计基准为 A 点　　(b) 设计基准为 B 点　　(c) 设计基准为 C 点

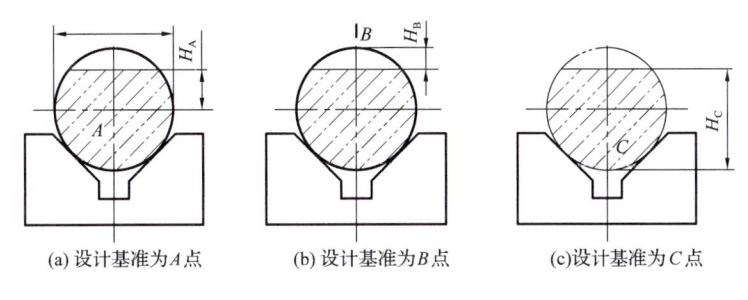

图 5-30　工件以外圆在 V 形块上定位时三种不同设计基准

(1) 设计基准为 A 点

如果设计基准为工件中心,设计基准与定位基准重合,则基准不符误差 $\Delta_B=0$,其定位误差为

$$\Delta_D = 0 + \Delta_Y = 0 + \frac{\delta_D}{2\sin\frac{\alpha}{2}} = \frac{\delta_D}{2\sin\frac{\alpha}{2}} \tag{5-2}$$

(2) 设计基准为 B 点

如果设计基准为工件上母线 B,设计基准与定位基准不重合,除产生定位基准位移误差 Δ_Y 外,还有基准不符误差 Δ_B。如图 5-31 所示,当工件直径由最大值 D 变到最小值 $D-\delta_D$ 时,设计基准的位置从 B 变成 B′,即 Δ_B 的方向是向下的,而定位基准位移误差使得中心从 A 点变到 A′点,Δ_Y 的方向也是向下的。因此其定位误差 Δ_D 是二者之和,即

$$\Delta_D = \Delta_B + \Delta_Y = \frac{\delta_D}{2} + \frac{\delta_D}{2\sin\frac{\alpha}{2}} = \frac{\delta_D}{2}\left(1 + \frac{1}{\sin\frac{\alpha}{2}}\right) \tag{5-3}$$

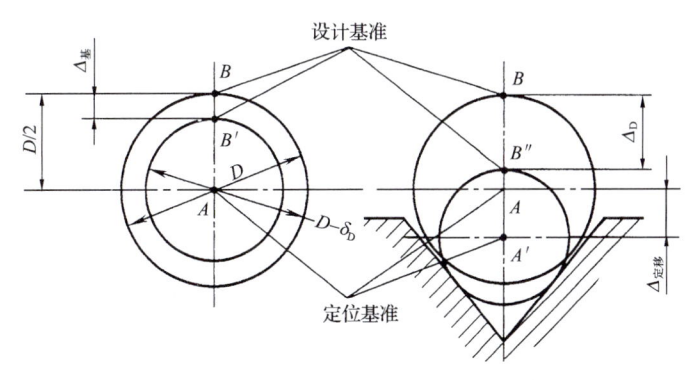

图 5-31　设计基准为 B 点时定位误差的计算

(3)设计基准为 C 点

如果设计基准为工件下母线 C，其定位误差同样由 Δ_B 与 Δ_Y 两项组成。但情况正好与(2)相反。如图 5-32 所示，当工件直径由最大值 D 变到最小值 $D-\delta_D$ 时，设计基准的位置从 C 变成 C'，即 Δ_B 的方向是向上的，而定位基准位移误差使得中心从 A 点变到 A' 点，Δ_Y 的方向是向下的。因此其定位误差 Δ_D 是二者之差，即

$$\Delta_D = -\Delta_B + \Delta_Y = -\frac{\delta_D}{2} + \frac{\delta_D}{2\sin\frac{\alpha}{2}} = \frac{\delta_D}{2}\left(\frac{1}{\sin\frac{\alpha}{2}} - 1\right) \tag{5-4}$$

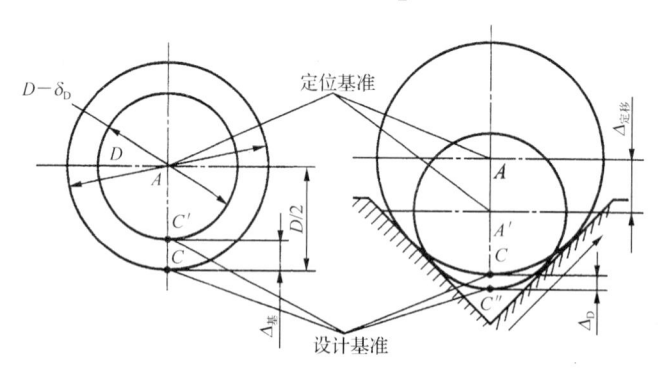

图 5-32 设计基准为 C 点时定位误差的计算

当 $\alpha = 90°$ 时，上述三种情况的定位误差为

$$\Delta_{D(A)} = 0.707\delta_D \tag{5-5}$$

$$\Delta_{D(B)} = 1.207\delta_D \tag{5-6}$$

$$\Delta_{D(C)} = 0.207\delta_D \tag{5-7}$$

可见，工件以外圆柱面在 V 形块定位时，如果设计基准不同，产生的定位误差 Δ_D 也不同。其中以下母线为设计基准时，定位误差最小，也易测量。因此轴类零件的键槽尺寸，一般多以下母线标注。

知识点及技能测评

一、填空题

1. 机床夹具中有一种标准化、系列化、通用化程度很高的工艺装备，由一套预先制造好的标准元件组合而成，称为_____。
2. 组合夹具分为_____和_____两大类。
3. 采用布置恰当的六个支承点来消除工件六个自由度的方法，称为_____。
4. 在加工前，确定工件在机床上或夹具中占有正确位置的过程称为_____。

5.定位销用于工件圆孔定位,其中长圆柱销限制_____个自由度。

6.任何一个未被约束的物体,在空间具有_____个自由度。

二、选择题

1.工件夹紧的三要素是(　　)
 A.夹紧力的大小、夹具的稳定性、夹具的准确性
 B.夹紧力的大小、夹紧力的方向、夹紧力的作用点
 C.工件变形小、夹具稳定可靠、定位准确
 D.夹紧力要大、工件稳定、定位准确

2.夹具装置的基本要求就是使工件占有正确的加工位置,并在加工过程中(　　)。
 A.保持不变　　　B.灵活调整　　　C.相对滑动　　　D.便于安装

3.(　　)属于紧固件。
 A.T形键和定位盘　　　　　　B.垫圈
 C.基础角铁和T形键　　　　　D.平键和定位销

4.(　　)比成组夹具通用范围更大。
 A.可调夹具　　　B.车床夹具　　　C.钻床夹具　　　D.磨床夹具

5.作定位元件用的V形架上两斜面间的夹角,以(　　)应用最多。
 A.60°　　　　　B.90°　　　　　C.120°　　　　　D.45°

6.工件的六个自由度都得到限制,工件在夹具中只有唯一位置,称(　　)。
 A.完全定位　　　B.不完全定位　　　C.过定位　　　D.欠定位

7.长V形架对圆柱定位,可限制工件的(　　)自由度。
 A.二个　　　　　B.三个　　　　　C.四个　　　　　D.五个

8.使用锥销定位时,通常限制(　　)自由度。
 A.二个　　　　　B.三个　　　　　C.四个　　　　　D.五个

9.提高定位元件和工件定位表面的精度,可有效地减小(　　)误差。
 A.工件尺寸　　　B.工件形状　　　C.基准位移　　　D.工件位置度

10.工件以外圆柱面在V形块定位铣削轴类零件的一平面,(　　)标注方法产生的定位误差最小。
 A.设计基准在轴心　　　　　　B.设计基准在上母线
 C.设计基准在下母线　　　　　D.不一定

三、判断题

1.一个加工零件就只能在一台设备上加工完成。　　　　　　　　　　　(　　)

2.组合夹具的特点决定了它最适用于产品经常变换的生产。　　　　　　(　　)

3.机床夹具在机械加工过程中的主要作用是易于保证工件的加工精度;改变和扩大原机床的功能;缩短辅助时间,提高劳动生产率。　　　　　　　　　　　　(　　)

4.具有独立的定位作用且能限制工件的自由度的支承称为辅助支承。　　(　　)

5.实际加工过程中一定不能出现重复定位。　　　　　　　　　　　　　(　　)

6.组合夹具由于是由各种元件组装而成,因此可以多次重复使用。　　　(　　)

四、设计如图 5-33 所示零件的加工工艺卡片。

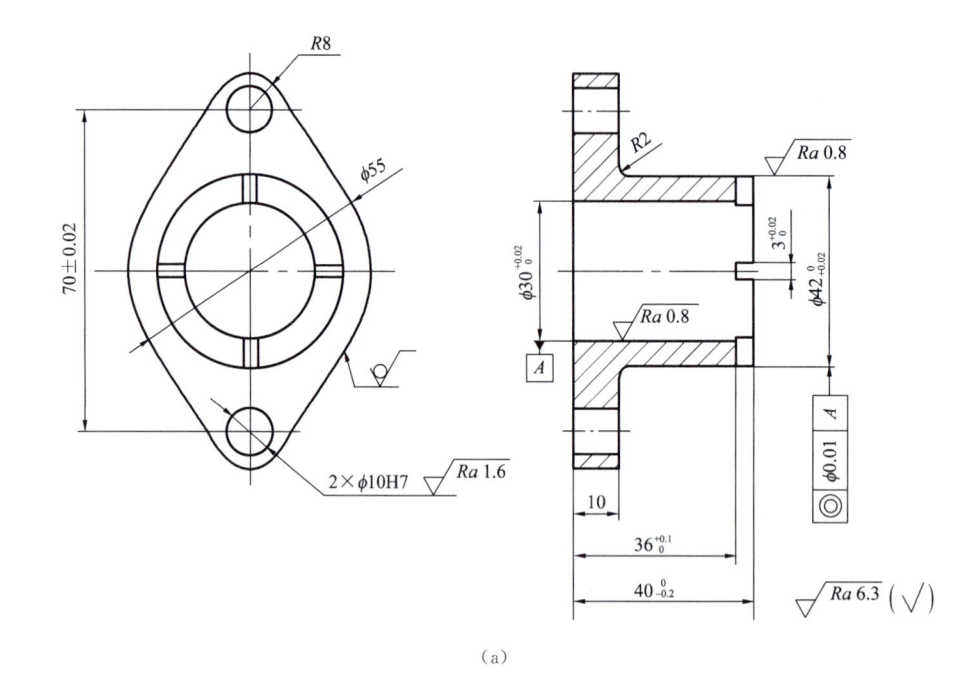

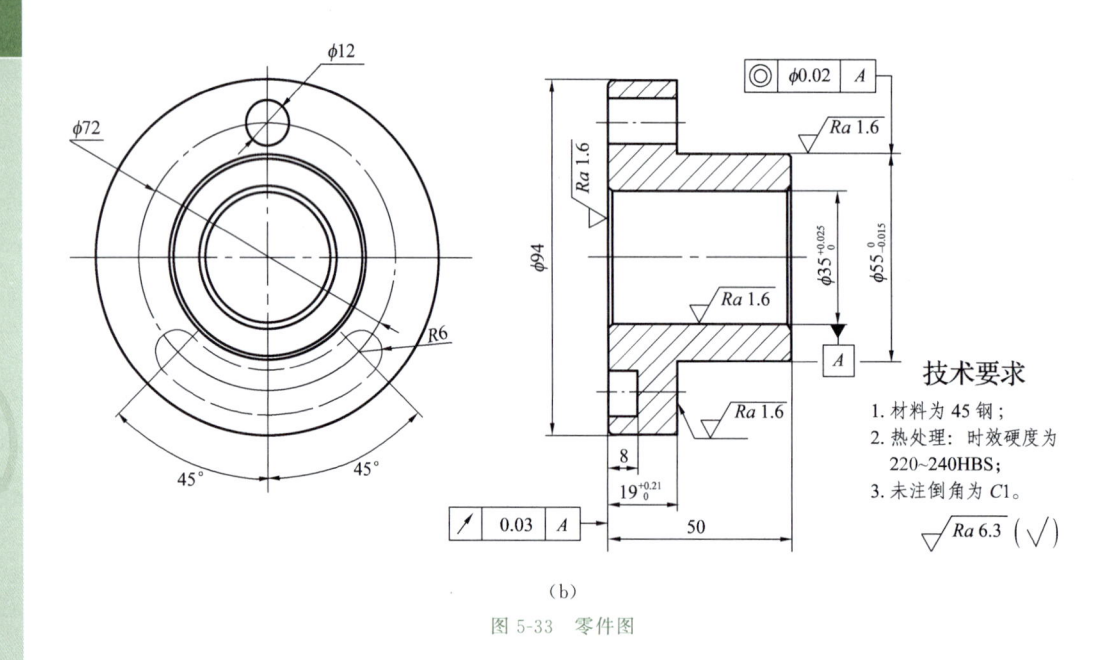

(a)

(b)

图 5-33 零件图

技术要求
1. 材料为 45 钢；
2. 热处理：时效硬度为 220~240HBS；
3. 未注倒角为 C1。

任务二　齿轮轴的数控加工工艺设计

学习目标

【知识目标】
1. 了解较重要轴加工时其他工序的安排。
2. 了解齿轮的加工工艺。

【技能目标】
1. 能够进行复杂轴零件的工艺路线设计。
2. 能够制定齿轮轴加工工艺路线。

任务描述

齿轮轴零件图如图5-34所示，零件材料为45钢，毛坯尺寸为ϕ75 mm×255 mm，单件生产。设计该零件的数控加工工艺。

相关知识

该任务涉及带齿轮细长轴的数控加工工艺的相关知识为：较重要轴加工时其他工序的安排、齿轮概述、直齿圆柱齿轮的加工工艺、细长轴的车削工艺。

1 较重要轴加工时其他工序的安排

(1) 热处理工序的安排

为了提高材料的力学性能，改善金属加工性能以及消除残余应力，在工艺过程中应适当安排一些热处理工序。

① 预备热处理　其目的是改善工件的加工性能，消除内应力，改善金相组织，为最终热处理做好准备，例如正火、退火和调质等。

② 消除残余应力处理　其目的是消除毛坯制造和切削加工过程中产生的残余应力，例如时效和退火。

③ 最终热处理　其目的是提高零件的力学性能，例如强度、硬度、耐磨性。常见的最

模数	3	精度等级	8-8-7 GB/T 10095—2008	F_{pb}	±0.020
齿数	20	第Ⅰ公差组	F_p	F_α	0.014
压力角	20°		0.063	F_β	0.016
			第Ⅱ公差组		
			第Ⅲ公差组		

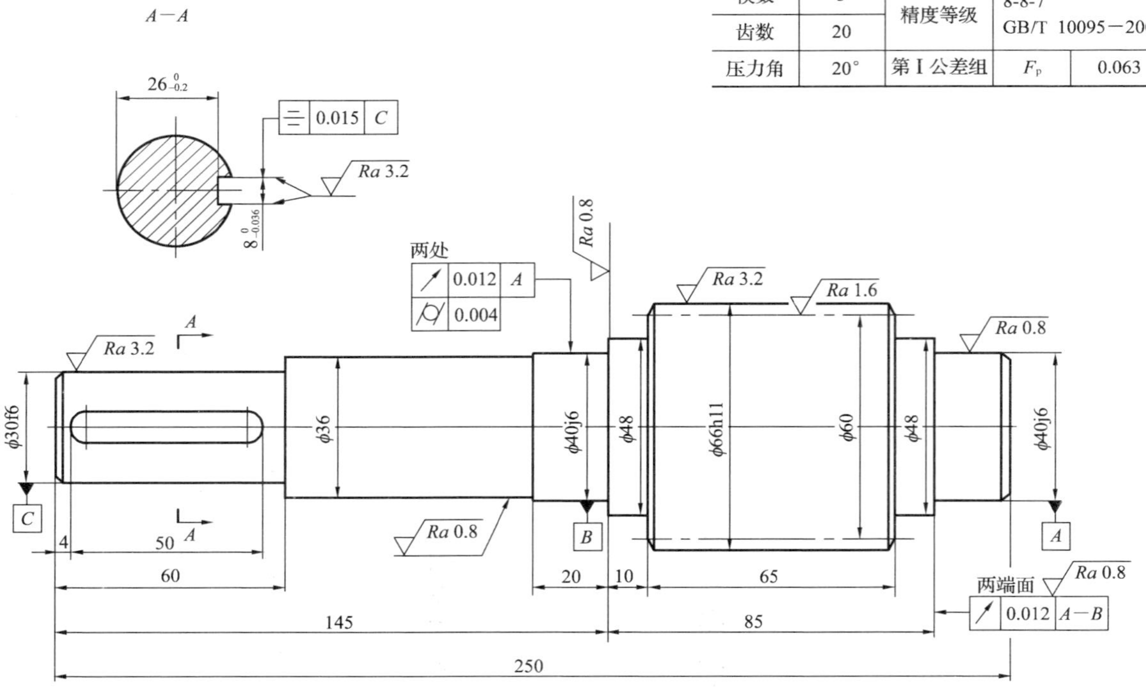

技术要求
1. 调质处理硬度为190~230HB；
2. 圆角半径为2 mm；
3. 未注倒角C2；
4. 未注偏差尺寸处IT12；
5. 两轴端中心孔为B3.15/10。

$\sqrt{Ra\,6.3}$ ($\sqrt{}$)

图5-34 齿轮轴零件图

终热处理有调质、淬火、回火以及各种表面处理(渗碳淬火、氰化和氮化)等。最终热处理一般安排在精加工前。

(2) 辅助工序的安排

辅助工序包括检验、去毛刺、倒棱、清洗、防锈、去磁和平衡等。其中,检验工序是主要的辅助工序,它是监控产品质量的主要措施。在每道工序中,操作者必须进行自检,同时在下列情况下必须安排单独的检验工序:粗加工阶段结束后;重要工序之后;重要尺寸或关键尺寸完成后;零件从一个车间转到另一个车间时;特种性能检验前;零件全部加工结束之后。

(3) 数控车削加工工序与其他工序的衔接

对一些特殊轴类零件,例如齿轮轴、花键轴等,数控车削或数控车削中心目前还未能解决的加工部位,一般要安排其他工序进行加工。这些工序如衔接得不好就容易产生矛盾,最好的办法是相互建立状态要求。例如:要不要留加工余量,留多少;定位面的尺寸精度要求及几何公差;对校形工序的技术要求;对毛坯的热处理状态要求等。目的是达到相互能满足加工需要,且质量目标及技术要求明确,交接验收有依据。

①零件上有不适于数控车削加工的表面,例如渐开线齿形、键槽、花键表面等,必须安排相应的非数控车削加工工序。

②零件表面硬度及精度要求很高,热处理需安排在数控车削加工之后,在热处理之后一般安排磨削加工。

③零件要求特殊,数控车削加工不能达到全部加工要求,则必须安排其他非数控车削加工工序,例如、喷丸、滚压加工和抛光等。

④零件上有些表面根据工厂条件采用非数控车削加工更合理,这时可适当安排这些非数控车削加工工序,例如铣端面、钻中心孔等。

(4) 在安排齿轮轴工序的次序时的注意事项

①齿轮轴的齿形粗加工应安排在齿轮轴各外圆完成半精加工之后,因为作为齿轮轴,齿形加工是该零件加工中工作量比较大、加工难度较大的部分,其加工次序适当放后可提高定位基准的定位精度;而齿形精加工应安排在该零件各外圆表面全部加工好后,通过齿形精加工消除齿形局部淬火产生的热处理变形。

②外圆表面的加工顺序应先加工大直径外圆,然后加工小直径外圆,以免一开始就降低工件的刚度。

③齿轮轴上的键槽等次要表面的加工一般应安排在精车或粗磨之后、精磨外圆之前。因为如果在精车前就铣出键槽,一方面,在精车时,由于断续切削而产生振动,既影响加工质量又容易破坏刀具;另一方面,键槽的尺寸要求也难以保证。这些表面也不宜安排在主要表面精磨后进行,以免破坏主要表面的精度。

2 齿轮概述

(1) 齿轮的主要结构形式

尽管由于齿轮在机器中的功用不同而设计成不同的形状和尺寸,但总是可以把它们划分为齿圈和轮体两个部分。常见的圆柱齿轮有以下几类(图5-35):盘类齿轮、套类齿轮、内齿轮、连轴齿轮(也称齿轮轴)、扇形齿轮、齿条(齿圈半径无限大的圆柱齿轮)。其中盘类齿轮应用最广。当圆柱齿轮的齿根圆与键槽底部的距离 $x\leqslant(2\sim2.5)m$ (m 为齿轮的模数)时,或当圆锥齿轮小端的齿根圆与键槽底部的距离 $x\leqslant(1.6\sim2)m$ 时,应将齿轮与轴制成一体。

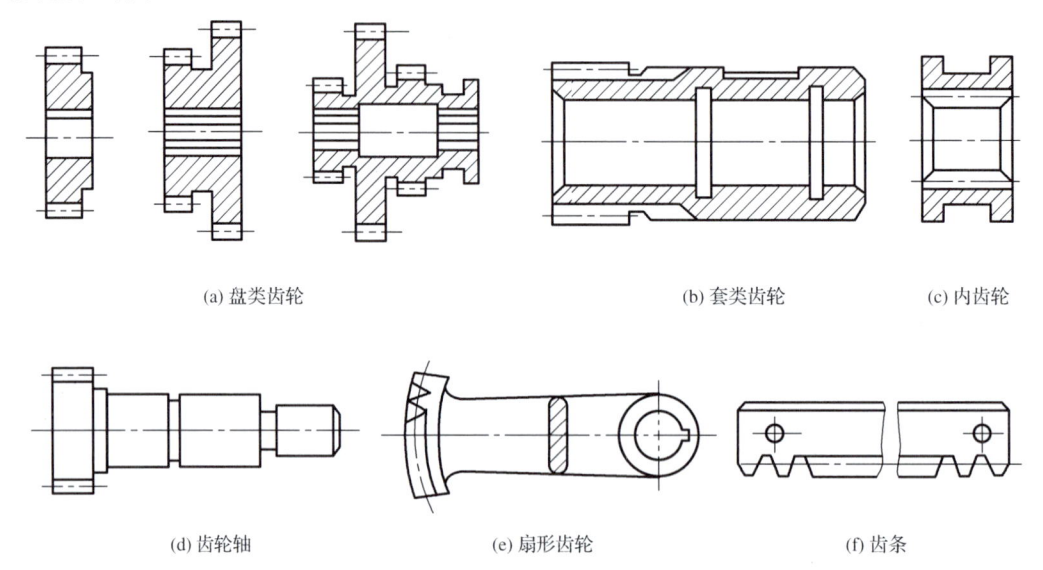

(a) 盘类齿轮　　(b) 套类齿轮　　(c) 内齿轮

(d) 齿轮轴　　(e) 扇形齿轮　　(f) 齿条

图 5-35　齿轮的结构形式

(2) 齿轮的材料、热处理和毛坯

① 材料的选择　常用的齿轮材料有 15、45 钢等碳素结构钢;速度高、受力大、精度高的齿轮常用合金结构钢,例如 20Cr、40Cr、38CrMoAl、20CrMnTiA 等;非传力齿轮也可以用铸铁、夹布胶木或尼龙等材料。

齿轮的毛坯决定于齿轮的材料、结构形状、尺寸规格、使用条件及生产批量等因素,常用的有棒料、锻造毛坯、铸钢或铸铁毛坯等。

② 齿轮的热处理　齿轮加工中根据不同的目的,安排以下两种热处理工序:

● 毛坯热处理　在齿坯加工前、后安排预先热处理正火或调质,其主要目的是消除锻造及粗加工引起的残余应力,改善材料的可切削性和提高综合力学性能。

● 齿面热处理　齿形加工后,为了提高齿面的硬度和耐磨性,常进行渗碳淬火、高频感应加热淬火、碳氮共渗和渗氮等热处理工序。

(3) 直齿圆柱齿轮的主要技术要求

① 齿轮精度和齿侧间隙　GB/T 10095.1—2008 和 GB/T 10095.2—2008 对齿轮及齿轮副规定了 12 个精度等级。其中,1~2 级为超精密等级;3~5 级为高精度等级;6~8 级为中等精度等级;9~12 级为低精度等级。用切齿工艺方法加工,机械中普遍应用的等级为 7 级。按照齿轮各项误差的特性及它们对传动性能的主要影响,齿轮的各项公差和极限偏差分为三个公差组(表5-4)。根据齿轮使用要求不同,各公差组可以选用不同的精度等级。

表 5-4　　　　　　　　　　　　圆柱齿轮的公差组

公差组	对传动性能的主要影响	公差及极限偏差项目
Ⅰ	传递运动的准确性	F_i'、F_p、F_{pk}、F_i''、F_r'
Ⅱ	传递运动的平稳性	f_i'、f_i''、F_α、f_{pt}
Ⅲ	载荷分布的均匀性	F_β

齿轮副的侧隙是指齿轮副啮合时,两非工作齿面沿法线方向的距离(法向侧隙),侧隙用以保证齿轮副的正常工作。加工齿轮时,用齿厚的极限偏差来控制和保证齿轮副侧隙的大小。

②齿轮基准表面的精度　齿轮基准表面的尺寸误差和几何误差直接影响齿轮与齿轮副的精度。因此在 GB/T 10095.1—2008 标准中对齿坯公差做了相应规定。对于精度等级为 6~8 级的齿轮,带孔齿轮基准孔的尺寸公差和形状公差为 IT6~IT7 级,连轴齿轮的尺寸公差和形状公差为 IT5~IT6 级,用于测量基准的齿顶圆直径公差为 IT8 级,基准面的径向和端面圆跳动公差为 11~22 μm(分度圆直径不大于 400 mm 的中小齿轮)。

③表面粗糙度　齿轮齿面及齿坯基准面的表面粗糙度,对齿轮的寿命、传动中的噪声有一定的影响。6~8 级精度的齿轮,齿面表面粗糙度一般为 0.8~3.2 μm,基准孔为 0.8~1.6 μm,基准轴颈为 0.4~1.6 μm,基准端面为 1.6~3.2 μm,齿顶圆柱面为 3.2 μm。

3 直齿圆柱齿轮的加工工艺

齿轮的主要加工表面有齿面和齿轮基准表面。基准表面包括带孔齿轮的基准孔、齿轮轴中的基准轴、切齿加工时的安装端面,以及用以找正齿坯位置或测量齿厚时用作测量基准的齿顶圆柱面。

(1)定位基准

齿轮加工定位基准的选择应符合基准重合的原则,尽可能与装配基准、测量基准一致,同时在齿轮加工的整个过程中(如滚、剃、珩齿)应选用同一定位基准,以保持基准统一。

齿轮轴的齿坯和齿面加工与一般轴类零件加工相似。直径较小的连轴齿轮,一般采用两端中心孔作为定位基准;直径较大的连轴齿轮,由于自重及切削力较大,不宜以中心孔为定位基准,而应选用轴颈和端面圆跳动较小的端平面作为定位基准。

带孔齿轮或装配式齿轮的齿圈,常使用专用心轴,以齿坯内孔和端面为定位基准。这种方法定位精度高,生产率也高,适用于成批生产。单件、小批量生产时,则常用外圆和端面作为定位基准,以省去心轴,但要求外圆对孔的径向圆跳动要小,这种方法生产率较低。

(2)齿坯加工

齿坯加工主要包括带孔齿轮的孔和端面、连轴齿轮的中心孔及齿圈外圆和端面的加工。

①齿坯孔加工的主要方案
- 钻孔→扩孔→铰孔→插键槽。
- 钻孔→扩孔→拉键槽→磨孔。
- 车孔或镗孔→拉或插键槽→磨孔。

②齿坯外圆和端面主要采用车削　大批、大量生产时,常采用高生产率机床加工齿坯,例如多轴或多工位、多刀半自动机床;单件、小批量生产时,一般采用通用车床,但必须注意内孔和基准端面的精加工应在一次安装内完成,并在基准端面做标记。

(3)齿面切削方法的选择

齿面切削方法的选择主要取决于齿轮的精度等级、生产批量、生产条件和热处理要求。常见的齿形加工方法见表5-5。

表5-5　　　　　　　　　常见的齿形加工方法

方案	精度	表面粗糙度 $Ra/\mu m$	工艺路线
滚(插)齿	8级以下	0.2～1.6	调质齿轮:滚(插)齿; 淬硬齿轮:滚(插)齿→齿端加工→淬火→校正孔
剃齿	6～7级	0.2～0.8	不淬硬齿轮:滚(插)齿→剃齿
珩齿	6～7级	0.2～0.8	滚(插)齿→齿端→剃齿→淬→校正基孔→珩齿
磨齿	5级以上	0.1～0.8	滚(粗、精)齿→齿端→淬→校正→粗磨齿→精磨齿
研(滚光)齿	小批量无法珩磨的多联齿轮		滚(插)齿→剃齿→淬火→研(滚光)齿(滚光可去氧化皮、毛刺,不能提高齿形精度;研齿可提高齿形精度、降低粗糙度)

(4)圆柱齿轮的一般加工工艺过程

①只需调质热处理的齿轮　毛坯制造→毛坯热处理(正火)→齿坯粗加工→调质→齿坯精加工→齿面粗加工→齿面精加工。

②齿面须经表面淬火的中碳结构钢、合金结构钢齿轮　毛坯制造→正火→齿坯粗加工→调质→齿坯半精加工→齿面粗加工(半精加工)→齿面表面淬火→齿坯精加工→齿面精加工。

③齿面须经渗碳或渗氮的齿轮　毛坯制造→正火→齿坯粗加工→正火或调质→齿坯半精加工→齿面粗加工→齿面半精加工→渗碳淬火或渗氮→齿坯精加工→齿面精加工。

4　细长轴的车削工艺

(1)细长轴的结构与工艺特点

一般把长度与直径之比大于20($L/D>20$)的轴类零件称为细长轴。细长轴加工时有如下工艺特点:

①刚性差　在车削时如果工艺措施不当,很容易因为切削力和自身重力的作用而发生弯曲变形,产生振动,从而影响加工精度和表面粗糙度。

②车削时易受热伸长产生变形　车削时常用两顶尖或一端用卡盘一端用顶尖装夹,由于每次走刀时间较长,大部分切削热传入工件,所以工件轴向伸长而产生弯曲变形。当细长轴以较高速度旋转时,这种弯曲所引起的离心力,将使弯曲变形进一步加剧。

③车削时车刀磨损大　由于车削细长轴每次走刀的时间较长,所以车刀磨损大,降低工件的加工精度并增大表面粗糙度值。

④工艺系统调整困难,加工精度不易保证　车削细长轴时,由于中心架、跟刀架的使

用,带来了机床、刀具、辅助工夹具、工件之间的配合、调整困难,也增大了系统共振的因素,容易造成工件竹节形、棱圆形等误差,影响加工精度。

(2)车削细长轴的关键技术

细长轴车削加工是一个比较困难的工艺问题。但只要掌握中心架及跟刀架的正确使用、工件的热变形伸长以及合理选用车刀的几何形状等关键技术,问题就迎刃而解。

①中心架及跟刀架的使用

● 用中心架支承车削细长轴　一般在车削细长轴时,用中心架来增加工件的刚性。当工件可以进行分段切削时,中心架支承在工件中间,如图 5-36 所示。在工件装上中心架之前,必须在毛坯中部车出一段支承中心架支承爪的沟槽,其表面粗糙度及圆柱度误差要小,并在支承爪与工件接触处经常加润滑油。为提高工件精度,车削前应将工件轴线调整到与机床主轴回转中心同轴。

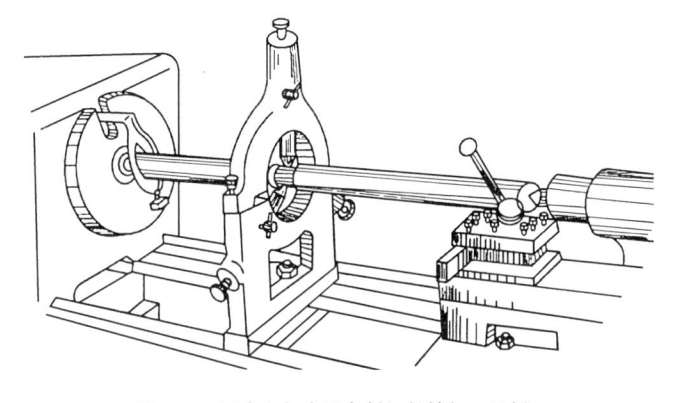

图 5-36　用中心架支承车削细长轴加工示例

细长轴的车削工艺

● 用跟刀架支承车削细长轴　对不适于调头车削的细长轴,不能用中心架支承,而要用跟刀架支承进行车削,以增加工件的刚性。跟刀架固定在床鞍上,一般有两个支承爪,它可以跟随车刀移动,抵消径向切削力,提高细长轴的形状精度和减小表面粗糙度。但由于工件本身的重力以及偶然的弯曲,车削时会在瞬时离开支承爪、接触支承爪时产生振动。因此车削细长轴一般采用三支承跟刀架,如图 5-37 所示。

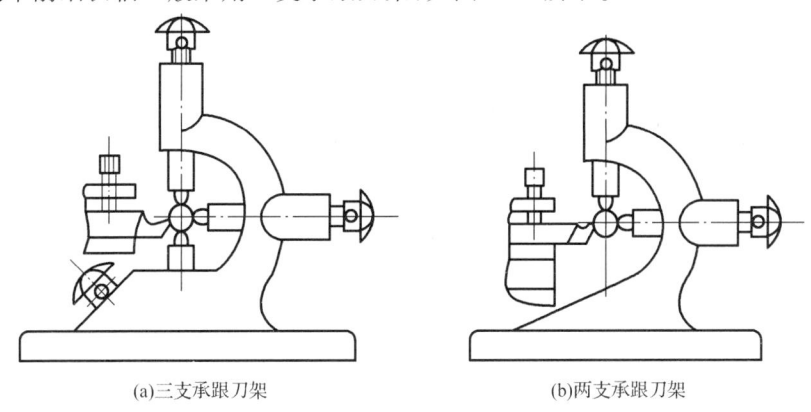

(a)三支承跟刀架　　　　　　　(b)两支承跟刀架

图 5-37　支承跟刀架

采用三支承跟刀架加工细长轴外圆,粗车时,刀尖可比工件中心高出 0.03～0.05 mm,使刀尖部分的后面压住工件,车刀此时相当于跟刀架的第四个支承爪,有效地增强了工件的刚度,可减少工件振动和变形,提高加工精度。精车时,刀尖可比工件中心低约 0.1 mm,用以增大后角,减少刀具磨损,切削刃不会啃入工件,防止损伤工件表面。采用三支承跟刀架加工细长轴示例如图 5-38 所示。

②工件的热变形伸长 车削细长轴时,一般用两顶尖或一夹一顶的方法加工,它的轴向位置是固定的。如果从右向左加工,在加工过程中,切削热传导给工件,使工件温度升高,工件开始伸长变形,如果采用弹性尾顶尖和反向进给方式就补偿了工件的热伸长,工件不易产生变形,如图 5-39 所示。

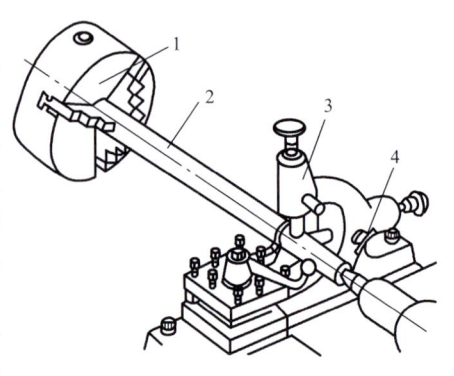

图 5-38 三支承跟刀架加工细长轴示例
1—三爪卡盘;2—细长轴;3—跟刀架;4—顶尖

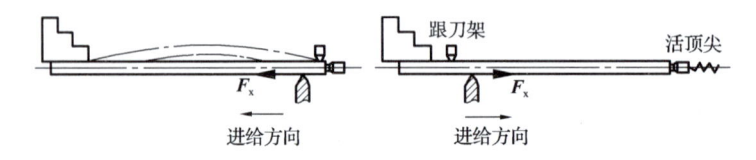

图 5-39 不同进给方向的切削变形对比

③合理选择车刀的几何形状 车削细长轴时,由于工件刚度差,刀具几何形状与工件的振动关系密切。车刀的几何形状选择主要考虑以下几点:

● 为防止细长轴粗车时的弯曲变形和振动,减小径向分力,车刀宜采用较大的主偏角(75°或 75°以上)。

● 为减小切削力,应选用较大的前角(取 $\gamma_o = 15°\sim 30°$)、小的后角,既减小切削力,又加强刃口强度。

● 选择正的刃倾角 λ_s(取 3°～10°),控制切屑流向待加工表面而顺利排出。此外,车刀也容易切入工件,并可以减小切削力。

● 车刀前刀面应磨有 $R2.5\sim R4$ mm 的断屑槽,使切屑卷曲折断。

● 为了减少径向切削力,刀尖圆弧半径应取较小值(<0.3 mm),倒棱的宽度也应较小。

● 切削刃的表面粗糙度值要小,并保证切削刃的锋利。

④合理选择切削用量 车削细长轴时常用车削用量参见表 5-6。

表 5-6 车削细长轴时常用车削用量

加工性质	主偏角	背吃刀量/mm	进给量/(mm·r^{-1})	切削速度/(mm·min^{-1})
粗车	75°	2～4	0.3～0.35	25～60
半精车	93°～95°	0.5～1	0.3	35～70
精加工	宽刀刃	0.02～0.05	12～14	1～2
	滚压	0.015	0.2～0.3	40～60

⑤适当安排热处理和校直 细长轴的刚性差,工件坯料的自重、弯曲和工件材料的内应力,都是造成工件弯曲的原因。因此,在细长轴的加工过程中要在精车前适当安排热处理,以消除材料的内应力。对于弯曲的坯料,加工前要进行校直。一般粗车时工件挠度不大于 1 mm,精车时不大于 0.2 mm。

当工件坯料在全长上的弯曲量超过 1 mm 时,应进行校直。当工件精度要求较高或坯料直径较大时,采用热校直;当工件精度要求较低且坯料直径较小时,可采用反向锤击法进行冷校直。反向锤击法与一般冷校直法比较,工件虽不易回弹或复弯,但仍存在内应力,即车去表层后还有弯回的趋势。因此对坯料直径较小而精度要求较高的工件,可在反向锤击法冷校直后再进行退火处理以消除内应力。

注意:细长轴类零件一定要垂吊放置(用铁丝系住,悬挂在挂架上),不得平放。

(3)车削细长轴时的常见问题及预防措施

①产生竹节形误差 车削细长轴时,常会产生竹节形误差,一节一节循环出现,其节距略大于跟刀架卡爪与车刀刀尖之间的距离。产生这种误差的主要原因是跟刀架卡爪与工件表面接触不良,卡爪调整过紧、过松或顶尖、顶尖孔表面精度差而造成的。使用时需注意跟刀架的卡爪与工件的接触压力不宜过大。

②粗车时的弯曲变形和振动 粗车细长轴时,由于切削力大,容易产生弯曲变形和振动,所以除应合理选择车刀的几何形状外,在粗车车刀安装时,刀尖应比工件中心高出 0.1~0.15 mm,使刀尖部分的后刀面压在工件上,以增强工件的刚度,可有效地防止粗车时工件的弯曲变形和振动。

③产生锥度误差 刀具在车削过程中逐步磨损会造成锥度误差,对此,可以采取减小刀具后角,磨出刀尖圆弧半径,选用硬度高、耐磨性好的刀具材料,使用切削液或适当降低切削速度等方法来减少刀具磨损。

④产生腰鼓形误差 车削细长轴时,有时工件成为中间粗、两头细的腰鼓形。其主要原因是工件表面与刀架支承卡爪接触不良或接触面积过小,以及支承卡爪材料选择不当而磨损过快,工件表面与支承卡爪之间的间隙越来越大所造成的。解决办法有以下几种:

- 选择耐磨的材料制作卡爪。
- 调整好刀架卡爪与工件表面之间的接触压力,使其松紧适当。
- 选择合适的刀具几何角度和切削用量,减小径向切削力,以减小工件变形。
- 采用一夹一顶的方式,使用跟刀架及反向进给等,尽量增强工艺系统的刚性。

⑤表面粗糙度值大 工艺系统刚性不足,切削时产生振动会使工件表面粗糙度增大,此时应采取相应的措施,例如调整车床各部分的间隙,正确安装工件和辅助夹具,合理选择刀具、切削用量和切削方法等。

RENWU SHISHI 任务实施

1 零件图的工艺分析

(1)尺寸精度分析

该齿轮轴中,两轴颈(与轴承配合部位)尺寸 $\phi 40j6(^{+0.011}_{-0.005})$ 具有较高的尺寸精度(IT6

级),轴头部位(带键槽处)的轴径 $\phi 30f6(^{-0.02}_{-0.033})$ 尺寸精度达 IT6 级,齿轮轴中的齿轮为模数 $m=3$ mm、齿数 $z=20$、齿形角 $\alpha=20°$ 的标准直齿圆柱齿轮。

(2)位置精度分析

两轴颈部分的位置精度很高(圆跳动为 0.012 mm、圆柱度为 0.004 mm),有较高的表面粗糙度 Ra 0.8 μm,几何公差要求满足包容原则;轴头部位的键槽有对称度要求。

齿轮第Ⅰ公差组为 8 级精度,检测项目齿距累积总偏差 F_p,公差 $F_p=0.063$ mm;第Ⅱ公差组为 8 级精度,检测齿廓总偏差 F_α 和单个齿距偏差 f_{pt},齿廓总偏差的公差 $F_\alpha=0.014$ mm,单个齿距偏差 $f_{pt}=\pm 0.020$ mm;第Ⅲ公差组为 7 级精度,检测螺旋线总偏差 F_β,公差 $F_\beta=0.016$ mm。公法线长度 $W_k=22.98^{-0.086}_{-0.139}$ mm,跨测齿数 $k=3$。

(3)结构分析

该齿轮轴的零件图尺寸标注完整、正确,加工部位清楚明确。该齿轮轴由外圆柱面、键槽、渐开线齿面组成,从外形看属于回转体零件,但由于一般数控车床无法完成齿轮加工,因此从加工设备上考虑符合车铣复合类零件。

2 机床的选择

根据零件图的工艺分析,该零件选用一种设备是难以完成加工的,特别是齿廓加工一般采用齿轮加工设备。因此,先选用数控车床车削外圆柱及其端面、数控铣床铣削键槽,然后选用齿轮加工机进行渐开线齿面的加工、磨齿机进行齿廓磨削加工。

3 加工工艺路线的设计

(1)加工方案的确定

外圆柱及其端面:粗加工→半精车→精车,其中两轴颈 $\phi 40j6$、轴头 $\phi 30f6$ 及端面增加磨削工序。

轴上键槽:粗铣→精铣。

齿面:滚齿→表面淬火→磨齿。

(2)加工工序的划分

根据该零件的结构特点以及目前常规工艺方法,如果以设备为划分工序的依据,本任务有四道关键的工序:第 1 道数控车削、第 2 道铣削键槽、第 3 道滚齿、第 4 道磨齿,还有其他辅助工序。

(3)加工顺序的安排

①数控车床车削外圆各段轴颈。

②数控铣床铣削键槽。

③齿轮加工机加工齿轮,加工顺序按先粗后精的原则。

④磨齿机加工齿轮。

(4)确定加工工艺路线

根据上述加工顺序安排,该齿轮轴的加工工艺路线,见表 5-7。

表 5-7　　　　　　　　　　　　　齿轮轴加工工艺路线

工序号	工序名称	工序内容	定位基准	设备
	热	调质处理		
20	粗车	车右端面,钻中心孔,粗车 φ48 mm 外圆及齿轮外圆,外圆部分单边留 2 mm 加工余量； 车左端面,钻中心孔,粗车左端外圆各部分,外圆部分单边留 2 mm 加工余量	外圆与中心孔	普通车床 C6140
20j	检查			
	热	去应力退火		
40	半精车	研修两中心孔,半精车齿轮轴外圆各部分,除两轴颈 φ40j6、轴头 φ30f6 外圆及端面留 0.2 mm 加工余量外,其余部分达零件图要求	外圆与中心孔	数控车床 CK6140
50	铣	铣键槽至尺寸	外圆与端面	数控铣床 X713
60	铣	滚齿,留 0.2 mm 加工余量	外圆与端面	滚齿机
70	热	齿面高频淬火		
80	修	修中心孔		
90	磨	磨两轴颈 φ40j6、轴头 φ30f6 外圆及端面达零件图要求		
100	磨	磨齿面达零件图要求	外圆与端面	磨齿机
110	钳	去毛刺		
110j	检	检验		

4 装夹方案及夹具的选择

粗、精车外圆轴时以外圆和中心孔定位,采用三爪卡盘与活动顶尖夹紧工件。

加工齿面时由该轴的轴颈 φ40j6 与 φ48 外圆端面(安装轴承的轴颈和端面)定位装夹。

5 刀具的选择

该齿轮轴加工时,加工外圆所选刀具为数控车削外圆粗精车刀,另外,键槽部位采用键槽铣刀,齿面轮廓加工部位的刀具为滚刀(滚齿)与砂轮(磨齿)。

6 数控加工工序卡和刀具卡的填写

(1)齿轮轴数控加工工序卡

齿轮轴数控加工工序卡(第 40 道工序)见表 5-8。

表 5-8　　　　　　　　齿轮轴数控加工工序卡(第 40 道工序)

单位名称	×××	产品名称或代号	零件名称	零件图号
		×××	齿轮轴	×××
工序号	程序编号	夹具名称	加工设备	车间
40	×××	三爪卡盘＋活动顶尖	CK6140	数控中心

工步号	工步内容	刀具号	刀具规格/mm	主轴转速/($r \cdot min^{-1}$)	进给速度/($mm \cdot r^{-1}$)	背吃刀量/mm	备注
1	粗、精车右端面,保证表面粗糙度 Ra 3.2 mm	T02	25×25	400/500	0.3/0.2	1.5/0.5	夹左端,校正
2	修正中心孔	T01	φ3	600	0.15		第二道工序打中心孔 A4/8.5
3	半精车 φ40j6 为 φ40.5 mm 长 20 mm、φ48 mm 为 φ48.5 mm 长 10 mm,倒角 C2,车齿轮坯 φ66 mm 为 φ70 mm 长 65 mm	T02	25×25	500	0.3	1.5	顶中心孔
4	精车 φ40j6 为 φ40.2 mm,φ48 mm 及倒角 C2 达零件图要求	T03	25×25	650	0.1	0.3	顶中心孔轴颈留 0.2 mm 磨削余量
4j	检查						
5	粗、精车左端面,保证表面粗糙度 Ra 3.2 μm,保证总长 250 mm	T02	25×25	400/500	0.3/0.2	1.5/0.5	调头夹 φ70 mm 外圆,校正在 ±0.01 mm 以内
6	修正中心孔	T01	Φ3	600	0.15		
7	半精车 φ30f6 外圆至 φ30.5 mm 长 60 mm,半精车 φ38 mm 外圆至 φ38.5 mm 长 65 mm,半精车 φ40j6 外圆至 φ40.5 mm 长 20 mm,半精车 φ48 mm 为 φ48.5长 10 mm,两处倒角 C2	T02	25×25	500	0.3	1.5	顶中心孔
8	精车 φ30f6 达零件图尺寸,φ40j6 为 φ40.2 mm,φ38 mm,φ48 mm 外圆及长度,两处倒角 C2 达零件图要求	T03	25×25	650	0.1	0.3	顶中心孔轴颈留 0.2 mm 磨削余量
8j	检查						
编制	×××	审核	×××	批准	×××	年　月　日	共　页　第　页

(2)齿轮轴数控加工刀具卡

齿轮轴数控加工刀具卡(第 40 道工序)见表 5-9。

表 5-9 齿轮轴数控加工刀具卡（第 40 道工序）

产品名称或代号		×××	零件名称	齿轮轴	零件图号	×××
序号	刀具号	刀 具			加工表面	备注
		规格名称	数量	刀长/mm		
1	T01	中心钻	1	实测		ϕ3 mm
2	T02	粗车右手外圆车刀	1	实测	端面、外径、倒角	刀尖半径 0.8 mm
3	T03	精车右手外圆车刀	1	实测	端面、外径、倒角	刀尖半径 0.4 mm
编制	×××	审核	×××	批准	×××	年 月 日	共 页	第 页

知识拓展

☞ 数控复合加工

复合加工就是把几种不同的加工工艺在一台机床上实现，是一种先进制造技术。

数控复合加工机床按其加工的复合性不同，可分为工序复合型和工艺复合型两大类。前者如一般的镗铣加工中心、车削中心、磨削中心等，在一台机床上只能完成同一工艺方法的多道工序加工；而后者如车-铣复合中心、车-磨复合中心、车-激光加工中心等，在一台机床上不仅可以完成同一工艺方法的多道工序，而且还可以完成多种不同工艺方法的多道工序。例如车-铣复合中心既可完成车削的多道工序，又能完成铣、钻、镗、攻丝等工艺的多道工序。

1 以车削为主的数控复合加工机床

以车削为主的数控复合加工机床是车削复合中心。车削复合中心是以车床为基础的加工机床，除车削用刀具外，在刀架上还装有能铣削加工的动力回转刀具，可以在轴类和盘套类回转体零件上加工沟槽和平面。

（1）车削中心

通常是以普通数控车床为基础，配以一个或者多个多刀位转塔刀架发展而成，加工对象主要是轴类和盘套类回转体零件。由于回转体零件中有时有铣削、钻削和攻丝等加工内容，为了在一台车床上一次装夹便可对回转体零件进行全部或者大部分的加工，在车削中心的转塔刀架上，除了装有车削刀具外，还可装上铣刀、钻头和丝锥等动力旋转刀具，同时机床主轴具有数控精确分度的 C 轴功能以及 C 与 Z 轴或 C 与 X 轴联动的功能。

如图 5-40 所示，一台车削中心不仅可以像普通数控车床那样对回转体零件的内、外表面（如圆柱面、锥面、曲面）和端面进行车削加工，还可以利用 C、Z 轴联动功能车螺纹，以及利用 C 轴分度功能和刀架的 X 或 Y 轴控制及其上的动力旋转刀具进行偏离回转体零件中 S 轴线的钻孔和铣削加工，从而大大地扩展了数控车床复合加工的能力。

（2）双主轴车削中心

对于单主轴的车削中心而言，无论其工艺能力如何扩大，也无法解决回转体零件一次装夹下的背面(原装夹端)的二次加工问题。

为了克服单主轴车削中心存在的不足,机床的设计制造者在单主轴车削中心的基础上,增添了一个与原主轴在轴线上对置的副主轴和一个多刀位的副转塔刀架,使机床成为双主轴双刀架的车削中心,如图 5-41 所示。正、副两主轴同步进给、同向旋转并都具有 C 轴控制的功能,副主轴还能沿轴向移动,以拾取在正主轴上完成右端加工的零件。副主轴拾取完工件退至适当位置后即由副刀架上的刀具对其左端(原夹持端)进行加工。正、副两个刀架分别位于正、副主轴的上、下方,并可分别单独编程工作。因此,双主轴双刀架车削中心就能对回转体零件实现一次装夹完成全面加工。

图 5-40 车削中心 C 轴加工回转体零件

图 5-41 双主轴双刀架的车削中心

(3)车-铣复合加工中心

车-铣复合加工中心多以单主轴或双主轴的车削中心为基础,将转塔刀架改为配有刀库和换刀机构的电主轴铣头而成,如图 5-42 所示的车-铣复合加工中心,其电主轴铣头既可沿 X、Z 轴移动,还可具有 Y 轴行程和 B 轴转动。

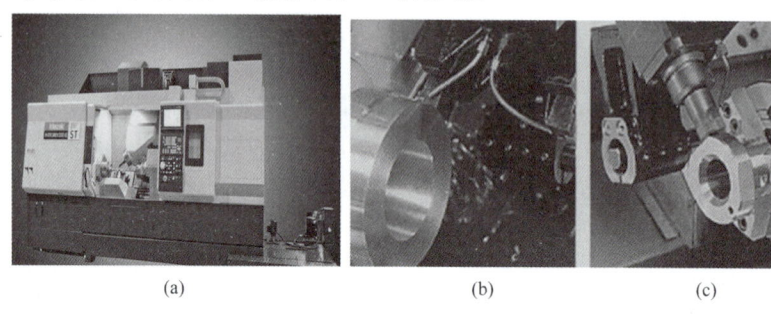

(a)   (b)   (c)

图 5-42 车-铣复合加工中心

2 以铣削为主的数控复合加工机床

(1)加工中心的多轴化

①五轴控制 除 X、Y、Z 三轴控制外,为使刀具姿势变化,可以用使进给轴回转到特定的角度位置并进行定位加工的五轴加工机。五轴加工机的使用方法有两种:一种是用回转轴分度,使工件相对于刀具倾斜,在这个状态进行三轴控制加工;另一种是同时使所有的控制轴连续运动,即五轴联动,可以对叶轮等具有外延伸曲面形状的工件进行加工。五轴联动加工机的特点是:可以避开切削速度为零的加工条件;可以用伸出长度很短的刀具;可以在一次装夹下加工外延伸曲面形状的工件等。

②六轴控制　用多轴控制铣削类加工机不能模拟复杂形状工件加工,而用复合加工机是可以的。例如,对有锥度形状和四角形状的槽类工件的加工,一般不变换加工工种是无法完成加工的,必须把工件转移到电加工机床上加工。若采用回转刀具,则刀具一边做六轴控制运动,一边做摆动切削加工,就可以在一台机床上完成加工,而且精度、效率也可以提高。如果使用非回转刀具,就必须控制回转主轴的回转位置,此时六轴控制是必要的。采用非回转刀具六轴控制加工时,切削速度等同于进给速度,不能进行高速加工;采用回转刀具则能适应原不能加工部位和形状的加工,无须转换工种,效率较高。

(2)加工中心的复合化

除铣削加工外,还装载有一个能进行车削的动力回转工作台。例如,以铣削为主的复合机床有日本 MAZAK 公司的 INTEGREXe800V/5 型五轴卧式铣-车中心,其在五轴卧式加工中心的基础上,使回转工作台增加车削功能,可以在一次装夹下对回转体零件实现车、铣完全加工;意大利 MILANESE 公司的 NTXI 型铣-车复合中心,是在立式加工中心的右端增添一个车削主轴。

3 以磨削为主的数控复合加工机床

(1)磨削中心

一般以数控磨床为基础发展而成,通常采用以下两项主要技术措施:

①工件主轴改用具有 C 轴控制和锁住功能的电主轴。

②砂轮头架采用双滑台或具有 B 轴摆动功能的转塔式砂轮头架,安装两个以上的砂轮(如适于外圆和内圆磨削,适于端面磨削和成型磨削),以满足不同磨削工序的需要。

由于数控外圆磨削一般都有控制工作台左右移动的 Z 轴和砂轮头架前后移动的 X 轴功能,这样回转体零件在机床上一次装夹后,不仅可以磨削外圆、内圆、台阶端面等,还可以利用工件轴的 C 轴联动控制功能在工件外圆表面上磨削平面和多棱面;通过 X 轴和 C 轴的联动控制磨削各种回转表面和非回转表面;通过 C 轴和 Z 轴的联动控制磨削螺纹;利用砂轮头架的 B 轴摆动磨削各种不同锥度的圆锥面等。

(2)车-磨复合加工机床

一般在现代数控车床的基础上,为适应某些经淬硬的回转体零件,例如主轴、传动齿轮和轴承环等盘套类零件的加工要求而发展起来的。通常在数控车床上配备高速 CBN(立方氮化硼)砂轮磨削单元和相应的磨削测量和控制系统。机床一般配置 2~3 个滑台,分别用来安装高速磨削主轴头和车、铣刀具的转塔刀架。车-磨复合加工机床既能像普通车床一样完成车削加工工序,也能像数控外圆磨床一样完成磨削加工工序,主要用于淬硬的盘套类零件的加工。

4 不同工种加工的复合加工机床

把多种不同原理的加工类型集约,例如切削与磨削、研磨的复合;用激光功能把加工后热处理、焊接、切割合并;加工和组装同时实施等。还有集中车削和铣削功能,特别是齿轮加工功能等独特功能的复合加工机;与激光加工复合,有磨削功能和激光淬火功能的复合机床等。在欧洲还开发了集机械铣削功能、激光三维加工功能于一体的复合加工机。

知识点及技能测评

一、填空题

1. 齿轮轴的齿形粗加工应安排在齿轮轴各外圆完成半精加工_____。
2. 齿轮轴上的键槽等次要表面的加工一般应安排在精车或粗磨之_____、精磨外圆之_____。
3. 齿轮加工中根据不同的目的,安排_____和_____两种热处理工序。
4. 齿轮加工定位基准的选择应符合_____的原则,尽可能与装配基准、测量基准一致。
5. 直径较小的联轴齿轮,一般采用_____作为定位基准;直径较大的联轴齿轮,由于自重及切削力较大,应选用_____和_____作为定位基准。
6. 一般把长度与直径之比_____的轴类零件称为细长轴。
7. 一般在车削细长轴时,用_____或_____来增加工件的刚性。
8. 为防止细长轴粗车时的弯曲变形和振动,减小径向分力,车刀宜采用_____的主偏角。
9. 数控复合加工机床按其加工的复合性不同,分为_____和_____。
10. 车削复合中心是以车床为基础的加工机床。除刀架上装了正常车削用车刀外,其还装有_____,可以在轴类和盘套类回转体零件上加工沟槽和平面。

二、设计如图 5-43 所示零件的加工工艺卡片。

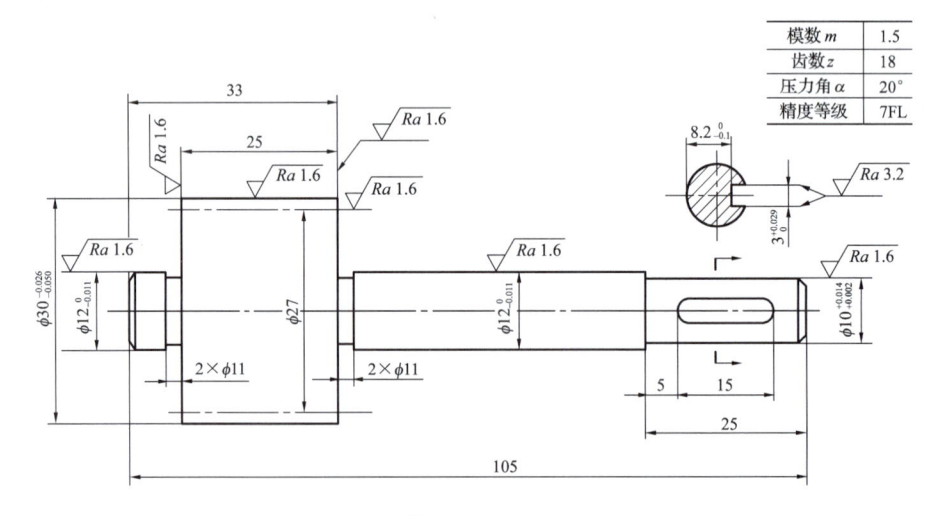

模数 m	1.5
齿数 z	18
压力角 α	20°
精度等级	7FL

技术要求

1. 齿在加工后进行调质处理,硬度为220~250HBW;
2. 未注倒角为C1;
3. 未注圆角为R1。

(a)

法向模数 m_n	4
齿数 z	33
齿形角 α	20°
齿顶高系数 h_a^*	1
螺旋角 β	9°22′
螺旋线方向	左

技术要求

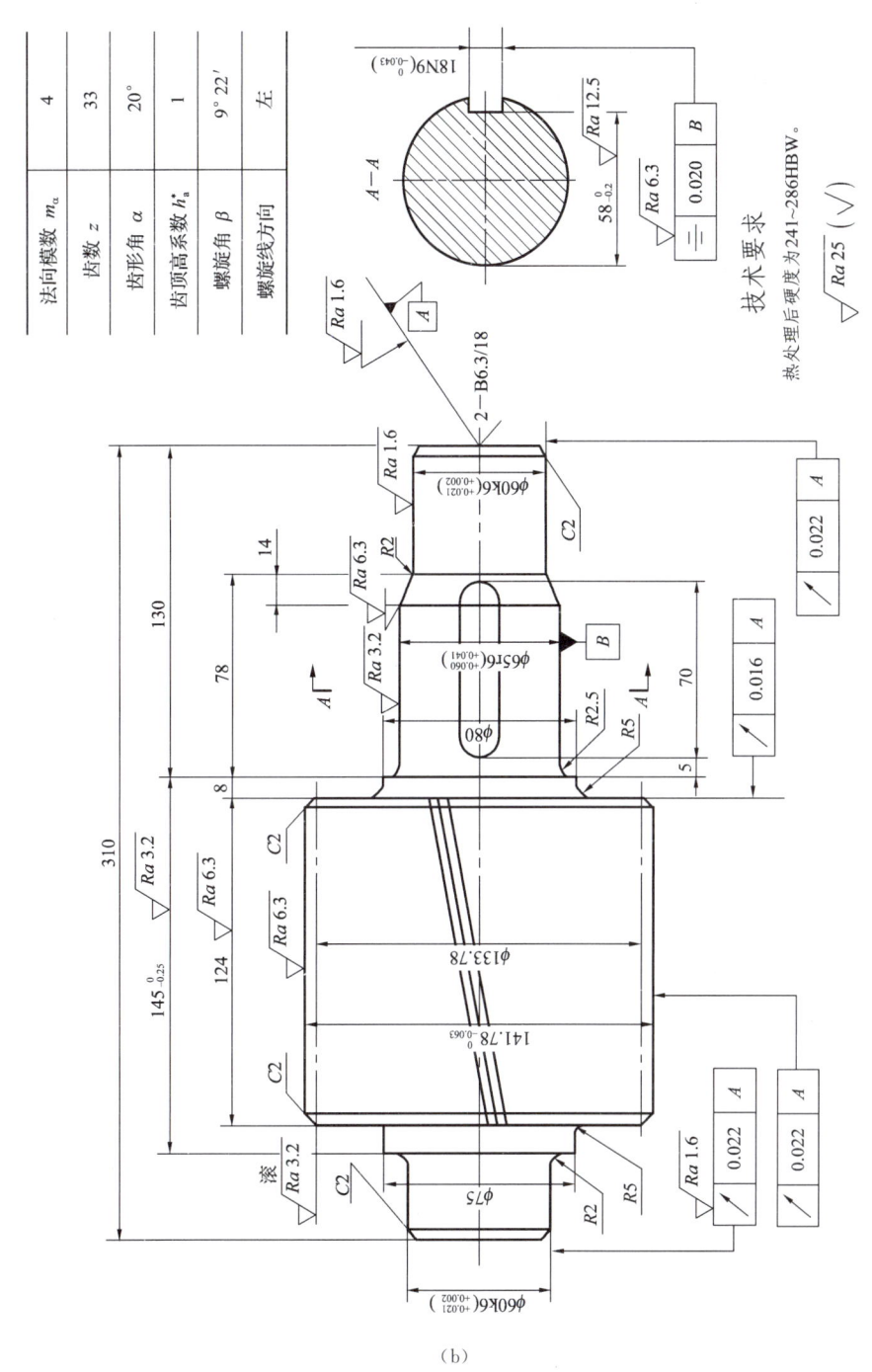

热处理后硬度为241~286HBW。

$\sqrt{Ra\,25}$ ($\sqrt{}$)

图 5-43 零件图

任务三　支架的数控加工工艺设计

学习目标

【知识目标】
1. 掌握异形类零件的加工工艺特点。
2. 了解加工异形类零件的工装设备。

【技能目标】
1. 能够对异形类零件进行正确的工艺设计。
2. 能够对异形类零件进行工装设备的选择。

任务描述

支架的零件图和立体图如图5-44所示,零件材料为HT250,大批量生产。设计该零件的数控加工工艺。

相关知识

本任务涉及异形类零件数控加工工艺的相关知识为:异形类零件的加工工艺特点、异形类零件的装夹、基本夹紧机构、影响表面质量的因素及改善措施。

1　异形类零件的加工工艺特点

外形特异、不规则的零件称为异形类零件,如图5-45所示。这类零件大多需要采用点、线、面多工位混合加工。异形类零件的总体刚性一般较差,在装夹过程中易变形,在普通机床上只能采取工序分散的原则加工,需用工装较多,加工周期较长,而且难以保证加工精度。而数控机床特别是加工中心具有多工位点、线、面混合加工的特点,能够完成大部分甚至全部工序内容。实践证明,异形类零件的形状越复杂、加工精度要求越高,使用加工中心加工便越能显示其优越性。

2　异形类零件的装夹

(1)尽管是异形类零件,但通常情况下加工内容也包括平面与孔,为保证装夹方便可靠,应尽可能寻找适合的平面与孔定位装夹。

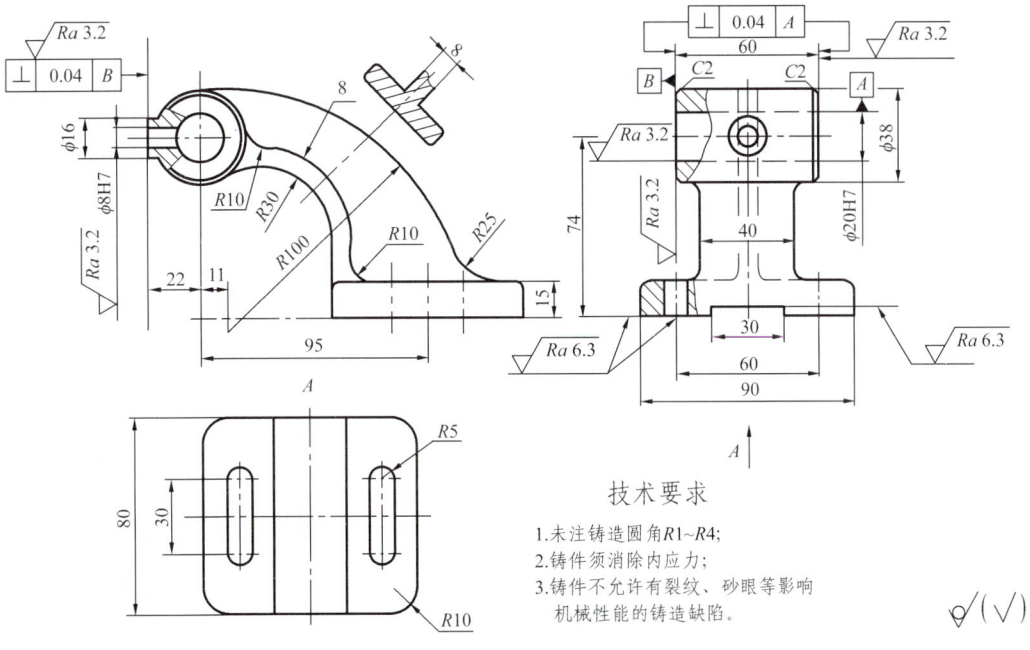

(a) 零件图

技术要求
1. 未注铸造圆角R1~R4;
2. 铸件须消除内应力;
3. 铸件不允许有裂纹、砂眼等影响机械性能的铸造缺陷。

(b) 立体图

图 5-44 支架

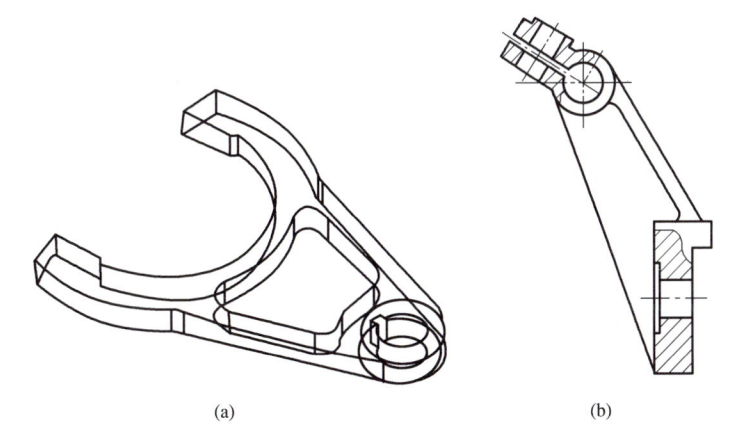

(a)　　　(b)

图 5-45 异形类零件

(2)对于不便装夹的异形类零件,在进行零件图的结构工艺性审查时,可考虑在毛坯上另外增加装夹余量或工艺凸台、工艺凸耳等辅助基准,加工完成后再将其去掉。如图 5-46 所示,该异形类零件缺少合适的定位基准,在毛坯上铸出三个工艺凸耳,再在工艺凸耳上加工出定位基准孔,这样该异形类零件就便于装夹,适用于批量生产。

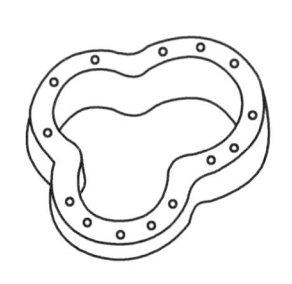

图 5-46 增加毛坯工艺凸耳辅助基准

(3)若零件毛坯未制出辅助工艺定位装夹基准,可考虑在不影响零件强度、刚度、使用功能的部位特制工艺孔作为定位装夹基准。

此外,在生产中,如果工件在基本支承上定位后,由于工件刚性差,在切削力、夹紧力或工件本身重力的作用下,可能出现定位不稳定或局部变形现象,这时就需要增设辅助支承。辅助支承只能起提高工件支承刚性的辅助作用,而不允许破坏基本支承应起的主要定位作用。

3 基本夹紧机构

原始作用力转化为夹紧力是通过夹紧机构来实现的,这类机构大多是利用机械摩擦的原理来夹紧工件的。在众多夹紧机构中以斜楔、螺旋、偏心、定心以及由它们组合而成的夹紧机构应用最为普遍。

(1)斜楔夹紧机构

采用斜楔作为传力元件或夹紧元件的夹紧机构,称为斜楔夹紧机构。斜楔夹紧机构具有结构简单、增力比大、自锁性好等特点,因此得到了广泛应用。如图 5-47 所示为斜楔夹紧机构。

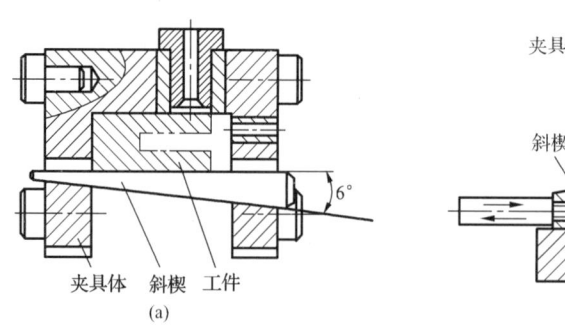

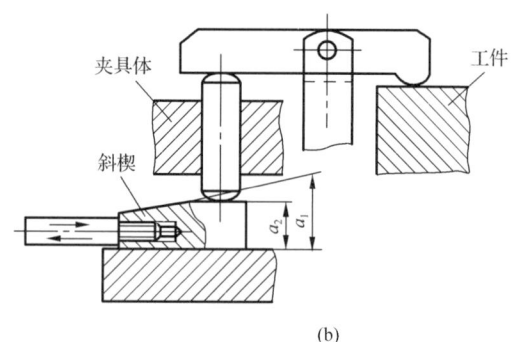

图 5-47 斜楔夹紧机构

(2)螺旋夹紧机构

采用螺旋直接夹紧或采用螺旋与其他元件组合实现夹紧的机构,称为螺旋夹紧机构。螺旋夹紧机构具有结构简单、夹紧可靠、通用性好等优点。由于螺旋升角小而自锁性好,夹紧力与夹紧行程都较大,很适用于手动夹紧,因而在机床夹具中得到广泛的应用。

① 简单螺旋夹紧机构　如图 5-48(a)所示,螺栓头部直接对工件表面施加夹紧力,螺栓转动时,容易损伤工件表面或使工件转动。解决这一问题的办法是在螺栓头部套上一个摆动压块,如图 5-48(b)所示,这样既能保证与工件表面具有良好的接触,防止夹紧时螺栓带动工件转动,又可避免螺栓头部直接与工件接触而造成压痕。

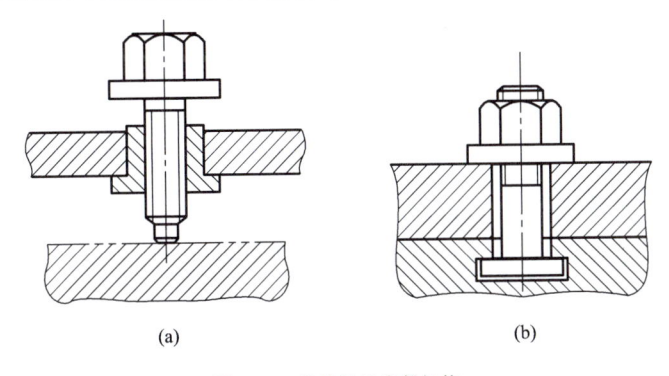

图 5-48　简单螺旋夹紧机构

② 螺旋压板夹紧机构　实际生产中使用较多的是螺旋压板夹紧机构,利用杠杆原理实现对工件的夹紧,杠杆比不同,夹紧力也不同。其结构形式变化很多,如图 5-49 所示为典型螺旋压板夹紧机构。

(a) 杠杆式　(b) 铰链式　(c) 钩形　(d) 自调式

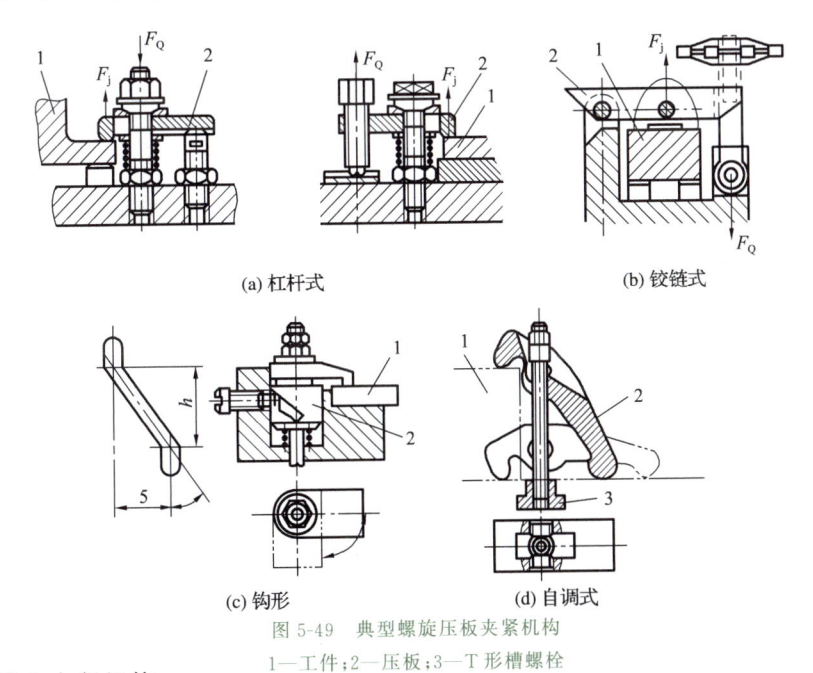

图 5-49　典型螺旋压板夹紧机构
1—工件;2—压板;3—T 形槽螺栓

(3) 偏心夹紧机构

用偏心件直接或间接夹紧工件的机构,称为偏心夹紧机构。常用的偏心件有偏心轮、偏心轴和偏心叉,如图 5-50 所示。

偏心夹紧机构操作简单,夹紧动作快,但夹紧行程和夹紧力较小,一般用于没有振动或振动较小、夹紧力要求不大的场合。

(a) 偏心轮

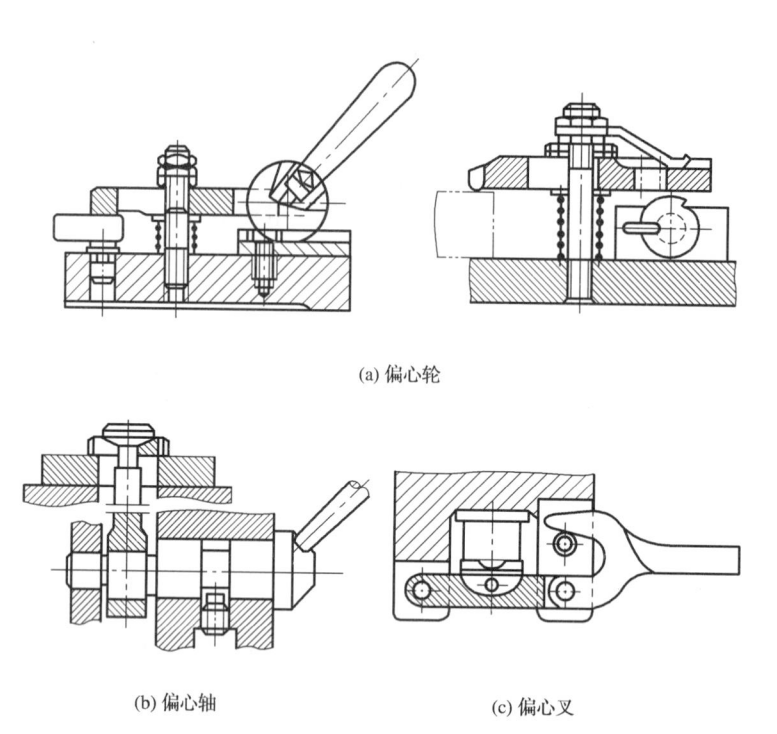

(b) 偏心轴　　　　　　　(c) 偏心叉

图 5-50　偏心夹紧机构

(4) 定心夹紧机构

当工件被加工面以中心要素(轴线、中心平面)为工序基准时，为使基准重合以减小定位误差，需采用定心夹紧机构。定心夹紧机构具有定心和夹紧两种功能，卧式车床的三爪自定心卡盘为最常用的典型实例。

定心夹紧机构按其定心作用原理有两种类型：一种是依靠传动机构使定心夹紧元件等速移动，从而实现定心夹紧，例如螺旋式、杠杆式、楔式定心夹紧机构；另一种是利用薄壁弹性元件受力后产生均匀的弹性变形(收缩或扩张)来实现定心夹紧，例如弹簧筒夹、膜片卡盘、波纹套、液性塑料等。

①螺旋式定心夹紧机构　其结构简单，工作行程大，通用性好，定心精度不高(0.05~0.10 mm)，如图 5-51 所示。

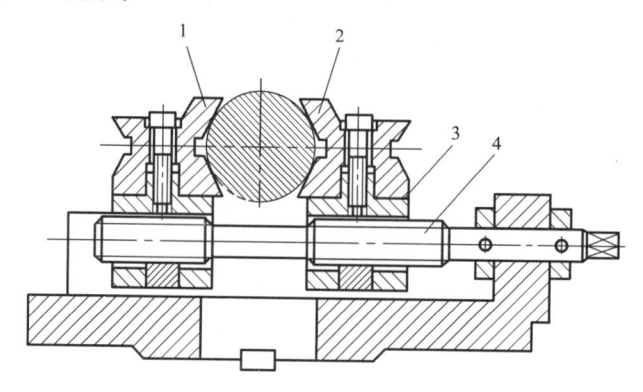

图 5-51　螺旋式定心夹紧机构
1、2—V形钳口；3—滑铁；4—双向螺杆

②杠杆式定心夹紧机构　如图 5-52 所示为车床用气压定心卡盘,汽缸通过拉杆带动滑套向左移动时,推动三个钩形杠杆同时绕轴销转动,收拢位于滑槽中的三个夹爪,从而将工件定心夹紧。夹爪的张开靠拉杆右移时滑套上的斜面推动夹爪。这种定心夹紧机构具有刚性高、动作快、增力和行程大等优点,但定心精度低,一般为 $\phi0.1$ mm,主要适用于工件的粗加工。由于杠杆机构不能自锁,所以这种机构自锁要靠气压或其他装置,其中采用气压的较多。

③楔式定心夹紧机构　其结构紧凑,定心精度为 $\phi0.02\sim\phi0.07$ mm,适用于半精加工,如图 5-53 所示。

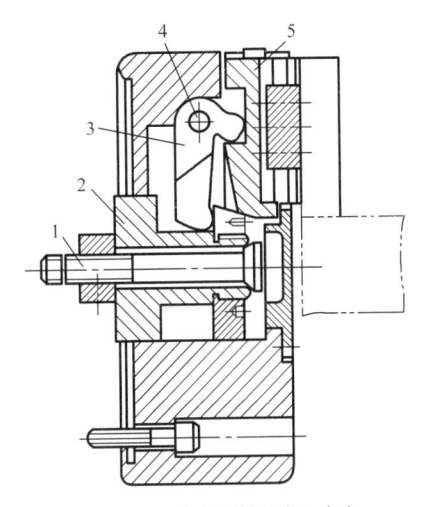

图 5-52　车床用气压定心卡盘
1—拉杆;2—滑套;3—钩形杠杆;4—轴销;5—夹爪

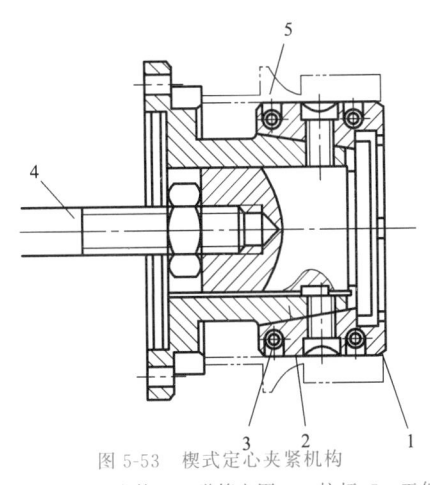

图 5-53　楔式定心夹紧机构
1—夹爪;2—本体;3—弹簧卡圈;4—拉杆;5—工件

④弹簧套筒式定心夹紧机构　其结构简单,体积小,操作方便,定心精度高($\phi0.01\sim\phi0.04$ mm),适用于轴类零件的半精加工和精加工,如图 5-54 所示。

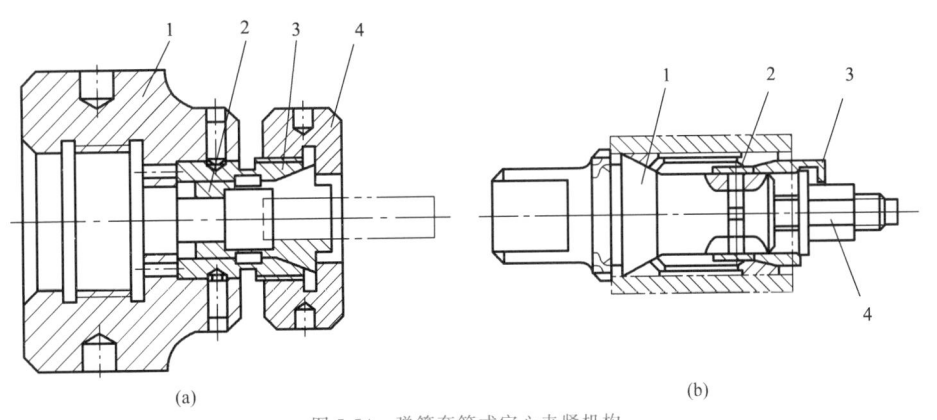

图 5-54　弹簧套筒式定心夹紧机构
1—夹具体;2—弹簧夹筒;3—锥套;4—螺母

4 影响表面质量的因素及改善措施

(1)影响表面粗糙度的因素及改善措施

①车削加工中影响表面粗糙度的因素及改善措施　机械加工中,导致表面粗糙的主

要原因有两个方面：一是刀具相对于工件做进给运动时，刀尖在工件表面上留下的残余面积（几何因素）；二是和被加工材料性质及切削机理有关的因素（物理因素），它是指切削过程中的塑性变形、摩擦、积屑瘤、鳞刺和振动等。减小表面粗糙度的措施如下：

● 合理选择切削用量　切削用量三要素中，切削速度和进给量对表面粗糙度影响较大，背吃刀量对表面粗糙度没有显著影响。切削速度是影响表面粗糙度的重要因素。在一定切削条件下，采用中等切削速度加工45钢，由于积屑瘤的影响，表面粗糙度较大。如果采用低速或高速来加工，可以避免积屑瘤和鳞刺的产生，从而获得较为光洁的表面。通常精加工总是采用高速或低速的切削速度，但应注意切削速度太高可能引起振动。

降低进给量可以降低残余面积的高度，减小加工表面的表面粗糙度。但进给量不宜太小，以免切削厚度太小时，刀具无法切下很薄的切屑而使刀具与加工表面间产生严重挤压，以致加剧刀具磨损和加工表面的冷作硬化程度。

● 选择适当的刀具材料和几何参数　根据所加工的材料性质选择合适的刀具材料。从刀具的几何角度考虑，应增大前角和后角，能使切削刃锋利，减小切屑的变形和前、后面间的摩擦，抑制积屑瘤和鳞刺的产生。但后角也不宜过大，过大的后角可能导致振动。减小主偏角和副偏角，增大刀尖圆弧半径，可使残余面积高度降低，从而减小表面粗糙度，但当工艺系统刚性不足时，容易引起振动，反而会恶化加工表面质量。

● 改善材料的切削加工性能　采用热处理正火或退火工艺，细化晶粒，可获得表面粗糙度值很小的表面。

● 加注切削液　在低速精加工中，合理地选择与使用切削液，可显著地减小表面粗糙度。首先，切削液有冷却润滑作用；其次，加工中使用切削液可降低切削温度，减少摩擦，抑制或消除积屑瘤的产生；最后，切削液还能起冲洗与排屑的作用，保证已加工表面不被切屑挤压划伤。

②磨削加工中影响表面粗糙度的因素及改善措施　磨削加工中影响表面粗糙度的主要是砂轮的粒度和硬度、工件材料的性能以及磨削用量等。减小表面粗糙度的措施如下：

● 选择合适的砂轮参数　首先，砂轮的粒度要合适。砂轮的粒度越细，单位面积上的磨粒越多，加工时工件上刻痕越细密，则表面粗糙度值越小，但粒度过细易堵塞砂轮，影响表面粗糙度。其次，砂轮的硬度应适宜，使磨粒在磨钝后及时脱落，这样工件就能获得较小的表面粗糙度。另外，砂轮应及时修整，使切削微刃的等高性能好，磨出表面的表面粗糙度值小。

● 改善工件材料的磨削性能　太硬、太软、韧性好的材料都会对磨削产生影响，导致磨削后表面粗糙度值增大，因此，应采用热处理方法改善工件材料性质，以提高磨削性能。

● 选择合理的磨削用量　提高砂轮速度可以增加在工件单位面积上的刻痕，同时使塑性变形不充分，减小了表面粗糙度值。磨削深度和工件速度的降低将减小塑性变形的程度，从而减小表面粗糙度。

此外，提高冷却系统的冷却效果，减少工艺系统的振动都是减小表面粗糙度的措施。

（2）影响表面物理性能的因素及改善措施

在加工过程中工件由于受到切削力、切削热的作用，工件的表面层金属的物理力学性能将发生很大的变化。

①影响表面层金属冷作硬化的因素及改善措施　在切削加工过程中，在表面层产生的塑性变形使晶体间产生剪切滑移，晶格严重扭曲，致使晶粒拉长、破碎和纤维化，从而引

起材料的强化,导致表面层的硬度提高,这就是冷作硬化。表面层冷作硬化的程度取决于产生塑性变形的力、速度以及变形时的温度。因此,加工时影响冷作硬化的因素主要有刀具的几何参数、切削用量和材料性能等。改善措施如下:

● 选择合适的刀具几何参数　刀具几何参数的影响主要是刃口圆弧半径和前、后角。当刃口圆弧半径偏大、前角为负值、后角偏小时,导致工件表面层的挤压增大,且后面的磨损量增大,冷硬层的深度和硬度也随之增大。欲使冷作硬化减小,刀具刃口半径和前、后角必须改善。

● 选择合理的切削用量　首先,选用较大的切削速度。当切削速度增大时,硬化层的深度和硬度都将减小,一方面切削速度增大会使切削温度升高,有助于冷作硬化的回复,另一方面由于切削速度增大,刀具与工件的接触时间变短,塑性变形程度减小。其次,选用合理的进给量。当进给量增大时,切削力增大,塑性变形增大,故硬化程度增大;但进给量太小时,刀具的刃口圆角在加工表面单位长度上的挤压次数增多,冷作硬化也会增加。

● 改善被加工材料的性质　被加工材料的硬度越小、塑性越大,切削加工后冷作硬化越大。

②产生残余应力的因素及改善措施　在没有外力作用下零件上存留的应力称为残余应力。残余应力在加工时导致表面层金属产生冷塑性变形或热塑性变形,因此残余应力分为残余压应力和残余拉应力两种情况。残余拉应力将对零件的使用性能产生不利影响,而适当的残余压应力可以提高零件的疲劳强度,因此常常在加工时有意使工件产生一定的残余压应力。产生残余应力的因素主要是表面层局部冷态塑性变形、局部热态塑性变形、局部金相组织的变化等方面的综合影响的结果。

改善表面残余应力状态的措施如下:

● 采用精密加工工艺　精密加工工艺包括精密切削加工(金刚镗、高速精车、宽刃精刨等)和高精度磨削。精密切削加工是依靠精度高、刚性好的机床和精细刃磨刀具用很高或极低的切削速度、很小的背吃刀量在工件表面切去极薄一层金属的过程。由于切削过程残留面积小,又最大限度地排除了切削力、切削热和振动等不利影响,因此,能有效地去除上道工序留下的表面变质层,加工后表面基本上不带有残余拉应力。高精度磨削同样要求有很高的精度和刚性,其磨削过程是用经精细修整的砂轮,使每个磨粒上产生多个等高的微刃,以很小的背吃刀量,在适当的磨削压力下,从工件表面切下很微细的切屑。加上微刃呈微钝状态时的滑移、挤压、抚平作用和多次无进给光磨阶段的摩擦抛光作用,从而获得很高的加工精度和物理力学性能良好的低粗糙度值表面。

● 采用光整加工工艺　光整加工工艺是用粒度很细的磨料对工件表面进行微量切削和挤压擦光的过程。随着加工的进行,工件加工表面各点都能得到基本相同的切削,使误差逐步均化而减小,从而获得极小的表面粗糙度。由于光整加工时磨具与工件间能相对浮动,与工件定位基准间没有确定的位置,所以一般不能修正加工表面的位置误差。常用的光整加工方法有研磨、珩磨、超精加工及轮式超精磨等。

● 采用表面强化工艺　表面强化工艺是通过对工件表面的冷挤压使之发生冷态塑性变形,从而提高其表面硬度、强度,并形成表面残余压应力的加工工艺。表面强化工艺并不切除余量,仅使表面产生塑性变形,因此修正工件尺寸误差和形状误差的能力很小,更不能修正位置误差。常用的表面强化工艺有喷丸和滚压。

除上述三种工艺外,采用高频淬火、氟化、渗碳、渗氮等表面热处理工艺也可使表面形成残余压应力。也可采用振动时效等人工时效方法来清除表面层的残余应力。

③影响表面层金属组织变化的因素及改善措施　金属材料只有当其温度达到相变温度以上时才会发生金相组织的变化,一般的切削加工,切削热大部分被切屑带走,加工温度不高,因此不会引起金相组织变化。而磨削时砂轮对金属切削、摩擦要消耗大量能量,每切除相同体积金属的能耗比车削平均高 30 倍。磨削的能量几乎全部转化为热能,由于磨削层很薄,带走的热能少,因此绝大部分的热量传入工件,造成工件温度升高,很容易超过金属材料的相变温度,并伴随产生残余应力甚至裂纹。这种现象又称为磨削烧伤。影响表面层金相组织的变化的因素取决于热源强度和作用时间。

减轻磨削热对加工的影响可从两个方面着手:一方面是减少磨削热的产生,另一方面是尽量使已产生的磨削热少传入工件表面层。因此必须合理选择砂轮,正确选用磨削用量,改善润滑冷却条件。

任务实施

1 零件图的工艺分析

(1)尺寸精度分析

ϕ20H7 与 ϕ8H7 两孔尺寸精度达到 IT7 级,尺寸精度要求较高。

(2)位置精度分析

ϕ20H7 与 ϕ8H7 两孔之间无位置精度要求,ϕ20H7 孔与 ϕ38 mm 端面之间有垂直度要求(0.04 mm);ϕ38 mm 端面与 ϕ16 mm 凸台面有垂直度要求(0.04 mm)。

(3)结构分析

该支架总体外形特异,属于不规则的零件。零件结构包含 80 mm×90 mm 底面、底面上腰形槽、直槽,从底面向上有一弧形筋肋,与筋肋相接的是 ϕ38 mm 圆柱及 ϕ20H7 孔,与 ϕ38 mm 圆柱相垂直的方向有 ϕ16 mm 凸台及 ϕ8H7 孔。零件上 ϕ20H7 孔与 ϕ8H7 孔互相垂直,若在普通机床上加工,需多次装夹才能完成,加工效率低。采用带回转工作台的卧式加工中心加工,除了底面、底面上的腰形槽及直槽外,其余孔及端面只需一次装夹即可完成,可以满足几何精度要求。

2 机床的选择

根据零件图的分析,该零件是异形类零件,需要选择铣削加工设备与卧式加工中心共同完成加工任务。考虑零件的精度以及生产批量问题,先采用普通铣床(X713)铣削底面加工内容,再采用卧式加工中心(HAD-63)加工 ϕ20H7 孔及其两端面、ϕ8H7 孔及其凸台。

3 加工工艺路线的设计

(1)加工方案的确定

根据加工精度及表面加工质量要求,该零件底面的表面粗糙度要求不高(Ra 6.3 μm),采用粗铣→精铣即可达到要求;各加工孔的精度达 IT7 级,选择钻孔→扩孔→铰孔可满足零件图的技术要求。

(2)加工顺序的确定

①基准先行　该零件在卧式加工中心加工之前,应先在普通铣床上加工好定位基面及定位孔,以便在加工中心上定位与装夹。

②先面后孔　该支架毛坯为铸件,由于孔径小,并未铸出毛坯孔,所以所有孔都在实体上加工。为防止钻头钻偏,需先用中心钻钻导向孔,然后再加工孔达零件图要求。

(3)工艺路线的拟订

根据上述加工顺序的安排,本任务的加工工艺路线见表5-10。

表 5-10　　　　　　　　　　　支架的加工工艺路线

工序号	工序名称	工序内容	定位基准	加工设备
10	划线	找正外形,划线		
20	铣	粗、精铣 80 mm×90 mm 底面,铣宽 30 mm 直形槽、宽 $10^{+0.03}_{\ 0}$ mm 腰形槽(提高精度用于定位)	按线找正	普通铣床
20j	检	检查		
30	热	去应力退火		
40	铣	找正压紧; 粗、精铣 $\phi 38$ mm、$\phi 16$ mm 凸台面及倒角 C2,钻、扩、铰 $\phi 20H7$ 孔和 $\phi 8H7$ 孔达零件图要求	底面及 $10^{+0.03}_{\ 0}$ mm 腰形槽	卧式加工中心
50	检	检查入库		

4 装夹方案及夹具的选择

该零件主要采用一面两销的方式进行定位夹紧。由于该零件的结构不对称,在夹紧时增加了一个辅助支承和辅助夹紧装置,如图 5-55 所示。要特别注意的是:在夹紧过程中辅助螺旋支承与辅助压板要共线,且夹紧力适中。

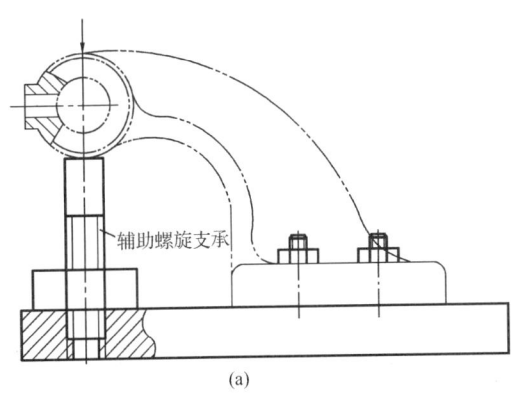

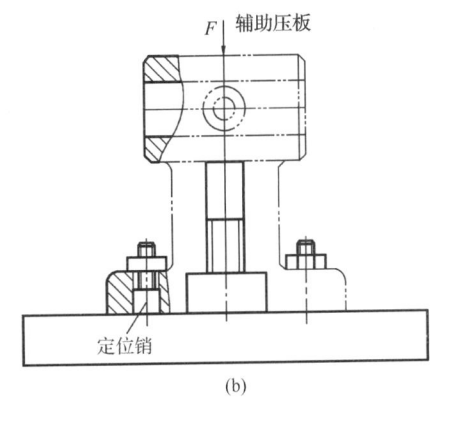

图 5-55　支承套装夹

5 数控加工工序卡和刀具卡的填写

(1)支架数控加工工序卡

支架数控加工工序卡见表 5-11。

表 5-11　　　　　　　　　　　支架数控加工工序卡

单位名称	×××	产品名称或代号	零件名称	零件图号
		×××	支架	×××
工序号	程序编号	夹具名称	加工设备	车间
40	×××	一面两销+辅助支承	HAD-63 卧式加工中心	数控中心

工步号	工步内容	刀具号	刀具规格/mm	主轴转速/$(r·min^{-1})$	进给速度/$(mm·min^{-1})$	背吃刀量/mm	备注
1	粗铣 $\phi38$ mm 两端面	T01	$\phi40$	500	60	2	
2	粗铣 $\phi16$ mm 端面	T01	$\phi40$	500	60	2	
3	钻 $\phi8H7$、$\phi20H7$ 中心孔	T02	$\phi3$	1000	40		
4	钻 $\phi8H7$ 孔至 $\phi7$ mm	T03	$\phi7$	800	70		
5	扩 $\phi8H7$ 孔至 $\phi7.9$ mm	T04	$\phi7.9$	600	55		
6	钻 $\phi20H7$ 孔至 $\phi18$ mm	T05	$\phi18$	550	60		
7	扩 $\phi20H7$ 孔至 $\phi19.85$ mm	T06	$\phi19.85$	400	40		
8	铣削倒角 C2	T07	45°倒角刀	500	40		
9	精铣 $\phi38$ mm 两端面	T01	$\phi40$	400	50	0.5	
10	精铣 $\phi16$ mm 凸台面	T01	$\phi40$	400	50	0.5	
11	铰 $\phi8H7$ 孔达零件图要求	T08	$\phi8H7$	120	30		
12	铰 $\phi20H7$ 孔达零件图要求	T09	$\phi20H7$	100	25		

| 编制 | ××× | 审核 | ××× | 批准 | ××× | 年　月　日 | 共　页 | 第　页 |

(2)支架数控加工刀具卡

支架数控加工刀具卡见表 5-12。

表 5-12　　　　　　　　　　　支架数控加工刀具卡

	产品名称或代号	×××	零件名称	支架	零件图号	×××

序号	刀具号	刀具规格名称	数量	刀长/mm	加工表面	备注
1	T01	$\phi40$ mm 玉米铣刀	1	实测	$\phi38$ mm 两端面、$\phi16$ mm 端面及凸台面	
2	T02	$\phi3$ mm 中心钻	1	实测	钻 $\phi8H7$、$\phi20H7$ 中心孔	
3	T03	$\phi7$ mm 麻花钻	1	实测	钻 $\phi8H7$ 底孔	
4	T04	$\phi7.9$ mm 扩孔钻	1	实测	扩 $\phi8H7$ 孔	
5	T05	$\phi18$ mm 麻花钻	1	实测	钻 $\phi20H7$ 底孔	
6	T06	$\phi19.85$ mm 镗刀	1	实测	扩 $\phi20H7$ 孔	
7	T07	45°倒角刀	1	实测	圆弧铣削 $\phi38$ mm 两圆柱面倒角	
8	T08	$\phi8H7$ 铰刀	1	实测	铰 $\phi8H7$ 孔	
9	T09	$\phi20H7$ 铰刀	1	实测	铰 $\phi20H7$ 孔	

| 编制 | ××× | 审核 | ××× | 批准 | ××× | 年　月　日 | 共　页 | 第　页 |

知识拓展

☞ 高速铣削加工

❶ 高速铣削的基本概念

1931年4月,德国物理学家Carl. J. Saloman最早提出了高速切削(High Speed Cutting, HSC)的理论,并于同年申请了专利。他指出:在常规切削速度范围内,切削温度随着切削速度的提高而升高,但切削速度提高到一定值之后,切削温度不但不会升高反而会降低,且该切削速度 v_c 与工件材料的种类有关。对于每一种工件材料都存在一个速度范围,在该速度范围内,由于切削温度过高,刀具材料无法承受,所以切削加工不可能进行。要是能越过这个速度范围,高速切削将成为可能,从而大幅度地提高生产率。

高速切削(HSC或HSM)是20世纪90年代迅速走向实际应用的先进加工技术,通常指高主轴转速和高进给速度下的立铣,通常也称为高速铣削。它是一个相对的概念,是相对于常规切削而言的,不同的加工方式、不同的材料有不同的高速切削范围。有关高速切削加工的含义,目前尚无统一的认识,通常有如下观点:切削速度超过普通切削的5~10倍;机床主轴转速在10 000~20 000 r/min及以上;进给速度达15~50 m/min,最高可达90 m/min。对不同的切削材料和刀具材料,高速切削的含义也不尽相同。一般认为:铝合金切削速度达2 000~7 500 m/min;铸铁为900~5 000 m/min;钢为600~3 000 m/min;超耐热镍合金达500 m/min;钛合金达150~1 000 m/min;纤维增强塑料为2 000~9 000 m/min。车削为700~7 000 m/min;铣削为300~6 000 m/min;钻削为200~1 100 m/min;磨削为150 m/s以上。可见,高速切削加工是一个综合性概念。

❷ 高速铣削的优点

(1) 提高生产率

铣削速度和进给速度的提高,可提高材料去除率。同时,高速铣削可加工淬硬零件,许多零件一次装夹可完成粗、半精和精加工等全部工序,对复杂型面加工也可直接达到零件表面质量要求,缩短了工艺路线;另外,高速切削可使飞机大量采用整体结构零件,明显减轻部件质量,提高零件可靠性,减少装配工时,因此,高速铣削工艺大大提高了生产率。

(2) 改善工件的加工精度和表面质量

高速铣床必须具备刚性和高精度等性能,同时由于铣削力低,工件热变形减小,所以其加工精度很高。铣削深度较小,而进给较快,加工表面粗糙度很小,铣削铝合金时可达到 $Ra\ 0.4\sim0.6\ \mu m$,铣削钢件时可达到 $Ra\ 0.2\sim0.4\ \mu m$。

(3) 有利于加工薄壁零件和高强度、高硬度脆性材料

高速铣削时铣削力小,有较高的稳定性,可高质量地加工出壁厚0.2 mm、壁高20 mm的薄壁零件,亦可加工硬度达60HRC的高强度、高硬度脆性材料的零件。因此,高速铣削允许在热处理以后再进行切削加工,使模具制造工艺大大简化,甚至在许多模具加工中,高速铣削可替代其他某些工艺,如电加工、磨削加工等。

(4) 有利于使用直径较小的刀具

高速铣削时,较小的铣削力适合使用小直径的刀具,可减小刀具规格,降低刀具费用。

3 高速铣削工艺参数的选择

(1) 刀具参数的选择

在高速铣削加工时,通常采用刀尖圆弧半径较大的立铣刀,且轴向切深一般不宜超过刀具圆弧半径;径向切削深度的选择和加工材料有关,对于铝合金之类的轻合金,为提高加工效率可以采用较大的径向铣削深度;对于钢及其他加工性稍差的材料,宜选择较小的铣削深度,减缓刀具磨损。

(2) 铣削参数的选择

高速加工的切削速度为常规切削速度的 10 倍左右。为了使刀具每齿进给量基本保持不变,以保证零件的加工精度、表面质量和刀具耐用度,进给量也必须相应提高 10 倍左右,达到 60 m/min 以上,有的甚至高达 120 m/min。因此,高速铣削参数一般的选择原则是高的切削速度 v_c、中等的每齿进给量 f_z、较小的轴向切深 a_p、适当大的径向切深 a_e。例如典型的整体硬质合金立铣刀(采用 TiCN 或 TiAlN 涂层)切削硬度为 48~58HRC 的淬硬钢时,粗加工选择 $v_c=100$ m/min,$a_p=(6\%~8\%)D$(D 为刀具直径),$a_e=(35\%~40\%)D$,$f_z=0.05~0.1$ mm/z;半精加工选择 $v_c=150~200$ m/min,$a_p=(3\%~4\%)D$,$a_e=(20\%~40\%)D$,$f_z=0.05~0.15$ mm/z;精加工选择 $v_c=200~250$ m/min,$a_p=0.1~1.2$,$a_e=0.1~0.2$,$f_z=0.02~0.2$ mm/z。在实际加工中,轴向切深还取决于主轴头的稳定性、刀具的质量、工件材料特性以及夹具的刚度等。

知识点及技能测评

一、填空题

1. 对于不便装夹的异形类零件,在进行零件图纸结构工艺性审查时,可考虑在毛坯上另外增加_____或_____等辅助基准,加工完成后再将工艺凸台去掉。

2. 夹紧机构大多数是利用_____的原理来夹紧工件的。

3. 在一定切削条件下,采用_____切削速度加工 45 钢,由于积屑瘤的影响,表面粗糙度较大。

4. 高速铣削通常指高_____和高_____下的立铣,是一个相对概念。通常认为切削速度超过普通切削的_____倍。

5. 高速铣削用量选择原则是高的_____、_____、_____、_____。

二、选择题

1. 在工件毛坯上增加工艺凸耳的目的是( )。
   A. 美观   B. 提高工件刚度
   C. 制作定位工艺孔   D. 方便下刀

2. 切削速度高出一定范围达到高速切削后,( )。
   A. 切削温度上升,切削力增大   B. 切削温度降低,切削力增大
   C. 切削温度降低,切削力下降   D. 切削温度上升,切削力下降

3. ( )夹紧机械不仅结构简单,容易制造,而且自锁性能好,夹紧力大,是夹具中用

得最多的一种夹紧机构。

  A. 斜楔形   B. 螺旋   C. 偏心   D. 铰链

4. 对于常用夹紧装置,下列说法正确的是( )。

  A. 斜楔夹紧时楔角越小,增力作用越明显,自锁性能越好,所以楔角越小越好

  B. 螺旋夹紧时采用粗牙螺纹比细牙螺纹具有更好的自锁性能

  C. 偏心夹紧是一种快速高效的夹紧方法

  D. 偏心夹紧自锁性能稳定,常用于工件表面误差大、加工有振动的场合

5. 螺柱、压板、偏心件和其他元件组合而实现夹紧工件的机构称( )夹紧机构。

  A. 螺旋   B. 偏心   C. 联动   D. 自动

6. 常用的夹紧装置有( )夹紧装置、楔块夹紧装置和偏心夹紧装置等。

  A. 螺旋   B. 螺母   C. 蜗杆   D. 专用

三、设计如图 5-56 和图 5-57 所示零件的加工工艺卡片。

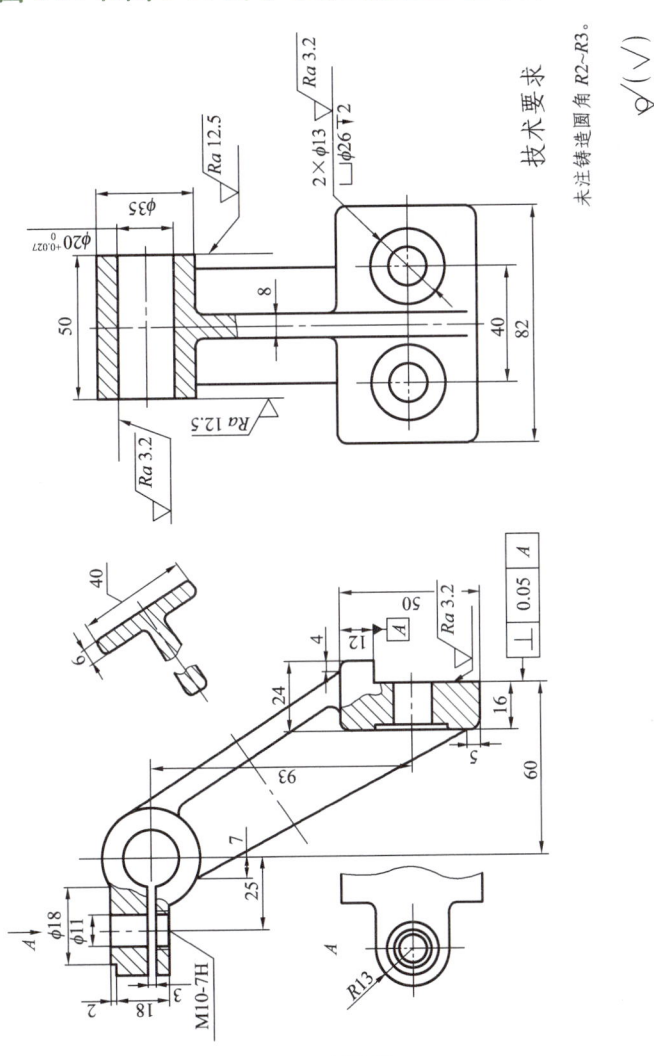

图 5-56 零件图(1)

技术要求

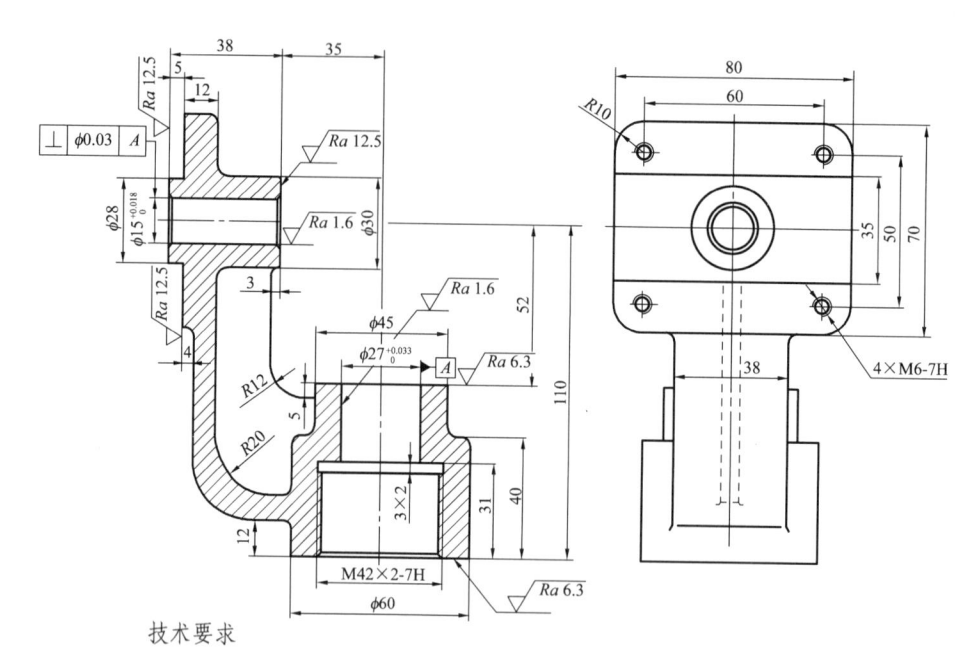

1. 未注铸造圆角 $R3\sim R5$;
2. 铸件须消除内应力,硬度 170~241HB;
3. 铸件不允许有裂纹、缩松、砂眼等影响机械性能的铸造缺陷;
4. 未注倒角为 $C2$。

图 5-57　零件图(2)

拓展资料

职业道德修养

职业道德修养是指从业人员在道德意识和道德行为方面的自我锻炼及自我改造中所形成的职业道德品质以及达到的职业道德境界。职业道德修养是一种自律行为,关键在于"自我锻炼"和"自我改造"。任何一名从业人员职业道德素质的提高,一方面靠社会的培养和教育;另一方面取决于自己的主观努力,即自我修养。两个方面缺一不可,而且后者更加重要。

职业道德基本规范包括:爱岗敬业、诚实守信、办事公道、服务群众、奉献社会。提升职业道德修养的途径包括:

1. 发挥榜样的激励作用,向先进模范人物学习

学习先进模范人物的高尚品德和崇高精神,使之在社会发扬光大,成为激励和鼓舞广大群众前进的精神力量,是社会主义精神文明建设的重要内容,也是从业人员加强职业道德修养,提高自身职业道德水平的方法。

学习先进模范人物还要密切联系自己的职业活动和职业道德的实际,注重实效,大力弘扬新时期的创业精神,提高职业道德水平,立足岗位多做贡献。

2. 提倡"慎独""积善成德""防微杜渐"

提倡"慎独",是重在自律,即在道德上自我约束。慎独既是加强职业道德修养的重要方法和途径,也是一种崇高的思想道德境界。在提倡"慎独"的同时,提倡"积善成德"。高尚的道德人格和道德品质,需要一个长期的积善过程。在积善的同时,还要"防微杜渐"。

参考文献

1. 马敏莉.机械制造工艺编制及实施[M].2版.北京:清华大学出版社,2016
2. 翟瑞波.数控加工工艺[M].2版.北京:北京理工大学出版社,2016
3. 韩鸿鸾.数控加工工艺学[M].4版.北京:中国劳动社会保障出版社,2018.
4. 华茂发.数控机床加工工艺[M].2版.北京:机械工业出版社,2016
5. 蒋兆宏.典型零件的数控加工工艺的编制[M].2版.北京:高等教育出版社,2015
6. 李德福,张斌.车工[M].北京:人民邮电出版社,2012
7. 周晓宏.数控加工工艺与设备[M].2版.北京:机械工业出版社,2013
8. 田萍.数控机床加工工艺及设备[M].3版.北京:电子工业出版社,2013
9. 孙帮华,田春霞.数控机床加工工艺[M].武汉:华中科技大学出版社,2013
10. 王爱玲.数控机床加工工艺[M].2版.北京:机械工业出版社,2013
11. 何云.数控机床加工工艺与操作技术[M].上海:华东理工大学出版社,2012
12. 孙德茂.数控机床铣削加工直接编程技术[M].北京:机械工业出版社,2014
13. 赵长旭.数控加工工艺[M].西安:西安电子科技大学出版社,2014
14. 徐鸿本,曹甜东.车削工艺手册[M].北京:机械工业出版社,2011
15. 杨天云.数控加工工艺[M].2版.北京:清华大学出版社,2021
16. 丰飞.数控加工工艺编程(高职)[M].西安:西安电子科技大学出版社,2020

附　录

附录1　数控车工国家职业标准(工艺部分)工作要求

国家职业标准对中级、高级的技能要求依次递进,高级别涵盖低级别的要求。

附表1-1　　　　　　　　数控车工中级工(工艺部分)工作要求

职业功能	工作内容	技能要求	相关知识
加工准备	读图与绘图	1.能读懂中等复杂程度(如曲轴)的零件图 2.能绘制简单的轴、盘类零件图 3.能读懂进给机构、主轴系统的装配图	1.复杂零件的表达方法 2.简单零件图的画法 3.零件三视图、局部视图和剖视图的画法 4.装配图的画法
	制定加工工艺	1.能读懂复杂零件的数控车床加工工艺文件 2.能编制简单(轴、盘)零件的数控车床加工工艺文件	数控车床加工工艺文件的制定
	零件定位与装夹	能使用通用夹具(如三爪自定心卡盘、四爪单动卡盘)进行零件装夹与定位	1.数控车床常用夹具的使用方法 2.零件定位、装夹的原理和方法
	刀具准备	1.能根据数控车床加工工艺文件选择、安装和调整数控车床常用刀具 2.能刃磨常用车削刀具	1.金属切削与刀具磨损知识 2.数控车床常用刀具的种类、结构和特点 3.数控车床、零件材料、加工精度和工作效率对刀具的要求

附表1-2　　　　　　　　数控车工高级工(工艺部分)工作要求

职业功能	工作内容	技能要求	相关知识
加工准备	读图与绘图	1.能读懂中等复杂程度(如:刀架)的装配图 2.能根据装配图拆画零件图 3.能测绘零件	1.根据装配图拆画零件图的方法 2.零件的测绘方法
	制定加工工艺	能编制复杂零件的数控车床加工工艺文件	复杂零件数控车床加工工艺文件的制定
	零件定位与装夹	1.能选择和使用数控车床组合夹具和专用夹具 2.能分析并计算车床夹具的定位误差 3.能设计与自制装夹辅具(如心轴、轴套、定位件等)	1.数控车床组合夹具和专用夹具的使用、调整方法 2.专用夹具的使用方法 3.夹具定位误差的分析与计算方法
	刀具准备	1.能选择各种刀具及刀具附件 2.能根据难加工材料的特点,选择刀具的材料、结构和几何参数 3.能刃磨特殊车削刀具	1.专用刀具的种类、用途、特点和刃磨方法 2.切削难加工材料时的刀具材料和几何参数的确定方法

附录 2　数控铣工国家职业标准(工艺部分)工作要求

国家职业标准对中级、高级的技能要求依次递进,高级别涵盖低级别的要求。

附表 2-1　　　　　　　数控铣工中级工(工艺部分)工作要求

职业功能	工作内容	技能要求	相关知识
加工准备	读图与绘图	1. 能读懂中等复杂程度(如凸轮、壳体、板状、支架)的零件图 2. 能绘制有沟槽、台阶、斜面、曲面的简单零件图 3. 能读懂分度头尾架、弹簧夹头套筒、可转位铣刀结构等简单机构装配图	1. 复杂零件的表达方法 2. 简单零件图的画法 3. 零件三视图、局部视图和剖视图的画法
	制定加工工艺	1. 能读懂复杂零件的铣削加工工艺文件 2. 能编制由直线、圆弧等构成的二维轮廓零件的铣削加工工艺文件	1. 数控加工工艺知识 2. 铣削加工工艺文件的制定方法
	零件定位与装夹	1. 能使用铣削加工常用夹具(如压板、台虎钳、平口钳等)装夹零件 2. 能够选择定位基准,并找正零件	1. 常用夹具的使用方法 2. 定位与夹紧的原理和方法 3. 零件找正的方法
	刀具准备	1. 能根据铣削加工工艺文件选择、安装和调整数控铣床常用刀具 2. 能根据数控铣床特性、零件材料、加工精度、工作效率等选择刀具和刀具几何参数,并确定数控加工需要的切削参数和切削用量 3. 能利用数控铣床的功能,借助通用量具或对刀仪测量刀具的半径及长度 4. 能选择、安装和使用刀柄 5. 能刃磨常用刀具	1. 金属切削与刀具磨损知识 2. 数控铣床常用刀具的种类、结构、材料和特点 3. 数控铣床、零件材料、加工精度和工作效率对刀具的要求 4. 刀具长度补偿、半径补偿等刀具参数的设置知识 5. 刀具刃磨的方法

附表 2-2　　　　　　　数控铣工高级工(工艺部分)工作要求

职业功能	工作内容	技能要求	相关知识
加工准备	读图与绘图	1. 能读懂装配图并拆画零件图 2. 能测绘零件 3. 能读数控铣床主轴系统、进给系统的机构装配图	1. 根据装配图拆画零件图的方法 2. 零件的测绘方法 3. 数控铣床主轴与进给系统基本构造知识
	制定加工工艺	能编制二维、简单三维曲面零件的铣削加工工艺文件	复杂零件数控加工工艺的制定
	零件定位与装夹	1. 能选择和使用组合夹具和专用夹具 2. 能选择和使用专用夹具装夹异型零件 3. 能分析并计算夹具的定位误差 4. 能设计与自制装夹辅具(如轴套、定位件等)	1. 数控铣床组合夹具和专用夹具的使用、调整方法 2. 专用夹具的使用方法 3. 夹具定位误差的分析与计算方法 4. 装夹辅具的设计与制造方法
	刀具准备	1. 能选择专用刀具(刀具和其他) 2. 能根据难加工材料的特点,选择刀具的材料、结构和几何参数	1. 专用刀具的种类、用途、特点和刃磨方法 2. 切削难加工材料时的刀具材料和几何参数的确定方法

附录3 加工中心操作工国家职业标准(工艺部分)工作要求

国家职业标准对中级、高级的技能要求依次递进,高级别涵盖低级别的要求。

附表 3-1　　　　　加工中心操作工高级工(工艺部分)工作要求

职业功能	工作内容	技能要求	相关知识
加工准备	读图与绘图	1.能读懂装配图并拆画零件图 2.能测绘零件 3.能读加工中心主轴系统、进给系统的机构装配图	1.根据装配图拆画零件图的方法 2.零件的测绘方法 3.加工中心主轴与进给系统基本构造知识
	制定加工工艺	能编制箱体类零件的加工中心加工工艺文件	箱体类零件数控加工工艺文件的制定
	零件定位与装夹	1.能根据零件的装夹要求正确选择和使用组合夹具和专用夹具 2.能选择和使用专用夹具装夹异型零件 3.能分析并计算加工中心夹具的定位误差 4.能设计与自制装夹辅具(如轴套、定位件等)	1.加工中心组合夹具和专用夹具的使用、调整方法 2.专用夹具的使用方法 3.夹具定位误差的分析与计算方法 4.装夹辅具的设计与制造方法
	刀具准备	1.能选用专用工具 2.能根据难加工材料的特点,选择刀具的材料、结构和几何参数	1.专用刀具的种类、用途、特点和刃磨方法 2.切削难加工材料时的刀具材料和几何参数的确定方法

附表 3-2　　　　　加工中心操作工中级工(工艺部分)工作要求

职业功能	工作内容	技能要求	相关知识
加工准备	读图与绘图	1.能读懂中等复杂程度(如凸轮、箱体、多面体)的零件图 2.能绘制有沟槽、台阶、斜面的简单零件图 3.能读懂分度头尾架、弹簧夹头套筒、可转位铣刀结构等简单机构装配图	1.复杂零件的表达方法 2.简单零件图的画法 3.零件三视图、局部视图和剖视图的画法
	制定加工工艺	1.能读懂复杂零件的数控加工工艺文件 2.能编制直线、圆弧面、孔系等简单零件的数控加工工艺文件	1.数控加工工艺文件的制定方法 2.数控加工工艺知识
	零件定位与装夹	1.能使用加工中心常用夹具(如压板、台虎钳、平口钳等)装夹零件 2.能够选择定位基准,并找正零件	1.加工中心常用夹具的使用方法 2.定位、装夹的原理和方法 3.零件找正的方法
	刀具准备	1.能根据数控加工工艺卡选择、安装和调整加工中心常用刀具 2.能根据加工中心特性、零件材料、加工精度和工作效率等选择刀具和刀具几何参数,并确定数控加工需要的切削参数和切削用量 3.能利用刀具预调仪或者在机内测量刀具的半径及长度 4.能选择、安装和使用刀柄 5.能刃磨常用刀具	1.金属切削与刀具磨损知识 2.加工中心常用刀具的种类、结构和特点 3.加工中心、零件材料、加工精度和工作效率对刀具的要求 4.刀具预调仪的使用方法 5.刀具长度补偿、半径补偿与刀具参数的设置知识 6.刀柄的分类和使用方法 7.刀具刃磨的方法